Personality Psychology

人格心理学

（第二版）

陈少华 编著

暨南大學出版社
JINAN UNIVERSITY PRESS

中国·广州

图书在版编目（CIP）数据

人格心理学/陈少华编著．—2版．—广州：暨南大学出版社，2018.12
ISBN 978－7－5668－0497－6

Ⅰ.①人…　Ⅱ.①陈…　Ⅲ.①人格心理学—教材　Ⅳ.①B848

中国版本图书馆CIP数据核字（2018）第284510号

人格心理学（第二版）
RENGE XINLIXUE（DIERBAN）
编著者：陈少华

出 版 人：徐义雄
策划编辑：黄圣英
责任编辑：冯　琳　詹建林　姜琴月
责任校对：黄晓佳　林　琼
责任印制：汤慧君　周一丹

出版发行：暨南大学出版社（510630）
电　　话：总编室（8620）85221601
营销部（8620）85225284　85228291　85228292（邮购）
传　　真：（8620）85221583（办公室）　85223774（营销部）
网　　址：http：//www.jnupress.com
排　　版：广州市天河星辰文化发展部照排中心
印　　刷：佛山市浩文彩色印刷有限公司
开　　本：787mm×1092mm　1/16
印　　张：19.25
字　　数：445千
版　　次：2010年8月第1版　2018年12月第2版
印　　次：2018年12月第3次
定　　价：58.00元

再版前言

笔者于2002年从事人格心理学的教学与研究工作，期间曾于2004年出版《新编人格心理学》，该书于2010年经修订后再版，更名为“人格心理学”。一晃8年过去了，回头仔细看看2010年版《人格心理学》，感觉无论是内容体系还是领域知识都日显陈旧，再版迫在眉睫。经与出版社商议，决定对该版《人格心理学》再做修订。

本次修订基本保持了原版风格，力求做到精练而准确，细致而不啰唆，确保教材的专业性、科学性和权威性。考虑到心理学不同学科之间内容的交叉，笔者在本版教材中删除了原版内容的第二章“人格的发展”和第八章“人格、健康与疾病”，增加了新的章节内容“人格的生物学取向”。总体来看，本版教材对上一版教材近半数内容做了修订和更新，以适应学科发展和新形势要求。参照近年来国内外《人格心理学》教材的编排体系和编写特色，笔者对第一版教材做了以下几处修订：

其一，在内容体系编排上突出人格心理学家的地位，书中很多章节标题以他们的名字及其核心思想或概念命名。笔者认为，没有这些伟大的心理学家，就不会有人格心理学这门学科。这一点与国外同类教材的风格一致。

其二，删除了第一版教材中一些表述不太恰当的内容，真正做到以“人格”为本。本次修订的原则是，凡与人格密切相关的内容——详述，与人格无关紧要的内容——删减，力争做到详略得当，突显专业领域知识的重要性。

其三，基础性与应用性、专业性与趣味性相结合，既有经典的理论介绍，又有前沿的人格研究。本版教材新增大量人格领域的新近研究成果，与教材中的图文和“知识链接”相映成趣、相得益彰。

其四，本版教材删除了上一版教材每章前后的“内容提要”和“思考与讨论”。笔者认为，每一章节的标题就是最好的“内容提要”，而“思考与讨论”则完全可以置于正文中，原有编排略显多余，故删除。

根据上述修订要点，本版《人格心理学》内容共分九章：

第一章讲述了人格的本质及其科学研究。内容包括人格的定义、人格的理论解释、人格心理学的任务与主题、人格的科学研究方法。

第二章介绍了人格与潜意识领域。内容有弗洛伊德的精神分析、阿德勒的个体心理学、荣格的分析心理学以及潜意识的相关研究。

第三章讲的是人格与特质领域，即人格的特质理论。包括人格特质的内涵、特质理论的假设、奥尔波特的特质论、卡特尔的因素分析论、大五人格理论以及特质论的应用。

第四章讲的是人格与学习领域，即人格的行为与社会学习理论。内容有早期的行为论、斯金纳的强化理论、罗特的行为预测和控制点理论以及班杜拉的社会学习理论。

第五章介绍的是人格与认知领域，即人格的认知理论。内容包括人格与认知的整合研究、威特金的认知方式理论、凯利的个人建构理论和米歇尔的认知—情感单元理论。

第六章介绍了人格的人本主义取向。内容包括人本主义的基本观点、马斯洛的自我实现的理论、罗杰斯的自我理论以及罗洛·梅的存在分析论。

第七章讲述了人格的生物学取向。内容包括艾森克的人格三维结构理论、人格的生物学基础、进化人格心理学以及人格的行为遗传学研究。

第八章讲的是人格判断与评估。主要介绍了人格判断及其准确性问题、人格的自陈问卷及人格投射测验评估方法。

第九章介绍了人格障碍与治疗。内容包括人格障碍的界定和诊断、人格障碍的成因、人格障碍的类型、人格障碍的心理治疗方法和生物学治疗方法。

本书在修订过程中参阅了许多国内外同类教材和著作，并从中引用了大量参考文献和资料，在此笔者表示诚挚的谢意。此外，本书在出版过程中得到暨南大学出版社的大力支持，对此笔者深表感谢。由于修订时间仓促，笔者能力有限，因此书中难免会有不足和纰漏，恳请专家、同行及读者朋友批评指正。

陈少华

2018 年 8 月于广州

初版前言

在日常生活中，人们经常会谈论一些与人格有关的话题，如“某某很有个性”“某某有暴力倾向”“这是一个不合群的小孩”“近来她常常做噩梦”等，对于诸如此类的问题，人格心理学家有什么看法呢？他们是如何进行人格的科学探讨的？他们是如何看待人格的本质问题的？人格会遗传吗？有创造性人格存在吗？我们能否像化学家分解物质世界那样分析人格？人格与健康究竟是一种怎样的关系？如何通过科学的方法了解他人及自己的人格特征？怎样才能做到人与工作的有效匹配？所有这些问题不仅为心理学家所关注，而且也是每个人都非常感兴趣的话题。

人格与人性联系紧密，关于这一领域的研究最早可以追溯到古希腊和古代中国关于人性本质的探讨。客观地说，古代哲人对人性所作的形而上学的探讨为人格的科学研究奠定了坚实基础。正如早期关于人性本质的争论那样，心理学家对人格的本质、人格的发展、人格的结构等问题的争论也异常激烈。这些争论既反映了他们在科学观上的不同，更反映了他们在哲学观上的不同。在西方心理学史上，许多著名的心理学家都以研究人格而见长，这其中包括弗洛伊德、斯金纳、奥尔波特和马斯洛等人。尽管他们在人格的许多问题上存在这样那样的分歧，但上述每一个心理学家的观点都深刻地影响甚至改变了我们对人格本质的看法，并仍将继续左右着这一领域的发展方向，他们是对人格奥秘进行科学探索的先驱。

在探索人格奥秘的科学道路上，弗洛伊德（Sigmund Freud，1856—1939）是第一人。他用一个形象的比喻来表述自己对于人格的看法，将人类的心理控制力比喻为流过管子的水。假如一个人的心理管件运作秩序正常，他就能保持身心健康；而一旦“水”的自由流动被堵，例如，当人们为了避免不良后果而压抑某种强烈欲望时，“水流”就会受阻，这种“阻碍物”将导致极其强烈的焦虑情绪和其他异常行为。弗洛伊德认为，这种“阻碍物”源于潜意识的冲突。通过对偶然的口误、笔误，尤其是对梦境和童年期经历进行缜密的分析来发现和解释这些问题，这种“阻碍物”是完全可以根除的，这种根除技术叫作“精神分析”。

作为人格领域的开创者，弗洛伊德的观点对整个20世纪的西方文化都产生了深远的影响。然而到20世纪70年代以后，他的观点在心理学界渐渐失宠，精神分析常常被人们归于哲学而非科学。相反，另一位心理学家却在科学界有着巩固的地位，他就是美国心理学家华生（John Watson，1878—1958），这位心理学界的天才将自己创立的理论冠之以“行为主义”，主张通过直接观察和监测实验室动物的反应而不是依靠那些无法证实的潜意识理论或通过分析人的梦境和童年期经历来研究人。华生的观点激发了另一位心理学家斯金纳（Burrhus Skinner，1904—1990）的兴趣。斯金纳发现，“人格”的概念既不确切又容易误导人。对他而言，无论是老鼠、鸽子还是人，其行为不过是对外部刺激的习得反应而已。他避开人格、欲望、情感等主观概念不谈，将外部刺激统称为“奖励”和“惩罚”。当两者结合得准确无误时，加强刺激就可以激发或压制任何想要得到的行为。

在人格的科学探索历程中，20世纪30年代中期兴起的特质理论深入人心，其创始人是哈佛大学毕业的高才生奥尔波特（Gordon Allport，1897—1967），他从语言的角度而不是从行为的角度来探索人格之谜。奥尔波特认为，普通百姓是人格的熟练观察者，他们用以描述人格特质的语言和词汇为揭示人格的本质和多样性提供了最佳线索。为了全面归纳这些特质，奥尔波特及其同事奥德伯特（Henry Odbert）详细查阅了英语词典，从中摘录出一个与人格有关的词汇清单，先后在英语词汇中找到了约18 000个特质词。经过仔细斟酌，他们删去了一些与人格关系不大的同义词，最后缩减至4 500个代表人们之间个体心理差异的词条。在认真阅读这些词条以后，奥尔波特发现其中有许多人格特质都是成对的，如“冲动”与“退缩”，“冒险”与“谨慎”。尽管大部分人的人格特质都倾向于折中，但是在特定情形下，个体会趋向于一个极端。

关于人格的本质与发展，人本主义心理学家认为，无论争论的结果如何，早期的研究者都没能切中要害，而且都犯了一个同样的错误，即把人牢牢地束缚在过去的经历之中。人本主义代言人马斯洛（Abraham Maslow，1908—1970）早在20世纪30年代末就指出，心理学家不应当花费太多的精力来研究受损的心灵，而是应当去研究健康人尤其是那些自我实现者的人格。马斯洛避开人性中丑陋的一面，从人性中善良的一面出发探索人格的本质。他在其最有影响力的一本著作《动机与人格》中指出，决定人格的关键不在于基因或童年期经历，也不在于外部环境如何，“如果说除了对人格奥秘所表现出的极大好奇和兴趣之外，人本主义还有其他什么目的的话，那便是它要将人从外部制约中解放出来，使他变得更自主、更具创造性、更有决断力”（Maslow，1954）。

在这里，我们不可能穷尽所有心理学家在人格问题上的不同见解，人格奥秘的科学探索也不可能因意见不一而终止。直至今天，不同的人格研究观点仍在不断发生变化，及至相互融合。正如读者在本书中将要看到的那样，弗洛伊德主义者已不再仅仅强调潜意识的本能冲动了；那些对人格研究持更为严谨态度的特质心理学家也正在努力使自己的分析更精确；行为主义者也不再一味坚持他们的“刺激—反应”立场了，假如将外部刺激比喻为飓风，那么他们现在也承认人类绝不只像是飓风中旋转着的几片无助的树叶罢了。

出于对人格奥秘的好奇，更出于对开篇提到的各种人格问题的兴趣，我们编写了这本人格心理学教材，其主要指导思想是使人格的理论研究与实践应用紧密结合，努力反映国内外人格领域的最新研究进展，将人格置于一个更为广阔的背景下进行探讨。根据这种指导思想，本教材按照人格心理学学科的内容体系分成三大部分：

第一部分是人格心理学概要。包括人格心理学家在人格本质问题上的见解，人格的理论解释，人格的科学研究方法，人格心理学的主题与任务，人格发展的基本问题、一般问题以及具体问题，并对决定人格的因素进行了深入的探讨。

第二部分是人格理论的进展。包括传统的五大人格理论，即精神分析论、特质理论、行为主义与社会学习理论、人本主义人格理论以及人格的认知理论。在对这些理论作扼要阐述的基础上，我们尤其关注这些理论最近的发展状况及相关研究的进展。

第三部分是人格的应用研究。这是当今人格心理学中异常活跃的一个研究领域，也是人格与现实结合得最为密切的一个重要主题，该领域包括人格与健康、人格与疾病、人格障碍与治疗、人格测量与评估等众多范畴。从某种意义上讲，人格研究能否为普通大众理解和接受，其关键取决于人格的应用研究领域能否广泛和深入。

在本书的结尾，我们对人格心理学作为一门科学的可能性提出了一孔之见。在学科发展的历程中，西方心理学自身存在的一些问题同样也反映在人格研究领域中，整体与部分、个性与共性、个人与环境等构成了人格领域不可调和的矛盾。不仅如此，由于人格的复杂性，人格的科学研究至今还是困难重重，人格心理学发展中的困境甚至成为人们怀疑人格能否成为一门科学的主要依据。对此，本书最后对这一问题进行了深入分析并作出了展望。

目　录

第一章　人格的科学研究

生活中，只要你稍加留意就会注意到，有些人天性乐观开朗，而有些人则总是抑郁沉闷；有些人喜欢交际，而有些人则缄默内向；有些人似乎总能主动抓住机遇，而有些人则似乎天生谨小慎微。是什么使你与身边的人不同？为什么有人交朋友不费吹灰之力，有人却形单影只？我们能否预测什么人将升至公司高职，而什么人事业难成？这些个体差异一直以来都是人格心理学家感兴趣的问题。那么，到底什么是人格？人格与个性、性格有什么关系？如何了解一个人的人格？心理学家如何看待人格，又如何研究人格？

第一节　什么是人格

一、人格的定义

（一）西方学者的观点

从词的来源分析，人格（personality）一词源于希腊语的“persona”，意指古希腊戏剧中演员所戴的面具，它代表了演员在戏里所扮演的角色和身份，相当于我国京剧表演中应剧情需要所画的脸谱。但问题在于，面具后面是什么或者是谁呢？这就暗示了一个人有两面：公开可见的一面及隐藏于面具后不为人知的一面。

戏剧面具

沿着这一思路，瑞士精神分析学家卡尔·荣格指出，人格应该包含两个层面：一层是人格的表层，即“人格面具”，意指一个人按照别人希望他那样去做的方式行事，也就是角色扮演，这是人格中可以向别人展示的那一部分。例如，作为一名教师，就应该按照教师的要求规范自己的言行举止，而且我们也愿意让别人知道自己是一名教师。人格的另一层是指人格的深层，即“真实的自我”，意指一个由于某种原因不愿意向别人展示的人格成分，其中包含了人性中的阴暗面或兽性面。自出生之日起，我们就带着各种各样的本能和欲望来到这个世界，但是在现实生活中，社会规范无时无刻不在约束着我们，因此很多时候要将这些本能和欲望压抑到潜意识（荣格称之为“阴影”）里。日常用语中，人格通常是指第一层含义，即他人的看法或个体的名声，这是一个人被他人描述的特有方式。

荣格的观点代表了早期的心理学家尤其是精神分析学家对人格的看法，比较深奥。此后近一个世纪中，西方心理学家从不同的角度界定人格，其中，美国心理学家劳伦斯·珀文对人格的内涵进行了细致的解释。他认为，人格是个体认知、情感及行为过程的复杂组织，它赋予个人生活的倾向性和一致性，包含了过去的影响、对现在的解释以及对未来的建构（Pervin，2001）。这一界定可以从三方面理解：

其一，人格包含了许多结构，如认知观念（即一个人的想法）、情绪和情感反应以及行为表现等。正因为如此，我们可以通过分析一个人的想法去了解一个人的人格，通过观察一个人的情绪稳定性来判断其人格（人格心理学家将情绪作为人格的核心结构，大部分人格障碍都表现为情绪反应不稳定及消极情绪体验）。此外，我们还可以根据一个人的行为表现来推断其人格。例如，一个经常喋喋不休的人很可能是个外向的人，一个经常沉默寡言的人则会让人觉得他比较内向。

其二，人格让我们的生活带有倾向性和一致性，一个人倾向或习惯于做什么、不做什么，往往与其人格特征有关。一个有责任心的人在他还没有做（为人处事）之前就会考虑如何为自己的行为承担责任，而且不论在什么时候以及什么场合下都是如此。

其三，人格是过去、现在和将来三个时间段的统一体，它是一个连续的发展过程，我们不能将这三个时间段割裂开来理解人格。然而，人格心理学家对于上述三个时间强调的重点不一样：精神分析学家弗洛伊德认为过去的影响尤其是童年期的经历是人格形成和发展的关键，人本主义大师马斯洛关注的是“此时此地”，社会认知学习理论家班杜拉则认为一个人对未来的预期或信念决定了他当前的表现。

另一位美国心理学家杰里·伯格则认为，人格是稳定的行为方式、内部过程以及发生在个体身上的人际过程（Burger，2014）。“稳定的行为方式”指的是个体差异，我们可以在不同时间、不同情境下考察这些稳定的行为方式。例如，一个腼腆害羞的人，今天是腼腆害羞的，明天还是腼腆害羞的；一个焦虑紧张的人，不只在重要场合容易焦虑紧张，在一般场合也容易感到焦虑紧张。“内部过程”是从人的内心发生，影响着人怎样行为、怎样感觉的所有情绪、动机和认知过程，这一过程我们只能从外部行为表现推断，换言之，人们看不见一个人的人格。“发生在个体身上的人际过程”强调的是人际关系和人际互动对于人格的重要性，从发展的角度看，一个人的成长离不开他人及周围的环境，人格发展总是体现在“人—环境—人”这种三位一体的关系中。

知识链接：形形色色的人格定义

◆人格指“一个人真正是什么”，是个人在所有发展阶段的全部组织，包括个人的谈话、记忆、思维或喜爱的方式，表现为外在的吸引力和社会价值（Allport，1937）。

◆人格是对个体环境的实际方面或感知方面体验、分辨或操纵的相对持久的倾向系统（Bronfenbrenner，1951）。

◆人格是个体性格、气质、智力和体格的相对稳定而持久的组织，它决定了个人适应环境的独特性（Eysenck，1970）。

◆人格是个人心理特征的统一，这些特征决定人们的外显行为和内隐行为，并使它们与别人的行为有稳定的差异（Mischel，1986）。

◆人格是指那些在个体身上使人的行为比较稳定的、相对持久的特质、倾向或特性模式，它们决定了个体行为的差异性和一致性（Feist，2002）。

◆人格是个体内部的心理特质和机制集合，具有组织性和相对持久性，它们影响到个体对心灵内部的、物理的和社会环境的适应以及与它们的相互作用（Larsen and Buss，2011）。

◆人格是指我们展示在外的性格特征，是他人能够看到的那些方面，它包含一个人所有的品质，是超出表面物理特性的各种特征的总体或综合（Schultz，et al.，2016）。

◆人格是指个体思维、情感和行为的特征模式，以及这些模式之下隐藏或未隐藏的心理机制（Funder，2018）。

（二）中国学者的观点

我国古代汉语中只有“人性”“品格”一类的词，没有“人格”一词，而现代汉语的“人格”与西方心理学的“人格”内涵也相去甚远。按照汉语词典的解释，人格有三种含义：①个人的道德品质；②人的气质、能力、性格等特征的总和；③谓人按照法律、道德或其他社会准则应享有的权利或资格。第二种含义比较接近西式的“人格”。从 20 世纪 80 年代以来，我国学者逐渐接受西方心理学的“人格”概念，并尝试以“人格”取代心理学教材中一直沿用的“个性”。

如果说西方学者对人格采用的是“分析式”定义的话，那么国内学者采用的则是“综合式”定义。在我国较早的人格心理学教材中，人格被界定为“个体内在的行为上的倾向性，它表现为一个人在不断变化中的全体和综合，是具有动力一致性和连续性的持久的自我，是人在社会化过程中形成的、给予人一定特色的身心组织”（陈仲庚，张雨新，1986），这一定义几乎涵盖人格的所有特征。后来的一些学者指出，人格是个体在行为上的内部倾向，它表现为个体适应环境时在能力、情绪、需要、动机、价值观、气质、性格和体质等方面的整合（黄希庭，2002），是个体在遗传素质的基础上，通过与后天环境相互作用而形成的相对稳定的和独特的心理行为模式（郑雪等，2017）。从这些有代表性的定义中我们不难看出，人格是一个统一的整体，是遗传与环境相互作用的结果，具有稳定性和独特性。

我国台湾学者张春兴（1927—2014）在综合中外研究者对人格论述的基础上指出，人格是指个体在其生活历程中对人、对事、对己以及对整个环境适应时所显示的独特个性，这种独特个性是由个体在其遗传、环境、成就、学习等因素交互作用下，表现于需求、动机、兴趣、能力、性向、态度、气质、价值观念、生活习惯以至行动等身心多方面的特质所组成，由多种特质而形成的人格组织具有相当的整合性、持久性、复杂性与独特性（张春兴，1997）。这是一个极具中国特色的概念，此概念一方面用“个性”涵盖“人格”，既指出人格的成因，也暗示人格的结构；另一方面还指出这种“个性”的特征，可谓集人格“分析式”和“综合式”定义于一体。

总之，国内学者大致上从四个方面来理解人格的内涵：

（1）人格的整体性。它是指人格虽由多种成分和特质构成（如西方学者所言），这些成分和特质包括能力、气质、性格、情感、意志、认知、需要、动机、态度、行为习惯等，但它们在个体身上并不是孤立存在的，而是相互联系的一个有机组织。

（2）人格的稳定性。这种稳定性一方面表现为跨时间的持续性，即个体的人格特征在不同年龄阶段趋于稳定；另一方面表现为跨情境的一致性，即个体的行为虽然随情境变化而有不同，但是内在的人格特点并不因此发生改变。

（3）人格的独特性。人格是赋予个体一定色彩的东西，是使一个人同周围其他人区分开来的标志。如果说人格是遗传、成熟、环境和教育多种因素相互作用的产物的话，即使同卵双胞胎具有相同的基因，他们的人格也不一样。因此，世界上不存在人格特征相同的人，每个人的遗传素质与环境、经验、阅历等交互作用决定了人格的独特性。

（4）人格的社会性。一个人出生之时只是一个生物个体，与其他动物并无本质区别，然而经过十多年的发展，他就能基本成为一个适应社会要求的个体。在此过程中，个体需要学习社会的文化、习俗和规范，这是一个社会化的过程，使得人格被深深地打上了社会的烙印。

（三）我们的观点

根据国内外学者对人格的界定，我们认为，人格是个体持久的、内在的特征系统，该系统促进了个体行为的一致性。

首先，人格是持久的。心理学家在个体跨时间反应的稳定性或一致性的基础上通常要对状态（state）与特质（trait）做出区分。状态是短暂的，它是个体当前对突发情境的反应，如果问：“你现在感觉有多紧张？”你的回答反映了你当前紧张或焦虑的状态。特质则是相对稳定和持久的，它是个体以某种特定方式做出的一般反应倾向。如果问：“你通常感觉有多紧张？”你的回答反映了你紧张或焦虑的特质。

其次，人格是个体内在的特征。人的行为受外部世界和刺激影响的同时也受内部的特征和过程的影响，一个人的反应基于目标、动机、需要、自我概念、体验及其他内在的因素。若要做到对人类行为的完整理解，行为研究者必须同时考虑到个体的内在因素和外在环境。随着研究的不断深入，人格心理学家越来越强调内部心理过程的重要性。

最后，人格包含了行为的一致性。这些持久的内部特征组织人们的行为，并且导致行为在跨情境中的一致性。为了理解这种意思，想象一下你如果没有人格将会是什么样子。人格所包含的不只是一个人的特征，它还包含这些特征是如何组织和整合的。作为一个系统，人格包括的不仅是特定的成分（如特质），而且还包括一种组织结构和过程，系统通过这一结构和过程起作用并促进其不断发展。

二、人格的特征

1. 人格是一个综合的统一体

如果说个体之间的差异可以分为智力和人格两个方面的话，那么人格的个体差异比智力的要复杂得多。尽管智力有各种各样的形态，也包含许许多多的结构，但其本质都是决定活动效率，而且我们可以对其进行相对客观的测量。人格则不同，它既包括需要、动机和特质单元，也包括认知、情感和行为系统；既包括一个人的态度和看法，也包括他的信念和价值观。正因为如此，研究者才将人格视为一个复杂的组织或系统，心理学家对于人格的看法也莫衷一是。

2. 人格是一种具有动力性的组织

一个人做出某种行为或从事某种活动需要人格的推动作用。人格的动力性是由其构成的单元如需要、动机等决定的。按照马斯洛的需要层次论，个体从出生到成熟，其需要从低级的生理需要到高级的自我实现，需要满足的过程实则是人格形成和发展的过程，已形成的人格反过来又促使个体追求更高一级的需要。从某种意义上讲，我们要理解一个人行为背后的原因，最有效的方法就是了解他的需要、动机、信念、价值观，这些构成了他的人格。

3. 人格具有稳定性和一致性

人格心理学家一致认为，一方面，人格在跨时间方面具有相对的稳定性，一个人过去是内向的，现在也会是内向的，将来仍有可能是内向的，这种内向一般不会随着时间的变化而改变。值得一提的是，这种稳定性只能是相对的，在某种条件下（如经历重大的生活事件），人格有变化的可能。对于儿童来讲，类似于家庭暴力或父母离异这样的生活事件很可能影响其人格。另一方面，人格在跨情境方面具有一致性。内向的人不只在陌生的场合不喜欢讲话，在很多熟悉的场合如学校或家里也不喜欢讲话，亦即是说他的这种沉默寡言是一以贯之的。当然，内向的人偶尔也有健谈的时候（如与好友相处），但这并不意味着他变得外向了，因为判断一个人的人格主要是看他一贯的表现。

4. 人格是普遍性与独特性的统一

心理学家这样概括人与人之间的相同和不同：我们和所有的人都一样；我们和有些人一样，和另一些人不一样；我们和任何人都不一样（Kluckhohn and Murray，1961）。这三个分句精辟地解释了人格的普遍性和独特性。我们每个人在许多方面都一样，这是由人的本质和社会化的要求共同决定的。第二个分句的意思是我们和某些人相似。例如，有些人好动，有些人喜静；有些人为人热情，有些人很冷漠。这些就是个体差异的维度，是个人与他人某些相似的方面。第三个分句的意思是我们每个人都是独一无二、不可替代的。研究表明，即使是那些生活在同一个家庭中的同卵双胞胎，他们的人格也不可能完全一样。我们认为，独特性是人格的核心，是一个人成为他自己的最本质的特征。无论是什么样的教育，首先应该尊重一个人的独特性。

三、人性、个性和性格

分析完了人格，我们再来看看和人格有关的几个概念。

（1）人性（human nature）。按照字面意义理解，人性即“人类的本性”，是指人类最接近自然、真实的一面，亦即几乎每个人都具备的、人类作为一个物种所拥有的典型的人格特质和机制。人性起初是哲学家们关注的问题，19 世纪末心理学从哲学中分离出来后，人性自然成为心理学家们无可回避的问题之一。如弗洛伊德将人性等同于动物性，而马斯洛则认为人的本性是善良的，诸如此类的观点与哲学家的观点如出一辙。与人格不同的是，无论对人性持怎样的观点，我们都不可能将其作量化研究，而只能在理论层面探讨。人格则不同，我们可以对人格的某些方面如人格特质进行客观的测量，当代人格心理学家已编制了大量的人格测试工具，并在现实中产生广泛的应用价值。

（2）个性（individuality）。这是最容易与人格混淆的一个概念。国内许多心理学教材仍然沿用这一概念，是有历史渊源的。1949 年后，我国的心理学在相当长一段时期内都是向苏联学习，包括教材中的一些理论和概念（如能力、个性、性格等），到了二十世纪八九十年代以后，尽管西方心理学的影响越来越大，但有些苏联心理学的概念仍在被使用。笔者认为，个性是一个内容特别广泛的通俗概念，是指一个人区别于他人的独特的整体面貌，这种个体差异性既包括外在的（如相貌），也包括内在的（如特质）。我们平时讲某个人有个性，实际上是指这个人看上去特别与众不同。事实上，每个人都有自己的个性，因为每个人都与众不同。如果要对个性与人格做个区分，我们认为个性中包含了人格，人格相当于个性中那些内在而又稳定的特征。

（3）性格（character）。这也是教育中最常用的一个概念，人们习惯于用性格来概括一个人的真实面貌。按照国内一些心理学专家的观点，性格是指一个人完成活动任务的态度和行为方式方面的特征，或指个人的品行道德和风格。这些特征大概类似于人格当中后天教育形成的那一部分，它跟一个人的道德品质或品性密切相关。与此相对，人格中还有先天遗传的一部分，心理学家称之为气质。它是指一个人与生俱来的心理活动的动力特征，与后天的环境和教育关系不大。例如，有些小孩生下来就喜欢哭闹，精力特别旺盛，而有些小孩却显得特别安静，比较容易安抚。根据这种差异，心理学家预测，待这些小孩长大后，第一种小孩可能成为比较外向和冲动的人，第二种则很可能成为比较内向和文静的人。这种预测往往比较准确，因为气质是人格的基础。

第二节　人格的理论解释

一、人格的伪心理学理论

伪心理学（pseudo-psychology）是一种不基于科学证据来解释人类行为的体系。除娱乐消遣外，伪心理学不具有任何理论和实际价值。古今中外，伪心理学的思想观点一直根深蒂固。例如，对于算命，生活中有些人仍然津津乐道，至今还有人相信算命先生说的那一套：通过生辰八字就能看透一个人，甚至预测其命运。以下是一些常见的关于人格的伪心理学理论：

1. 手相术（palmistry）

手相术就是通过观察一个人手掌的形状、纹路来预测其性格及其命运的一门“学问”。手相术认为，手相即人相，手的形体和整个人体，手的色泽、质地和人的健康、精神都有着千丝万缕的联系。按照手相术的观点，人是全息的，手作为人体中最敏感、最灵巧的器官之一，当然能反映出一些内容。然而，大量的科学研究表明，手掌的纹路与人格没有任何关系，更不可能用来预测一个人的未来。

2. 笔迹学（graphology）

笔迹学认为从笔迹能看出一个人的人格

笔迹学研究书写者的心理特性和心理状态变化的笔迹抑或通过一个人的字迹或笔迹来预测其人格。按照笔迹学“专家”威廉・希契科克的观点，笔迹是一个人的人格、智力水平和思维逻辑的具体反映，凡是笔画轻重均匀适中的，说明书写者有自制力、稳重，对自己所喜欢的工作能竭尽全力去完成；反之，凡是笔画不均匀的书写者多半是个脾气暴躁、喜欢破坏和妒忌心强、喜欢背后做小动作的“阴谋家”。笔画过重的人比较敏感，笔画过轻的人往往缺乏自信。在人格测试方面，虽然笔迹学的准确性基本为零，但有些知名公司也会通过分析笔迹来筛选应聘者。

3. 占星术（astrology）

占星术亦称星象学，是运用天体的相对位置和相对运动来解释人格和预测人的命运的伪心理学。占星术士认为，天体尤其是行星和星座，都以某种因果性或非偶然性的方式预示万物的变化。它试图利用人的出生地、出生时间和天体的位置来解释人的性格和命运。以下问题能够帮助我们澄清为什么说它是伪心理学：

（1）占星术士的星图是最新的吗？占星术所用的星图基本是在 3 000 年前设计的。经过多年地球自转，天空中的恒星、行星和星座已经不在原来的位置了，仅在最近 2 000 年就改变了 24°之多。因此，现在双子座实际上是原来的巨蟹座，并将在 2 000 年后变成狮子座。

（2）为什么出生的时刻这么重要？为什么不是受精的时刻呢？如果小宝宝是剖腹产而不是自然生产的又该怎么办呢？是不是一个人的一生也因此毁掉了呢？

（3）为什么恒星和星位会对人有影响呢？这是万有引力导致的吗？然而，替小宝宝接生的医生的身体质量对于婴儿身体产生的引力要比月球产生的引力大得多（也许人们应该找一个瘦一点的产科医生?）。

研究表明，占星术的征兆和人格、事业、技能、结婚率、离婚率或者生理特征没有关联。对数以千计占星术士的预言进行研究，结果显示只有非常小比例的预言变成了现实，并且变为现实的那些预言都非常隐晦或者是容易猜中的现实。例如，“我预测一个明星今年会做整形手术”。

二、人格的心理学理论

尽管人格有一个漫长的研究历程，但人们对其进行科学探索至今也不过一百多年的历史。1869 年，英国科学家弗朗西斯·高尔顿发表了专著《遗传的天才》，开创了个体差异研究的先河。此后，从古典精神分析到新精神分析，从特质理论到大五因素理论，从生物学流派到进化人格理论，从行为主义到认知流派，从人本主义到存在主义，围绕人格的本质及稳定行为模式的来源问题，心理学家从不同的角度进行了深入探讨。

（一）精神分析理论

该理论认为，是人的潜意识（subconsciousness）而不是意识对其行为方式的差异起决定作用，这种所谓的深层心理学最关心的是行为背后的原因。按照精神分析的观点，由于行为的最终原因来自于潜意识且起源于童年期，因此对它们进行探索是非常困难的。这一过程需要利用复杂的手段，如催眠、自由联想、梦的分析或对日常生活中的口误、笔误进行分析等。精神分析指出，由于潜意识领域的东西可以在意识领域中以任何一种形式显示出来，因此不可能仅仅通过研究一个人的意识领域来真正理解这个人。为了理解人格，我们必须将那些无意中表现出来的东西追溯到深层的潜意识领域。很显然，精神分析论者关注的是个体为什么那样行动的原因，而行为者对其行为的真实原因往往是无意识的。

（二）特质理论

特质心理学家认为，行为的稳定性在很大程度上归功于人格的核心成分——特质，这是一种以某种特定方式行动的相对稳定和持久的倾向。特质理论是西方人格心理学的核心理论之一，也是用来描述、测量及鉴别个体差异的人格理论。特质论者认为，对行为起支配作用的是特质。例如，某人之所以喜欢欺负别人，是因为这个人有攻击性特质。当然，特质论有其局限性，因为行为不单单受特质的影响，而且还受到各种情境因素的影响，我们很难用特质准确地预测个体的行为。试图用简单的几种特质来概括复杂的人类行为表现的做法显得有些肤浅。既然稳定的行为来源于特质，那么特质又来源于何处呢？

（三）遗传决定论

对于人格最普通的解释莫过于遗传决定论了，生物学流派认为，遗传素质和生理过程决定人格的个别差异。如果问一个路人："人格的来源是什么？"他的回答很有可能是："人格的来源嘛，同皮肤、眼睛、头发颜色的来源一样。"这同问一个人为什么害羞与问他为什么长得高是一回事。按照这种观点，人格特征与生理特征都是由遗传决定的。人们平时说"他有东北人的脾气""他像他爸一样冲动"等，都暗示了人格的遗传解释。事实上，几乎所有的人格理论都是基于某种先天遗传的假设，如此看来，问题不再是基因是否影响人格，而是其在何种程度上及以何种方式影响人格。

（四）行为与学习理论

行为与学习论者将人格和稳定的行为方式看成条件反射（学习）和心理预期（信念）的结果。这些心理学家认为，人格由我们所经历的事件构成，它是行为的习惯系统，是环境作用的结果。经历和遭遇不同，人格也会有差别。在行为主义看来，行为的获得和经验的形成必须有强化的作用。一种行为若受奖励，则此类行为倾向于保持（即变得稳定）；一种行为若被忽视或禁止，则倾向于消退。根据学习理论的观点，人类的学习在没有强化的情境下也能进行，行为习得和人格形成取决于观察和模仿以及个体对未来的信念。例如，如果一个人对未来不抱希望，那么当前他很可能会消极行事。

（五）人本主义理论

人本主义认为，人的责任感和自我认同感是造成人格差异的主要原因。与大多数心理学家不同，人本主义心理学家更关注人的积极品质，如自由、权利、选择、价值、尊严等。对于人格的本质问题，人本主义持乐观态度，其代言人亚伯拉罕·马斯洛认为，人类是唯一能够负责任的动物，每个人都有自我实现的需要，这是人格发展的动力所在。卡尔·罗杰斯指出，要促进一个人的成长，必须充分相信而且无条件关注他，这才是真正的以人为本。人本主义思想不仅在实践中产生了广泛影响，而且也促成了积极心理学的形成和发展。

（六）社会文化决定论

这一理论认为，人格是社会角色的复合物和文化塑造的产物。如果要求一个人在一张白纸上由"我是……"开始写下去，那将会得到一张相当丰富的角色表。例如，这个人可能是女性，22岁，大学毕业，一米六的个头，是一个有条理的人，某组织的成员，漂亮，从事心理职业等。以上所列项目的每一条都与一种规定的社会角色相关，每一角色都有可接受的行为范围，这个范围是文化决定的。此外，决定人格的其他文化因素还有家庭的社会经济地位、家庭结构、出生顺序、民族或种族、宗教信仰、父母受教育水平等。一个出生在富贵家庭的人不可能与出身贫困家庭的人有相同的经验，这些个人无法选择的生活环境必然会对个人的人格形成和发展产生重大影响。

当然，关于人格的心理学理论远不止于此，这些理论有无好坏优劣之分呢？你是否看清了人格的本质或稳定行为的来源问题呢？根据范德第一定律，在生活和心理学中，优势和劣势联系得如此紧密以至于不可分离，显著的优点通常也是显著的缺点，反之亦成立（Funder，2018）。由于每一种理论都有其合理性，因而最适当的方式是把人格理解为所有这些理论的相关物，强调哪一方面更重要完全取决于你当下的用途与目的。尽管如此，上述每个理论都能在某种程度上帮助我们理解“是什么原因使得我们每个人成为自己”。

知识链接：为什么没有人提出大一统理论

你可以思考一个由来已久的工程学原理：一台能把某些事情做得很好的机器，相对来说很难把其他事情也做得同样好。一台烤面包机能烤出极好的面包，但如果你想用它来煮咖啡或听音乐，那就不适用了。相反，如果一台机器能做很多事情，那么它可能哪一件也做不好。一个集烤面包机、煮咖啡器和收音机于一身的多功能机器设备，可能在烤面包、煮咖啡或播放音乐方面并没有那些只具有其中一项功能的机器效果好。这个原理在心理学中似乎也是正确的，因为它描述了人格心理学家面对的一个不可避免的问题——一个能把某些现象解释得非常好的理论不一定能同样好地解释别的现象，而一个试图解释几乎所有现象的大一统理论或许不能对每一种现象都做出最好的解释。梦、学习曲线、自由意志以及工作表现的个体差异或许都可以充塞到同一个理论中，但结果可能差强人意。

一些人确实想发展出一个还算比较好的大一统理论来解释一切；一些人认为他们自己目前喜欢的流派本身就是大一统理论（他们是错的）；还有一些人不想发展出一个全新理论，只是想把目前已有的全部理论组织成一个极好的构架（Mayer，2005）；还有一些人坚持认为各个不同的基本取向研究了不同系列的问题，每个流派都最好地解释了它所选择研究的问题。

（资料来源：Funder，2018：8）

三、攻击性：人格理论的解释

生活中，为什么有些人总是比别人更富有攻击性呢？这究竟是一种本能，还是通过学习获得的？它跟遗传基因有关吗？为什么理性的人也会做出这种非理性的行为？下面我们看看人格心理学家的解释。

儿童的攻击性行为

精神分析学家通常用潜意识的欲望和冲动来解释行为。对于攻击行为，精神分析创立者弗洛伊德的解释是，每个人都具有一种与生俱来的潜意识的死亡本能，即自我毁灭的愿望。但是，一个具有健康人格的人是不会自我毁灭的，因此这种冲动就会转向外部，以攻击别人的方式表达出来。新精神分析学家解释说，当个体在达到自己目标的过程中行为受阻时，就会产生攻击行为。一个处于巨大挫折体验中的人，可能会出现比较持久的攻击行为。

特质心理学家强调攻击行为的差异性和稳定性，将攻击性看作是一种稳定的人格特质。有研究小组测量了 8 岁儿童的攻击特质。他们在几所小学中询问小学生诸如“谁最爱推撞别的孩子”的问题，20 多年以后，研究者又同当年参加研究的人进行了面谈。结果发现，在小学时被认为攻击性较强的人，长大以后也容易表现出攻击行为。例如那些喜欢推撞别人的孩子，成人后常出现虐待配偶或暴力犯罪行为（Huesmann，et al.，1987）。

遗传决定论者认为，遗传素质是稳定的攻击性行为的原因之一。有证据表明，有些人天生就比别人更爱攻击（Miles and Carey，1997）。人格的进化理论也为攻击行为提供了生存和适应的价值。虽然，要确认哪些行为是天生的，哪些行为是后天获得的是一件很困难的事情，但是，确实有些人在出生时就具有攻击性的素质，加之后天的教养环境，自然就变成了有攻击性的成人。另外还有一些生理学变量，如睾丸激素也会影响攻击行为。

行为与学习论者认为，人们像学习其他稳定的行为方式一样习得攻击性行为。生活中那些喜欢欺负他人的小孩，抢夺其他小孩的好吃的、好玩的所获得的奖励使得他们更频繁地表现攻击行为。解释行为获得的关键在于，得到强化的行为将会重复出现。因此，在游戏场所称霸的孩子，其攻击行为就会持续出现，而且还有可能在其他场合出现。当儿童看到别人通过攻击行为能得到他们想要的东西时，也明白了攻击行为受奖赏的道理。好打架的孩子给别的孩子起了“榜样”作用，这使他们明白，打人有时是有用的。

人本主义心理学家则用另一种方式解释攻击行为。他们不承认有些人生来就具有攻击性，而是相信人的本性是善良的，如果能在富足和充满鼓励的环境中成长，每个人都能成为乐观、友善的人。但是，当某些因素妨碍了这种自然的成长过程时，人的行为就会出问题，爱打架的孩子往往来自基本需要得不到满足的家庭。如果儿童形成了不良的自我形象，他们就有可能在遇到挫折时对别人大打出手。解决的办法是为儿童提供温暖和受尊重的环境。

认知人格心理学家从一个人的看法和想法（即信息加工的观点）来解释攻击性。例如，假定你正在散步，这时有两个人向你快步跑来，请问你会做何反应？对于这一模棱两可的情境，不同的人会有不同的反应，这种反应恰好折射出一个人的想法和观念。那些有攻击性倾向的个体通常会把这种模糊的情境看作受到了威胁，因而更容易用攻击行为来回应。研究者发现，爱打架的小学男生常常把别人的一些无关痛痒的举动看成是对他们的威胁，如在走廊里偶然发生的碰撞也可能被误解为对方想打架。

你认为上述解释哪一种正确或更合理呢？一种可能是，上述理论解释并不相互矛盾，只是它们强调的重点不同。富攻击性的孩子表现出的敌意是攻击特质的表现，这种特质在不同情境和时间是相对稳定的（特质理论）。但也可能是这个孩子将模棱两可的事件解释为威胁事件（认知理论），因为过去他们就这样被人打过（行为与学习理论）。这些孩子可能生而具有以攻击方式对待威胁的倾向（遗传决定论），但是如果他们生活在一个不经常受挫的环境中（精神分析理论）或生活在一个基本需要能得到满足的家庭里（人本主义理论），他们将会克服自己的攻击行为。

第三节　人格心理学的任务与主题

一、人格心理学的双重任务

在过去大半个世纪中，人格心理学家通常采用两种研究方式，即个体人格“差异”的研究和个体的“人”的研究。前者主要研究人格中的普遍性或“共性”，如人们为什么在面临重大问题时会产生焦虑，为什么某些人可以归为“内向”一类的人，等等；后者主要研究人格中的独特性或“个性”，如一个人的人格特征与另一个人的有何不同，为什么会有这些不同。尽管这两种研究始终存在，两者却难以结合。作为拓展人格研究领域的一部分，奥尔波特和亨利·默里（Henry Murray，1893—1988）都试图将该领域放在作为整合整体人的研究当中，但是正如后来一些研究者所指出的那样，人格心理学家往往回避对个体生活的研究，而比较热衷于个体差异方面的研究。

不难看出，人格心理学面临着双重的研究任务：其一是关于个体差异的研究，其二是作为独特的、整合的、整体的单个人的研究（McAdams，1997）。如今，上述两种任务已经被冠以“分析性研究”对“结构性研究”以及“定性研究”对“定量研究”之名。从历史的角度来看，直至人格作为一个独立的研究领域出现时，由于心理测量传统已经在心理学中奠定了坚实的基础，以至于这种先期的“聚合胜利”导致早期“个体差异研究”的传统压倒“个体研究”的传统。心理测量使个体与个体差异的比较成为可能，人格研究者对这种差异的关注胜于对个体的内部特征的关注。

事实上，如果以“个体差异研究”取代“个体研究”，那么很有可能使人格科学中最核心的成分丧失，正如汽车制造商如果只关心不同品牌汽车的比较而不潜心研究汽车的内部结构与功能的话，那么他将不可能在竞争激烈的汽车市场中占有一席之地。人格研究始于人对自身的关注，只有彻底了解作为单个的、整体的、个体的人以后，我们才能对个体间的差别进行比较。从这种意义上讲，个体研究是个体差异研究的前提，一味强调哪种任务重要而忽视另一种任务，将有损于人格心理学的发展。

二、人格分析的三个层面

（一）人类本性

按照字面意义理解，人类本性即“人性”，是指人类最接近自然、真实的一面，亦即几乎每个人都具备的、人类作为一个物种所拥有的典型的人格特质和机制（Larsen and Buss，2011）。例如，几乎每个人都具有语言技能，这使得我们能学习和使用语言。地球上的任意一个人都使用某种语言，因此口语是人类本性的一部分。在心理层面，所有的人都拥有某种基本的心理机制，例如，与他人共同生活和归属社会群体的愿望，这些机制是人类本性的一部分。由于人类具有共同的祖先，因此无论国家、民族或种族，人类在许多生理和心理特性上都具有普遍性，这种普遍性归功于进化的结果。达尔文在《人类与动物的情感表达》一书中指出，人类的表情是从动物那里进化而来的，诸如愉快、悲伤、恐惧、愤怒一类的表情，在整个人类中都具有普遍性。从这种意义上讲，在许多方面，每个人都与任何其他人相似。

（二）个体和群体差异

一些人喜爱社交，喜欢参加聚会，另一些人则喜欢安静、独处和看书；一些人为了寻求刺激而去跳伞、驾驶摩托车或赛车，另一些人却尽量回避刺激；一些人具有高自尊，过着不太焦虑的生活，另一些人则经常感到孤独和被自我怀疑所困扰。这些就是个体差异的维度，是个人与他人某些相似的方面。

群体差异也可以用来考察人格。同一群体中的人可能具有某些共同的人格特征，它们使该群体的人有别于其他群体。人格心理学家研究的群体差异包括不同文化、不同年龄、不同政党以及不同的社会经济背景等。还有一个重要差异是男性和女性之间的差异，人类的许多特质和机制在两性之间是相同的，但仍然存在一些性别差异。例如，大量的证据表明，在所有的文化中，男性通常比女性表现出更多的身体攻击，男性对社会中的多数暴力负有责任。人格心理学的目标之一，是探究为什么不同的群体在人格的某些方面具有差异。例如，女性有怎样的人格特征？与男性的人格特征有何不同？为什么一种文化中的人有别于另一种文化中的人？

（三）个体独特性

每个人都具有一些他人没有的观念、兴趣、才能、习惯和特质，人格心理学的目标之一是考察个体的独特性和发展多种方法来把握个体丰富性的独特生活方式。该领域的争论之一是将个体看作总体中具有一般特征的个案（一般规律），还是将个体视为单一的、独特的个案（特殊规律）。一般规律研究通常包括对个体或群体进行统计学上的比较，需要大量被试样本来开展研究，往往被用于识别普遍的人类特征以及个体或群体的差异。特殊规律研究通常关注单一被试，试图观察个体在生活中表现出来的一般规律。特殊规律研究往往采用心理传记或个案研究等方法。例如，弗洛伊德曾写过关于达·芬奇的心理传记，奥尔波特用个案研究考察了詹妮·马斯特森（Jenny Masterson）的300多封信件，用以分析詹妮的人格特质。有研究者提供了特殊规律研究的另一种途径，即分析人们生活中的一系列事件，并尝试通过理解个体生活史中的关键事件来进行研究（Rosenzweig，1997）。

三、人格心理学的主题

人格心理学家在总结分析大量人格理论和研究的基础上，提出了人格领域的四个主题：特质、动机、认知以及社会背景（Winter，1996）。

（一）特质

在人格心理学中，特质的概念通常用于表示一致性的、相互关联的行为模式，尤其是表达和风格上一致的行为模式。人格的特质领域主要围绕以下几个方面的问题展开研究：基本特质的数量、特质的特性及特质是如何组织的。为此，心理学家采用了三种不同的策略进行考查：因素分析和相关的数学技术、纯理论的或先验性的理论化研究以及特殊规律研究法。第三种研究策略实质上忽视了“基本特质”的问题。有关人格特质的具体问题我们将在特质理论的章节中进行阐述。

（二）动机

在传统意义上，动机的含义包括三个方面：有机体的行为反应由什么激发？有机体为什么选择这种或那种活动趋向？为什么对相同的刺激在不同的时候会有不同的反应？动机的人格结构主要基于这样一种基本主张，即大多数行为都是指向某一具体目标，并且在趋向该目标的过程中表现出智慧性的变化，这种变化与刺激、情境、机遇、障碍及其他当前的目标相适应。从人格心理学的角度来看，动机被视为影响有机体认知和活动、思想和行为的内在动力。大多数人格理论都包含某种动机理论。

（三）认知

认知是指人的思维过程，包括知觉、记忆和语言，多指有机体对与自我和周围世界有关的信息进行加工的方式。正是由于人们加工信息方式的差异导致了人格的差异，因此有些人格理论家特别强调认知的重要性。人格的认知单元既涉及获得信息的类型，又涉及信息加工的方式，即认知的内容和过程都是理解人格非常重要的因素。在内容方面，有人注重人际的，有人注重非人际的；有人关注情感的，有人关注物质的。在过程方面，有人以细致的分析方式加工信息，有人则着重宽泛的概括性。目前，该领域主要涉及归因风格、认知方式及自我图式等方面的研究。

（四）社会背景

借助多种不同的研究方法，人格心理学家长期关注社会背景与文化的广泛影响。在20世纪早期，人格曾受制于行为主义和学习的实验研究，后来，文化与人格运动又强调人格形成中社会母体的广泛影响。20世纪60年代末70年代初，情境论者对人格特质的批评导致了该领域的重大危机，从而挑起了人—境之争（即人的行为主要取决于人格特质还是情境的问题）。20世纪90年代，女权主义运动及文化心理学的兴起将人格的社会文化推上了一个新的台阶。进入21世纪以来，对人格与文化的研究越来越受到关注，人格心理学家指出，跨文化的人格研究非常有益。社会背景与文化领域的研究主要关注：哪些人格特征是所有人共有的，但在某些文化中的引发方式不同；哪些特征会被一代一代传承下去，并成为某些特定群体的特征；哪些特征为所有社会（文化）中的人所共有。

知识链接：人格心理学大事年表

◆1883年，高尔顿发表《人类才能及其发展的研究》，此书标志个体差异心理学及心理测量运动的开始。

◆1895年，弗洛伊德与布洛伊尔共同发表用“谈话疗法”合作治疗安娜·欧的个案报告，并合著《关于歇斯底里的研究》，由此逐渐确立了精神分析在精神病学领域的地位。

◆1900年，弗洛伊德出版第一本科学解释梦的著作——《梦的解析》。

◆1911年，阿德勒与弗洛伊德决裂，创立个体心理学。

◆1912年，德国心理学家韦特海默创立格式塔心理学，主张用整体的观点研究心理现象。

◆1913年，华生在《心理学评论》杂志上发表《行为主义者眼光中的心理学》，标志行为主义产生。

◆1914年，荣格退出精神分析阵营，创立分析心理学。

◆1921年，奥尔波特在文章中首次对“人格与性格”做了区分，提倡用“人格”而不是用“性格”一词，而在此之前，“人格”主要用于变态心理学领域。

◆1924年，奥尔波特在哈佛大学开设美国最早的人格心理学课程：“人格与社会改良”。

◆1937年，奥尔波特出版《人格：心理学的解释》，标志人格心理学作为心理学的分支学科正式形成。

◆1938年，默里出版《人格的探索》，该书与奥尔波特的《人格：心理学的解释》一同被视为人格心理学形成的标志。

◆1942年，罗杰斯出版《咨询与心理治疗》一书，提出了著名的非指导性治疗方法，1951年被改称为“来访者中心疗法”。

◆1962年，美国人本主义心理学会成立。

◆1971年，美国心理学会设立人本主义心理学专业委员会，心理学第三势力形成。

四、人格心理学家的兴趣

人格心理学家的兴趣与其他心理学家有类似的地方，但是在以下三个方面又有不同：

（1）重视个体的差异而不是人的共同之处。

他们并不否定人格的某些共同方面或规律，例如，从出生到成熟，人的心理过程都存在不断分化、日益复杂的趋向，而这种发展上的变化在研究人格时极为重要。人格的个性与共性，正如汽车的引擎与外观，人格心理学家注重的是人格这种个体内部的“发动机”。

（2）更强调将人看作是“整合”的全体而不是许多部分的机能。他们力图了解个别心理机能如知觉、学习、思维及情感等如何有机地结合并构成人格的特征，这种人格特征又是如何适应各种内外刺激环境的。虽然普通心理学教材通常都是在各章节分门别类地讨论心理的各个机能，但是人格心理学家要求把它们整合起来，将个体视为一个完整的人进行了解和研究。

（3）关注稳定的特征而不是决定当时行为的外部刺激与情境。人格研究者承认，人在环境中会对刺激做出反应，不论是自然界的（如狂风暴雨的袭击）还是社会性的（如他人对自己的期望）环境都有力地影响着人的思想、情感及行动。然而，人格心理学家还要寻求内部的稳定机制来解释人的全部行为，因为甚至连新生婴儿的反应也表现出许多重要的个体差异和变化。但对人格心理学家而言，更为重要的任务是揭示个体的内在特性，并将它们与有关外部刺激的知识结合起来，从而真正理解并成功地预测个体的行为。

从某种程度上讲，所有的人格心理学家都在试图以各自的方式将心理学不同领域中各种有用的知识综合成一个连贯而统一的整体。与此同时，也提出了大量关于人的本质的问题。尽管这些问题的答案众说纷纭，但是每种人格理论都针对以下问题直接或间接地做出了某种回答：

①行为的目的。人的行为在何种程度上是由未来指导而不是由过去决定的？如果目的性行为被认为是目标定向或未来定向，那么人的行为是否至少部分取决于未来事件或我们对未来事件的理解？

②潜意识的机制。精神分析学家如弗洛伊德特别强调潜意识的重要性，这其中必然面临这样的问题：潜意识与意识的关系如何？如何理解潜意识？人能意识到自己的潜意识动机吗？如果能，怎样才能意识到？潜意识的作用机制是什么？

③早期的经验。儿童的早期经验如何与成年期的人格相关？人格是否存在不可逆的发展阶段？早期经验的不良影响能否被彻底去除？弗洛伊德认为人格在5岁左右就基本定型了，而荣格认为最重要的人格发展要到40岁才出现。

④人格信息的来源。通过观察、访谈、问卷调查、测试，我们能够获得多少关于被试的人格信息？早期的研究通常采用内省的方法，后来，人格研究者又编制了大量的人格量表。近来，一些研究者甚至还通过社交网站来获取人格信息（Gosling，Gaddis and Vazire，2007）。总之，人格信息来源的科学性问题一直未能顺利解决。

⑤个性与共性。每个人都是独特的（个性），因为没有两个人的遗传基因和环境经验是完全相同的。然而，每个人又都有普遍性（共性），社会对所有成员都有相同的要求，包括伦理、道德、法律及各种各样的规则。在更大范围内，引起我们美感的东西以及使得我们发笑或悲哀的事情是由社会文化决定的。因此，无论强调是人的个性重要还是共性重要，人格心理学家都应当在该问题上做出取舍。

第四节　人格的研究方法

一、收集人格信息

（一）行为观察

如果你想了解一个人的人格，最直接的方法就是观察他的行为，这是因为人格最明显的表现就是他做了什么。观察可以在真实生活中进行，也可以在实验室条件下进行（Furr，2009）。

1. 自然情境下的观察

自然情境下的观察是指研究者不改变或不干预自然环境，以观察自然情境下发生的行为现象。例如，如果你看到某个人非常友好，或诚实到令人感到不安，或精力充沛到令人惊讶，那么你将自然对他的友善、诚实和精力水平形成一个结论。人类的一些行为只有通过自然观察才能进行研究，因为在非自然条件下研究是不道德的或不切实际的。例如，研究生命早期的严重剥夺对儿童人格发展影响的实验就是不道德的。尽管自然观察比较简单、易行，但现实中仍然会遇到一些困难：

（1）如果试图在自然状态下观察人的行为，就必须确保被观察者没有觉察到研究者在观察他。试想，当你意识到有人正在观察你时，你绝对不会做那些你曾在私密空间里进行过的行为。

（2）可能会产生观察者偏差。观察者偏差是指观察者自己的动机、期望和先前经验等因素妨碍了观察的客观性。例如，有人假设男孩比女孩更具语言攻击性，如果一位研究者预先就知道要研究这个假设，那么就很难保持观察的客观性。

（3）在观察时想要观察到的行为未必会发生。例如，想要观察真实生活中人们的服从行为，虽然服从行为在一些情境中是比较容易发生的，但是如果特意设计某种情境以产生服从行为，那就不是自然观察了。

自然情境行为观察的好处在于它所获得的人格信息比较真实，描述了参与者在日常活动中真实的作为。其不足之处在于收集成本较高，而且研究者想观察的某些情境可能很少在参与者的日常生活中出现，这就需要通过实验情境的行为观察获得相关信息。

2. 实验室观察

实验室观察是指在实验室或预先设置好的情境中对个体的行为进行观察。例如，就在参与者填写一张表格之后，突然有烟从门缝涌进来，而研究者正在外面拿着一个秒表，试图测量参与者多久会跑出来，或是会不会跑出来。如果研究者想知道参与者在真实情境下对烟雾的反应倾向，那么他必须花很长时间来等待这种情境的到来，而在实验中，研究者可以操控这种情境的发生。

由于实验室的环境具有人为性，而人工操纵的环境有可能会导致不自然的行为，一个人在实验室中的表现与他们在真实世界中的表现通常是不同的。试想，如果要在实验室情境下观察不同人格特质被试在建立亲密关系中的行为表现，那将会与在现实生活中的表现有怎样的不同。因此，实验室观察的结果不一定能推广到现实情境中。

（二）自我报告

自我报告是一种通过书面或口头语言回答研究者问题的方法。在实际研究中，研究者经常会对那些无法直接观察到的经验数据感兴趣。这些经验有时是内部的心理状态，如信仰、态度、感受等；有时是外部行为，但不适合心理学家现场观察，如性行为或犯罪活动。这时研究者就要依赖自我报告。

自我报告包括问卷法和访谈法。人格问卷或调查包括一系列书面的问题。例如，一个关于“友好”的问卷设计，可能包括“我真的很喜欢大部分人”，“我经常参加很多聚会”（肯定的回答表示是友好的），“我认为人们都是讨厌的、卑鄙的”（否定回答会增加友好的分数）。问卷所做的就是再三地以不同表述问同一个问题，即“你是一个友好的人吗”，开放式问题有自由回答的问题，还有一些问题有备选答案，如“是”“否”不确定。

访谈是指研究者为了获得详细信息而与个体进行对话。不像问卷的完全标准化，访谈是互动式的，访谈者可以根据回答的内容变化问题。好的访谈者除对显现的信息敏感，对社会互动的过程也应是敏感的。受过训练的访谈者与回答者建立友善的、积极的社会关系，鼓励回答者信任访谈者，并与访谈者分享个人信息。

尽管自我报告因其简单易行、信息量大、深入内心而被研究者广泛使用，但也有其局限性。正如范德指出的那样，采用自我报告的缺点在于，“或许他们不愿意告诉你”“或许他们不能告诉你”（Funder，2018），以及有可能告诉你错误信息，因为参与者可能不太理解问题或不能清楚地记得他们当时的经历。此外，自我报告可能受社会期望的影响，为了产生良好的印象，人们可能给出虚假的或误导性的答案。如果回答者意识到问卷或访谈的目的，为了能获得工作、从精神病院出院或完成其他目标，他们可能说谎甚至捏造事实。

（三）生活事件

通过深入了解一个人生活中发生的事件可以获得广泛的人格信息。“你大学毕业了吗？”“在校期间获过何种奖励？”“你有担任过什么职务吗？”“你住过院吗？”“你进过监狱吗?”这些问题的答案反映了一个人的生活经历和事件，类似于人的成长档案，它们是实证的、具体的、真实的，具有重要的心理学意义。

生活事件可以看作是人格的结果或“痕迹”，而不是人格本身的直接反映。它们证明一个人的行为如何影响他的生活，包括重要的生活事件、健康和物质环境。例如，一个责任感较低的人可能工作表现不佳，那么其获得升迁的可能性就比较小，反映在薪酬水平上则为比较低。又如，一个吸烟多年的人，相比没有这种习惯的人来说，可能肺部健康状况更差。

生活事件的优点在于其具体性和客观性，一个人的学历、收入、婚姻状况、健康状况，以及其他很多具有重要心理意义的事件都可以相当具体，甚至以精确的、数字的形式表达出来。此外，生活事件在很多情况下都受心理变量的影响，并为其提供独特的信息。例如，某些心理特点可能使一些人比其他人更容易出现攻击行为，某些心理特点如责任感，则可能是获得录用或完成学业的必备素质。尽管如此，生活事件受很多因素影响，这使得我们难以将人格特征与生活事件建立直接的对应关系。例如收入和身体健康，尽管显然与人格有关，但并不能简单将它们与一种或少数几种人格特征联系起来。

二、临床研究

（一）定义

临床研究又称个案研究，这种方法以独特的个体为研究对象，通过谈话、观察、作品分析等途径广泛收集材料，对个体的人格进行全面而准确的定性描述，从而系统、深入地研究人格。在大多数情况下，这些个体往往是受心理失调困扰的行为异常者或是在某些方面比正常个体更为独特，而他们的失调或独特正是研究人员的兴趣所在。研究者详细记录这些人的经历、当前行为以及在持续数年的研究过程中所发生的行为变化。

从传统意义上讲，人格心理学家比其他领域的心理学家更偏爱这种方法。临床研究的资料一般是描述性的，研究者通常不报告具体数字和统计分析结果，而是描述他们对被研究者的印象及其临床表现说明了什么问题。研究人员偶尔也作一些定量的评价，但是一般不对研究结果作比较分析。

（二）来源

临床研究源于精神病学领域，后来被精神分析与人本主义者继承和发展。早在19世纪，法国医生沙可对前来巴黎神经病诊所就诊的癔病患者的问题（如图1－1），如无解剖意义上的瘫痪症、有健康的视觉器官却不能正常地看、无缘无故地短期昏厥以及无法解释的健忘症等特别感兴趣，同时对这些症状进行分类，并用催眠术进行治疗。这种方法后来被弗洛伊德发扬光大，并在此基础上构建了一套完整的精神分析疗法。弗洛伊德在创立其人格理论之初，几乎全部依赖于他自己对患者的深层分析。

图 1－1　沙可用催眠治疗癔病患者

以马斯洛和罗杰斯为代表的人本主义心理学家通过对自我实现者和来访者的全面评价，提出了关于人类本性的独特见解，马斯洛研究的对象——自我实现者每个都是独特的个案。自称是人格研究中最注重科学严谨性的行为主义者也要依仗临床研究来说明其行为理论与治疗方法，如华生对孤儿艾伯特所做的恐惧获得实验即是一个经典的临床个案研究，该研究常用于说明条件反射的原理。

（三）举例

曾经有一项个案研究占据了《人格杂志》（*Journal of Personality*）的整个专题（Nasby and Read，1997），研究介绍的是道奇·摩根（Dodge Morgan）。他在 54 岁时，独自一人凭借一条小船完成了环球航行。研究者报告的这项个案具有较高的可读性，解释了这个有趣的人何以完成一件几乎不可能完成的任务。解释集中说明了摩根早期的生活经历如何使其形成特殊的成年人格，从而完成了单独乘小船环游世界这一极端行为。在进行个案研究时，心理学家利用摩根的航海日志、自传材料进行访谈，甚至采用标准化的人格问卷等方法。作者总结说，人格理论为讨论个体的生活提供了一种语言；反过来，分析个体的生活为评价人格理论如何帮助我们理解具体的个体提供了一种方法。

（四）评价

早期的人格心理学家比较偏爱临床研究，正如奥尔波特指出的那样，如果不对单个人进行深入分析，我们就不可能理解整个人格的本质。事实上，我们今天之所以能够对人格或人性做出比较科学的解释，在很大程度上得益于大量的临床经验和个案分析。一些人本主义心理学家指出，如果把一个人缩减到仅用纸上的几个数字来描述，那么很可能使我们失去完整的、真实的人格。对于一些罕见的个案，临床研究更有优势。例如，你打算研究政治谋杀者的人格，符合这一标准的人数量极少，而你在调查他们的背景及其当前的行为表现时可能会受到限制，此时临床研究无疑是首选。

尽管如此，临床研究的弊端还是比较明显的。第一个问题就是个案的推广性问题。一个人以某种方式行动，并不意味着所有人都按这种方式行动。事实上，当人格理论家寻找心理治疗方案时，从临床研究中获得的很多资料都引起了他们的思考，这是因为他们感觉到每一个患者的问题都是不同的，人与人之间有很大的差别。

第二个问题是确定因果关系的问题。例如，一个恐水症患者可能回忆起儿时险些被淹死的创伤经历，虽然我们可以推断这种早期经历可能是导致他患上恐水症的原因，但是我们并不能肯定没有这种早期经历他就不会患恐水症。

第三个问题是在临床研究中，研究者的主观推断往往会妨碍研究的客观性，他们的期望可能使自己只注意那些能够证实研究假设的材料，而忽略那些不能证实研究假设的材料。

三、相关研究

人格特质与学业成绩有关吗？一个人的性格能预示他的职业成就吗？学过人格心理学过的人比没学过的人更能准确了解人吗？诸如此类的问题我们不能通过简单的描述来回答，而是要采用相关的方法进行研究。

（一）定义

相关研究主要运用测量与统计的方法，在相同条件下考察一组被试的两个或多个变量之间的定量关系，由此确定被试之间在某种人格特征上的差异，以及在多种人格特征之间、人格特征与其他因素之间的联系或相关情况，相关的大小一般用相关系数来表示（见表 1－1）。例如，我们可以通过测验与统计分析确定成就动机与学业成绩、自我概念与考试焦虑程度等因素之间的相关程度。与强调观察的临床研究不同的是，相关研究重在测量；临床研究注重对一个或几个被试的研究，而相关研究则强调从大量被试中获得数据；人格的临床研究强调整体，而相关研究却强调人格结构各个元素间的关系。

表 1－1 相关系数的强度大小与意义

相关系数范围（绝对值）	变量关联程度
0.8 以上	很高相关
0.60～0.79	高相关
0.40～0.59	中相关
0.20～0.39	低相关
0.19 以下	很低相关

（二）来源

弗朗西斯·高尔顿

人格的相关研究起源于英国学者弗朗西斯·高尔顿（Francis Galton，1822—1911），在达尔文创立进化论的影响下，高尔顿开创性地研究了人类的个体差异以及这些差异与遗传的关系。他坚信人类的特性是遗传下来的，而且这些特性是可以系统测量的。高尔顿在研究中特别强调三个因素，即个体差异、测量和遗传，同时在被试中运用测验、评估、问卷等考察手段，提出了相关系数的概念，用以确定各组数据之间的定量关系，这些做法至今仍然是人格相关研究的主要特征。在研究智力问题的过程中，查尔斯·斯皮尔曼（Charles Spearman，1863—1945）还发明了一种称为因素分析的统计方法，人们可以据此从大量数据中找到共同的因素。人格研究者所关心的问题在于人与人之间是否存在不同的基本特征或组成因素，如果我们对许多人格特征进行测量，那么测得的差异果真可以归为几组吗？后面我们将看到，人格的因素分析法不仅是相关研究的基础，而且也是人格特质理论的基石。

（三）举例

假定我们想要研究电视暴力片与儿童攻击性行为的关系，采用相关设计不失为一种理想的方法。研究中只要获得两个主要变量——电视暴力片与攻击性行为的数据即可得出两者的相关。首先，我们要想办法获取儿童观看电视节目的基本情况（如每天看什么类型的电视节目，节目中有多少暴力镜头，等等），这可以通过对儿童本人或其监护人的访谈及问卷获得。其次，我们要了解儿童在日常生活中攻击性行为的情况（如平时是否喜欢欺负别人，是否喜欢讲粗话和脏话等），这可以通过与儿童、监护人及其教师的访谈或问卷获得，也可以通过同伴提名获得这方面的数据。最后，通过相关分析得出两个变量之间关系的性质和大小。如果不出意外，该研究可能的结果是：电视暴力片与儿童攻击性行为之间存在显著的正相关。值得一提的是，这一结果仅仅反映两者有关系，并不能说明电视暴力片导致了儿童的攻击性行为，它们之间很有可能是互为因果的关系。此外，在两者的关系中，还有很多其他因素（如父母受教育水平、家庭结构等）对其产生影响。

（四）评价

相关研究往往以其简洁、经济、易操作等特点取胜。

其一，相关研究一般比临床研究和实验研究更容易操作，且更节省时间，因为它可以同时测试或调查成批被试，在短时间内能获得研究变量的大量数据。

其二，由于相关研究无须严格控制与操纵变量，这使得其结果比实验研究更可能符合研究对象的自然形态与实际情况，从而减少研究的人为因素，提高其生态效度。

其三，相关研究使我们可以研究实际上或伦理、法律上无法控制或操纵的变量，如性别、年龄以及家庭出身等。例如，在道德上我们不能教育或培训一个杀手来研究环境教育对人格和犯罪行为的影响。

其四，在现实中存在许多不同因素之间相互作用、互为因果的关系，对于这种情况我们没有必要通过实验法来确定它们之间谁是因、谁是果。

但是，正如我们看到的那样，相关研究的结论充其量只能表明事物之间有无关系或联系，它无法揭示事物之间的因果关系。不仅如此，看似相关的两组变量很可能只是一种表面的相关或假相关，或者它们可能同时受第三个变量的共同影响，即两组变量只是构成一种共变关系。例如，气质的体型说认为，人的气质与体型有关，事实上，气质与体型只是一种表面的关系，无论是气质表现还是身体长相，两者都受制于遗传素质。另外，相关研究大多依赖测量，尤其是被试的自陈报告，这样又难免要牵涉到测量的信度和效度问题。如果测量的结果不可信或者无效，那么依据这一结果所做出的相关分析显然就没有意义。

四、实验研究

（一）定义

实验研究一直被当成心理学的科学研究方法，这种方法要求严格控制实验条件，系统地操纵某个或多个变量（自变量），以期导致另一个或另一些变量（因变量）的某种变化，据此做出因果性的推论。例如，我们可以操纵作业的难度或时间限制，考察具有不同人格特质（如外倾性或神经质）被试作业成绩的变化，以了解作业难度与紧张程度对具有不同人格特质被试作业成绩的影响。与强调个体和整体的临床研究不同，实验研究一般要求较多被试；与强调个体差异和测量的相关研究不同，实验研究强调探讨适用于所有人的心理机能的普遍规律；与临床和相关研究都不同，实验研究要求对自变量进行操纵，由此得出因果性的结论。

（二）来源

人格的实验研究源于实验心理学的缔造者——德国心理学家威廉·冯特（Wilhelm Wundt，1832—1920）。大约与沙可在法国进行临床研究和高尔顿在英国进行相关研究的同时，冯特在德国建立了世界上第一个心理学实验室。他特别强调将心理学发展成如物理学、化学一样的自然科学，采用自然科学的实验研究方法来进行心理学研究，这些无疑跟冯特早期的化学和生理学专业的训练有关。与此同时，德国的另一位心理学家赫尔曼·艾宾浩斯（Hermann Ebbinghaus，1850—1909）以自己为被试，用实验的方法证明了高级心理过程——记忆的可研究性。不过，在心理学史上，最为经典的实验研究当数行为主义的研究，这其中包括巴

威廉·冯特

甫洛夫的经典条件反射实验和斯金纳的操作性条件反射实验。当然，由于人格本身是一种相对稳定的个体差异，因此，与心理学的其他领域相比，人格的实验研究显得非常有限。

（三）举例

实验研究一般从提出假设开始，通过对自变量的操纵以及对额外变量的控制，借以考察这种变量的变化对其他变量所产生的影响，并在此基础上做出有效的预测。例如，心理学家对孤独感的个别差异很感兴趣，他们很想知道为什么一些人经常被孤独感困扰，而另一些人则很少感到孤独。为此，他们提出了这样的理论假设：孤独的人缺乏社会技能，因此不能发展和保持令自己满意的人际关系。从这一假设出发可以提出许多相关的预测：首先，具有稳定的孤独特征的人比不孤独的人更少主动与别人谈话；其次，在别人怎样看待自己的问题上，孤独者比不孤独者自我感觉差；再次，在与他们交谈时，孤独者比不孤独者会说出更多不恰当的话。上述假设都可以通过实验加以检验。例如，我们可以通过记录孤独的人和不孤独的人与刚结识的人的谈话来验证最后一个假设。评估者可以统计他们在谈话中做出恰当反应的次数，提出恰当问题的次数等。如果有孤独特征的人在谈话中做出的恰当反应少，这个假设就得到了证实。

（四）评价

实验研究具有临床研究和相关研究不可比拟的优点，它不依赖自陈报告材料，力求客观准确，对变量的控制严密，能够操纵变量，从而做出精确的定量分析，并得出因果性的结论。实验研究常因其可操作性、可验证性和可重复性而被视为理想的科学研究方法。但为什么并非所有的人格心理学家都采用实验研究呢？很显然，实验情境下人格研究的内容非常有限。我们在多大程度上可以在实验室里研究像幻想与恋情关系之类的人格现象呢？又在多大程度上可以将实验室的研究结果用于推断个体日常生活中的行为呢？由于受实验情境本身的限制，其研究结果不可避免地带有一定的人为性，因而其结论难以直接推广到日常生活中。

然而，对大多数人格心理学家而言，实验研究最棘手的问题还在于它对众多人格因素之间的复杂关系的处理上。实验研究要求对变量进行严格控制，而且一次只能对某个或某几个少数变量进行研究，这不仅不能把握众多相互联系、相互作用过程的人格因素，而且会对许多主观的、复杂而又重要的东西视而不见，为了严谨性与客观性而牺牲主观性与意义性。鉴于此，即使在确定了具体变量间的因果关系后，人格心理学家仍然面临各个部分和各种因素如何整合的任务，亦即将人格分解成部分之后，要解决怎样将分解后的部分加以复原的问题。实验研究以客观性著称，但作为实验对象的人具有高度的主观性、能动性与独特性，因此实验的方法难以彻底排除实验对象的主观认识和态度对实验过程的影响。

由于人格领域自身的复杂性、多样性及其影响因素的广泛性等原因，任何一种研究方法都不可能单独解决所有问题，每种方法既有自己的优势，也有自身的不足（见表 1－2）。用于确立变量之间的因素关系，实验法是比较理想的。例如，它可被用来确定噪音环境是否妨碍内向者的成绩，但不会影响外向者。然而，确定日常生活中自然发生的各种变量之间的关系时如若使用实验法就失宜了。对于某些问题而言，使用实验法可能是不切实际或不道德的。例如，假如研究者对营养在智力发展中的作用感兴趣，那么在进行实验研究时，让一半儿童在童年期的几年里营养不良，从而考察营养是否会影响他们成年期的智商，这样做是不道德同时也是不允许的。此外，人格领域还时常与其他人文社会科学领域的研究交织在一起，因此，还需要借助其他的研究方法，如跨文化研究。

表 1－2　三种研究方法比较

方法	优势	不足
临床研究	①避免实验室的人为性； ②研究人—境关系的复杂性； ③导向个体的深度研究	①导致非系统观察； ②对资料进行主观解释
相关研究	①研究众多变量； ②研究许多变量的关系	①建立的关系是联系性而非因果性的； ②导致自我报告的信度和效度问题
实验研究	①操纵具体变量； ②客观记录资料； ③建立因果关系	①有很多现象不能在实验室研究； ②人为情境限制了结论的推广性

知识链接：多种方法并用——A 型行为模式举例

最初，人格特征与心脏疾病有某种联系的观点是由两位心脏病学家基于临床观察提出来的（Friedman and Rosenman，1974）。这两位心脏病学家通过临床观察发现，许多患心脏疾病的年轻人都有某种并发的行为特征，如争强好胜、时间紧迫感强、富有攻击性等，这种行为模式被称为 A 型行为。临床访谈观察到的这一模式通过结构性访谈进一步测定了个体在这方面的差异。访谈所问的标准问题旨在获取竞争性、急躁性和敌对性方面的情况。除访谈内容外，研究者还对表达风格特征，如语速、音量、爆破音等进行了测量。随后，其他研究者还设计了一个问卷来测定与 A 型行为模式相关的人格特征差异，对 A 型行为模式的研究和测定及对其与心脏疾病关系的考察持续了 20 多年。

在这期间，实验室的研究主要用来确定通过结构访谈或问卷界定出的 A 型个体是否在各种不同的任务上与非 A 型个体的行为有差异。研究发现，相对于那些在 A 型行为测量上得分低的个体而言，那些得分高的人往往能够解决更多的问题，且更能在接近于忍耐极限的水平上工作而精力比较旺盛。在一项自然情境的研究中，研究者发现那些在 A 型人格问卷上得分高的美国和印度的汽车司机比得分低的司机承受着更大的压力，驾驶行为更急躁，出车祸的可能性也更大（Evans，1987）。

像 A 型行为模式的研究那样，人格领域的大多数研究起源于临床观察，由临床观察进一步导致结构性访谈和个体在相关人格特征模式间差异的问卷测定，通过这些测量手段获得的个体差异再与实验室任务的表现、现实生活情境中的表现以及其他问卷的结果一一进行比较。这是目前人格领域研究的一般模式。

第二章　人格与潜意识

第一节　弗洛伊德：精神分析

一、弗洛伊德的生平

西格蒙德·弗洛伊德

西格蒙德·弗洛伊德（Sigmund Freud，1856—1939），1856 年 5 月 6 日出生于现属捷克共和国摩拉维亚小城弗赖堡的一个犹太商人家庭。父亲雅克布是一名羊毛商，有 10 个孩子，母亲是雅克布的第三任妻子。当弗洛伊德出生时，他的父亲已经 40 岁，并且已经做了祖父，而他的母亲却只有 20 岁。在这种复杂的家庭关系中，年幼的弗洛伊德必须牢牢记住这一事实——他有一个与他母亲同龄的同父异母的哥哥和一个比他还大的侄子。

弗洛伊德是后来的这一家庭中的长子，也是母亲最宠爱的孩子。在家里，妹妹房里常点蜡烛，而他的房间总是点汽灯。有一次，妹妹练琴打扰了他学习，他提出抗议，钢琴就被搬走了。他对妹妹经常发号施令，俨然以家庭骄子自居。这一切养成了他自信和自负的性格。弗洛伊德与母亲之间存在一种亲密、强烈且良好的亲情，这常使他感到自己的成功与其年轻的母亲对他不容置疑的爱有关。弗洛伊德的母亲相信自己的儿子与众不同，这使他本人也逐渐相信了这一事实，弗洛伊德随后取得的诸多成就是源于一种自我实现的预言。这种早期的经历不仅影响了弗洛伊德的一生，而且也深刻地影响到其理论的创立。

1873 年，弗洛伊德以最优的成绩毕业于古典中学。在中学期间他就崇拜达尔文的进化论，喜爱采集各种花草标本，并决心专攻医学，后考入维也纳大学医学系。1876 年，弗洛伊德进入布吕克教授主持的生物学研究室做研究生，在这里他结识了奥地利生理学家、精神病医生约瑟·布洛伊尔，开始迈出研究精神疾病的第一步。弗洛伊德的兴趣广泛，除学习医学外还学习人文科学和进化论等。在从事生物学研究期间，他曾解剖过 400 多条雄性鳝鱼，以研究睾丸的结构。1877 年，年仅 21 岁的弗洛伊德发表了有关鳗鱼的生殖腺之形态与构造的论文。1880 年 12 月，弗洛伊德与他的第一个合作者厄根·布洛伊尔（Eugen Bleuler，1857—1939）开始治疗安娜·欧，这一病例对弗洛伊德后来走上精神分析之路有重大影响，弗洛伊德把它作为精神分析的开端。研究的最终结果是布洛伊尔与弗洛伊德合著了《关于歇斯底里的研究》。该书在出版后的 13 年中只销售了 626 册，两人因在该书的出版上存在分歧，1898 年关系破裂。

1902 年，在他的一些学生的推动下，弗洛伊德成立了包括他早期最重要的两个合作者阿德勒和荣格在内的"星期三精神分析讨论会"。1908 年复活节，以弗洛伊德为核心，欧洲各地的精神分析学说的支持者和信徒集会于萨尔斯堡，召开"国际精神分析大会"，决定发行会刊《精神分析学、精神病理学研究年鉴》。同年 4 月，弗洛伊德组织的周三讨论会改名为"维也纳精神分析学会"。1910 年 3 月，第二届国际精神分析大会在纽伦堡召开。会上正式成立了"国际精神分析学会"，弗洛伊德的得意门生、瑞士精神分析学家荣格当选为第一任会长。次年，弗洛伊德即与荣格发生分歧，两人的感情恶化。1912 年两人终止私人通信，1914 年荣格辞去会长职务。几乎与此同时，弗洛伊德与另一弟子阿德勒也分道扬镳。阿德勒从"国际精神分析学会"退出以后，另行组建"个体心理学会"。

西方学者一般将 1913 年作为弗洛伊德早期和晚期思想的分界线。1913 年，国际精神分析大会在慕尼黑召开，弗洛伊德与荣格彻底决裂了。1914 年，第一次世界大战的爆发使战争恐惧症和战场精神病增加，人们对精神分析更加关心，精神分析学说在欧美的威信提高。从 1919 年到弗洛伊德逝世，他在西方的声誉达到了顶峰。1923 年，弗洛伊德被诊断患上口腔癌，他最后的 16 年就是在同癌症做斗争中度过的。同年，开始与罗曼·罗兰通信。70 岁生日那年他收到了布兰德斯、爱因斯坦、罗曼·罗兰等人的贺电。当日，弗洛伊德声明从实际运动中引退。

1930 年，弗洛伊德发表了晚期代表著作之一《文明及其缺憾》，书中揭露了人类社会的许多弊端。同年，弗洛伊德由于对文学的巨大贡献而获得了"歌德文学奖"。他的最后一部重要作品《精神分析纲要》渗透着他晚年的全部心血，是他创作的最高峰，也是他一生研究的总结。弗洛伊德晚年还有一些创作夙愿，但由于疾病折磨而没有完成。1939 年 9 月下旬，弗洛伊德告诉自己的医生马克斯·舒尔茨，"现在剩下的只有折磨，并且不再具有任何意义"（Schur，1972）。这位医生答应弗洛伊德，不会再让他承受不必要的折磨。他在接下来的 24 小时里，给弗洛伊德注射了三次吗啡，每次注射的剂量都大于镇静所需的剂量，结束了弗洛伊德多年的痛苦。

二、精神分析的假设

（一）心理能量

精神分析假设，人的心理过程需要能量驱动才能不断地进行下去，这种能量被称作心理能量（psychic energy），或者叫力必多（libido），它在特定时刻是稳定且有限的，正是它驱动了所有的人类活动。是什么驱使人们去做这件事而不是那件事，是什么驱使人们为其所为？弗洛伊德假定每个人的内部都有一个能量来源，即受心理能量的支配。心理能量按照能量守恒的原理来工作：个体所具有的心理能量在其一生中是恒定的。心理的某部分占用了能量，另一部分便得不到能量。一个人人格的改变意味着心理能量的方向发生了改变。

现在的精神分析理论已经远离了弗洛伊德关于心理能量的最初观点。当前的假设是：处理心理的过程需要的是心理能力（capacity），而不是能量（Westen，1998）。这种新的观点对原有观点的保留之处在于能力被用于一种用途之后便不能用作另一种用途。精神分析的一个目标就是为了应对日常生活的各种挑战，释放更多的心理能量，将神经官能症的冲突逐个消除（Funder，2018）。

（二）心理决定论

精神分析认为，任何事情的发生都不是偶然的，每一种行为、思想和情感的背后都有其原因。日常生活中看起来很微小的“偶然事件”，通常都是动机性潜意识的表达。精神分析学家坚信，心理学可以解释以下这些自相矛盾的事情：道德行为倡导者的强迫性赌博，等等。他们所需要的是勤奋、洞察力，当然还有适当的精神分析。

在弗洛伊德看来，那些行为和心理看上去矛盾的冲突是可以被解决的，不存在偶然性。每一次口误、迟到、忘记一个人的名字和摔坏他人的东西都有特定的原因，精神分析的目的就是深度挖掘这些原因，它们通常是藏在心里的隐蔽部分。精神分析为此得出的结论是：许多重要的心理过程都是潜意识的。假如潜意识的成分能够被分析的话，我们就可以找到它们产生的原因。当代研究越来越支持这一观点：只有一部分心理过程是可以被意识到的（Shaver and Mikulincer，2005）。

（三）潜意识动机

精神分析认为，人类心理是由三部分构成的：意识、前意识（preconscious）和潜意识。意识是指一个人当下能够意识到的所有思想、情感和知觉。不管你正在思考什么或有什么感受，它们都处在你的意识层面。任何你目前不能想起，但能够轻易地被提取并进入意识层面的信息，都处于前意识层面。例如，读小学时你最好的朋友叫什么名字，你关于母亲的最早记忆是什么，等等，这些信息存储在前意识。人类心理最大的一部分，弗洛伊德称之为潜意识，包含的是一些不可接受的信息，完全隐藏于意识之外，它所包含的记忆、情感或冲动是令人难以接受的，甚至是非常厌恶的事情，常常使个体深感焦虑。

弗洛伊德指出，控制性本能和破坏本能的方式之一就是不让它们进入意识层面。例如，一个有恋母情结的男孩，可能有一种希望父亲死去从而霸占自己母亲的欲望，但是这种欲望违背了伦理道德，而且会让男孩感到非常痛苦，因此只有将这种欲望和冲动压抑到潜意识中。潜意识中隐含着一些被压抑的记忆、情感以及来自本我的本能性驱力，有时，潜意识中的思想、情感或欲望可能会通过“伪装”的方式进入人的行为。例如，你遇到一个人，并很希望与其进一步交流，于是你可能潜意识地将一本书或一件衣服落在这个人的家里，以便为你们的下一次会面作铺垫。

（四）内部结构

精神分析假设，心理有内在的结构，它由很多具有独立功能的部分组成，有时各部分之间也会发生冲突。弗洛伊德将心理的内部结构划分为本我（id）、自我（ego）和超我（superego），它们分别代表了心理的非理性和情绪化部分、理性部分和道德化部分。一个人的本我不断要求满足各种欲望（如性欲），而他的超我却极力阻止他去满足，在这之间，自我不得不去调节这两股相互冲突的力量。

目前，生物心理学和认知心理学并没有发现心理可以被精确地分为三部分。然而，这两类研究却支持心理是由不同的、相互独立的结构所组成的，这些不同的结构可以同时处理不同的思想和动机（Gazzaniga，Ivry and Mangun，1998；Shaver and Mikulincer，2005）。因此，尽管心理的这三个部分可能不像弗洛伊德预想的那样存在，但认为心理不只是一个声音，而是由多个声音组成，并且这些声音可能表达不同的东西，这是非常合理的。

三、人格的结构与驱动力

（一）人格的结构

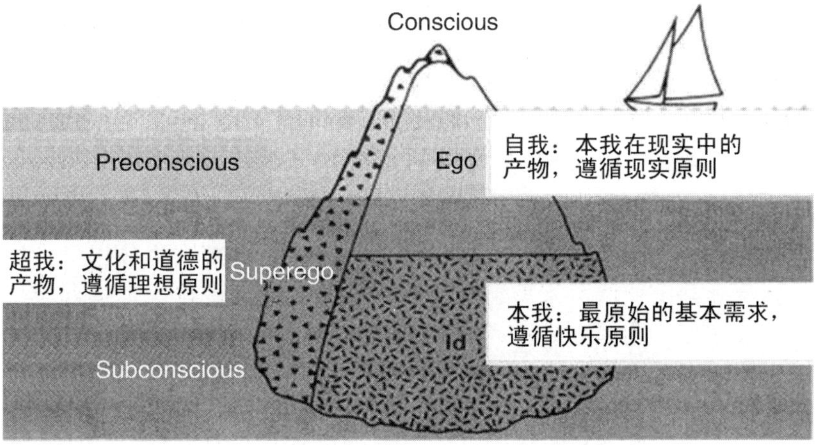

图 2－1　本我、自我和超我及三者的相互作用

弗洛伊德最初将人格的结构分为三个层次，即意识、前意识和潜意识。后来，他对此观点做了修正，并引入了人格的三个基本结构：本我、自我和超我。其关系如图 2－1 所示。

1. 本我

本我是由遗传的生物本能和欲望组成的，可以看作是原始驱动力的储存处。它以非理性的方式运作，受冲动支配并追求即时的满足感，不考虑所渴望的行为是否现实可行，是否被社会认可。本我被快乐原则所支配，这种快乐特别指性、生理和情感快乐。如果每个人的人格都只受本我控制，无节制地寻找满足感，为了能随时实现欲望而不考虑其后果，那么，这个世界定会陷入无法想象的混乱之中。

2. 自我

本我产生能量，但如何使用能量则由自我控制。基于现实考虑的自我常常被用于调节本我冲动和超我需求之间的冲突。自我代表一个人关于生理和社会现实的观点，是他关于行为的原因和结果的理性认识。自我的一部分工作是选择那些能够满足本我冲动的行为，但这些行为同时又不会带来不愿看到的结果。自我受现实原则支配，这种原则为快乐的需求提供现实的选择。比如，自我会阻止考试作弊的冲动，因为它考虑到因作弊被抓而产生的后果，同时它会用以后更努力学习的行为或者寻求教师同情等方法来代替作弊。当本我和超我产生矛盾后，自我会进行折中来尽量满足两者的需要。然而，当本我和超我之间压力非常紧张时，自我很难做出最优的折中。

3. 超我

超我对于自我的思想和行动起着判断和监察的作用，是一个人的价值观的储存处，包括从社会习得的道德态度。超我的一部分称为良心，反映着一个人的道德标准。当行为违背这种标准时，良心就会受到内疚感的惩罚。当儿童开始将父母或者其他成年人的某些社会禁忌作为他价值观的一部分时，超我便逐步发展起来。超我的另一部分称为理想自我，即一个人想让自己努力成为什么样的人，它反映着一个人在幼年时受到父母赞扬或奖赏的那些行为。理想自我是一个人的目标和抱负的源泉，当达到这种标准时，个体会为自己感到自豪。超我和本我之间经常出现矛盾：本我想要做感觉上快乐的事情，而超我则坚持做那些正确的事情。

4. 三者相互作用

在人格结构中，本我、自我和超我三者相互交织在一起，构成人格的整体。它们各自代表人格的某一方面：本我是生物本能的我，自我是心理社会的我，超我是道德理想的我。弗洛伊德主张，这三种心理成分如果保持平衡，就会实现人格的正常发展；三者之间一旦发展失调乃至遭到破坏，就会导致神经症和心理疾病。

弗洛伊德把本我、自我和超我这三种力量描述为既互相独立又互相矛盾的心理过程，它们通过冲突达到一种微妙的平衡。例如，本我要求愉快的愿望立即得到满足，而这经常会与超我的道德标准发生冲突，本能的冲动会受到自我和超我的控制。让我们通过下面的举例来说明这三个系统的相互作用：假设你被一位熟悉的异性朋友所吸引，此时你的本我叫喊道："我想马上得到她（他）！"你的超我严厉地回答道："不许有这种邪念！"而你的自我则说道："不能胡来，但我可以有一个追求计划。"

（二）人格的驱动力

人格的驱动力来源于两种本能：生存本能和死亡本能。本能是一种能量，一种被转化的生理能量，将身体的需要和心中的欲望联结起来。

1. 生存本能

受达尔文进化论的影响，弗洛伊德起初提出了两种本能，即自我保护本能与性本能；后来，他将这两种本能合二为一，称为生存的本能。弗洛伊德把生存本能看成是力必多，它决定了人的生存愿望，即一种潜在的满足性欲的愿望，人们追求快乐的一切形式都是这种愿望的表达方式。生存本能通过寻求对食物、水、空气和性需要的满足来实现个体和种群的生存与繁衍。

弗洛伊德认为，人格最为重要的生存本能就是性。这种性是广义上的，不仅指性爱，还包含了几乎所有的令人愉悦的行为与思想。他还将性作为个体的首要动机。性欲来自身体的性感区域：口唇、肛门和性器官。弗洛伊德认为人类主要是寻求快乐的动物，他的精神分析大部分都是围绕压抑或者抑制性欲望的需要进行。

2. 死亡本能

与生存本能同时存在的还有死亡本能，包括人类心理的攻击、破坏、自毁等成分及其衍生的贪婪、野心、暴虐等。这种本能表现为对他人或自己的攻击行为和破坏的欲望。弗洛伊德从生物学角度陈述了一个明显的事实：所有的生物都会衰弱或死亡，返回到最初的无生命状态，他认为人类具有一种潜意识的死亡欲望。作为这种本能存在的佐证，弗洛伊德列举了人类漫长历史中的种种暴力和战争。

弗洛伊德晚年提出死亡本能的概念实则是他个人经历的反映：忍受着生理和心理的虚弱，癌症进一步恶化，目睹第一次世界大战的大屠杀。他的一个女儿年仅 26 岁就去世，留下两个年幼的孩子。所有这些事件都深深影响着他。因此，死亡和攻击成为他理论中最重要的主题之一。晚年时期的弗洛伊德害怕死亡，并对质疑他观点且离开精神分析圈子的伙伴和追随者表现出敌意、怨恨和攻击。

尽管弗洛伊德最初认为生存本能与死亡本能是相互对立的，但是后来他又指出，两者其实能以不同的方式联系起来。例如吃东西这一行为，弗洛伊德认为，吃东西明显是生存本能，人类为了生存而吸收必需的营养。同时，吃也包括撕、咬、咀嚼，这些行为则是死亡本能的表现。在另一个例子中，弗洛伊德把强奸看成是极端的死亡本能的表现，是一个人采用极端方式把自己的性能量直接发泄给另一个人。性欲和攻击本能合成单一的动机是一种特别不稳定的混合剂。

四、人格的心理性欲发展阶段

弗洛伊德的心理性欲发展阶段理论是其精神分析体系中最可能引起争论的贡献之一。他认为尽管有些人进入成年期后似乎会变得与小时候不同，但成人人格的根基在生命的早年已经形成。每个人从出生到成熟都经历了一系列发展阶段，各阶段的划分以“性敏感区”为主要标志，而且这些阶段会影响到成年期人格，因此人们称之为发展的心理性欲阶段（见表 2－1）。

表 2－1　弗洛伊德的心理性欲发展阶段

阶段	年龄范围	性敏感区	性的活动
口腔期	0～1.5 岁	嘴、唇、舌	吮吸、咀嚼、咬
肛门期	8 个月～3 岁	肛门、屁股	排除或保留排泄物
性器期	3～7 岁	生殖器	手淫
潜伏期	6、7 岁～11、12 岁		
生殖期	12 岁以后	生殖器	手淫、性交、异性爱

（一）口腔期

这一阶段（0～1.5 岁）儿童的性敏感区是口腔部位的唇和舌，诸如吸吮、咀嚼、吞咽等是性欲满足的主要来源。吸吮行为是最能使婴儿感到快乐的行为，这种行为满足了口腔性感区的要求，使婴儿得到一种愉快体验。这时候母亲的乳房满足了儿童两个基本需要，即营养的需要和快乐的需要。当儿童逐渐长大，口腔仍然是一个性敏感区，等到成年时，他们通常会采用其他的方式，如抽烟、喝酒、吃零食、嚼口香糖、咬手指以及冷嘲热讽来满足口腔的欲望。弗洛伊德认为，口腔期固着会产生口腔型人格，有这种人格的人在成年后习惯于过与口腔有关的生活，如他们一般吃得多，吸烟多，通常花费更多的时间与别人讲话，他们可能成为政治家、教授、长舌妇、律师、演员等。对于父母而言，及时满足儿童的口腔欲望不仅满足了儿童的生理需要，而且是形成其健全人格的基础。

（二）肛门期

这一阶段（8 个月～3 岁）的性敏感区由口腔部位发展到肛门和大肠，儿童通过体验粪便的保持与排泄而得到一种快乐，因为在排泄时会有一种紧张消除的愉快体验。对于父母而言，训练儿童有规律的排泄大小便是一项非常重要的任务。在父母训练孩子排便时，孩子往往与父母形成一种对抗性情绪，他们通过保持和驱逐来表示对父母的不满，其反抗主要通过在排便适当的时机抑制排便，而在不适当时机进行排便这一方式进行，试图以此来控制他人。弗洛伊德认为，在肛门期产生固着，会形成肛门型人格。如果父母阻碍了肛门性欲的满足，特别是由于如厕的训练而产生的固着，那将会产生肛门定向。肛门型人格分为两类：一类是肛门保护型，此种类型的人一般表现为整洁、小气、刻板、做事有条理；另一类是肛门驱逐型，此种类型的人一般表现为不爱干净、大方、随便、做事缺乏条理。

（三）性器期

这个阶段（3～7 岁）儿童的性敏感区指向生殖器区域，儿童的性欲望主要通过生殖器来满足，其典型行为是手淫。由于男女生理特征不同，因此产生了两种不同的人格特征：

1. 男性性器期

这时，男孩认为母亲是自己快乐的目标，因此就想得到母亲，以获得性欲的满足。当他看到父亲与母亲关系亲密时，会产生对父亲的嫉妒和敌对情绪，这就是弗洛伊德所说的“俄狄浦斯情结”（Oedipus complex）或“恋母情结”。如果母亲反对孩子的妄想和性欲望，或孩子由于父亲的反对而产生“阉割焦虑”的话，那么此阶段的结束还需经历两个解决过程。第一个解决过程是“压抑”。由于男孩怀有对母亲的性欲望和对父亲的憎恨，却又不敢表现出来，因此只有使它们被迫进入潜意识状态，通过压抑才能解决俄狄浦斯情结。第二个解决过程是以其父亲自居，认同其父亲的行为。这时男孩不再想取代他的父亲，而是去认同父亲的行为方式，认同父亲的行为标准。正是这种认同使男孩形成关于善恶的标准及其相应的性别角色。

2. 女性性器期

与男孩相似，处于这一时期的女孩会喜欢上自己的父亲，并在潜意识中企图取代母亲的位置，这种现象即“厄勒克特拉情结”（Electra complex）或“恋父情结”。弗洛伊德认为，男、女孩间的恋母（父）情结有很大区别，虽然由于阉割情结使两者都产生恐惧心理，但男孩要求解决此情结，女孩则没有这种压力。事实上，正是这种情结使女孩进入安全状态并成为正常的女性。此时，女孩一方面想取代母亲而成为父亲的爱物，另一方面又为将失去母亲而恐惧。如果女孩没有能够解决好上述问题，那么她在人格上将会产生这样的特征：虚荣心和嫉妒心。

弗洛伊德认为，在男、女性器期出现固着会形成性器型人格。性器型男性往往做事不考虑后果，而且非常自信，过高评价自己性器的价值，并力求证明他是一个真正的男子汉，因此他们常常自负自夸。性器型女性则会出现“受阻女性”综合征，她们力求在多方面优于男性，并且去寻找典型的男性职业，对谴责、诋毁男性感兴趣。

（四）潜伏期

这一时期（6、7 岁 ~11、12 岁）儿童没有明显的性发展表现，其性欲望和冲动处于暂时的休眠状态，性的兴趣被其他兴趣如探索自然环境、文化学习、文体活动及同伴交往等活动所取代，它的持续时间几乎是前三个阶段的总和。弗洛伊德认为这一时期对儿童人格形成极为重要。这一时期最突出的特征是儿童失去了对性的兴趣，他们将自己局限于全部是女性或全部是男性的群体中。在这期间，由于生活范围的扩大和知识经历的增加，儿童人格中的自我和超我部分获得了更大发展。男女儿童之间的关系比较疏远，团体活动时多为男女分组，甚至界线分明，互不来往。但这种潜伏只是暂时的和相对的，它类似于火山爆发前的那一刻，力必多在体内不断积聚，直至青春期爆发。

（五）生殖期

弗洛伊德将口腔期、肛门期、性器期三个阶段称为前生殖期，在这三个阶段中，性活动由自发的性欲所引起，孩子们追求的是肉体的愉快。潜伏期结束后进入生殖期（12 岁以后），由于性的发育成熟，儿童产生了第二次性欲冲动，这种生理压力使孩子感到了性冲动的力量。弗洛伊德认为此时的性本能通过性高潮得以满足，而且性的能量开始投射于所爱的事业，并由“自恋”开始转向于“异性恋”。从这时起，儿童开始摆脱对父母的依赖，逐渐成为社会的独立成员，寻找职业，选择对象，生育并抚育后代。这时，性本能因追求更有价值的目标而减弱了自己的紧张，但这种方式仍受潜意识本能的支配。例如，一些创造性活动和社会活动也都根源于潜意识。

五、焦虑及其防御机制

（一）焦虑：对自我的威胁

弗洛伊德的精神分析案例包括这样的潜意识主题：对父母的憎恨、对配偶的攻击性、乱伦的念头、对儿时创伤经历的记忆以及类似对意识来说显得可怕的想法。自我将这些潜意识的东西控制在意识之外，试图减少或避免焦虑。焦虑是一种不愉快的情绪体验，但不等同于紧张、担心、烦恼和惊恐等情绪。弗洛伊德将焦虑作为他人格理论中的一个重要组成部分，断言焦虑是精神病和神经质行为形成的基础（舒尔茨等，2016）。他提出了三种类型的焦虑：现实性焦虑、神经性焦虑和道德性焦虑。

1. 现实性焦虑

这指的是对现实世界中真实危险的恐惧。大多数人都害怕火、暴风、地震等类似灾害，会逃避野兽、洪水及失火的建筑物。现实性焦虑的积极意义在于指导我们逃离现实中的危险以保全我们的生命。当危险一旦消除，我们的恐惧很快就会平息。但是，这种基于现实的恐惧也可能走向极端。一个人因为害怕被车撞而不敢离开家或者由于害怕水而不敢去游泳，这时基于现实的恐惧就超出了正常范围。

2. 神经性焦虑

这是基于童年期本能满足与现实之间的冲突而形成的焦虑。儿童经常因为公然地表达性冲动或攻击冲动而受到惩罚。因此，满足某些本能冲动的愿望就产生了焦虑。神经性焦虑是对于冲动表现本能主导的行为而遭受惩罚的一种潜意识恐惧。值得一提的是，恐惧的不是本能，而可能是由于满足本能所产生的结果。冲突变成本我与自我之间的一个存在，它的来源部分是基于现实。

3. 道德性焦虑

这种焦虑来自于本我与超我之间的冲突，本质上它是对个体良心的一种恐惧。当你被激励却表达与道德准则相冲突的本能冲动时，超我会通过使你感到羞耻或愧疚而进行报复。用日常语言来说，你会说自己受到了良心的谴责。道德性焦虑中的羞耻和愧疚感来自我们内部，是我们的良知导致了恐惧与焦虑。弗洛伊德认为，如果违反了超我的原则，就会受到它可怕的惩罚。

（二）自我防御机制

焦虑并不可怕，因为我们每个人在生活中都总结出了能够使焦虑恢复平静的方法，并通过自我防御机制（defense mechanisms）来减少内部冲突。自我防御机制是指自我将可怕的东西控制于意识之外以减少或避免焦虑的方法，一般在潜意识状态下使用，主要有如下几种方式：压抑、否认、反向形成、投射、合理化、理智化、替代、升华等。

知识链接：一些常见的自我防御机制

自我防御机制	功能	例子
压抑	防止回忆起任何让人想到焦虑来源的事物	“我忘记了。”
否认	否认焦虑的来源	“不！那不可能！”
反向形成	通过对立的言行来保护自己不受被禁止的想法或冲动困扰	“我周围都是蠢货！”
投射	将自己身上不想要的冲动或品性归结于其他人	“我周围都是混蛋！”
合理化	想出一个看似符合逻辑的理由去做某件令人羞愧的事	“为了成为好人，你必须变得残忍。”
理智化	用冷漠、理性的术语来描述威胁性的情境	“经历长期痛苦之后，病人断气了。”
替代	被禁止的冲动转向一个更安全的目标	贴着教授照片的飞镖盘
升华	将低级冲动转变为一个高尚的动机	高等艺术及其他职业选择

（资料来源：Funder，2018：307）

1. 压抑（repression）

弗洛伊德把压抑称作“整个精神分析理论结果的基石”，显然它是最重要的防御机制。压抑是自我通过积极努力，将那些威胁着自身的东西排除在意识之外，或使这些东西不能接近意识。例如，一天夜里，一个男孩看见父亲殴打母亲。事后被问及这次经历时，男孩坚持他从未见过这样的事情。也许他并没有撒谎，相反，或许是因为那恐怖的一幕让他难以接受，因此将这个经验压抑于意识之外。

根据弗洛伊德的观点，我们每个人都要使用压抑，因为所有人的潜意识中都有不愿意带入意识的想法。压抑看似有效，但它并不是无须付出代价的。因为压抑是一个稳定、主动的过程，它需要自我持续地消耗能量。压抑大量强烈的想法和冲动使自我没有剩余能量可以运作。没有一个强大的超我，一场维持稳定人格的战斗必将失败。

2. 否认（denial）

这一机制与压抑有关，是指否认外部威胁或曾经发生的创伤事件的存在。例如，一名深爱妻子的鳏夫在妻子死后很久，仍然表现得好像她还活着一样。他在饭桌前给她留一个位子，告诉朋友们她走亲戚去了。对这名鳏夫而言，与清醒地承认妻子已经死亡相比，这种假装更能让他接受。

当运用否认时，我们拒绝接受某些事实。和压抑不同，否认不是说不记得了，而是坚持某些事情并不是真实的，尽管所有证据都表明其是真实的。显然，否认是防御的一种极端形式。否认越多，与现实接触越少，心理机能的运作越加困难。但在许多情况下，自我宁愿借助于否认，而不让某些想法进入到意识里。

3. 反向形成（reaction formation）

反向形成是指将思想、感觉和冲动抑制在意识之外，同时呈现它们相反的情形。如果这些被禁止的冲动非常危险而且力量非常强大，需要额外的防御机制时，自我会倾向于采用这种防御机制。如果个体认为他们有一些不被接受的特质，那么他们会试图通过相反的方式表达出来。例如，一个女人总告诉别人她多么爱她的母亲，实际上在她的潜意识中可能隐藏着对母亲强烈的憎恨。

根据反向形成的防御机制，精神分析师能够做出这样的预测：人们有时会做与你认为的他应该做的完全相反的事（Larsen and Buss，2011）。因此，当某人过分坚持某件事时，我们就应该对该事件敏感。例如，某人对我们过于友好而又说不出原因，在这种情况下，那个人真正的目的也许就是行为的反面。反向作用的一个突出的特点就是过分的或坚持的行为。

4. 投射（projection）

有时我们把一种潜意识冲动归为别人的，而不是我们自己的，这种防御机制称为投射。通过把冲动投射到另一个人身上，可以摆脱这样一个观念，即我们自己持有这种想法。例如，我们拒绝承认自己有异常性欲，却认为别人有。宣称世界充满猜疑和欺骗的人，潜意识中承认他自己是猜疑别人的骗子。

其他形式的自我怀疑也会导致投射。那些怀疑自己智商的人会说自己周围全是笨蛋，通过这种方式减少他们对自己能力不足的焦虑。这似乎会使他们好受一些，并且在短期内，指出他人的愚蠢会让他们显得更聪明。

5. 合理化（rationalization）

这是一种通过对行为重新进行解释，从而使其显得更加合理、更容易被我们所接受的防御机制。我们通过劝说自己存在合理的解释，来为一个具有威胁性的想法或行动寻找借口或证明它的合理性。合理化无处不在，有些人经常使用它（Von Hipel，et al.，2005）：父母严厉惩罚孩子，并声称是为了孩子好；富人减免自己的赋税，却增加了穷人的负担，还说这是为了大家好。

合理化有两个显著特征：①它们都是明显的合理的；②使用合理化的人看起来绝对真诚。如果这些理由漏洞百出的话，你可能会倾向于认为这些人真的相信他们所说的。合理化的一个特点就是具有一种让聪明人去相信那些不合情理的事情的能力。这些人在内心深处是羞愧的，如果他们意识到自己的羞愧，他们就会感到焦虑，而合理化可以保护他们免受这种焦虑的困扰。

6. 理智化（intellectualization）

理智化是对可怕事物进行自我控制的一种方法，在这些情感内容进入意识层面之前，就把它抹去了。用严格的理智而非情感的方式检查自身的意念，把某些想法带入意识，或把它们保存在意识中，不造成任何焦虑。例如，一个女人想象她丈夫出了可怕的车祸，她反复地考虑系安全带的重要性，不带任何感情色彩。弗洛伊德学派的医生会猜想，这个妇女在潜意识中对她的丈夫可能怀有某种憎恨。

7. 替代（displacement）

替代是指将敌意等强烈的情感从最初唤起情绪的目标转移到较少危险的另一目标。例如，一个女子遭受虐待后，潜意识中会非常愤怒。如果向相应的目标发泄愤怒时不被接受或会导致可怕后果，那么她会把这些情绪指向她身边的其他人，例如同事、孩子、父母等。尽管这样做会导致其他问题，但是向威胁性小的人爆发愤怒，可以防止潜意识的想法变成有意识发泄。弗洛伊德认为许多不合理的害怕或恐惧都只是象征性替代。

8. 升华（sublimation）

升华是一种将被压抑的冲动转化为建设性行为的防御机制。升华是替换的一种形式，也是对冲动对象进行的重新定位，其结果是达到一种较高的文化现实。例如，性能量可以被转移或升华到艺术创作行为中去，达·芬奇多产的科学研究作品是他受挫性爱的升华。弗洛伊德认为，人类的各种活动，尤其是艺术活动，都是本我冲动的表现，本我冲动被改变成社会所接受的满足方式。

弗洛伊德一度语出惊人：所有的性能量被升华后足以建成纽约的一栋栋摩天大楼。不被接受的冲动的升华可以解释一个人的职业选择（如运动员、急诊室护士）。升华的积极特征是使本我倾向在有限的范围内得以表达，从而使自我不必再投入能量抑制本我。弗洛伊德认为，文明的最高成就归功于对性本能和攻击本能的有效升华。

六、弗洛伊德及其理论评价

美国心理学会曾对20世纪最伟大的100位心理学家进行过排名，结果弗洛伊德排在第三（仅次于斯金纳和皮亚杰），足见其影响力。半个多世纪前，美国心理学家波林就做过如下评价（Boring，1950）：

他在思想领域和了解人类本性的新技术方面是一位先锋……一位忠实地坚持他的基本意图而努力工作了50年的先锋，他对知识的贡献在于他改变并带来了成熟的思想体系。三百年以后在写心理学史时，似乎不提到弗洛伊德的名字就不能写出一本堪称普通心理学史的书。

（一）贡献

（1）弗洛伊德理论是第一个综合性的人类行为与人格的理论，其后的人格理论家从弗洛伊德理论中借用重要的精神分析概念和假设，他们都继续提出并推进自己的精神分析理论。许多心理学史专家相信，精神分析理论为人格理论指明了今后几十年的发展方向。

（2）弗洛伊德还被公认为是建立心理治疗体系的第一人。今天，采用和治疗师讨论的方式来治疗心理障碍，已作为一种成熟方法而得到人们的认可和广泛运用。一些治疗技术，如自由联想、梦的分析和催眠的使用已成为许多治疗师的标准工具。

（3）弗洛伊德还开创了人格研究的众多领域，如性本能、自我、潜意识等，推广了心理学原理和概念。如今，在许多心理治疗师、人格理论家及心理学各领域的研究工作中，焦虑是一个重要的概念，多年前弗洛伊德将这些概念纳入心理学的研究内容中，从而影响了今天人格研究的主题。

（二）不足

然而，与赞成弗洛伊德观点的人相比，更多的心理学家对此持批评态度。

（1）精神分析的概念模糊，不容易进行操作，大多数理论很难被科学地评价。由于无法证明一些核心假设和原理，因而整个弗洛伊德的理论都是有争议的。怎样才能更直接地研究力必多的概念、人格结构以及婴儿对性冲动的压抑呢?

（2）有批评者认为弗洛伊德理论是好的历史，却不是好的科学。它不能可靠地预测将要发生什么，它是回顾性的，是在事件发生之后进行的分析。通过精神分析理论理解人格，不是对可能产生的行为和可预测结果的科学建构，而是历史性的重新建构。

（3）精神分析虽是一个发展理论，却从不包括对儿童的观察或研究；它弱化了创伤性经验（比如儿童受虐）的作用，将它们重新解释为一种记忆中的幻想（以儿童渴望与父母性接触为基础）。并且，弗洛伊德理论有以男性为中心的偏见，没有考虑女性的差异。

（4）弗洛伊德所使用的个案资料存在偏差，其患者多为中上阶层，而且经弗洛伊德筛选。批评者指出，精神分析中使用的自由联想实际上不是自由的，弗洛伊德常常会将患者的联想有意无意地引导到自己想要得到的结论上来。此外，精神分析理论忽视并低估了人格的一些重要影响因素，如环境、教育以及社会文化作用。

正如弗洛伊德本人对自己的评价那样（Freud，1985）：

> 我并非是一个纯粹的科学家，不是一个观察者，不是一个实验者，也不是一个思想家。我的气质决定我什么都不是，只是一个征服者，一个冒险家……一个拥有强烈的好奇心、敢想敢为、坚忍不拔的性格的人。

弗洛伊德并不是将精神分析看作是医学或者治疗的技术，相反，他把精神分析看作是理解人类本质和文化的一个工具。在历史上，弗洛伊德的观点对许多心理学家关于正常人格与异常人格的思考产生过深远的影响。

第二节　阿德勒：个体心理学

在弗洛伊德的学生中，阿德勒是第一个“背叛”他的人。阿德勒坚信，性绝不是神经症唯一的根本原因。他认为，和动物相比，人最显著的弱点是体格上的劣势，但是人将自己的劣势通过发达的大脑转化为优势。阿德勒相信，所有生命都在与其“劣势”抗争，都有一种权力意志。如果说性是神经症的最常见原因之一的话，那是因为性成为人们追求权力意志的主要障碍之一。

一、阿德勒的生平

阿尔弗雷德·阿德勒

阿尔弗雷德·阿德勒（Alfred Adler，1870—1937），1870 年 2 月出生于奥地利维也纳的郊区，在他的记忆中，童年时代是痛苦的。阿德勒是家里六个孩子中的老三，4 岁时才学会走路，他的童年是在其哥哥的阴影下度过的。阿德勒小时候经常患病，还得过佝偻病，致使他在体育运动和室外游戏时总是落后于他的哥哥和其他伙伴。他有两次差点被车撞死，4 岁时还险些因患肺炎而丧生。由于体弱多病，他得到了妈妈的特殊照料，然而这一切在他的弟弟出生后就结束了。他回忆说：“在我两岁之前，妈妈对我很宠爱，但弟弟出生后，她的注意力就转移了，我有一种被废黜的感觉。”

阿德勒在上学时也被自卑感困扰着。他成绩平平，有一年他的数学非常糟糕，不得不重修这门课。老师劝告阿德勒的父亲带他离开学校，去给鞋匠当学徒。这件事激发了阿德勒的动力，他发疯般地学习，不久便成为全班数学最好的学生。1895 年，阿德勒进入维也纳大学并取得医学博士学位，成为一名眼科医师。他特别在意身体器官的自卑，认为它是驱使个人采取行动的真正动力。后转向精神病学，追随弗洛伊德探讨神经症问题。阿德勒与弗洛伊德的合作始于 1902 年，那是在阿德勒向当地报纸进行反击以捍卫弗洛伊德梦的解析理论之后，弗洛伊德邀请阿德勒出席他的周三小组讨论会时。1910 年，阿德勒被任命为小组（维也纳精神分析学会）的首任主席。阿德勒在维也纳居住期间，也像维也纳人一样，经常到咖啡馆和朋友及学生们一起饮酒作乐，谈天说笑。他友善谦和，不拘小节，因此和三教九流的人都能交上朋友 。

然而，在许多观点尤其是对性的看法方面，阿德勒与弗洛伊德产生了严重分歧，并最终导致他在 1911 年退出精神分析学会，并成立了一个新的组织——自由精神分析研究会（“自由”二字暗示着弗洛伊德的组织是不自由的），后改称“个体心理学会”。在与弗洛伊德交往 9 年之后，两个人的友谊完全破裂，从此两人再未见面。弗洛伊德谴责阿德勒通过将精神分析降为外行人的常识水平而使自己出名。关于阿德勒，弗洛伊德曾说："我让一个侏儒变得伟大。"历史证明，弗洛伊德与阿德勒从来就没有多少共同点，阿德勒加入弗洛伊德学派也许根本就是一种错误。

在第一次世界大战期间，阿德勒作为一名医生在奥地利的军队中服役，退役后他在维也纳的学校系统中开设了儿童心理诊所。20 世纪 20 年代，阿德勒的个体心理学引起了全世界的注意，有许多追随者来到维也纳，并在他的指导下进行学习。他在许多国家讲过学，并于 1926 年来到美国，任美国哥伦比亚大学的客座教授，在这里他受到了热烈欢迎。一位传记作家曾指出，阿德勒"亲切、乐观、热情并伴随着巨大的野心……使他作为一名心理学专家，在美国迅速声名鹊起"（Hoffman，1994：160）。

1935 年，阿德勒在美国定居，部分原因是受德国纳粹的迫害。此后，他担任纽约长岛医学院的医学心理学教授。1937 年 5 月 28 日，阿德勒病逝于苏格兰讲学途中。

二、自卑感与追求优越

（一）自卑感

阿德勒并不同意关于动机的原始基础在于性本能的说法，他相信，一般的自卑感是行为的原始决定力量。最初，他将这种自卑感与身体的缺陷联系起来。后来，阿德勒扩大了这个概念的范围，包括任何身体的、精神的或是社会的障碍，而不管是真实的或想象的障碍。他曾写道："成为一个人就意味着感受到自卑。"（1933：96）因为自卑感是所有人共有的，并不是软弱或不正常的标志。

阿德勒认为婴儿不能自主和弱小可以引起一般的自卑感，这是每个人都经历过的，因为所有儿童都是完全依赖于环境才能生活的。儿童意识到自卑，同时也被天生的为争取优越而奋斗的精神所驱使。阿德勒相信这种"推"和"拉"的过程在个体的整个一生中持续存在着，它迫使个体力图获得更大的成就。

（二）自卑感补偿

设想一下，如果一个孩子补偿自卑感会发生什么？克服自卑感的无能会强化他们，导致自卑情结（inferiority complex）的产生。具有自卑情结的人对自己评价很低，感觉无助，而且无法应对生活的要求。阿德勒发现来找他进行治疗的许多成年人在童年时期都有自卑情结。这种自卑情结源于儿童期的三种因素：机体自卑、溺爱及忽视。

阿德勒认为，身体器官的缺陷通过个体努力补偿这种缺陷来塑造人格。就像阿德勒本人对童年身体的自卑——佝偻病的补偿，比如一个身体虚弱的孩子很可能会努力发展出众的运动技能。历史上有很多这种补偿的例子，例如，古希腊政治家狄摩西尼（Demosthenes，公元前 384—公元前 322）努力克服口吃而成为一位伟大的演说家；第 26 任美国总统、病怏怏的西奥多·罗斯福，成年后成为身材很好的模特；20 世纪 80 年代中国青年的楷模张海迪，小时候因患脊髓血管瘤导致高位截瘫，在残酷的命运挑战面前，她没有沮丧，没有沉沦，以顽强的毅力与疾病做斗争，最终成为一名著名的残疾人作家。此外，一个人可以通过发展身体其他部位器官的力量来弥补先天的缺陷，比如盲人可能发展出特别敏感的听觉。

1910 年，阿德勒注意到心理自卑感和生理自卑感一样，也会导致补偿。阿德勒指出，人一生下来是完全依赖他人的，因而天生就有一种自卑感或虚弱感。这种自卑感推动一个人去获得力量以战胜这种感觉。在其早期的理论中，阿德勒强调力量的获得是克服自卑感的一个途径。后来，他提出人们通过追求完美或优越来战胜自卑感。自卑感既可以是一种促进成长的积极因素，也可以是一种消极力量，这完全取决于人们对它的态度。

（三）追求优越

阿德勒将追求优越视为生命的基本现象，是人们追寻的最终目标。它包含着更为全面和完整的发展、成就、满足和自我实现。根据这种观点，性并不是一种占优势的内驱力，而是达到优越的手段之一，占优势的内驱力是人对优越的追求。阿德勒认为，追求优越是为了自身完美而付出的一种努力，而并非要试图超越所有人，也不是指傲慢自大和刚愎自用的倾向或对我们的能力和成就的夸大。在追求优越的过程中，神经症患者只顾努力达到自己的目的，正常人则以从事对社会有益的事情为自己的奋斗目标。

阿德勒认为，追求优越是人生的推动力，所有其他动机都可归入其中。我们做的所有事情都是为了建立一种优越感来克服生活中的障碍，克服我们的自卑感。我们越自卑，追求优越感的要求就越强烈。但阿德勒没有将成就与心理健康等同起来。相反，他认为，能很好地进行自我调节的人通过公众利益来表达他们对优越感的追求。和自卑感一样，追求优越既能导致积极的发展，也能引起优越情结。如果一个人一心一意只追求自己的优越而忽视他人和社会的需要，那么这个人就产生了一种优越情结。有优越情结的人表现为夸耀、虚荣、自以为是及贬低他人。

阿德勒提出，我们追求优越是为了努力让自己更加完美、完整，这种观点与马斯洛的自我实现理论不谋而合。因此，与其说阿德勒是精神分析流派的代表，不如说是人本主义理论的代表，他的观点对教育，尤其是家庭教育产生了重要影响。

三、生活风格与创造性自我

（一）生活风格

阿德勒认为，在追求优越的过程中，每个人都是生活的主角，都有自己的私人逻辑，朝向自己的生活目标，从而形成独特的生活方式，包括对自己独特行为与习惯、对人生和世界的看法，这些想法构成了他的生活风格（life style）。生活风格是因人而异的，阿德勒指出，儿童到5岁左右便形成了生活风格，其家庭关系、生活条件和经验决定了他今后一生的生活特点。他提出三种研究途径：出生顺序、早期记忆和梦的分析。

第一是出生顺序。他指出，在家庭中，父母对子女教养的方式或给予的关注会根据子女的出生顺序而变化，同胞兄弟姐妹之间也常常因要争取父母的爱而相互竞争。因此，长子的性格特征是聪明、有成就需要但害怕竞争；次子喜欢竞争，有强烈的反抗性；最小的孩子有雄心，但懒散难以实现抱负。独生子女的性格类似于长子，因为其竞争对手往往是来自学校的同学。

第二是早期记忆。阿德勒根据人的记忆具有主观性、创造性和想象性的特点，认为个体对于自己早年生活的记忆往往为人们了解其独特的人格提供了线索。

第三是梦的分析。阿德勒认为意识和潜意识共同构成一个统一的整体，因此，梦能够显示一个人的生活风格。

生活风格是个人行动的指南。其性质取决于社会互动，特别是个体在家庭中的出生顺序及亲子关系。如前所述，忽视是自卑情结的来源之一。被忽视的孩子在应对生活要求时会感到自卑，从而可能不信任他人甚至对其产生敌意。因此，他们的生活风格可能是寻求报复，嫉恨他人的成功以及追求他们自认为应得的东西。

（二）创造性自我

阿德勒认为，我们是命运的控制者，而不是受害者，这一观点使他从根本上脱离了弗洛伊德的理论。创造性自我是指人格中的自由成分，它使得个体能在可供选择的生活格调和追求目标之间进行选择。尽管环境和遗传为人格提供了基本材料，但一个人可以按照任何一种方式自由地组合这些成分。阿德勒认为是个体创造了生活风格，我们创造自我、人格、性格。个体并不是被动地由童年经验所塑造，经验本身并没有我们对它们的意识态度那么重要。

根据创造性自我概念，阿德勒驳斥了弗洛伊德精神分析理论的重要基础，即被压抑的早期创伤性经验的记忆。阿德勒说："我们并不会受到早期创伤性经验的打击，其实我们只理解适合自己目标的经历。"（Adler，1937，1958）一旦个体形成了自己的世界观、最终目标和生活风格，就可以用它们来解释所有的生活经历。这些产物是人格的基本组成部分，并决定了有些经验可以被理解而有些却不能。能被人格同化的经验是可理解的，否则便不可理解，而弗洛伊德的潜意识就是不可理解的。

阿德勒的创造性自我概念是其理论的顶点，根据这一概念，一个人决定其人格的能力与他独特的生活风格相一致，人们在塑造自己的人格和命运中是一种有意识的主动力量。因此，阿德勒认为，人有可能直接参与他自己的命运，而不是像弗洛伊德所主张的那样，让命运被动地由过去的经验所决定。尽管阿德勒是弗洛伊德圈内的早期成员，但他形成的理论几乎与弗洛伊德没有相同之处。阿德勒更强调意识，强调社会，强调自由意志。

四、出生顺序与人格发展

（一）出生顺序

阿德勒是第一个强调出生顺序在人格形成中的作用的心理学家。他在考察患者的童年背景时，非常强调人格和出生顺序之间的关系。他认为家庭中最大、中间和最小的孩子有着不同的社会经验，由此形成不同的人格特征（见表 2－2）。阿德勒指出，最大的孩子在家里受到较多的关注，直到第二个孩子出生以后他才让位。阿德勒论证说，第一个出生的孩子可能会感到不安全和敌视别人。他发现第二个出生的孩子常常具有强烈的野心、造反精神和妒忌心，并不断试图超过第一个出生的小孩。然而，阿德勒认为第二个小孩比第一个小孩或最小的小孩适应能力更好一些。他认为最小的孩子常常被娇惯坏了，因而其成长过程中很可能会出现行为问题。

表 2－2　出生顺序与人格发展的关系

出生顺序	基本情境	好的结果	不好的结果
老大	①刚出生时，受到父母全然的关爱； ②第二个孩子出生时，父母的注意被分散	①负责任； ②保护并照顾他人	①感觉不安全，害怕运气突然变糟； ②敌意、悲观； ③适度保守，关注规定； ④兄弟姐妹中，最容易变成问题儿童或适应不良的成人
老二或中间的孩子	①有长子作为成长历程中的模范； ②一开始便要与长子共享父母的注意	①野心勃勃； ②具有社会兴趣； ③比长子或其他弟妹更能适应	①背叛与嫉妒； ②具有压制他人的倾向； ③不宜担任追随者的角色
老幺	①有很多模范； ②得到很多注意； ③有很多人相助； ④虽然必须与其他兄弟姐妹共享父母的关注，但不会再被移除； ⑤容易被娇宠	①有很多刺激，有很多竞争机会。通常会超越其他手足； ②被期待的程度不高，可自由发挥	①感到比别人差； ②由于被娇宠，所以成为问题儿童或适应不良成人的可能性很高，仅次于老大

（续上表）

出生顺序	基本情境	好的结果	不好的结果
独生子	①得到父母全然的关爱； ②缺乏兄弟姐妹，倾向与父亲竞争； ③易被娇宠	较早熟，较早表现出成人的兴趣与态度	①希望成为注意力焦点，担心与人竞争； ②认为自己的立场最正确，任何挑战都是不公正的

根据出生顺序假说，家里的头生孩子在人格上不同于中间的孩子，中间的孩子又不同于最小的孩子。阿德勒认为，头生儿一出生就会受到父母的过度关注和溺爱，原因在于父母对第一个孩子没有抚养经验，他们不会错过向任何一个朋友和亲人介绍新成员的机会。然而，这种溺爱的时间不会持续很长，随着第二个孩子的出生，头生儿慢慢会被忽略，他必须和新的家庭成员分享父母的关爱。阿德勒说，头生儿的自卑感大多比较强烈，他们通常是“问题儿童、神经病患者、罪犯、酒鬼和性反常者”。

阿德勒对中间孩子的评估更积极些，他本人就是中间的孩子。对这些小孩，父母一般不给予过多的关爱。阿德勒说，中间儿追求优越的愿望十分强烈，总是努力追赶或超过他的哥哥、姐姐，这种在竞争中向他人挑战并战胜他人的倾向会贯穿他整个一生。阿德勒指出：“甚至在他长大后，在家庭之外，他还会把自己与处在比他有利条件的人相比较，试图超过他们，以此作为自己的推动力。”

至于家庭中最小的小孩，阿德勒认为，他们往往会成为家里的宠儿，特别是当其他兄弟姐妹比他大很多时。由于受追求优越的动力驱使，末生儿的发展速度会特别快，他们成年后通常在许多工作领域都能取得较高的成就。不过，阿德勒认为末生儿也有另外一种可能，即如果被过分纵容，他们在长大后可能还会保留童年期的无助感和依赖感。

（二）父母的影响

阿德勒相信，人出生后的最初几年对成年后的人格发展是绝对重要的。不过，他更强调父母在这一过程中的作用。有两类父母行为会导致儿童后来的人格问题：溺爱和忽视。父母给孩子过多的关注和过度的保护就是溺爱，溺爱剥夺了儿童的独立性，容易引起更强烈的自卑感，从而导致其成年后的人格问题。例如，对孩子的淘气行为，有些父母要么不管，要么完全压制。他们总是要保护孩子骑马时别摔着，别被其他孩子欺负，并企图让孩子回避生活中不愉快的经历。结果，孩子长大后缺乏应对各种生活问题的能力，其成年后的特点就是没有信心、犹豫不决、过度敏感、缺乏耐性，以及离不开别人的支持。怎样才算不溺爱呢？阿德勒认为，父母应该鼓励孩子独立，允许他们自己做决定，甚至允许他们犯一些错误。

相反，如果对孩子缺乏应有的关注，用阿德勒的话说就是忽视，这样的儿童长大后，多半会变成冷酷的、怀疑他人的人，不能与别人建立良好的人际关系，不懂得爱，不能对别人的感情给予回报。他们对亲密的关系感到不舒服，对别人的密切接触有病态的反应。还有一些人特别依赖他人，总想获取而不想付出。在阿德勒看来，这种极端冷酷和过度的自我为中心表明，个体从小受到父母的过度忽视或溺爱。对于这些人，心理治疗会有所帮助。

五、阿德勒与弗洛伊德

阿德勒与弗洛伊德的结缘始于《梦的解析》，这本书在 1900 年一出版便引起阿德勒的关注。那时，他还是一位 30 岁的普通医生，在共同为《梦的解析》辩护的过程中，他与弗洛伊德结成朋友。他们在某些方面有共同之处，例如，两人都经常保持着一种谨慎的怀疑态度。不过，对于生活，阿德勒的态度比弗洛伊德轻松愉快。与弗洛伊德不同，阿德勒很喜欢维也纳，擅长社交，还喜欢去咖啡馆。他在艺术上兴趣广泛，爱听音乐。所有这些或许正是他的心理学与弗洛伊德的心理学迥然不同的原因。

对待神经症问题，弗洛伊德是一个完美主义者——为了解开患者盘根错节、纠缠不清的心理，无论花多少时间都在所不辞。而阿德勒却是一个现实主义者，他觉得冗长的分析很可能是在浪费时间，并可能在患者的心理上引发消极和被动的态度。阿德勒更注重理解神经症的含义及其引发的后果，而不是在患者的童年期寻找根源。总之，阿德勒同弗洛伊德理论上的分歧可以归纳为以下几点：

第一，如果说弗洛伊德在追寻精神病根源和分析人类心理活动时重视心理内部的因素的话，那么，阿德勒则强调社会的和实际生活过程的作用，尤其强调儿童所受的教育与成年人所受的再教育对改造心理所起的作用。

第二，弗洛伊德很重视“性”的因素，而阿德勒认为促使人们行动的是“追求权力”的欲望、胜过他人的野心等。

第三，阿德勒提出了自卑感与追求优越的观点，弗洛伊德对此持否定态度。弗洛伊德认为，阿德勒的这些观点必然走向对潜意识理论的否定。他还认为，阿德勒的理论同尼采的“追求权力的意志论”毫无差别。阿德勒也不甘示弱，他强调自己的理论体系的独创性，并自称他的心理学是一种“个体心理学”，以此强调“人格”的特殊性和重要性。

各种矛盾和分歧使得两个人的关系于 1911 年完全破裂。1937 年 5 月 28 日，阿德勒在苏格兰讲学途中去世，弗洛伊德从一位朋友那里得知了这一消息，下面的话可以看出他对阿德勒的成见之深（Jones，1957：208）：

> 我不明白你为何为阿德勒感到痛惜。一个犹太孩子从维也纳郊区出来而死于阿伯丁，这是一种闻所未闻的经历，并足以证明他走得太远了。世人对他曾在对抗精神分析方面所做的努力实在给了他足够的奖赏。

第三节　荣格：分析心理学

在弗洛伊德的学生中，荣格可谓是最得意的一个，弗洛伊德一度希望精神分析大旗由荣格执掌。但是，这对在精神分析史上被称为“最有收获、最亲密而又最扭曲、最怪诞”的组合（Schultz，2014），最终在1914年关系彻底破裂。此后，荣格开始了他的分析心理学运动。

一、荣格的生平

卡尔·荣格

卡尔·荣格（Carl Jung，1875—1961），1875年7月26日出生于瑞士一个叫凯斯威尔的乡村。荣格自幼就是个非常内省的孩子，对外界比较封闭，因为他认为没有人能够理解人的内在体验和思想。荣格幼年时花了很多时间思考他所做的梦以及超自然的现象。10岁时他雕刻了一个2英寸的木偶人，并将这个木偶人收藏起来，独自一人时他会对木偶人讲话，有时还用密码给它写信。荣格渴望了解人格，这一愿望最终将他带入了新兴的精神病学领域。

荣格最初想成为一个考古学家，遗憾的是，他家境贫寒，只能到没有开设考古学课程的巴塞尔大学就读。1900年获得巴塞尔大学医学学位，两年后又获得苏黎世大学医学博士学位。荣格对精神病学感兴趣，最初在苏黎世大学厄根·布洛伊尔领导的精神病诊所任职。布洛伊尔是一位对精神分裂症有着精湛研究的精神病学家，他首创“精神分裂症”这一术语。在布洛伊尔的推荐下，荣格对精神病患者进行了词语联想实验研究，希望借此发现潜意识过程的本质。1903年，荣格娶了全瑞士第二富有的女继承人艾玛。尽管两人育有五个子女，但荣格仍绯闻不断。其妻于1955年去世。

1906年，荣格开始与弗洛伊德通信，次年两人在维也纳弗洛伊德的家中会面了。这次会晤持续了13个小时，这是他们之间亲密而又短暂友谊的开端。值得一提的是，荣格不像弗洛伊德的其他学生，他是一位公认的精神病学家，早就有自己出版的著作，至少在他们第一次会面时荣格某些独特的见解就已显露出来。因此，与那些还是学生、对自己的职业身份尚无把握的年轻人相比，荣格可能显得更有个性。1909年，荣格随弗洛伊德访问美国并在克拉克大学演讲，1910年，荣格被推选为国际精神分析学会会长。

与弗洛伊德的期望相反，荣格并非一个不加批判的弟子，他对人格有自己的想法和独特的视角，当荣格表达自己的观点时，分歧也就在所难免。1914年，荣格与弗洛伊德决裂，由此也给荣格带来了一系列后果——作为一个心理学家，荣格遭到了冷落。他说：

图 2－2　荣格与弗洛伊德于克拉克大学
（前排左起：弗洛伊德、霍尔、荣格）

“我的书被宣布为垃圾，我也被当成了一个神秘主义者，如此而已。”接下来的 7 年，荣格基本是独自工作的，他深入探索了自己的潜意识，沉湎于自己的奇特想法、梦和想象，努力探索人格的本质。此时，荣格经历了一段长达 3 年的严重神经症时期，他感到处于和现实世界失联的危险之中，曾多次想到自杀，他“在床边放了一把左轮手枪，以防错过那个‘不用再返回’的时刻”。尽管他感到无法继续进行科研工作，但仍然坚持治疗患者。

怀着对神话与个人关系这一问题的兴趣，荣格在 20 世纪 20 年代分别到非洲、美国的亚利桑那和新墨西哥进行了几次现场旅行考察，研究未开化人的心理过程。1932—1942 年，荣格任苏黎世联邦综合技术大学教授。1934 年，创建国际心理治疗医学学会并任主席。荣格一生大部分时间都在积极研究和著作，并取得了丰硕成果，他的著作已编成《荣格全集》，共 17 卷。荣格一生中获得过许多荣誉，其中包括哈佛大学和牛津大学的名誉博士学位。1961 年 6 月 6 日，荣格安然病逝于苏黎世湖旁的家中，享年 86 岁。荣格最后一本著作《记忆、梦与反思》是自传，在其去世后不久出版。

二、人格的结构

荣格用心灵（psyche）这个术语来指人格，在他看来，心灵是人格的整体，包括三个层次：自我、个体潜意识和集体潜意识。

（一）自我

自我是意识的核心，是我们能够意识到的精神领域，与思维、情感、记忆和知觉有关，承担着清醒时的正常活动。意识是人心中唯一能够被个人直接知晓的部分，它像过滤器那样，具有高度的选择性。在我们接收到的刺激中，只有一部分能够进入意识的知觉之中。正是由于自我的这种重要功能，才保证了人格的同一性和持续性。

（二）个体潜意识

潜意识有两个层次：意识下面一层是个体潜意识，是属于个人的，它由一切冲动、愿望、模糊的知觉以及无数的其他经验组成，这些知觉和经验不是被压抑着就是被遗忘了。然而，来自个体潜意识的偶然事件可能轻易被唤回到觉醒的意识中，这说明个体潜意识并不是潜意识的深层。

个体潜意识是由一切在个人经历中曾被意识到但又被压抑或遗忘，或者在一开始就没有形成意识印象的那些下意识的东西组成。例如，一个人的注意可以即刻从本页书漫游到昨天发生的事件记忆中。各种各样的经验存储于个体潜意识中，它可以比作一个档案柜，从中拿出什么材料，检查它片刻或再放回几乎不用花费什么心力，而它依旧在这个档案柜里，直到下次我们想起它。荣格的个体潜意识实际上类似于弗洛伊德的前意识，它的材料很容易被意识所利用，因而个体潜意识与自我之间存在着大量的相互作用。

（三）集体潜意识

人格中最深层、也是最难接近的部分是集体潜意识，这也是荣格理论中最神秘、最重要、最具争议的一个概念，它包含了我们祖先在内的过去所有年代所累积起来的经验的影响。人类作为一个物种，会将人类自身和史前人类经验放置于集体潜意识中，通过遗传传递给下一代。根据荣格的理论，集体潜意识是“若干年前人类祖先的经验沉积物，每个世纪仅有微小的变动和差异，它是史前世界的回声”（Jung，1982）。

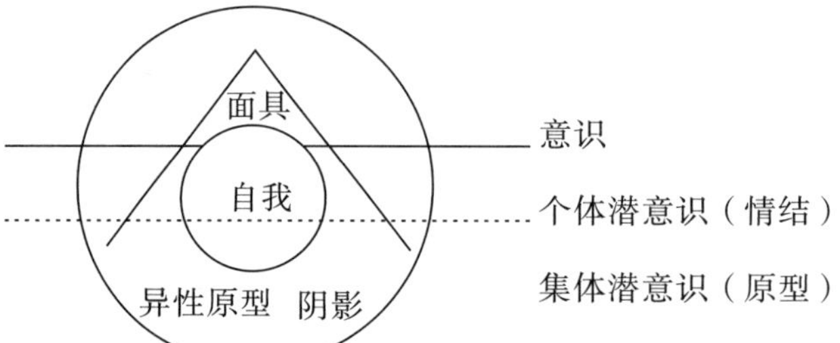

图 2－3　人格结构示意图

荣格认为，集体潜意识不只是人类祖先经验的沉淀，其中也可以发现类人猿或动物祖先的踪迹，进化论证实了所有种族的人脑结构具有相似性，这足以说明集体潜意识具有普遍性。荣格将每个人的人格与过去联系起来，这种过去不仅仅是个体的童年，还包括各系的历史。我们不是直接继承这些集体性的经验，比如我们并非直接继承对蛇的恐惧，而是继承对蛇恐惧的潜质。

集体潜意识是人格中最有力量的部分，它里面的内容总是要向外展示。当它们无法在意识中表现时，就会在梦中、幻想中或以象征的形式展示出来。荣格认为，通过分析梦和幻想来了解自己内心深处的集体潜意识内容有助于预知自己的未来，因为这些内容代表了基本的人性，它们所掌握的东西远比单个人所知道的东西多得多。荣格曾从各个方面收集原始意象的资料，包括他自己的梦和幻想、艺术品、语言和精神病患者的幻觉等。

（四）原始意象

原始意象（archetype，又叫原型）是一种由种族遗传获得的、对外界一定刺激产生反应的倾向性，包含在集体潜意识中的原始经验通过主题或模式的再现得以印证。正如进化使眼睛、耳朵等感官对环境的特殊刺激（光、声等）极为敏感一样，进化也使人脑对某些类型的经验产生极大的敏感性。一般说来，几乎每个时代的每一成员所必须经历的经验都有相应的原始意象。例如，人们总是有一种慈母形象，而且也都经历了出生和死亡，经历过黑暗中面对未知的恐惧，崇拜权力或某种上帝般的形象，害怕魔鬼。这些原始意象世代遗传，决定个人对外界反应的倾向性。荣格发现集体潜意识中有五种原始意象比其他各种原始意象出现的机会要多得多。

1. 人格面具（persona）

persona 在希腊语中是“面具”的意思，荣格用它来描述一个人公开的自我。别人往往要通过它才能了解我们。人格面具的产生是因为人需要在社会中扮演角色，并起一定的社会作用。荣格认为，把人格面具当成整个人格的全部是完全错误的。在某种意义上，人格面具只是用来欺骗别人的工具，因为它只把个人人格的很小部分公开呈现。如果一个人相信他就是他所扮演的那个角色，那他是自己欺骗自己，这是很危险的。荣格说任何过分看重自己人格面具的人都要为此付出代价。

2. 阿尼玛（anima）

阿尼玛是男性人格中的女性部分，来源于千百万年来男性对女性的经验。这一原始意象有两个作用：第一，使男性具有女性特征；第二，提供男女之间交往的模式（包括母子交往、夫妻交往等）。阿尼玛为男性提供了心灵中理想的女性，但是现实中的女性并不是都和它完全一致，如果一个男性坚持要某个女性符合他心中的理想要求，那么他们之间的关系就有破裂的危险。因此，适当调整理想观念和现实之间的关系是必要的。

3. 阿尼姆斯（animus）

阿尼姆斯是女性人格中的男性成分，它使女性具有一定的男性特征，获得与男性交往的模式。它在女性心目中塑造了理想的男性。既然男性人格中有女性的成分，女性人格中又有男性的成分，那么对双方来说，充分意识到自己人格中的异性成分都是有好处的。否则，这些方面会一直休眠或欠发展，导致人格的片面性。

4. 阴影（shadow）

阴影是人格中最黑暗、最深层的部分，是从我们的动物祖先那里遗传下来的，包括动物的所有本能。阴影具有多种不道德的、易于动情的、令人生厌的欲望和活动。荣格声称它迫使我们去干那些通常不容许做的事情。在做出这些行动后，我们通常会解释为被某种东西“纠缠着”。荣格认为这个“某种东西”就是我们本性的原始部分，因为它，我们内心深处具有强烈的邪恶、攻击和狂暴倾向，阴影以妖魔鬼怪或仇敌的形象投射到外部世界中。

5. 自性（self）

荣格认为，自性是最重要的原始意象，代表整体人格的整合与和谐。自性包含了潜意识的各个方面，它给人格的整个结构提供了统一性和稳定性。当自性表现为一个完全的整体时，它便被看作自我实现的一种内驱力。自性的作用在于协调人格中的所有其他部分，代表人类力求达到人格统一和整合的力量。如果一个人的人格达到了完全的整合，那他就处于自我实现的境界。自我实现涉及对未来的目标和计划，以及对个体能力的准确知觉。

知识链接：荣格与词语联想

荣格认为，有三种方法可以接近潜意识或发挥潜意识的治愈作用：词语联想、梦的分析和积极想象。其中，词语联想（word association）是一种非常简明的方法，几乎不包含任何神秘或深奥的色彩。其做法是，让被试按照一种简单的规则，对一些特定的刺激性词语做出自己的联想与反应。在荣格之前，高尔顿和冯特等人在心理学研究中都曾使用了形式极为类似的词语联想法。尽管荣格并非第一个使用这种词语联想技术的人，但他是第一个利用词语联想技术来研究反应障碍的心理学家。

进行词语联想测验时，荣格将一组词逐个读给患者听，患者用他脑中闪现的第一个词对每个词做出反应。除了测量对每个词的反应之外，荣格还测量了患者的呼吸变化，并用皮肤电反应计测量皮肤的电传导性。这两种心理测量对特定单词的情绪反应提供补充证据。如果患者对一个特定的单词反应时间长，呼吸没有规律性或皮肤传导性发生了变化，那么荣格就认为存在着同刺激词或回答有关的潜意识的情绪问题。下列指标是荣格用来判断患者情绪的依据：

（1）对一个刺激词的反应时长于平均反应时；

（2）重复刺激词作为反应；

（3）一点也没有反应；

（4）过多的身体反应如笑得太多，呼吸频率增加；

（5）口吃；

（6）连续用刺激词来反应；

（7）无意义的反应，如生造的词；

（8）肤浅的反应，如用同音词反应刺激词；

（9）用几个词来反应；

（10）错把刺激词当作别的词。

（资料来源：芭芭拉·汉娜，1998：92）

三、人格的类型

（一）两种态度

荣格1921年出版的《心理类型》有时候让人觉得是一本算命的小册子，在该书中，荣格按照心理能量的方向确定了人们对待世界的两种态度：内倾（introversion）和外倾（extraversion）。荣格认为，尽管每个人都具有这两种态度，但是他通常会更多地表现出其中的一种。内倾者的心理能量流向身体的心灵过程，他们趋向于安静、爱幻想、好沉思、喜欢内省，并且抵制外部的影响，对事物比与人打交道更感兴趣。这种人只生活于自我的小天地里，在与别人和外界的接触中缺乏自信，且倾向于孤僻和害羞。内倾者一旦患上神经性疾病就很可能倍感焦虑。

外倾者的心理能量指向外部的人、事和情境。这种类型的人强烈地感受到周围力量的影响，在各种情境中都善于应付而且自信。外倾者爱动、好交际，对人和外部世界感兴趣。荣格指出："外倾型的特点是对外部事物感兴趣，并积极做出反应。愿意接受现实，渴望影响他人或被他人影响，有参与的需求并愿与社会打成一片。而内倾人格则对现实生活淡然处之，不愿参与甚至厌恶社会，更不用说与社会打成一片。"（Jung，1921）外倾型的人如若患上神经性疾病则很可能发展为歇斯底里的神经官能症。

（二）四种功能

除内倾和外倾两种基本态度外，荣格还提出了四种心理功能：感觉、直觉、思维和情感。这些功能是指个体知觉和理解外部真实世界与我们的主观内部世界的不同方式。设想一下，你从沉睡中醒来，首先出现的是对屋子的感觉。如果这是个陌生的屋子，你就不得不去想这是在哪儿，这是一个思维的过程。接着是对屋子的反应，它是否舒适、令人愉快，这是对感觉的评判行为。至于直觉，它是感觉的更微妙形式，是对人或事物的潜意识评价。在荣格看来，人格差异经由各种功能反映出来，我们常利用它们来使自己既适应于外部的客观世界，也适应于内部的主观世界。

1. 感觉与直觉

感觉和直觉属于非理性功能，它们不需要使用推理，这些功能接受经验且对其不做评价。感觉是对物理世界有意识的知觉，其功能在于提供给人外部世界的具体事实，是对现象不加评价的最初体验。直觉是在潜意识状态中的知觉过程，是一种预感或没有理由的推理，其功能在于超越事实与逻辑而把握现实的本质。例如，我们相信有人和我们共处一个黑暗房间的信念可能是基于我们的直觉和预感，而非真实的感官体验。

2. 思维与情感

思维和情感属于理性功能，用于评价我们的经验，与推理和判断有关。思维是一种产生意义和领悟的过程，其功能在于帮助人揭示自然和自身的本质，运用推理和逻辑解释各种事件。尽管思维与感觉相反，但它们都与对经验的组织和分类有关。情感是权衡和评价的主观过程，其功能是给人类以痛苦与愉快、恨与爱的主观感受。

人类总有突出发展四种功能中某一种功能的倾向，因为这几种功能之间存在抵触：一个具有很高思维功能的人会倾向于抑制情感，如果感觉功能得到高度发展则直觉功能就会受抑制。荣格认为，一个人思考得太多会使他的情感功能衰弱，一个神秘型的人如果过度发展直觉则会使感觉功能衰退。

（三）八种人格类型

荣格将两种基本态度与四种功能相匹配，提出了八种类型的人格。

1. 外倾思维型

这种类型的人思想特点是以客观的资料为依据，以外界信息激发自己的思维过程。科学家是外向思维型，他们认识客观世界，解释自然现象，发现自然规律。荣格认为，达尔文和爱因斯坦这两位科学家在思维外向方面得到了最充分的发展。外倾思维型的人，情感压抑，缺乏鲜明的个性，甚至表现为冷淡和傲慢等人格特点。

2. 内倾思维型

这种类型的人除了思考外界信息外，还思考自己内在的精神世界，他们对思想观念本身感兴趣，收集外部世界的事实来验证自己的思想。哲学家属于这种类型。荣格指出，德国哲学家康德是一个标准内倾思维型的人。内倾思维型的人，具有情感压抑、冷漠、沉溺于玄想、固执、刚愎和傲气等人格特点，荣格本人就属于这种类型。

3. 外倾情感型

这种类型的人中女性比男性要多，其中首推那些在政治领域取得很大成功的女性，她们的情感符合于客观的情境和一般价值。荣格指出，外倾情感型的人在爱情选择上，表现得最为明显。他们不太考虑对方的性格特点，而考虑对方的身份、年龄和家庭等方面。外倾情感型的人，思维压抑，情感外露，爱好交际，寻求与外界达成和谐。

4. 内倾情感型

这种类型的人的情感由内在的主观因素所激发。她们常常是害羞的女性，虽然很少表达情感，但其内心实际上情感丰富，还兼具忠诚、爱家等品格。内倾情感型的人有深刻的情绪体验但却避免向外表达，她们看起来神秘而难以接近，思维压抑，情感内敛，气质忧郁、冷漠和自信。

5. 外倾感觉型

这种类型的人头脑清醒，倾向于积累外部世界的经验，但对事物并不过分追根究底。外倾感觉型的人，寻求享乐，追求刺激，他们一般情感浅薄，直觉压抑。这种人具强烈的外部取向，对不同的人和变化的环境具有适应性，不具备内省精神，但具备享受生活的能力。赛车手、流行歌手是典型的外倾感觉型。

6. 内倾感觉型

这种类型的人远离外部客观世界，常常沉浸在自己的主观感觉世界之中。他们消极、平静、超脱于日常世界，常常带着怜悯和嘲弄的眼光看待大多数人，他们具备审美敏感性，通过艺术或音乐来表达自己，并常常压抑自己的直觉。

7. 外倾直觉型

这种类型的人力图从客观世界中发现多种多样的可能性，并不断地寻求新的可能性。他们对于各种尚孕育于萌芽状态但有发展前途的事物具有敏锐的感觉，并且不断追求客观事物的新奇性。外倾直觉型的人，可以成为新事业的发起人，但不能坚持到底。荣格认为，商人、承包人、经纪人等通常属于这类型的人。

8. 内倾直觉型

这种类型的人力图从精神现象中发现各种各样的可能性。他们不关心外界事物，脱离实际，善于幻想，观点新颖，但有点稀奇古怪，他们很难应对日常生活以及为未来制订计划。这种人可能是一个神秘主义者、空想家或思想奇怪的人。

在实际生活中，绝大多数人都是兼有外倾性和内倾性的中间型。上面用来说明每一种类型的模式都是典型的极端模式。纯粹内倾型或外倾型的人非常少，只有在特定场合下，由于情境的影响而使其中一种态度占优势。每个人也能同时运用四种心理功能，只不过各人的侧重点不同，有些人更多地发挥一种心理功能，另一些人更多发挥另一种心理功能。此外，外倾或内倾并不影响个人在事业上的成就。例如，李白具有明显的外倾，杜甫具有明显的内倾，但是他们都成为唐代的伟大诗人。

四、人格的发展

荣格认为，人格同时由我们希望成为什么样子和我们曾经是什么样子决定，他批判弗洛伊德只强调过去的经历是人格塑造的关键，却忽视了未来的作用。他还认为，我们的发展和成长不受年龄的限制，并一直朝着更加完善的自我实现前进。人格发展的最终目标是个性化，其中要经过一系列的发展阶段。

（一）人格发展的阶段

第一阶段是童年期（从出生到青春期）：最初是无序阶段，儿童只有零散、混乱的意识；然后是君主阶段，儿童产生了自我，出现了抽象思维的萌芽，但缺乏内省思维；最后是二元论阶段，儿童出现内省思维，自我被分为主体和客体，儿童逐渐意识到自己是一个独立的个体。

第二阶段是青年期（从青春期到中年）：随着自我意识的发展，年轻人需要摆脱对父母的依赖，但此时心理发展还不成熟。荣格认为这一阶段是“心灵的诞生”阶段。要顺利度过这一时期，必须克服童年期的意识狭窄，努力培养意志力，使自己的心理和外部现实保持一致，以便在世界上生存和发展。

第三阶段是中年期（女性从 35 岁、男性从 40 岁开始直到老年）：这是荣格最为关注的时期。中年人往往在社会上和家庭生活中都已经扎下根基，取得了辉煌的胜利，但面临着体力的衰退、青春的消逝、理想的暗淡，从而出现心理危机。荣格认为，要顺利度过这一时期，关键要把心理能量从外部转向内部，体验自己的内心，从而懂得个体生命和生活的意义。

第四阶段是老年期：老年人易沉浸在潜意识中，喜欢回忆过去，惧怕死亡，并考虑来世的问题。荣格认为，老年人必须通过发现死亡的意义才能建立新的生活目标。他强调心灵的个性化实际上要到死后的生命中才能实现，意味着个人的生命汇入到集体的生命中，个人的意识汇入到集体潜意识中。

（二）中年期危机

荣格认为，人格变化主要发生在35～40岁，这一时期正是荣格和他的患者经历个人危机的时期。在这一阶段，成年早期的适应性问题得以解决，典型的“40岁的人”的形象在工作、婚姻和社区中被建立。荣格问道，为什么在取得成功以后，那么多人在这个年纪会难以逃脱绝望和没有价值的感受，他的患者基本上全都会告诉他同样的事：他们觉得空虚，冒险、兴奋和热情消失了，生命失去了意义。

荣格发现，许多中年人肩负工作与家庭的重担，他们虽然在事业上取得了显著的成就，有了美满的家庭，但他们重新审视与评价自己过去的选择和走过的路程时，往往会产生一种失落感，感到人生仿佛失去了意义，心灵变得空虚而苦闷。这时内部与外部相互对立、冲突，荣格认为这是在人生的外部目标活动之后所出现的一种心灵的真空，他称之为“中年期危机”。

要使中年人振作起来，就必须寻找一种新的价值来填补这个真空，扩展中年人的精神视野和文化视野。而要做到这一点，必须通过沉思和冥想，把心理能量由注重外部世界转向过去所忽略的主观世界，由外部适应转向内部适应。用荣格的话来说，“对于那些已到中年、不再需要培养自觉意志的人来说，为了懂得个体生命和个人生活的意义，就需要体验自己的内心存在”。这也就是荣格所说的人后半生的任务就是发展自身。

第四节　潜意识的相关研究

潜意识在人格研究中隶属一个传统而又特殊的领域。由于潜意识与西方科学心理学以意识经验为研究对象的主流观点相违背，更由于这一概念在科学上难以验证，因而常常作为非主流的甚至是伪科学的东西而遭排斥。然而，正如拉扎鲁斯所说：“不研究潜意识过程的心理学是不完善的心理学，我们要敢于正视研究这一科学概念时的种种困难。”（Lazarus，1993）

一、潜意识的地位

人格心理学对潜意识现象有不同的理论观点。弗洛伊德认为，我们的生活受未知的、潜意识的甚至受不可抗拒的力量驱动，精神分析的目的和成就没有比发现精神生活中的潜意识更重要的了。而班杜拉的社会认知理论则认为："人们在他们思维中的每个方面并不总是充斥着意识，也不是充斥着大量的潜意识。但人们总是知道他们自己在想什么。"（Bandura，1986：125）这里我们看到，人格研究中有两种不同的理论观点来解释潜意识现象，两者在本质上是不同的，这些差异能够反映出他们在人性论上的基本观点的差异。

现在，我们可以解释为什么弗洛伊德的理论着重强调潜意识，而对人们的思想、情感甚至行为的探讨没有太多的兴趣。一方面，如果我们的生活受未知力量的驱动，那么人们报告他们的思想、情感或行为又有多大的可信度呢？另一方面，我们注意到，班杜拉的观点允许甚至鼓励我们使用自陈报告资料。如果人们普遍知道他们自己在想什么，那么我们可以相信他所说的关系到他们自己的想法。果真如此，便可明了使用这些资料去研究思维、情感以及行为的可行性了。

对潜意识理论的研究，另一个重点是潜意识具有重要的道德和法律内涵。从道德的角度讲，如果人们是受未知的、无法控制的力量驱动，那么他们对自己的行为负有多大程度的责任呢？如果我们说意识决定行为目的的话，那么人们会对自己的无目的行为负责吗？有人会说"我并没有打算那样做，我并没有意识到"，这会改变我们对其行为的反应吗？倘若如此，我们如何区分谁是真正潜意识地做了那件事，而又有谁是以此作为借口呢？如果一个人忘记了去做答应朋友的事，我们如何区分这个遗忘是因为他有太多的偏见而没有意识去做它，还是有意识地不去做它而拿忘记作为开脱的借口呢？

在法律情景中也有很多类似的事例。法官常常不得不确定一个罪犯是否故意犯罪，不得不对人们记忆的准确性或歪曲程度做出判断。这个判断是一个特殊问题，原初事件发生的时间与记忆恢复之间有一个很长的调停过程，当大量情绪卷入时，这个判断就更有问题了。这种记忆埋藏在潜意识之中吗？有没有可能某人在忘记某个有重大意义的事件多年以后又记起了先前忘记了的内容呢？这些问题经常涉及对童年期性经验的回忆。为此，有心理学家提出了以下问题：人们对早期痛苦经验的压抑有多普遍？陪审团和法官对这些受压抑的回忆有何反应？被压抑记忆何时以何种方式恢复？这种恢复的记忆有多大的有效性？

知识链接：被压抑的记忆

1969年的一个下午，8岁的苏珊·奈森在前往加利福尼亚福斯特市看望一位邻居的途中失踪了。两个月后，她的尸体在附近的水库被人发现。验尸官断定苏珊死于头盖骨骨折。接着警方做了调查，但由于缺乏证据，无法继续深入展开调查，因此也没有找到杀人犯。20年后，被害者儿时的伙伴艾琳·弗兰克林和女儿坐在洛杉矶的家里时突然回想起苏珊的死。当时她看见一个男人对这个女孩进行了性攻击，然后用石块砸碎了女孩的脑袋。她还记得那男人的样子——他正是自己的父亲乔治·弗兰克林。

凭着女儿的证词，乔治·弗兰克林于1990年被推上了法庭，并被判谋杀罪。陪审团在聆听了证词之后确信，除非当时艾琳·弗兰克林在案发现场，否则她不可能知道案件的细节。但为什么这些记忆在20年后才浮现出来呢？检察官认为，由于这些记忆太痛苦，以致艾琳一直将它们压抑在潜意识中。而现在，因为发现自己女儿和苏珊长相相似，激发了长期被压抑的记忆表象，并使之进入意识。高级法院法官托马斯·史密斯将乔治·弗兰克林描述为"残忍而堕落的人"，并判处他终身监禁。弗兰克林也因此而成为因"被压抑的"记忆而被定罪的首例。

"弗兰克林案件"立刻引起心理治疗师、心理学研究者及法律界人士围绕被压抑记忆的准确性问题的激烈争论。这场争论涉及成千上万宗案件。在这些案件中，成年人通过心理治疗突然回忆起童年时曾被父母虐待，尤其是性虐待的经历。一位调查者估计，有300多件刑事案件是成年人突然回忆起儿时被压抑记忆的性虐待，从而对父母提出控诉的（Yapko，1994）。

但是，近年来被压抑记忆的案件已很少见诸报端。研究者证实，对于不真实的被压抑记忆，人们往往非常相信其准确性（Loftus，1993）。研究者并不认为被压抑记忆不可能发生，或那些声称有被压抑记忆的人在说谎。他们只是建议，在许多此类案例中，人物往往被张冠李戴，在没有其他证据的情况下，治疗师不能假设被唤醒的事件确实发生过。

1996年，在监狱里服刑五年后，乔治·弗兰克林接受重新审判。他的律师指出，上一次判案的陪审团应当见过关于苏珊之死的报纸和电视报道。那些报道描述了犯罪的细节，这些细节可能是艾琳·弗兰克林记忆的来源。在新证据和人们对被压抑记忆的质疑下，检察官撤销了对弗兰克林的指控。1996年7月3日，乔治·弗兰克林被无罪释放。尽管弗兰克林的案件已经了结，但被压抑记忆的准确性以及它在刑事犯罪案件审判中的作用仍存在争议。

（资料来源：Burger，2010：31）

二、精神分析的潜意识

作为精神分析的先驱，弗洛伊德深入细致地阐述了他的潜意识观点，潜意识也因此而成为精神分析最核心、最基本的概念。

（一）意识、前意识和潜意识

弗洛伊德认为，人格是由不同意识水平的三个层面构成的，即意识、前意识和潜意识。其中意识是人格的最表层，它由人们能够随意想到、清楚觉察到的主观经验组成，具有逻辑性、时空规定性和现实性的特点。前意识位于意识和潜意识之间，由那些虽不能即刻回忆，但经过努力就可以进入意识领域的主观经验组成。前意识主要起检查作用，即不允许那些令人产生焦虑的和创伤性经验、不良情感以及不为社会所允许的原始欲望和本能冲动进入意识领域，从而将它们压抑在潜意识之中。

对前意识与潜意识的区分非常重要。如果我们注意前意识现象，它们就可以达到意识领域，但是潜意识现象则需要特定的情境才能达到意识水平。如就在此刻，我意识到我写了这句话，而没有意识到昨天我写了什么。在这里，后者在我的前意识之中，如果我将注意转向那个方面的话，那么它就很容易进入我的意识水平。在潜意识中还储存着其他的记忆，即使我将注意指向过去，它们也不可能进入意识，除非有特殊的情境能使意识阈降低，否则不可能唤起这些回忆。

弗洛伊德认为，潜意识是人格的最深层部分，并将它定义为不曾在意识中出现的心理活动和曾是意识的但已受压抑的心理活动。潜意识的主要成分是原始的冲动和各种本能、通过种族遗传得到的人类早期经验以及个人遗忘了的童年期经验和创伤性经验、不合伦理的各种欲望和情感。为了说明潜意识的重要性，弗洛伊德借用了费希纳的“冰山类比”，即心理类似于冰山，它相当大的一部分藏在水面以下，在这里有一些观察不到的力量对它产生作用。弗洛伊德将水面以下的大部称为潜意识。

（二）动力潜意识

精神分析学家所强调的潜意识一般被认为是一种动力潜意识。它有三个特性：首先，潜意识过程的运作在本质上不同于意识活动。我们的意识过程通常是理性的，根据逻辑规则操作的；而潜意识过程经常是不合逻辑的，从潜意识的操作过程来看，任何事情都有可能发生。例如，潜意识内部的对立面可以支持同样的事物，不同时期的事件会同时存在，不同地点的事件也许会被扯在一块，大量的事件也许会挤进一个狭小的空间。根据这个理论，潜意识的功能在梦中、口误、艺术作品、宗教礼仪以及在小孩的思维中都可见到。

其次，动力潜意识包含了欲望或动机，亦即潜意识的内容有一种动机的成分存在。精神分析理论认为，动力潜意识的概念总是和压抑有关，只有通过降低防御阈限值才能被意识到。这些防御机制如压抑本身就是潜意识，它们使这些潜意识内容不能进入意识。这就产生了一个问题：在我们没有觉知要防御什么的情况下，我们怎样才能觉知到需要防御某事或某物呢？在觉知没有达到足以意识到的水平时，心理如何能觉知到某事或某物进而采取行为防御它呢？

最后，潜意识内部充满着冲突和矛盾。按照该理论，两种欲望之间的冲突或一种欲望与一种恐惧之间的冲突都是潜意识生活领域的重要元素。潜意识中的各种本能冲动和欲望拥挤在一起而互不干扰。用弗洛伊德的话说，它们是“置身于矛盾之外”，两种目标不一致的欲望可以同时积极活动，而不会相互抵抗。

（三）潜意识现象

1. 潜意识知觉

有证据表明，尽管刺激因太弱而不能被觉察，但它对知觉和其他心理过程会有影响，这种现象称为潜意识知觉。例如，以远快于意识知觉的速度向被试呈现一张有鸭子的图片，当要求这些被试画一张风景画时，与那些没有呈现鸭子图片的被试相比，他们会在风景中画出较多与鸭子有关的形象。换言之，尽管被试不能报告屏幕上闪现过的鸭子的形象，但鸭子的形象确实被知觉到了，且影响到了后来的思维过程。

2. 内隐记忆

内隐记忆指人们报告没有记忆的事件或学习材料却对他们的认知、情感和行为产生影响的潜在的记忆效果。它是相对于有意识记忆事件或材料的外显记忆而言的。例如，学习了一系列配对单词的被试后再学习相同的配对单词时会相对容易些，但从来没有学过的被试则不会，尽管他们报告不能回忆或再认出先前学过的配对单词。

3. 分裂现象

当一个人心理机能的主要方面被排除在意识之外或不能与个体心理机能的其他方面进行整合时就会产生分裂现象。这种体验范围从轻度到中度都相当普遍，轻微的如忘记驾车行驶过的一段路途，严重些的如忘记最近主要的生活片段。最极端的事例是多重人格障碍，这种人有多重的分离型人格，这使他们有时候孤僻行事。有些人可能会意识到另外的自己，有些人则不会。临床心理学家认为，分裂现象是因极端压抑和心灵创伤阻碍了正常意识的作用而产生的。

4. 说出我们所不知的

当被问及行为的原因时，人们会做出解释，但他们的解释很少涉及真正的原因，尽管他们试图很诚实地汇报。例如，如果问顾客为什么会买一件很特别的商品，他会很明白地说出一个原因，即使有另外的原因使他选择这个商品。顾客会说他选择此商品是因为看重它的品牌，但因为货架的位置有所不同，零售商很好地意识到商品摆放货架位置的重要性，即使顾客并非有意识地做出决定，但货架还是对他们产生了影响。

5. 自动化加工

我们想的或做的许多事件都是自动产生的，这一过程并没有受意识的影响。许多这样的操作最初是在意识状态下进行的，后来它们都变得很有规则或自动化而成为潜意识活动。如语法规则、系鞋带、打字等现象。尽管我们的口头表达大多数时候是符合语法规则的，但很多人并不能写出这些规则，这些规则是潜意识获得的，并保持在潜意识中。系鞋带和打字也一样，一旦我们学会这些规则，便在潜意识状态下就能操作了，你能具体讲出你是怎样系鞋带或怎样在键盘上打字的吗？

三、潜意识的研究证据

如何用实验证据来支持潜意识这一概念呢？这要从波特茨尔的研究说起（Poetzl,

1917）。波特茨尔是维也纳的一个神经心理学家，受弗洛伊德的影响，他在意识知觉阈以下向被试呈现图片刺激，即使被试无法报告图片刺激的内容。第二天，他要求被试报告他们头一天晚上做的梦，并把它画出来。波特茨尔发现，在呈现时无法报告的图片刺激内容进入了被试的梦境中，换句话说，知觉时无法报告的东西不仅被感知到了，而且还影响了被试当晚的梦境。

波特茨尔的研究促进了潜意识研究的实验取向，如今这种关于动力潜意识的研究被冠之以“阈下心理动力激活”（subliminal psychodynamic activation）。其实验程序通常用快速阅读训练器向被试呈现与欲望或恐惧有关的材料，以期引起威胁或缓解焦虑，然后观察是否会产生期望的结果。在威胁愿望的情境中，材料以阈下方式呈现，希望诱发潜意识的冲突，从而增加心理困扰。在焦虑缓解愿望情境中，材料以阈下方式呈现，以期减缓潜意识的冲动，从而减少心理困扰。无论在哪种情况下，使不同组被试激怒或安慰的内容是事先根据精神分析理论预测的，并且其作用只有在刺激被阈下或潜意识觉知时产生。在这里我们介绍三个相关的研究：

第一个研究集中于引起积极情绪的、缓解焦虑的愿望（Silverman and Weinberger，1985）。该研究基于精神分析的观点，即许多人尤其是一些患者有和童年时期的好妈妈合为一体的愿望，如安慰、保护和照顾妈妈。在这一研究中，向精神分裂患者阈下呈现“我和妈妈是一体”的刺激，假设这些患者有与好妈妈的表象合为一体的强烈愿望，那么将会发现这些信息令人愉快并缓解焦虑。这种信息的结果与中性刺激“人们在行走”相对照。在一些情境中，威胁性信息如“妈妈走了”也以阈下的方式呈现。最终的研究结果表明，向这些患者阈下呈现“我和妈妈是一体”的信息确实减轻了他们的症状，并且促进了他们在治疗和教育训练中的进步（Weinberger，1992）。

第二项研究包含对俄狄浦斯情结概念（指小男孩因与父亲竞争母亲而害怕被父亲阉割）的测试。在这一研究中，刺激以阈下方式向被试呈现。刺激用于激活潜意识冲突——用以增强或减缓这些冲突。用于增强俄狄浦斯情结冲突的刺激是“打爸爸是错的”，而用作减缓这种冲突的刺激是“打爸爸是对的”，另外，呈现大量的中性刺激如“人们在行走”。每次在阈下呈现这些刺激之前，先测试被试标枪投掷比赛的成绩。三种刺激之一在阈下呈现之后，再次进行投标枪测试。根据精神分析理论预测，信息“打爸爸是错的”会增强潜意识的恋母冲突，导致不好的投标枪成绩，而“打爸爸是对的”会减缓潜意识的冲突，从而促进投标枪成绩。中性信息对成绩没有明显影响。如表 2-3 所示，研究结果正如预期的那样（Silverman，et al.，1978）。

表 2-3 恋母冲突与竞赛活动

标枪分数	打爸爸是错的	打爸爸是对的	人们在行走
刺激前（M）	443.7	443.3	439.0
刺激后（M）	349.0	533.3	442.3
差异	-94.7	+90.0	+3.3

第三个相关研究包括冲突的激活和对动力上与行为有关的结果的观察。对照上述研究，从理论上比较各组在重要方法上的显著不同。比较正常的大学女生和饮食失调的女生在下列三条阈下信息以4毫秒的速度呈现后吃饼干数量的多少："妈妈要离开我""妈妈渴望它""梦娜渴望它"。尽管被试被告知他们参加的是视觉和味觉的辨别测验，事实上，研究的目的是验证以下的假说：有饮食失调的被试与其他被试和其他信息相比而言，对信息"妈妈要离开我"有多吃的反应。表2－4数据显示，潜意识唤起饮食紊乱被试的焦虑（妈妈要离开我，4毫秒）可导致吃的行为增加，对无饮食紊乱组则无此影响，且刺激在阈上呈现（200毫秒）时也无此影响（Patton，1992）。

表2－4　呈现信息后吃饼干的数量（M±SD）

	妈妈要离开我	妈妈渴望它	梦娜渴望它
饮食失调组			
4毫秒（N＝10）	19.40±5.48	8.20±2.56	7.80±3.34
200毫秒（N＝10）	9.60±3.47	9.56±3.30	9.00±3.41
正常组			
4毫秒（N＝10）	8.50±1.57	8.20±2.91	
200毫秒（N＝10）	8.60±3.10	8.60±2.84	

四、潜意识研究的进展

不同领域以各种被试为对象所进行的大量临床及实验研究已经提供了若干不同的潜意识方面的证据。首先，有足够的证据表明，某些心理过程即使并非严格意义上的自动化，但从我们对其没有直接内省觉知的意义上讲它是潜意识操作的。只有通过推理，才能间接认识它们。在认知内容方面，有内隐记忆和内隐知觉的足够证据，甚至在没有意识的知觉和回忆的情况下影响经验、思维和行动。关于内隐思维也有一些能够支持创造性问题解决过程中直觉现象的初步证据，此外还有关于内隐学习的证据。情绪研究也已经发现，情绪反应能够以个体意识到的情绪状态的形式成为内隐知觉和记忆的一种表现形式，即使它不一定是内隐学习或思维的产物。

20世纪90年代以来出现了一种倾向，认为上述这些研究结果证明了弗洛伊德理论的正确性。例如，韦斯滕在对有关文献进行回顾的基础上得出结论说："潜意识过程的概念既不是精神分析的巫术信仰，也不是一群头脑糊涂的临床医生的主观臆想。它不仅在临床上不可或缺，而且也是有据可依的科学。"（Westen，1998：35）这句话本身并没有错，问题在于韦斯滕忽略了这样一个事实，即他所回顾的文献与弗洛伊德关于潜意识的观点之间并没有任何关系。例如，健忘症患者能在没有意识到有关经历的时候表现出完成词干补笔测试时的启动效应、能够获得对其他人的正面和负面的情绪反应等，这类现象并未涉及性和攻击等内容，其结果既未暗示有压抑防御机制，也不支持从潜在内容的角度解释外显内容的释义学方法。

正如前面所指出的那样，在行为主义统治时期以及认知心理学家醉心于注意、短时记忆及表象等外显的意识心理生活的认知革命初期，科学及临床精神分析家仍坚持着在弗洛伊德之前就已出现的心理潜意识概念。但是，20 世纪 70 年代末 80 年代初再度兴起的心理潜意识研究本质上却与精神分析无关。除了西尔弗曼对阈下共生刺激的研究可能算是个例外，其他现代的实验研究并不支持精神分析的潜意识心理生活的观点。这类研究借助于精心设计的实验反倒得出了这样一个重要的结论：阈下及其他形式的前注意加工非常有限，以致难以进行对共生刺激的分析。

对这种事态的答复是，主张精神分析理论自弗洛伊德之后已经有很大发展，再将精神分析局限于弗洛伊德学派关于婴儿期性欲或攻击性驱力受到压抑而只能表现为梦、失误和各种精神症状并可以通过自由联想表现出来的理论，未免有失公允。韦斯滕近来也采纳了这种说法，认为精神分析理论的批评者只一味地攻击陈旧过时的精神动力学，而无视自我心理学和对象关系投射理论的最新发展（Westen，1998）。从文化上来说，20 世纪是弗洛伊德而非科胡特（Heinz Kohut）或克莱因（Melanie Klein）的世纪。但弗洛伊德留下的精神遗产不能用他去世后出现的理论加以评价，而应该用他本人那 24 卷巨著中的思想进行衡量。正如博恩斯坦在其著作的开头部分所指出的那样，这是一种潜意识心理生活的特殊观点，这种观点至今未发现或很少有实证科学资料的支持（Bornstein and Masling，1998）。

在从 19 世纪跨入 20 世纪的时候，虽然潜意识已得到广泛传播，但是关于其本质和界限人们却知之甚少。当詹姆斯对弗洛伊德说“心理学的未来将取决于你们的研究工作”时，他指的是总体的潜意识心理生活而不是弗洛伊德特定的潜意识概念。在由 20 世纪跨入 21 世纪的今天，潜意识问题又引起了广泛的关注，其研究已取得众所周知的成功并且呈方兴未艾之势。这些研究在未来的人格与社会心理学中有相当的前途。当代认知心理学在历史上第一次开始形成一个研究意识与潜意识之间关系的清晰的理论框架。随着新的优秀心理学理论的发展、新的尖端的实验范式的运用以及认知神经心理学研究的发展，研究者们已经在潜意识领域获得了一系列新的发现。

尽管如此，我们仍需认识到，目前几乎所有这类研究工作都是在认知心理学和认知神经科学框架内进行的，而很少有研究关注潜意识的情绪和动机或潜意识过程在人格与社会交往中的作用问题。因此，近年来的重要研究安排似乎应该是由人格与社会心理学家主动采用这些已为其认知同行所熟练研究的概念和原理，并将研究对象从单词和多边形扩展到人及其行为，除了研究内隐认知之外还需探讨内隐情绪与内隐动机。

第三章　人格与特质

第一节　什么是人格特质

从某种意义上讲，我们都是特质心理学家。当我们描述自己所喜爱的人时，常常把他们说成是“友好的”“关心的”“聪明的”或“灵敏的”；同样地，生活中我们往往用“敌对的”“冷漠的”“愚蠢的”或“迟钝的”来描述那些自己不喜欢的人。这些用来描述一个人独特性的词汇我们称之为“特质词”。在形成对他人的印象时，我们最初形成的通常也是特质方面的印象。

一、特质的内涵与特点

（一）特质的内涵

用特质词来描述个体差异始于早期对人进行分类的尝试，而对特质的系统阐述则最早见于奥尔波特的《人格：一种心理学的解释》。他认为，特质是指个体内在的系统和倾向，这种系统和倾向使个体以独特的方式知觉情境，并对各种极不相同的情境做出相同的反应。尽管每个人在特定时间（如高中的你和大学的你）和特定情境（如课堂上的你和宿舍中的你）可能表现不同，但是如果某个人跟踪你一段时间，观察你在不同时间和不同情境下的行为表现，就可能发现你行为反应的一致性。

后来，奥尔波特将特质定义为“心理结构”，它是个体的“神经特性”，“能使许多刺激在机能上等值，发动并主导等值（意义上一致）形式的适应行为与表达行为”（Allport，1961）。“使许多刺激在机能上等值”意即对不同的情境做出相同的反应，例如，一个武断的人在不同情境中总要表现出武断行为；“发动并主导”意即一种特质既作为一种动机又作为一种行为方式来反应，例如，一个有武断特质的人总需要表现这种特质。在一般情况下，特质是指用于区分人或物的特征或品质，尤其是指一种或多或少相一致的行为模式。个体拥有的这种特征或品质很可能在相关的情境中表现出来，典型的如害羞、诚实、整洁、糊涂等（Colman，2001）。

奥尔波特推测，特质有其神经生理结构。尽管我们看不见它，但是可以通过观察行为的一贯表现而推断其存在。特质除了对刺激产生行为外，还主动激发和引导行为，从而使个体的行动带有指向性。特质使许多刺激在机能上等值，而且使反应也有了一致性。在刺激和反应机能的变化上，特质是动力，是行为的原因。图3－1表示特质的一般操作方式。一个具有害羞特质的人，可以从他缺乏同伴友谊，回避社会聚会，喜爱读书、集邮等单独活动以及讨厌参加讨论会等行为反应中推断出来。

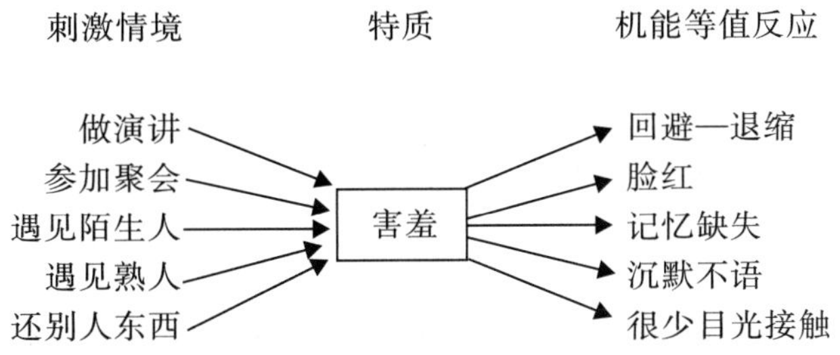

图3－1 不同刺激情境下害羞产生的机能等值反应

尽管心理学家对如何界定和测定特质存在分歧，对于基本特质的数量也仍在争论之中，但是目前他们在以下两方面已基本达成共识：

其一，特质是指个体行为上的规律性或广泛的一致性。特质在机能上代表了个体差异的基本类别。因此，当我们将某人描述为直爽的人时，就是在描述他的最常见的人格特征，并以此将这个人与那些具有害羞人格特征的人区别开来。

其二，作为人格基本单元的特质以及用以描述个体差异的特质词具有广泛的用途。个体差异千奇百怪，特质的出现使对这些差异进行分门别类成为可能。基于此，特质心理学家的任务就是要发现人格的基本特质，设计出测定它们的方法，探索特质的形成过程，确定特质概念能否对不同情境下出现的个体差异给出令人满意的解释。

（二）特质的特点

从特质的内涵中可以发现，特质是看不见的、内在的、一般的行为倾向，我们只能通过外部的行为表现或情境中的线索去推断。这种行为倾向在时间上具有稳定性和持久性，在空间上具有一致性和动力性，亦即特质在不同情境下对行为具有推动作用。例如，外向的人总是喜欢凑热闹，喜欢冒险，比较健谈，比较冲动，这些行为表现往往受外倾性特质的支配。此外，特质是用来识别人与人之间相同和不同的标志。每个人都是独一无二的，这是特质的独特性，我们在用某些特质描述一个人时，不可能用相同的特质描述另一个人。同时，特质又是普遍的，每个人身上都有一些相同的特质，这是社会文化和环境因素对我们的共同要求，例如，做人要讲诚信、负责任、守时等。特质的特点可以概括如下：

（1）特质是每个人内在的、一般的行为倾向，它比习惯更具有一般性。

（2）特质具有动力性，是行为的基本原因。

（3）虽然无法直接观察到特质，但可以通过观察一个人不断重复的行为来证实其存在。

（4）一种特质对另一些特质来说，仅仅是相对独立的。

（5）特质与道德或社会判断不同义。

（6）特质可以是个体所具有的，也可以是群体所具有的。

（7）行为或习惯与特质不一致时，并不证明特质不存在。

（8）刺激情境和一时的态度，可能会左右特质的表现。

二、特质与类型

（一）人格特质与人格类型

我们通常根据不同的特点对人进行分类，其中包括他的性别、专业、职业、民族或种族等。人格理论家也喜欢用一些词汇来描述一个人的人格并将他归为某种人格类型。最早的两种描述人格的方法：一是通过有限的几种截然不同的类型对个体进行分类；二是在不同的特质上用等级的方法对个体进行评定。正如我们对世界万事万物进行分类一样，我们对自己或他人的行为进行分类似乎也是一种天生的倾向。

一般说来，人格类型是指将许多人身上可以被觉察到的特点归入一个群体，例如，我们将以权谋私、贪污受贿的有一定职权的人归为官僚主义者一类，将一毛不拔、爱财如命的人视为守财奴一类。而人格特质则是指在个体行为中重复出现的特点，如健谈、退缩、冲动等。很显然，人格类型由人格特质构成，类型是特质的集合，并且总是可以分解成多种特质，如内向的人具有腼腆、害羞、不爱交际等特质。反之则不行，即特质与类型之间不是一一对应的关系，两者之间不可互换。从这里我们可以看出，人们拥有的是特质，但是他们总是属于某种类型。

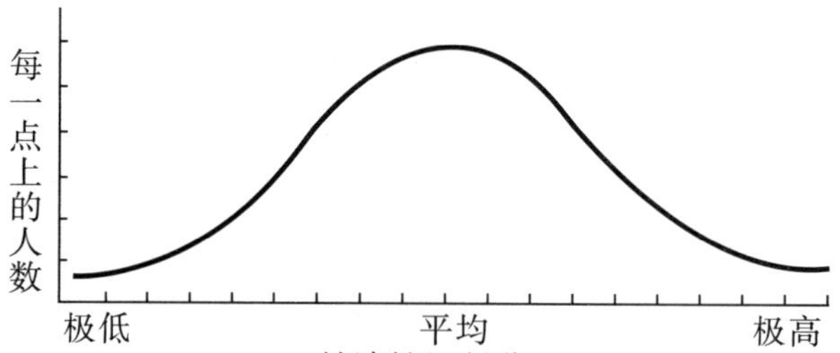

图 3－2　健谈特质的正态分布

特质与类型之间还有另一种区别，即特质是一个连续的维度，是一个从低到高持续变化的程度。例如，一个在“健谈性”上得分高的人比得分低的人（或者在“沉默性”上得分高的人）更容易与陌生人交谈。如果我们随机询问路上的行人“你有多健谈?”我们可能会发现一个反应的正态分布：有的人可能在健谈性上得分非常高，而有的人得分非常低，而大多数人则处于中间状态（如图3－2）。换言之，在整个人群中，特质是一个程度问题，拥有极端特质的人是少数，多数人都处于特质维度中间的某个位置。

人格类型则不同，它遵循全或无的原则，与程度无关。如果将某人归为某种类型，那么他就不能被归入其他类型，因为类型与类型之间相互排斥。例如，一个人是外向型的，那么他就不可能是内向型的；一个人是独立型的，那么他就不可能是依赖型的。在日常生活中，人们喜欢使用人格类型，因为这能帮助他们理解他人，并将这种复杂的过程简单化，但人格类型过于粗糙，只反映了群体间的差异，无益于我们了解个体间的真实差异。

（二）特质论与类型论

从理论的渊源来看，特质论的前身是类型论。第一个关于类型的理论始于希波克拉底（Hippocrates，公元前460—公元前370），这位希腊的医学鼻祖认为人体由四种体液构成：黄胆汁、血液、黏液、黑胆汁。后来，古罗马医生盖伦（Galen，约129—199）依据这四种体液中何种成分占主要地位将人分为四种类型：黄胆汁较多的人易怒或富有敌意，血液较多的人快乐且乐观，黏液较多的人比较懒散或缺乏能量，黑胆汁较多的人表现为忧郁或压抑。这就是后来一直沿用的四种气质类型：胆汁质、多血质、黏液质和抑郁质。

20世纪初，荣格在《心理类型》中最先提出了内倾和外倾两种类型：内倾者将注意力指向内部，外倾者则指向外部，这也是至今非常流行的两个概念。参照荣格的类型论，霍兰德在人们的兴趣、能力和价值观的基础上建立了一种新的类型理论：现实型的人（如工程师）建造、装配和维修物体与设备，研究型的人（如科学家）用数据来解决问题，艺术型的人（如艺术家）进行设计和装饰并给人娱乐享受，社会型的人（如心理医生）为他人提供帮助，企业型的人（如政治家）劝说和支配他人，常规型的人（如会计）整理和编码事物（Holland，1985）。霍兰德的理论被公认为类型理论的样板。

特质论始于加尔（Franz Gall，1758—1828），他既是颅相学之父，又是那个时代重要的脑解剖学家。加尔首先界定了几组具有某种特质的人群，如慷慨的、真诚的、好色的人群，然后尽力去发现他们在颅骨上的共同特征。经过一段时间的努力，他发现了人的27种能力，并且用图示的方法来显示与之相对应的颅骨上的突起。当同时代其他心理学家在探索心理的一般规律时，加尔却在寻找个体之间差异的维度以及造成这些差异的原因，并创立了第一个特质分类学。

特质论真正的开创者是美国心理学家奥尔波特，他在《人格：一种心理学的解释》中对人格特质进行了深入分析和系统阐述，并进一步区分了用来描述一群人的共同特质和针对个体的个人特质（详细介绍见本章第二节）。“二战”后，卡特尔用因素分析的方法确立了16种根源特质，并编制了“卡特尔16种人格因素调查表”（简称“16PF”）来测定这些特质。围绕人格特质的分类问题，一份不出名的空军技术报告提出了一种解决的方法。报告认为，人格可以用五种广义的特质来划分，即适应性、支配性、宜人性、尽责性和智力。该主张后来演变成了大五人格理论（Wiggins，1996），这就是目前公认的神经质、外倾性、宜人性、尽责性和开放性五个因素。

三、特质论的基本假设

（一）特质是人格的基本单元

特质理论家强调，正如物质世界由化学元素构成以及身体由细胞构成那样，人格是由特质构成的，特质是人格的基本单元。奥尔波特很清楚每个人都是独特的，并且深知将复杂系统分解为简单组成部分的科学起源。正如通过分辨数量有限的元素来了解多种多样的化合物一样，了解多种多样的人格取决于分辨数量有限的关键组成部分，奥尔波特将这些组成部分命名为“特质”（Barondes，2017），即以某种方式行动、思考和感知的持久倾向，并用所有人类语言中能够找到的词汇描述出来。就像化学元素碳和氢可以与其他许多元素结合，构成各式各样的复杂物质一样，开朗、随和、可信赖等特质也可以与其他许多特质结合，构成无数复杂的人格。

正是得益于奥尔波特的开创性研究，卡特尔才决定将因素分析的方法用于确定到底有多少种重要特质。由于卡特尔本科主修的是物理学和化学，因此从中受到诸多启发，认为我们也可以像分解物质世界那样分析人格结构，并且有必要对人格特质进行分类，就像化学元素周期表那样。他认为，人格的元素是那些通常共同变化（一起增加和减少）的特质或行为。换言之，特质是指彼此相关的一些行为，发现特质的方法是因素分析。通过努力，卡特尔找到了他认为的人格单元或者特质，即16种根源特质。

（二）特质包含在语言词汇当中

特质虽然看不见，但是它确实存在。特质心理学家认为，人格特质存在于我们使用的语言词汇当中。为了证明这一假设，1936年，奥尔波特和奥德伯特（H. S. Odbert）查阅了当时的《韦伯斯特新国际辞典》（*Webster's New International Dictionary*），列出了一份包括17 953个用来描述人的词汇清单。这其中包括常用的词汇，如害羞、友好、安静、明智，也包括生僻的词汇，如怀疑的（dubitative），螨状的（acaroids）。这份清单中有些词是评价性的，有些是描述思想或情绪状态的，有些是描述身体素质的（Gosling，2009）。奥尔波特和奥德伯特删除了那些他们认为不明显或不太能表示特质的词汇，最终得到了4 500个特质词。

这并不意味着人格有4 500个不同的构成要素，清单中很多词一看就是同义词，例如“开朗的”和“好交际的”可以相互替换。此外，反义词“孤僻的”与“开朗的”描述的其实是同一类行为，只不过是在相对的另一端。我们可以不用“孤僻的”，而说“不开朗的”或“不好交际的”。自然语言的一个优点是非常适合对某个人格构成要素进行等级化描述，词汇从“极度开朗”的一端到“极度孤僻”的一端，中间还有表示不同程度的词汇。简言之，逐渐创造出语言的人类祖先给我们留下了很多描述人格构成要素的词汇。

（三）特质具有稳定性和一致性

特质理论假设，人格特质具有跨时间的稳定性和跨情境的一致性。如果一个人过去是腼腆的，那么他现在也可能是腼腆的，并且将来还可能是腼腆的。一个人在学校是腼腆的，那他在家里或其他场合也可能是腼腆的。总之，“腼腆的”特质会渗透到他生活中的任何时间和空间。当然，人格特质在时间上的稳定性就像人格本身一样，只是一种相对的稳定性，不同的经历、遭遇或重大的事件有可能改变一个人的特质。

类似的，特质跨情境中的一致性也并非是绝对的。一个人的行为表现尽管受特质的影响，但特质绝不是影响行为表现的唯一因素。一个在学校非常健谈的学生并不意味着在任何场合都是健谈的，一个对朋友友善的人并不意味着对任何人都是友善的。一个人在什么情境表现什么特质或在什么人面前表现什么特质，与他当前所处的情境特性或交往的对象有很大关系。尽管如此，特质仍然具有相当的稳定性和一致性，这不仅是人格特质研究的前提，也符合生活常理和人之常情。

（四）特质可以用来预测行为表现

特质的作用不只是用来对人进行描述和分类，更重要的是对行为进行预测。虽然，针对行为预测这一问题，心理学有太多的理论，但是，特质理论家认为，了解特质可以用来预测行为。例如，如果我知道你是个大方的人，那么我会认为当别人有困难的时候你会毫不犹豫地伸出援助之手；用人单位在招聘的时候，如果主考官觉得应聘者是个有能力、有责任心的人，那么他很可能聘用此人，因为他会据此推测此人在今后的工作中会很出色。日常生活中，我们对人的了解也常常起到这样的作用。

但是，特质对行为具有预测作用很可能是特质心理学家一厢情愿的假设，因为一个人的行为表现不单单受特质的影响。一个诚实的人不等于在任何时候、任何场合都不会说谎，一个勤奋的人也并不意味着从来不会偷懒。一个人表现什么、不表现什么往往跟情境、场合密切相关，这就是情境决定论者的观点。20 世纪 60 年代以来，关于行为由什么因素决定的问题，特质论者和情境论者一直争论不休，这就是著名的“人—境之争”。要使特质准确预测行为，特质理论还需要做大量工作。

四、特质研究的基本问题

尽管特质理论开创了人格量化研究的先河，让我们有机会去接近人格研究的目标——描述、了解和预测一个人。但是，特质研究中仍然有许多问题亟待解决，例如，到底有多少种特质？这些特质是如何组织的？如何准确测量这些特质？了解特质真的能预测行为吗？如果一种社会的语言文字中没有某些特质词，那么该社会的成员是否就没有相应的人格特质？……在这些问题中，有三个基本问题指导着特质领域的研究（Larsen and Buss，2011）：

第一个问题：如何将特质概念化。每一个研究领域都需要清楚界定它的关键术语，人格特质领域也一样。例如，生物学中的“物种”是个关键术语，因此物种的概念界定相当明确，即能够相互间生殖繁衍的一组有机体。物理学中的关键概念，如质量、速度、加速度以及力等也都经过了明确界定。而特质是人格心理学的核心概念，因此也应该被精确表达，否则我们就没办法准确测定它。

第二个问题：在众多个体差异中，如何识别最重要的特质。个体在许多方面存在差异，这些差异既反映了个人特性，又表现出稳定性。有些人极端外向，喜欢喧嚣热闹的派对；另一些人则情愿一个人躲在家里看书。一些人高谈阔论，希望成为社交场合中的焦点；另一些人更愿意保持沉默，让其他人发表意见。人格心理学的一个目标是识别出最重要的个体差异。为了解决这一问题，特质论者尝试了词汇学和统计学的方法。

第三个问题：如何建构一个全面的特质分类系统。一旦确定了重要的特质，接下来就是建构一个有组织的系统，即分类系统，将单个特质集合在一起。例如，如果没有内在的组织架构，而仅仅罗列数万种现存的物种，生物学将不可避免地走向消亡。因此，每个物种都被组织到类别之中，通过简单的谱系树就可以把所有的植物、动物、微生物系统地联系起来。同样地，人格心理学的一个核心目标是提出可以包容所有重要特质的分类系统。

第二节　奥尔波特的特质论

一、奥尔波特的生平

戈登·奥尔波特

戈登·奥尔波特（Gordon Allport，1897—1967），美国著名心理学家，当代人格心理学创始人之一，也是特质理论的创始者。1897 年 11 月 11 日，奥尔波特出生于美国印第安纳州的蒙特苏马，在四兄弟中排行最小，父亲是医生，母亲是小学教师。由于年纪最小，无法和哥哥们一起玩，这使奥尔波特与家庭中的其他孩子隔离开来。他回忆道：“我形成了自己活动的圈子，那是一个经过选择的圈子，因为我无法适应普通男孩的集体活动。”他还写道：“在运动场上，我遭受了巨大的痛苦，我不能和哥哥们真正地一起玩，他们不喜欢我，也不友好，我无法和他们竞争。他们都比我更阳刚。”（Nicholson，2003：25）奥尔波特认为，自己更擅长语言，而不擅长体育运动和游戏。

年幼时在这种被孤立和拒绝的环境中成长，使奥尔波特从小有种深深的自卑感，他试图通过追求优越来进行补偿。他曾写道，哥哥和其他孩子给自己带来的自卑感，致使他一直都在寻求认同感。年纪更大一些的时候，奥尔波特开始认同他的大哥弗劳德·奥尔波特，后者获得了哈佛大学心理学的博士学位，并成为著名的社会心理学家。尽管奥尔波特高中毕业时在全班100名同学中排名第二，但他承认对于接下来要做什么感到茫然。1915年，奥尔波特申请就读哈佛大学并被录取。他写道："一夜之间我的世界被重新塑造了。"

大学时代对奥尔波特来说是一场大冒险。初入学时，奥尔波特的各科成绩都不太理想，不是C就是D。于是他加倍努力，并在学年结束的时候拿到了全A。奥尔波特从父母那里获得的对社会伦理和社会服务方面的兴趣，也在哈佛大学得到了强化。虽然选择了心理学课程，但那时候他还没有在这一领域中长期发展的打算。1919年，奥尔波特获得了学士学位，同一天他的哥哥弗劳德获得了博士学位。毕业后的第二年，奥尔波特在土耳其伊斯坦布尔的罗伯特大学教英语和社会学，一年后，他获得了哈佛大学的心理学研究生奖学金。

在归美途中，为看望他的一个哥哥，奥尔波特在维也纳逗留了几天，这使他有机会与弗洛伊德进行一次短暂的会面。弗洛伊德虽然大方地接待了他，但一声不响地坐着。奥尔波特试图找话题，他提到来弗洛伊德办公室的途中，听到一个小孩跟他母亲说：他想避开一些很脏的东西。小孩显露出对脏乱的恐惧，然而小孩母亲却穿戴整齐、气质不俗。奥尔波特认为这与小孩畏惧脏乱之间并没有什么联系。但是，弗洛伊德用仁慈的、治病救人的眼神看着他说："那小孩是你本人吗？"之所以这么问，是因为弗洛伊德认为，奥尔波特所讲的这个人的故事，暴露了他自己潜意识中的恐惧和冲突。在弗洛伊德面前，奥尔波特似乎是"整洁、注重细节、井井有条而且非常守时，拥有许多与强迫型人格相关的特征"（Pervin，1984：267）。

奥尔波特目瞪口呆，只好转换了话题。他后来回忆说："我与弗洛伊德唯一的一次会面是非常令人痛苦的。这次经验告诉我，深层心理学研究尽管有种种好处，但它容易钻牛角尖，而心理学家在深入潜意识的世界之前，能够把动机等事情说明清楚，也同样可以获得认可。"（Allport，1967：22）这次会面使他了解到弗洛伊德心理学在把握潜意识内容时忽视了一些非常重要的事实。这一点不仅对奥尔波特理论的创立产生了深刻影响，而且使他在整个学术生涯中对精神分析都极为反感。

1921—1922年，奥尔波特获得文学硕士和哲学博士学位，1922—1924年，先后在柏林大学、汉堡大学和剑桥大学从事博士后研究。1924年，奥尔波特重返哈佛大学，开设了美国最早关于人格理论的课程——"人格：它的理论和社会领域"。1937年，在被任命为正式教授和心理学系主任的时候，奥尔波特发表了一本重要著作《人格：一种心理学的解释》，这一著作的出版标志着人格心理学成为一门独立的学科。1937—1949年，奥尔波特担任《变态与社会心理学》杂志编辑，1939年担任美国心理学会主席，1963年获得美国心理学基金会金质奖章，1964年获美国心理学会杰出科学贡献奖。1967年，奥尔波特因患肺癌逝于马萨诸塞州的剑桥。

二、人格特质的分类

在特质领域，奥尔波特的最大贡献在于其开创性的研究。他不仅对人格特质的本质及其特征进行了深入阐述，而且对特质分类也做了细致分析并提出了独特的见解。奥尔波特将所有特质分为共同特质和个人特质。

（一）共同特质

共同特质是指某种社会文化形态下大多数人或一个群体所共有的、相同的特质。例如，在传统儒家文化的影响下，中华民族形成了一种勤劳、朴实、善良以及相对保守的共同特质。这种特质是在共同的生活方式下形成，普遍存在于每一个人身上的。从共同特质看，个体间的差异，不过是指个人具备这种特质的多寡或强弱不同而已。奥尔波特提出了人格的 14 种共同特质，例如，支配—顺从，外向—内向，自信—自卑，合群—孤独等。

（二）个人特质

个人特质是指某一个体身上表现出来的稳定的、独特的倾向，奥尔波特又将其称为个人倾向。奥尔波特特别重视个人特质，他指出："严格地说，只有个人特质是真实的特质。这是因为：其一，特质是个人的而不是社会的；其二，特质是以个人经验的独特方式发展起来的动力倾向，所以共同特质不是真正的特质。"世界上没有两个人的个人特质是完全相同的，即使两个人在共同特质上是相似的，但他们在行为上所表现出的仍各具独特性。

奥尔波特认为，个体身上的个人特质并不对一个人的人格产生相同作用和影响。根据个人特质对人格的作用和影响的不同，奥尔波特将其划分为三个重叠交叉的层次：首要特质、中心特质和次要特质（如图 3－3）。

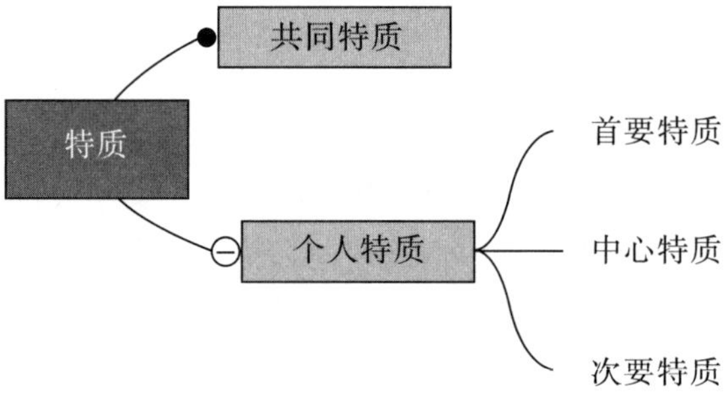

图 3－3　人格特质结构图

1. *首要特质*

首要特质即个体最典型、最有概括性的特质，代表整个人格。这是个体身上非常普遍的一种特质，一个人只要具备这种特质，他的一举一动几乎都可以归结为它的影响。首要特质在人格结构中处于支配地位，具有极大的弥散性和渗透性，影响到个人行为的所有方面。不过，这种首要特质，未必每个人都具有。有些人因具有单个首要特质而成为著名人物。例如，创造是爱迪生的首要特质，多愁善感是林黛玉的首要特质，对于一个修女来说，首要特质可能是为了他人的利益而自我牺牲。

2. 中心特质

中心特质即构成个体独特性的重要特质，每个人都有几种彼此相互联系的中心特质，从而构成其独特的人格。它虽然不如首要特质那样对行为起明显的支配作用，但其本身具有相当的概括性，对人格有一般意义的倾向，而且经常表现在行为中，很容易被识别。例如，教师为学生写操行评语时，考虑到代表某个学生人格的那些特质（如准时、整洁、勤奋、诚恳等），即属于其个人的中心特质。奥尔波特认为，用 5 ~ 10 种中心特质即可大致概括出一个人的整体面貌。例如，清高、率直、聪慧、孤僻、抑郁、敏感等属于林黛玉的中心特质。

3. 次要特质

次要特质即一些在特殊情况下表现出的不太重要的特质，较少为人所知。次要特质不是决定人格的主要特质。它最不明显，渗透性极小，对个体行为影响小。与首要特质和中心特质相比，次要特质是就更为狭窄的刺激情境而言的，它包括一个人独特的偏爱（如对某些食物、衣着的偏爱）、一些片面的看法和由情境所制约（如某人有恐高症）的特质。尽管它有助于预测个人在特定情境中的行为表现，但是在决定人格的过程中所起的作用相对较小。

如果我们想要了解一个陌生人，奥尔波特建议首先要确定这个人身上的重要特质，然后确定他在每种特质维度中的相应位置。尽管中心特质的数量在个体之间有很大差异，但是奥尔波特假定，某种单一特质有时会主宰一个人的人格，少数个体可以用首要特质来描述。他还指出，在那些行为受某种单一特质支配的历史人物身上，行为已变成了他们的代名词。

三、特质的研究方法

一直以来，心理学家对如何最有效地研究特质这一问题争论不休。以下我们介绍的是两种主要的特质研究方法：深入研究某个个体，或对很多个体的综合研究。这两种方法分别被冠名为个案研究法和通则研究法（Allport，1937，1961）。

（一）个案研究法

个案研究的目的是了解个体独特的个性、癖好及其性格特质，奥尔波特将这种方法称为特殊规律研究法（idiographic approach）。心理学家从个体认为什么是“最重要的”开始了解他，并努力回答“特质的哪种独特组合能够最好地描述这个人”这一问题。从历史研究中，从一幅幅伟大的作品中，从感人的舞台表演的力量中，或者从吸引人的传记中，我们能获得关于人类的相关知识，这些是个案研究理解人格的方式。

请你试着比较以下两个人的性格：其中一个将自己描述为固执的、挑剔的、好奇的、明智的、有趣的和冷嘲热讽的人，而另一个将自己描述为关心人的、安静的、富有创造力的、忠诚的、有趣的和有爱心的人。以上的人格描述来自两个学生对于“你是哪种类型的人？请将最符合你的特质列出来”这个问题的真实回答。通过这样的人格描述，心理学家可以理解个体特异性，以及了解对个体来说最重要的特质是什么。

奥尔波特提倡用个案研究法（即 N＝1）来考查人格特质。该方法不是将所有被试都归并到研究者事前设计好的分类中去，它关心的是如何对能够较好阐明个体人格独特性的特质组合加以区分。他在关于一位名叫詹妮·马斯特森的老年妇女的研究报告中详细阐述了个案研究，认为了解一个人的人格特质最好的方法是利用他本人的资料，如日记、自传、书信或谈话记录等。在《来自詹妮的书信》一书中，奥尔波特分析了詹妮在 12 年间所写的 300 多封书信，并用这种方法鉴别出詹妮的 8 种中心特质：爱争吵—多疑的、以自我为中心的、独立自主的、高度紧张的，审美—艺术的、富有攻击性的、愤世嫉俗—变态的、多愁善感的。虽然耗时很长，但是和他从一些预先选择的维度中所获得的测验分数相比，个案研究法更有助于了解詹妮的人格肖像。

（二）通则研究法

通则研究的目的是通过发现能够描述任何人或适用于任何人的特质从而发现普遍规则，奥尔波特称之为一般规律研究法（nomothetic approach）。设想这样一种情境：据目前的估计，居住在地球上的人类数量超过 67 亿。这是不是意味着我们需要用超过 67 亿种特质或特质组合才能描述所有人的性格？当然不是。但什么是“正确的”特质数量呢？我们如何才能对特质做最恰当的归类呢？这个哲学问题被称为“伟大的研究人类普遍规律的通则法”（Miserandino，2015：27）。采用通则研究法的人格心理学家试图找到构成人类人格的少数基本特质。

确定描述人格特质的特质或因素的数量，就像你决定 MP3 里收集的音乐应设置几个播放列表或分几个类别才能使它们变得有序一样。有的人可能将音乐根据艺术家、专辑、类型（如民歌、摇滚）、功能（如放松、聚会）、情绪（如忧郁、欢快），甚至这几种类型的综合来分类。哪种方法对资料归类更有效，这取决于你的目的。对人格特质进行归类也是同样的道理。

特质心理学家认为，至少有三种方法可以对最有意义和最具应用价值的人格特质进行归类，研究者通常综合运用理论法、词汇法和测量法（或叫问卷法）。一旦采用上述方法中的任何一种确定了基本的人格特质，心理学家就会采用统计技术（如因素分析）来验证或证实他们的确发现了重要的人格特质，然后将这些特质运用或推广到其他个人或群体身上。

人们经常批评奥尔波特开启了个案研究和通则研究之争，但他从来没有就能对这个争论提供明智的解决方案做过保证。正如医学的做法本质上是个案研究，医生必须对每一个患者做诊断并有针对性地进行治疗，但是他们诊断的方法和治疗的标准则是基于普通分子生物学和细菌学的坚实基础。如此看来，个案研究和通则研究并不矛盾，两者存在重合部分，它们都有助于充分理解人格（Allport，1937）。

四、机能自主与健康人格

（一）行为的原因

关于行为的原因，弗洛伊德认为是性本能压抑或发泄所致，行为主义者认为是强化的结果。奥尔波特则认为，所有人格理论都面临一个核心问题，即如何对待动机这个概念。他的理论非常强调当前所处情境对个体的影响。相对于个体过去的排便训练、学校教育或其他童年期不良经历而言，个体当前的境况才是最重要的。无论过去发生过什么，都已确确实实成为“过去”，除非它现在依然具有动机力量，否则就再也不能激活和解释成年后的行为。为此，他提出理想的动机理论必须具备四个条件：

（1）必须承认动机的现实性。奥尔波特不赞成弗洛伊德关于儿童期动机决定个体一生发展的观点，主张动机是现在的动机，过去的动机只有现在还存在时才能解释行为。

（2）必须承认几种动机的同时存在。奥尔波特反对把动机归纳为单一的类型，比如，性、自卑、自我实现等。他在《人格的模式与成长》中指出：“动机的种类是如此广泛，以致难以发现普遍的同构特性。”

（3）必须承认认知过程的重要性。与前人不同，奥尔波特强调动机与认知过程的密切联系，认为不了解一个人的计划、意愿、价值观等就不可能真正了解人的动机。

（4）必须承认每一个人都具有独特的动机模式。正如两个人不会有相同的特质结构一样，两个人也不会有完全相同的动机结构。

奥尔波特采用了一个他认为能满足以上四个条件的动机概念，称之为“机能自主”（全称为“动机的机能自主”）。所谓机能自主，是指一个人现在进行某种行为的原因与原来进行这种行为的原因是不相同的，即过去的动机与目前的动机在机能上没有联系。一个人今天的动机机能是自主的，它独立于过去。例如，一个大学生刚学习一门课程时，很可能是因为这门课程是必修的，或因为家庭需要，或由于时间宽裕而选修，但是到后来，他可能完全被这门课所吸引，甚至终身迷恋这门学科。在这里，原发性动机也许丧失殆尽，达到目的的手段本身却变成了目的。他认为，当动机成为自我统一体的一部分时，对这些动机的追求是因为它们本身，而不是为了外部的鼓励或奖赏。奥尔波特区分了两类机能自主：

（1）持续的机能自主。它是指个人盲目从事的重复性活动，并且这些活动曾一度为实现某个目的起过作用，但现在已不再发生作用了。这些活动之所以持续或被保留完全在于它们本身，而不是为了获得任何外在回报。例如，一个人在退休后仍然每天早晨七点起床就是一种持续的机能自主。

（2）自我统一的机能自主。它比持续的机能自主更重要，对每一个个体而言，自我统一的动机是独一无二的。自我决定着哪些动机将会保持，哪些将被抛弃，我们会保持那些能够提升自尊和自我意象的动机，它由个人的兴趣、价值观、目标、态度和情操等引起。因此，我们的兴趣和能力之间存在一种直接关系：我们喜欢做我们能做好的事。

（二）健康人格

奥尔波特的人格理论体系面向健康的人。他反对弗洛伊德主义者所持的精神病患者和健康人之间只有量的区别，没有质的不同的观点，认为精神病患者与健康人之间根本没有机能上的类似性。奥尔波特并非心理治疗家，对情绪异常的人没有什么兴趣，但他极力主张健康人格原则上不能由动物、儿童、过去、神经症的研究引申出来。神经症患者和健康人的动机之不同，在于前者的动机在过去，而后者的动机在未来。他提出了与人本主义自我实现的要求十分相似的健康人格的六个特点：

（1）自我扩展的能力。健康成人参加活动的范围非常广泛。

（2）密切的人际交往能力。健康成人与他人的关系是亲密的，富有同情心，无占有欲和嫉妒心，能宽容自己与别人在价值观与信念上的差异。

（3）情绪上有安全感和自我认可。健康成人能忍受生活中不可避免的冲突和挫折，经得起一切不幸遭遇。他们还具有一个积极的自我形象。

（4）实事求是的态度。健康成人看待事物是根据事物的实际情况，而不是根据自己所希望的那样来看待事物。

（5）体现自我客观化。健康成人对自己的所有和所缺都十分清楚，了解真实自我与理想自我之间的差异。

（6）有统一的人生观。健康成人表现出定向一致，为一定的目的而生活，有一种主要的愿望。这种定向一般来说是属于宗教的，但不一定就是宗教。

（三）简评

作为特质理论的创立者，奥尔波特的贡献是显而易见的。自从他与同事开创人格特质的词汇研究法以后，研究者们一直试图在浩如烟海的特质词汇中确定人格的基本维度。他们希望弄清楚有多少维度存在，哪些维度有助于心理学家给出一个对于所有个体都可用的、普遍的特征。奥尔波特将人格结构视为个体行为的决定因素，而不是环境条件决定个体行为。“同样的火候使黄油融化，而使鸡蛋变硬”，奥尔波特用这句话来说明相同的刺激对于不同的个体可能会有不同的影响。许多现代的特质理论都遵循着这一传统。那么，特质究竟存在吗？这是颇有争议而难以解答的问题。假如问的是关于某种“真实的”心理结构，或在人的大脑中具有特质的某种定位，那么回答只能是“否”；假如问的是对行为特点的解释，那么回答可以说“是”。奥尔波特自己也承认特质概念具有局限性。他解释说，任何行为都要受某种环境因素的制约，企图仅仅依靠特质来预测一个人的行为实际上是不可能的。

第三节 卡特尔的因素分析论

一、卡特尔的生平

雷蒙德·卡特尔

雷蒙德·卡特尔（Raymond B. Cattell，1905—1998），1905年生于英国的得文郡。在他9岁那年，英国参加了第一次世界大战，这件事对他的一生产生了重大影响。目睹成千上万的伤员在他家附近一幢临时搭建的医院里接受治疗的情景，卡特尔想到了生命的短暂，觉得一个人应尽其所能去做更多的事情。正因为如此，对工作的紧迫感成为他整个学术生涯的一大特征。

1921年，卡特尔考入伦敦大学学习物理和化学，3年后以优异成绩毕业并获得化学学士学位。在伦敦期间，他对社会问题的兴趣日益浓厚，意识到自然科学的训练不能使他具备处理社会问题的能力，他决定，最好的解决方法就是从事人类心理的研究。在1924年，这是一个勇敢的决定，因为当时英国的心理学领域就业机会很少，而且心理学被视为一门针对非正常人的学科。卡特尔不顾朋友们的反对，开始了伦敦大学的研究生学习，成为著名心理统计学家斯皮尔曼的研究助理，并于1929年在该校获得哲学博士学位。1932—1937年，他主持创办了英格兰莱斯特儿童心理辅导中心并在该中心从事临床工作。

在此期间，由于工作过度、饮食缺乏，以及被迫居住在一个寒冷的地下室里，卡特尔患上了慢性消化系统疾病。由于卡特尔糟糕的经济前景和完全沉迷于工作，他的妻子最终离开了他。然而，卡特尔却认为，那一段艰难的岁月有很多益处，使他专注于实践问题而不是在更为安全和舒适的环境中完成理论和实验问题。“那些年使我像一只已经知道要度过漫长冬季的松鼠一样谨慎和难以信任。它孕育了禁欲主义，并且对无关紧要的事毫无耐心，到了一种冷酷的程度”（Cattell，1974：90）。

1937年，美国心理学家爱德华·桑代克邀请卡特尔到纽约哥伦比亚大学的桑代克实验室工作一年，次年，卡特尔接受了马萨诸塞州克拉克大学伍斯特分校的教授职位。1941年，他去了哈佛大学，在那里，他的“创造力”得到了提升。他的同事包括奥尔波特、威廉·谢尔顿，当时正在创立自己的特质理论和体型理论。卡特尔与一位能够分享他研究兴趣的数学家结了婚，并在40岁时作为研究教授定居在伊利诺州立大学，同时担任心理学系教授和人格测量实验中心主任。1978年，他到科罗拉多定居并担任夏威夷大学兼职教授。1998年，卡特尔在夏威夷去世。

卡特尔是一个工作狂，他甚至在圣诞节还要到办公室工作。在他的学术生涯中，他著

500 多篇学术论文及 50 多本学术专著，同时，他在达尔文基金会资助下从事心理学的遗传研究，并因研究心理学的成就而获得纽约科学会颁赠的华纳格兰奖。1997 年，卡特尔获美国心理学会心理科学终身成就金质奖章，颁奖词写道（*Gold Medal Award*，1997：797）：

在他 70 年举世瞩目的职业生涯中，雷蒙德·卡特尔对心理学做出了巨大的里程碑式的贡献，包括人格、动机和能力领域的因素分析技术等，他独自一人建立了一个整合人格的智力、气质和动力领域个体差异的统一理论。

二、人格的因素分析法

（一）因素分析的原理

因素分析是一种处理多变量数据的统计方法，它可以揭示出多变量之间的关系，其主要目的是从众多可观测的变量中概括出少数几个因素，用较少因素变量来最大限度地概括和解释原有的观测信息，从而建立起简洁的概念系统，揭示出事物之间本质的联系。如果一些问题相互之间存在关联，而它们与其他问题之间却不相关，那么我们就可以说发现了被试对这些问题反应的独特因素。

每一个因素都能解释一定数量的变异，即方差，它是被试之间的反应差异，这被称为因素的特征值。根据特征值，我们可以计算出因素负荷，即对每个问题可以用某个因素来解释的程度的评估。我们可以用相关的大小来理解因素负荷，因素负荷大意味着项目与因素之间高度相关，因素负荷的符号代表相关的方向。每一个因素根据与其负荷最高的问题来命名，研究者考查一些问题并试图找到它们背后指向的概念。

假如你用一些测验测量下列 10 种特质：抱负、同情、合作、决断、忍耐、友好、仁慈、坚持、创造性和关怀。用这些测验对一组人施测，每个人都会得出 10 个分数。你可以用相关分析来检验其中一个测验分数与其他 9 个测验分数相比较的情况。比如，你可能会发现，友好与关怀高度相关：如果一个人在一个测验上得分高，你就可以有把握地预测他也会在另一个测验上得分高。从这些相关系数的情况看，你会发现，这些测验趋向分为两组。第一组中的 5 个测验之间高度相关，但与第二组的 5 个测验不相关。第二组的 5 个测验之间也相关，但与第一组不相关。这两个组的区分如下：

A 组	B 组
抱负	同情
决断	合作
忍耐	友好
坚持	仁慈
创造性	关怀

虽然你最初测量的是 10 个特质，但合理的结论是，你实际上测量的是两个大的人格维度：一个与成就（A 组）有关，另一个与人际亲和（B 组）有关。但是，因素分析的运用并不像这个例子所表示的那么单纯与清晰。其主要局限之一是该方法受所收集的资料类型的制约。例如，假如你使用几个上一例子中没有包含的测验，加入一些新的内容，如独立性、心不在焉和正直等，结果会怎样？这极有可能会改变因素的数量以及与这些因素相关联的特质的数量。

（二）因素分析的资料来源

受斯皮尔曼的影响，卡特尔毕生致力于用因素分析法研究人格，并尝试发展出一套人格组织的层次理论。卡特尔认为，对人格因素分析的资料来源有三种：其一是生活记录资料（L date）；其二是问卷资料（Q date）；其三是客观测验资料（T date）。即 L 资料、Q 资料、T 资料。L 资料来源于个体日常生活的各种信息，包括个体日记、教师评语、社会活动、父母评价、朋友交往等都是非常可贵的人格资料。依据这些 L 资料，卡特尔得出 35 个特质群，继续因素分析，得出 15 种根源特质。以生活资料为基础，卡特尔设计人格问卷，以获得 Q 资料。他用最原始的 L 资料拟出成千个问卷项目在大量正常人身上测试，并计算各测验之间的相关系数，由此得出 16 种独立的特质。

卡特尔认为，问卷资料以被试本人的自我报告为依据，因此问卷结果可能受被试的自我欺骗和动机干扰。他认为，客观资料是最适用的，客观测验是通过被试的成绩行为、运动行为、作业行为来测定被试的人格特质。客观测验情景是被试日常生活情景的缩样，被试本人不清楚自己的行为表现与正在测定的人格特点的关系，因此欺骗性降低，有效性提高。1978 年，他发表《动作中的人格理论》，根据 76 个动作测验测定出 10 种根源特质。卡特尔的研究在于寻找人格的根源特质，如果人格确有其基本结构单元，那么不论是生活记录资料，还是问卷资料，或是客观测验资料，其结果都应该是相同的，因此根据三种资料获得的人格特质是否相同，是检验其人格特质理论的试金石。

结果是肯定的。根据生活记录资料，卡特尔得到 15 种根源特质，他再用生活记录资料设计问卷，在大量正常人身上测试，进行因素分析，得出 16 种根源特质，其中，12 种与生活资料得到的十分相似，表现出很强的一致性，另有 4 种是问卷资料特有的。在卡特尔 16 种人格因素调查表（16PF）中，代号为 Q1、Q2、Q3、Q4 的特质即是指 Q 资料中特有的。

（三）因素分析的步骤

卡特尔的因素分析包括几个程序：首先是以多种形式对大量个体进行测量，以获得丰富的原始资料，即 L 资料、Q 资料、T 资料。第二步是计算每个测验结果与其他测验结果的相关系数，并形成相关矩阵，以检验各测验的有效性和测验之间的相关性。测验之间的相关系数高表明两个或多个测验所测的是同一种特质。第三步是“群聚分析”——通过对相关矩阵的分析，将彼此相关较高者，归为一个小组群即“群聚”。群聚分析的目的是确定用以说明人格的因素究竟是哪些。群聚分析得出的因素被称为“表面特质”。第四步是计算“因素负荷”，即计算各测验与几个因素之间的相关系数，以确定各因素在该测验中的比重，说明该因素在测验中是否有实质性的意义，以确定测验的有效性，并有利于测验结果的准确解释。

知识链接：流体智力与晶体智力

卡特尔的另一个贡献是1963年提出的流体和晶体智力理论。根据对智力测验结果因素分析，卡特尔将智力分为两类：

其一为流体智力（fluid intelligence），指一般的学习和解决问题的能力，由速度、能量、快速适应新环境等测验度量，如逻辑推理测验、记忆广度测验、解决抽象问题和信息加工速度测验等。流体智力的主要作用是学习新知识和解决新异问题，它主要受人的生物学因素影响，依赖于先天的禀赋，随神经系统的成熟而提高，较少受教育与文化影响。流体智力属于人类的基本能力，其发展与年龄有密切的关系：一般人在20岁以后，流体智力的发展达到顶峰，30岁以后随着年龄的增长而降低。流体智力的特征是：对不熟悉的事物，能以迅速准确的反应来判断其彼此间的关系。

其二为晶体智力（crystallized intelligence），指已获得的知识和技能，由词汇、社会推理以及问题解决等测验度量。晶体智力测量的是知识经验，是人们学会的东西，它的主要作用是处理熟悉的、已加工过的问题。晶体智力的一部分是由教育和经验决定的，另一部分则是早期流体智力发展的结果。这种智力在人的一生中都在增长，因为它包括了习得的知识和技能，例如词汇、一般信息和审美问题等。晶体智力受后天的经验影响较大，主要表现为运用已有知识和技能去吸收新知识和解决新问题的能力，这些能力不随年龄的增长而减退，只是某些技能在新的社会条件下变得无用了。晶体智力在人的一生中一直在发展，它与教育、文化有关，并不因年龄增长而降低，只是到25岁以后，发展的速度渐趋平缓。

三、人格特质分类

卡特尔认为，构成人格基本结构的元素是特质。特质是构成人格的最小单位，是人在不同的时间与不同的情境中行为一致的原因，决定个体行为的恒常性。

（一）共同特质和独特特质

关于特质的分类，卡特尔继承了奥尔波特的做法，他首先将特质分为共同特质和独特特质。共同特质是每一个人在一定程度上都拥有的特质，如智力、外倾性和合群性等。每个人都拥有这些特质，但有些人比其他人拥有这些特质的程度更高。卡特尔之所以认为共同特质是普遍的，是因为所有人都具有相似的遗传潜能，并受到相似的社会压力或至少处在相同的文化之中。

人各有别，不仅是因为他们拥有共同特质的数量和程度不同，更在于他们的独特特质各不相同，而且这些特质的强度在同一个人身上也随时间不同而不同。很少有人具有相同的独特特质。在我们的兴趣和态度方面，独特特质尤其明显。例如，一个人可能对考古学有强烈的兴趣，而另一个人可能对历史、网球或中国武术有强烈的兴趣。

（二）能力、气质和动力特质

特质的第二种分类方法是将它们分为能力特质、气质特质和动力特质。

能力特质决定一个人如何有效完成某一任务，是人格的认知表现。智力就是一种能力特质，智力水平将会影响我们为目标奋斗的方式。

气质特质是指行为的一般方式和情绪基调，决定一个人明确目标后如何行动，反映个体一般的“风格与节奏”，例如我们有多么独断、随和或暴躁。这些特质影响我们面对情境时采取行动和做出反应的方式。

动力特质是行为的驱动力量，促使个体朝着某个目标行动，是人格的动机因素。

（三）表面特质与根源特质

卡特尔根据特质的稳定性和持久性将特质分为表面特质与根源特质。表面特质是一些相互关联，但因为不能被单一来源所决定，从而不能构成一个因素的人格特征，它“是特质的集合，这种集合只是表现了多数个体在不同情境下或多或少地聚集在一起而已”（Cattell，1950）。例如，有人发现一个人所受的教育越正规，他所看的电影就越少。很显然，这种观察是非常表面的，我们不能从中得出任何有意义的解释。由于表现特质由多种因素所组成，不太稳定和持久，因此对于描述人格而言不太重要。

根源特质是人格结构的最重要部分，是人格的内在因素和基本要素，它控制着表面特质，是一个人行为的最终根源，是构造人格的砖石，具有相当的稳定性和持久性。每一种表面特质都源于一种或多种根源特质，且一种根源特质能够影响多种表面特质。尽管每个人所具有的根源特质相同，但其强度并不相同。例如，任何人都有智力，但每个人的智力水平各有不同。

经过 20 多年对人格特质的因素分析研究，卡特尔于 1965 年最终确认了 16 种根源特质作为人格的基本因素。这些因素以一种被广泛使用的“16 种人格因素调查表（16PF）问卷”的客观人格测验而广为人知，详见表 3－1。

表 3－1 卡特尔 16 种根源特质

因素	特 质	低分描述	高分描述
A	乐群性	缄默、孤独、冷漠	外向、热情、乐群
B	聪慧性	思想迟钝、学识浅薄、抽象思考能力弱	聪明、富有才识、善于抽象思考、学习能力强、思考敏捷正确
C	神经质	情绪化、情绪不稳定、容易气恼	情绪稳定、能面对现实、平静

（续上表）

因素	特 质	低分描述	高分描述
E	恃强性	谦逊、顺从、通融、恭顺	武断、咄咄逼人、顽固、好竞争
F	兴奋性	严肃、审慎、冷静、寡言	轻松兴奋、随遇而安
G	有恒性	权宜之计、不顾规则	有恒负责、做事尽职
H	敢为性	畏怯、退缩、缺乏自信心	大胆、不可抑制、好冲动
I	敏感性	强硬、自信、现实主义	温柔、敏感、感情用事
L	怀疑性	依赖随和、易与人相处	多疑、固执己见
M	幻想性	实际、因袭传统、受外界约束	好幻想、心不在焉、玩世不恭
N	世故性	直率、谦逊、单纯、朴实	机灵、精明能干、世故
O	忧虑性	自信、满足、安详	忧虑、自责、好担忧、烦躁
Q_1	激进性	保守、遵从传统观念	自由主义、观点激进、思想开放
Q_2	独立性	依赖、随群附众	自立自强、当机立断
Q_3	自律性	矛盾冲突、不顾大体	知己知彼、自律谨严
Q_4	紧张性	心平气和、闲散宁静	紧张困扰、过度劳累

四、人格发展阶段

（一）遗传与环境的影响

与大多数人格理论家一样，卡特尔强调人格发展受遗传与环境两者共同影响。但是与其他学者不同的是，卡特尔对于每种特质都努力找到遗传及特殊环境对其的影响程度，这是他理论的独到之处。卡特尔认为，每个人的特质发展都涉及三种学习类型：条件反射、奖励学习以及整合学习。在条件反射中，个体建立起旧反应与新刺激之间的联结。奖励学习则是学习执行一种能产生奖励的反应，个体往往是为了达到某一目的而进行活动的。尽管前两种学习对个体人格的发展很重要，但更重要的是第三种学习，即整合学习。在整合学习中，奖励仍然很重要，但整合学习强调行为的表现对同时作用于同一情境的各种不同的动机。

除了学习对人格发展的影响外，遗传也会对人格发展产生重大影响。卡特尔十分重视遗传的重要性，并曾试图研究每一特质的特殊遗传成分。根据卡特尔的观点，特质由环境和遗传的影响共同决定。他创立了“多重抽象方差分析法”，以此决定遗传与环境在每一种特质发展中影响的变异数。例如，在智力测验中遗传约占 80%～90% 的变异数。遗传对神经质的影响也相当大，虽然其比例仅相当于智力特质的一半。此外，卡特尔还估计出整个人格约有 2/3 取决于环境，1/3 取决于遗传。

（二）人格发展阶段

卡特尔将人格的毕生发展划分为六个阶段：

1. 婴儿期（0—6 岁）

这是人格的形成期。孩子会受到父母和兄弟姐妹以及断奶和排便训练的影响。社会态度伴随着自我和超我、安全感或不安全感、对权威的态度以及可能的神经质倾向的形成而建立。卡特尔的理论中融合了弗洛伊德的观点，即生命早期对人格的形成起到关键作用。

2. 儿童期（6—14 岁）

这一时期没有什么心理问题。此阶段标志着儿童开始独立于父母，同时对同伴的认同不断增加。

3. 青春期（14—23 岁）

这是一个有较多麻烦和压力的阶段。由于年轻人渴望独立、自信以及在性方面的冲突，情绪障碍和行为不良在这一阶段会比较明显。

4. 成熟期（23—50 岁）

这是一个在职业、婚姻和家庭方面多产并令人满意的时期。相对于前面的阶段，这一时期人格变得比较稳定，因此情绪的稳定性也会增加，兴趣和态度基本不会改变。

5. 后成熟期（50—65 岁）

这一时期人格发展要应对自然、社会和心理的变化。健康、活力以及外表吸引力会下降，并且可能会看到生命的尽头。在此阶段，人们会重新审视他们的价值观，并且寻找新的自我。

6. 老年期（65 岁以后）

这一时期个体要适应不同类型的丧失：伴侣和亲友的离世，退休，在崇尚年轻的文化中丧失地位，以及弥散的孤独感和不安全感。

第四节　大五人格理论

一、大五人格的发现

从奥尔波特的开创性工作，到卡特尔提出 16 种根源特质，再到大五人格的发现，一个基本的假设一直贯穿始终，即词汇学假设（lexical hypothesis）——人类生活中重要的方面会被赋予描述的词汇，不仅如此，如果某个事物真的重要而且普遍存在，在所有的语言中它都会被赋予更多的词汇来描述（Goldberg，1981）。于是，从词汇中去发现人格特质成为人格研究的重要途径。

奥尔波特率先开始了这项艰苦卓绝的工作。他让助手精确地统计出了英语词典中描述人格差异的词汇，统计结果是17 953个。之后他又从中挑选出4 500个，但这显然还是太多。后来卡特尔从这4 500个词中选出了他认为特别重要的35个词，并对它们进行了因素分析。1949年，菲斯克（Donald Fiske）从卡特尔的词汇表中选出了22个用于分析，他对比了自我和同伴、心理治疗师在这些特质上的评定之间的关系。他的分析发现有5个因素总是最先出现在列表上，这就是后来的大五人格因素。十几年后，由两位心理学家组成的研究小组检验了包括大学生和空军职员在内的8个样本的数据，也发现了同样的5个因素：外向性、宜人性、尽责性、情绪稳定性与文化（Tupes and Christal，1961）。

在更大范围样本研究中，许多独立的研究小组得出了相同的结论：人们用于描述自己和他人的特质时仅有5个基本因素（Norman，1967）。人格的5个因素是从20世纪60年代所收集的评分中得出的，研究者使用了大量的形容词及众多的被试样本和评分任务。此后，通过人格问卷、提纲访谈及其他一些数据都得到了非常相似的结果（Costa nad McCrae，1992；Digman，1990）。为了证明5个因素的普遍性，研究者将他们的研究扩展到英语之外，五因素结构在许多语种中得到了验证，这其中包括德语、葡萄牙语、希伯来语、汉语、朝鲜语和日语（McCrae and Costa，1997）。

二、大五人格的内涵

（一）什么是大五人格？

一般所说的大五人格是指神经质（neuroticism）、外倾性（extraversion）、尽责性（conscientiousness）、宜人性（agreeableness）以及开放性（openness）。每个词的第一个字母重新排列后使人们更容易记住它们——OCEAN，这意味着“大五”像“海洋”一样包含了人格结构的方方面面。事实上，这五个因素含义非常宽泛，因为每个因素都包含了许多特质，这些特质各自有独特的内涵，但又有一个共同的主题（见表3－2）。

表3－2　大五人格的高分与低分特征

高分者	大五的内涵	低分者
烦恼、紧张、情绪化、不安全、不准确、忧郁	神经质（N） 评鉴顺应性与情绪不稳定。识别那些容易有心理烦恼、不现实的想法、过分的奢望或要求以及不良应对反应的个体	平静、放松、非情绪化、果敢、安全、自我陶醉
好社交、活跃、健谈、乐群、乐观、好玩乐、重感情	外倾性（E） 评鉴人际间互动的数量和强度、活动水平、刺激需求程度以及快乐的数量	谨慎、冷静、无精打采、冷淡、乐于做事、退让、话少

（续上表）

高分者	大五的内涵	低分者
有条理、可靠、勤奋、自律、准时、细心、整洁、有抱负、有毅力	尽责性（C） 评鉴个体在目标取向行为上的组织性、持久性和动力性的程度，将可靠、严谨的人与那些懒散、邋遢的人作对照	无目标、不可靠、懒惰、粗心、松懈、不检点、意志弱、享乐
心肠软、脾气好、信任人、助人、宽宏大量、易轻信、直率	宜人性（A） 评鉴某人思想、感情和行为方面在同情至敌对这一连续体上的人际取向的性质	愤世嫉俗、粗鲁、多疑、不合作、报复心重、残忍、易怒、好操纵别人
好奇、兴趣广泛、有创造力、有创新性、富于想象、非传统的	开放性（O） 评鉴对经验本身的积极寻求和欣赏；喜欢接受并探索不熟悉的经验	俗化、讲实际、兴趣少、无艺术性、非分析型

（资料来源：Costa and McCrae，1992：3）

在这 5 个因素中，神经质反映个体情绪状态的稳定性及内心体验的倾向性，它依据人们情绪的稳定性及其调节加以评定。消极情绪有不同的种类，如悲伤、愤怒、焦虑和内疚等，它们有着不同的原因并且需要不同的对待方式。但是研究一致表明，那些倾向于体验某一消极情绪的人通常也容易体验到其他的消极情绪。在神经质上得分低的人多表现为平静，自我调适良好，不易于出现极端和不良的情绪反应。

外倾性反映了个体神经系统的强弱及其动力特征，该维度一端是极端外向，另一端为极端内向。外倾者爱好交际，通常还表现为精力充沛、乐观、友好和自信。内倾者的这些表现则不突出，但这并不等于说他们就以自我为中心和缺乏精力。正如一个研究小组所解释的那样，内倾者含蓄而不是不友好，自主而不是追随他人，稳健而不是迟缓。

尽责性反映自我约束的能力及取得成就的动机和责任感，是指我们如何控制自己及如何自律。该维度得分高的人做事严谨、认真、踏实、有责任心，得分低的人则马虎大意、容易见异思迁、不可靠。由于这些特征总是表现在成就或者工作情境中，因此有些研究者将这一维度称之为“成就意志”维度或者“工作”维度。

宜人性反映人性中的人道主义方面及人际取向。在宜人性维度上得分高的人乐于助人、可信赖和富有同情心，而那些得分低的人多富有敌意、为人多疑。宜人性得分高的人注重合作而不强调竞争，宜人性得分低的人则喜欢为自己的利益和信念而争斗。

开放性反映个体对经验的开放性、智慧和创造性程度及其探求的态度，而不仅仅是一种人际意义上的开放。构成这一维度的特征包括活跃的想象力，对新观念的自发接受，发散性思维以及智力方面的好奇。在开放性上得分高的人是不落俗套的、独立的思想者。得分低者则多数比较传统，喜欢熟悉的事物胜过新事物。尽管该维度与智力实际上并不是一回事，但有的研究者仍将它称为智力维度。

（二）如何运用大五人格？

大五人格被发现之后，它们成了评估人们在社交环境、物质环境互动方式上存在差异的基础。其中三种倾向——神经质、外倾性和宜人性，主要关系到与其他人的互动方式；而另外两种倾向——尽责性和开放性，则更全面、更普遍。一篇综述下结论说，大五人格可以被用来预测事业成功和健康等结果，其效果至少与传统预测指标如社会经济地位和认知能力持平或更佳（Roberts，et al.，2007）。

仔细思考大五人格的广泛含义之后，将其应用到你认识的人身上，能够加深你对他们的理解。你可以问自己，跟其他人比较，这个人有多开朗、性格有多好、有多可靠、情绪有多变化无常、创造力有多强。这样做时，你会发现对这个人的评分会随着情境的不同而发生变化。例如，一个人在朋友面前很开朗，但在陌生人面前很害羞，因此你不得不将很多观察汇总起来，得出一个平均分。由此你可以得到对这个人基本倾向的概述。比如有些外向的人非常讨人喜欢，非常尽责，有点神经质，非常坦率，能够接受新思想。尽管这只是你对这个人的看法的粗略总结，但大五人格框架有助于你将直觉性的评价用语言表达出来（Barondes，2017）。接下来，你可以更仔细地将这个人与其他人进行比较，可以更清楚地看到他的独特之处。

随着经验的增加，你不仅能把大五人格看成是特质的集合，还能将其看成是以特定强度发挥作用的五种倾向。为了练习这种快速评估，请在一些你认识的人中，试着找出在某个特质上得分最高或最低的人。为了方便起见，我们再次将大五人格总结如下：

外倾（内倾）：主动与他人交往的倾向。
宜人（敌对）：利他、合作和好性格有关的倾向。
尽责（无责任）：控制冲动和坚持追求目标的倾向。
神经质（情绪稳定）：情绪稳定性和消极情感的倾向。
开放（封闭）：富有想象、喜欢新颖和变化的倾向。

这个练习不仅能让你实践如何评估这项倾向，还会让你注意到不一致性。例如，你可能认识一个外倾性得分很高的人，但矛盾的是，他不喜欢和一大群人在一起。尽管这似乎不符合他愿意主动与他人交往的强烈倾向，但其实应对陌生人让他感到不自在，而且他还具有高神经质。结果就是，他在熟人面前表现出来的高外倾性被引发神经质的情境所压制。

三、大五人格的证据

1. 大五人格跨文化的一致性

首先，对自然语言特质描述词的因素分析表明，大五人格在多种文化中具有较大的一致性，这五个因素不仅存在于英语中，而且也出现在别的语言中。戈德伯格据此提出了基本词汇假设："个体差异的多样性几乎是无穷的，然而多数差异在人际间的日常交往中是无关紧要的，因而常被视而不见。高尔顿爵士可能是最早明确认可基本词汇假设的科学家之一，即人类交往中最重要的个体差异可由某些语言或全世界语言中的单个词汇来编码。"（Goldberg，1990：1216）在跨文化研究中，研究者将人格问卷翻译成不同的语言，在不同的地区施测。在菲律宾、日本、中国香港的施测中，结果发现了五个因素中的四个因素。在翻译为德语、希伯来语、韩语和土耳其语等的施测中，均发现了大五人格的五个因素。

2. 自我评定与他人评定

证据之二是有关自我评定与他人评定之间的关系。研究表明，在所有五个因素方面，自我等级评定与同伴和配偶的评定都有较大的一致性（见表 3－3）。很显然，自我等级评定与他人评定之间的这种一致性只需通过少量的社交之后就能获得，但究竟为何只基于少量社交就能做出某些判断还有待进一步研究。不过，研究仍然证明自我等级评定与相当熟悉的个体所做评定间的一致性远远高于与陌生人所做评定间的一致性。这一结果表明，自我等级评定反映了实际行为而不是被评定者虚构的自我表征。

表 3－3　大五人格自评与他评的一致性

大五人格	同伴与自我	配偶与自我
神经质	0. 45	0. 53
外倾性	0. 26	0. 53
尽责性	0. 41	0. 57
宜人性	0. 49	0. 60
开放性	0. 37	0. 59

3. 动机、情感和人际机能

第三个证据来自五因素模型及相关调查表与其他人格特征如动机、情感、人际机能等关系的研究。对于特质—动机关系，研究发现某些特质上的高分与对某些目标—动机的追求有关系。例如，一个乐群的人很可能会追求与别人在一起的目标，一个高支配性的人有可能会追求控制别人和自行其是的目标。五因素分数与经历特殊情感的倾向之间也相关，例如，高神经质与经历负性情感的倾向有联系，外倾性得分高与经历正性情感的倾向有联系（Watson and Clark，1992）。研究还发现，神经质与主观幸福感负相关，而外倾性与主观幸福感正相关（McCrae and Costa，1991）。此外，研究者认为，人际行为可视为是五因素模型的补充，在某种意义上，人际行为由权力和爱的结合组成，其个体差异可理解为支配—顺从和教养—敌意这两个维度的函数。

4. 人格障碍的诊断

第四个证据来自试图将五因素模型及其调查表与人格障碍的诊断联系起来的研究（Costa and Widiger，1994）。一些临床医生将人格障碍看成是单独、特别的精神病理学类型，与正常人格特质无关。五因素模型的支持者则将人格障碍视为处于正常人格连续体的另一端。例如，强迫型人格可视为某个人在尽责性因素上得分特别高，反社会型人格则可视为某个人在宜人性因素上得分特别低。除单一因素维度上的得分外，五因素中的得分模式也对诊断有很大帮助。虽然人格障碍诊断的维度取向还处于早期的发展阶段，但是它可以为不同人格障碍患者提供不同的治疗基础。

5. 遗传学与进化论

大五人格的证据之五涉及遗传学研究对人格特质的贡献。在过去的几十年里，大量的研究结果为人格特质有较大遗传率的观点提供了强有力的支持。研究表明，人格特质从总体上看约有40%的个体差异可由遗传加以解释，遗传的程度则随特质不同而异。因此，部分类似于“人格特质大多是遗传的”或“人是生就的，不是造就的”的报道无疑具有某种真实性。如果人格特质上的个体差异40%来自遗传，那么人格的大部分仍是纯基因变量之外的其他原因造成的。有证据表明遗传对五大因素都有影响，其中对开放性的影响最大（$h^2=0.46$），而对尽责性和宜人性的影响最小（$h^2=0.28$）。原因在于开放性与智力密切相关，而智力有较强的遗传基础。

特质的遗传证据使其有了一种进化论的诠释，即特质具有生存价值。因此许多特质理论者一般都从进化论观点来看待五因素模型。个体差异很可能与生存和繁衍后代等进化任务相关。像支配、友好和情绪稳定一类的特质有可能在择偶方面极其重要，情绪稳定、尽责性和宜人性可能与团体生存有极其重要的关系。因此，特质上的个体差异和特质词汇反映了人类在漫长的进化发展史上不得不面对的种种任务。

四、大五人格的质疑

（一）大五人格遗漏了什么？

如果让你用一些词汇来描述一下你自己，你会用一些标准的特质词如“爱交际的”“外向的”“有趣的”“谦虚的”来描述自己吗？是否也会用“筋疲力尽的”“善于管理时间的”“爱运动的”“心灵手巧的”“有魅力的”等特质词描述自己呢？这些特质属于大五人格的哪个维度呢？换言之，五因素之外还有没有其他特质呢？如果排除描述生理特质的词汇（身材矮小的、体形庞大的）、人口统计学词汇（在职的、失业的）、异常行为的词汇（邪恶的、残忍的）以及其他不属于典型描述人格的词汇，我们还可能得到10类特质（表3－4）。

表3－4 五因素之外的形容词族

1	宗教的、献身宗教的、虔诚的	6	节俭的、朴素的、吝啬的
2	狡猾的、欺骗的、操纵的	7	男子气的—女子气的
3	诚实的、伦理的、道德的	8	自我中心的、自负的、恃才傲物的
4	色情的、肉欲的、性爱的	9	幽默的、诙谐的、有趣的
5	保守的、传统的、实在的	10	冒险的、寻求惊险刺激的

（资料来源：Paunonen and Jackson，2000）

这些是人格的一部分吗？它们是否属于人格特质？或者它们是态度、价值观抑或社会行为？为了探讨这些问题，我们来了解三种可能的特质：智力、宗教信仰和性（Miserandino，2015）。

1. 智力是人格特质吗？

一般说来，认知能力不属于人格特质。但是，卡特尔认为能力特质如记忆、数学能力和智力也属于人格特质。那么，今天智力还被认为是人格特质吗？或许已经不是了。

首先，早期的大五人格认为，开放性由人情练达、对艺术和智力活动的兴趣以及智力组成。遵循词汇研究法的心理学家将开放性视为对文化的开放，而不是今天所认为的对新经验的开放。其他研究者则发现，如聪慧、知识渊博、有教养这样的形容词属于尽责性这个因素。

其次，当人们将自己或亲近的朋友描述为“聪慧的”时，他们通常想到的是聪明的、逻辑推理能力强的、思路清晰的。这些人格描述显然与认知能力或IQ不同，而说到智力，人们通常都想到认知能力或IQ。

再次，有证据表明，人们在感知和加工社会信息时存在个体差异，有些心理学家将其称为情绪智力。

最后，作为IQ的一种能力，智力在心理学中有非常悠久的历史。但是，IQ是与特质完全不同的概念，因此，智力最好作为其他心理学课程的讨论内容。

2. 宗教信仰是人格特质吗？

看看下面这些词汇：宗教的、虔诚的、神秘的、献身于宗教的、信神的、正统的、神圣的、重生、异教的、不敬的以及不可知论的。你觉得这些特质属于大五人格吗？抑或是五因素之外的重要维度？高达75%的被调查者认为，宗教信仰更多的是一种信念、态度、人口统计学特征、传统，或者一种习惯。

宗教信仰是否属于五因素之外的一个重要人格维度，目前还存在争议。一些研究者认为，像其他五因素以外的维度一样，宗教信仰可以被认为是一个次要特质，适用于某些特定目的，而不属于人格的核心部分（Saucier and Goldberg，2008）。研究者不断发现宗教信仰与宜人性、尽责性相关，有时也与开放性和外倾性相关，这取决于研究者所关注的宗教信仰的具体方面（Emmons，et al.，2008）。但是，宗教信仰能够解释五因素之外的人格特质吗？

研究结果告诉我们，或许我们可以考虑将宗教信仰作为人格的重要组成部分。灵性、感恩、终极关怀或宗教信仰的其他额外因素是否应该视为特质、维度或其他人格的重要部分，至今仍未形成定论。

3. 性是人格特质吗？

你认识的人当中有“性感的”“富有魅力的”或“风骚的”吗？你能将这些特质归到大五人格中的某一个吗？不能。原因是描述“性”方面的词汇，或者只适用于某性别的避讳词都在早期的词汇研究中被有意剔除了（Buss，1996）。进化心理学家戴维·巴斯（David Buss）认为，这“导致完全忽略了性的个体差异”（Buss，1996：203）。

为了纠正这个问题，巴斯及其同事从标准词典及类似的词汇资料中找出了所有与性有关的形容词（Schmitt and Buss，2000）。他们让一些大学生对67个单词进行自我评分，同时还根据大五人格来评估自己，对所有反应进行因素分析后发现了7个性因素，称为性的七个方面（Sexy Seven）：性吸引（如性感的、美艳的、有魅力的）、感情专一（如忠诚的、一夫一妻的、不随便的）、性别认同（如女子气的、女性特质的、男性特质的、男子气的）、性约束（如处女的、独身的、性忠诚的）、憎恶性爱（如淫秽的、下流的、淫荡的）、情感投入（充满深情的、浪漫的、富有同情心的）以及性取向。

这七个关于性的人格特质因素超越了大五人格因素吗？通过一系列测验，研究者发现性因素与大五因素存在将近80%的重叠，这意味着性不是一个独立的因素。因为性能够用五因素的因素组合来解释，因此不是一个独立的人格特质。性与音乐偏好、房间装饰以及握手方式的综合，是表现我们的神经质、外倾性、尽责性、宜人性和开放性的另一种方式。

（二）第五个因素到底是什么？

关于大五人格的第五个因素，不同研究者的命名各不相同：文化、才智智力、想象力、开放性、对经验的开放性，甚至是液体智力与空想。造成这些差异的主要原因在于不同的研究者采用了不同的项目库来做因素分析。从词汇学取向出发，将形容词作为研究对象的研究者通常认可把智力作为第五个因素（Saucier and Goldberg，1996）。与之相反，采用问卷方法的研究者倾向于使用开放性或对经验的开放性，因为这能够更好地反映项目内容（McCrae and Costa，1999）。消除这些差异的一种途径是回归到词汇学基本原理这一出发点，考察它们的跨文化和跨语言性。

在土耳其地区的一项研究中，发现了清晰的第五个因素，对其最准确的概括为开放性。然而，在荷兰地区的研究中，第五个因素被概括为批评性与反叛性。德语中，用智力、才能与能力代表第五个因素。在意大利语中，第五个因素是传统性，以“反叛的”与“批评的”条目标记。这些研究表明，要确定第五个因素是非常困难的。

或许某些个体差异在某些文化中比在另一些文化中更重要：在一些文化中是智力，在一些文化中是传统性，而在另一些文化中是开放性。显然，人们需要开展更广泛的跨文化研究，特别是对非洲文化、亚洲文化以及受西方文化影响最少的传统文化的研究。

（三）是否只有五个因素？

五因素模型有两个致命缺陷：其一是五因素不能代表自然语言中人格的所有方面，例如，“独立的”“特异的”“保守的”等重要特质词无法归入五因素中的任一维度；其二是进行因素分析前的选词标准具有较大的主观随意性。五因素研究者在制定特质词分类标准并按此标准去掉多余词或选词构成测量词表时，有可能出现决策误差。词表的内容有偏差，依此构造的人格维度显然也不全面。事实上，严格的分类标准使得很多潜在的人格术语无法进入因素分析的筛选范围。

基于此，特里根等人率先在理论和方法上进行探索和改进，提出了人格的“七因素理论模型”（Tellegen and Waller，1987）。这七个因素分别是：①正情绪性，包括抑郁的、勇敢的、活泼的等；②负情绪性，包括坏脾气的、狂怒的、冲动的等；③正效价，包括老练的、机智的、勤劳多产的等；④负效价，包括心胸狭窄的、自负的、凶暴的等；⑤可靠性，包括灵巧的、审慎的、仔细的、拘谨的等；⑥宜人性，包括慈善的、宽宏大量的、平和的、谦卑的等；⑦因袭性，包括不平常的、乖僻的等。

在七因素模型中，正效价与负效价是两个新的人格维度，其余五个维度分别与五因素模型的五个维度大致对应，但又不完全一致。如“宜人性”维度，在五因素模型中该因素涉及一些脾气方面的特质词，如“易怒的、暴躁的、野蛮的、任性的”，而七因素模型则不包括这些词。这说明五因素理论中该因素兼具情绪和行为两种倾向性，而七因素理论的同名因素则排除了情绪性，基本指行为倾向。另外，七因素理论和五因素理论的最大分歧在于是否将评价性特质词纳入因素分析范围或者是否承认评价是人格的重要特征。与五因素理论相比，七因素理论增选了评价词。所以，同样的方法得出不同的维度结构自然也在情理当中。

除基本因素的种类有分歧外，与五因素模型相比，七因素模型还有它相对独特的优势。临床研究表明，正效价比五因素理论的任何维度都能更好地体现自恋和边缘型人格障碍的特征；而负效价则与反社会、施虐狂以及边缘型人格障碍有关。跨文化研究表明，在五个维度结构中，难以发现不同文化背景下的美国人和西班牙人在自我评定方面的差异。

第五节　特质理论的应用与争论

一、人格特质测量

（一）特质测量的广泛应用

从奥尔波特早期为争取特质赢得心理学家的普遍认同开始，特质理论已经走过了一段漫长的历程，而特质测量也几乎为各领域的心理学家接受。从卡特尔的16种人格因素调查表（16PF）到科斯塔和麦克雷的NEO人格量表修订版（NEO－PI－R），从艾森克人格问卷（EPQ）到明尼苏达多相人格问卷（MMPI），特质测量不仅被人们广泛接受，而且已经广泛渗透到人们日常的学习、工作和生活当中。从某种意义上讲，我们对于人格的了解，除观察到的那部分行为外，大多数都是基于特质测量获得的。例如，某人是内向还是外向，是容易焦虑还是比较镇静，是热情友好还是谨小慎微。心理咨询师可能会要求你做一些职业兴趣测试，教师可能会让你做一些成就和能力倾向测验，心理治疗师或许会要求你填一份人格问卷表，而你自己甚至会出于自娱和满足好奇心而从杂志上找一些人格小测验来做。说到底，特质测量不仅局限于学术研究和临床诊断领域，而且成为我们生活的一部分，这是特质论的最大贡献。

特质测量通常采用自陈式问卷来进行，这是一种典型的、要求受测者对有关自己的问题进行客观描述、如实回答的纸笔测验，例如，“你是一个健谈的人吗”“你认为自己神经过敏吗”等。这种测量形式比其他任何形式的人格测量都应用得更广泛。相对简单的计分程序使测验者能得出一个或一组可以在某一特质连续体上与其他人进行比较的分数。在大半个世纪的研究中，已有数百种自陈式调查表问世。由于某些原因，特质的自陈问卷在职业心理学家中特别流行，因为它可以以群体的方式施测，人们不需经过太多培训便可掌握。此外，自陈问卷的评分也比较容易、客观，研究者一般只计算与之匹配的题目数量即可。最后，自陈问卷通常比其他工具具有更高的表面效度，尽管单凭表面效度不足以确定一个测验的价值，但如果题目的意图极其明显的话，心理学家一般不会对该测验所测量的内容存在争议。

（二）特质测量中存在的问题

尽管人格特质的自陈问卷被人们广泛使用，但是这并不能掩盖其自身存在的一些问题，这些问题要求我们在编制类似问卷或解释测验分数的过程中必须予以重视。自陈问卷的使用者仍须依赖被试的能力和意愿，以此提供关于被试的准确信息。虽然，使用者有时能够识别某些不准确的信息，测验分数也可能不被采用，但错误信息被采用的事情也是时有发生的。

1. 伪装

有时受测者会故意在自陈问卷中提供错误信息，例如，在求职测试中为了找到一份好工作而“伪装好”。如果公司老板借助于这些信息来决定聘用谁，那么人们为什么还要承认自己不足的一面呢？在这种动机驱使下，大多数人会将自己描述为积极的、肯干的、有责任心的。另外，在有些情境中，人们也会在某种动机支配下而“伪装差”，即有时被试会装得比真实情况看起来更差。例如，那些想逃到“安全”的医院环境中的人或许会尽力装出有某种心理疾病。

2. 粗心大意与恶意对抗

尽管受测者在测试过程中一般都是严肃认真的，但实际情况并非总是如此，施测中被试和新确诊的患者会对冗长的测试感到厌烦，从而影响对测试项目的认真阅读。有时候，他们不想承认自己阅读技能贫乏或理解水平低下，因此他们所做出的一些反应甚至几乎所有的反应都是随机的，或者只是在对测试项目进行简单泛读后就做出反应。更糟的是，有时被试会故意或随意报告一些错误信息以破坏研究计划或诊断工作。对于这个问题，最好的防范措施是全面解释测试指令，强调测试的重要性，同时在整个测试期间对被试保持一定的监视。此外，测试中还应防备被试的粗心大意，例如，“爱德华个人偏好测试”提供了多个测验项目，施测者要认真检查那些重复的项目以确定被试的回答是否一致。

3. 反应倾向

在阅读这部分内容之前，你可以先做一做下面我们为你提供的测试（见“知识链接”），该测试是为测定社会赞许（social desirability）这一反应倾向而设计的，它是指人们在一定程度上展现出的自己受人赞许的一面。与伪装不同，社会赞许性高的人并非故意以一种比其真实情况好的方式来表现自己。例如，几乎没有人能说自己从未掩饰过错误。但某个想要达到这个标准的人可能会稍微夸大事实，认为这是他的真实情况。对此该怎么办呢？通过直接测试社会赞许倾向，施测者可以调整对其他测试分数的解释。然而，人们不禁要问：“这一调整是否真正提高了测试的效度呢？”

知识链接：评估你的人格反应倾向

指导语：以下列举的是一些有关个人态度和特质方面的陈述，认真阅读每个题目，然后按照自己的实际情况判断其是否与你相符。

①在投票选举前我全面调查了每位候选人的情况。

②我会毫不犹豫地帮助那些处于困境中的人。

③有时候，如果没有别人的鼓励，我很难继续我的工作（学习）。

④我从不讨厌任何人。

⑤生活中我偶尔会怀疑自己获取成功的能力。

⑥当没有达到目的时，有时我会感到很气愤。

⑦我对自己的衣着总是很讲究。
⑧我在家里就像在外面一样对人彬彬有礼。
⑨如果不用买票就能进电影院而且确信没有人发现，那么我或许会那样做。
⑩在有些场合，我会因考虑到自己能力不足而放弃正在做的事情。
⑪有时我喜欢闲谈聊天。
⑫有时即使我知道那些有权威的人是对的我也会反对他们。
⑬无论和谁交谈，我都是一个忠实听众。
⑭为了逃避某事我会假装不舒服。
⑮有时我会利用别人。
⑯当我犯错误时我总愿意承认它。
⑰我总是尽量去鼓动别人。
⑱我并没有感到很难与那些多嘴的、令人讨厌的人相处。
⑲有时我会尽力回忆过去而不是谅解或忘却它。
⑳当我不了解某物（事）时，我会毫不介意地承认。
㉑即使对待那些意见不合的人，我也总是以礼相待。
㉒我有时也会固执己见。
㉓我有时会对一些了不起的事情感到高兴。
㉔我从不会想到让别人因我的过错而受到惩罚。
㉕我从不因他人夺我所好而生气。
㉖当别人的意见与自己的意见很不一致时我也从不感到恼怒。
㉗如果没有对车的安全性做检查，我从不进行长途旅行。
㉘有时我会非常妒忌别人的好运。
㉙我几乎从不急于将某件事情告诉别人
㉚我有时会被那些夺人所好的人激怒。
㉛我从没感觉到自己会无故受到惩罚。
㉜有时我会将他人遭遇的不幸视为对他们的一种报应。
㉝我从不故意说那些有伤他人感情的话。

为了统计测试分数，请你按下面给出的答案计算你的得分，你的每个回答若与下面的答案一致即得1分。回答“是”的项目有①、②、④、⑦、⑧、⑬、⑯、⑰、⑱、⑳、㉑、㉔、㉕、㉖、㉗、㉙、㉛、㉝；回答“否”的项目有③、⑤、⑥、⑨、⑩、⑪、⑫、⑭、⑮、⑲、㉒、㉓、㉘、㉚、㉜。

以上你所做的是马罗—克罗尼社会赞许量表（Marlowe－Crowne social desirability scale）。设计者本人曾用该量表对大学本科学生进行过测试，结果平均得分为13.72，标准差为5.78。正如我们解释的那样，这一测试中的高分者倾向于将自己置于一种“光环”之下，这有可能并没有反映被试的真实情况。

（资料来源：Burger，1997）

二、人格特质对成绩的预测作用

（一）人格特质与认知成绩

艾克曼等人认为，要深入探讨人格特质与认知成绩的关系必须事先弄清人格与智力的关系（Ackerman，1992）。从测试性质来看，人格测试属于典型化成绩测试，而智力测试是最大化成绩测试，两者预测的是成绩的不同方面，前者试图整合日常情境因素，后者则试图缩小环境和情境因素的影响。事实上，智力测试不可能与动机和人格等因素相分离，智力成绩的典型水平也只有通过理解气质性和情境性的动机与人格因素才能有更好的预测。当作为最大化成绩的智力测试的预测效度下降时，理解典型智力的多维因素则有助于增加教育、职业及其他情境的预测效度。在此种区分的基础上，一些研究表明，人格五因素中开放性是最大化成绩的较好预测源，神经质则对典型化成绩有理想的预测效果，而外倾性对两类成绩都有较好的预测价值（Ployhart，et al.，2001）。

为了考察人格特质与认知成绩的关系，研究者深入探讨了人格特质与领域知识的关系（Rolfhus and Ackerman，1999）。当他们将学业知识分为32个领域6个知识群时，研究发现，与开放性有最大相关的知识群通常与言语能力相关最大；而与之相关最小的知识群则与数字、空间能力有最大相关。随后的研究证实，和领域知识相关的人格与兴趣变量存在集中和离散的趋势，如开放性、TIE人格结构以及现实型、研究型和艺术型兴趣与作为知识的智力积累呈正相关；外倾性与领域知识呈负相关。国内有研究者检验了人格特质与不同认知作业之间的关系，结果发现外倾性与记忆任务呈负相关，开放性与记忆、猜图策略百分比呈正相关（许淑莲等，2000）。按照智力的“投资理论”，个体在社会化方面所花的时间越多，则他用于通过阅读和学习来获得知识的时间就越少。

（二）人格特质对成就的预测

人格特质与成就的关系实质上是一种广义上的特质与认知成绩的关系，而应用人格变量对个体成就进行预测比对认知能力的预测更有争议。从逻辑上讲，人格特质在这种情境下应该起着更重要的作用，因为个人追求优秀和高成就水平的努力无疑会影响到他的学业成绩或工作绩效。由于特质评估中对特质内涵的界定存在较大分歧，因此人格五因素目前还很少被直接用来预测学业成绩。在回顾关于人格与成就关系的237个相关研究的基础上，霍夫通过应用人格与工作成就的元分析考查了大五因素，结果发现，如果将研究效度简单平均，那么人格特质与成就之间的关系在总体上表现出非常适中的相关（Hough，1992）。在很多职业领域，研究者使用人格变量来预测工人的绩效已取得了积极的效果。

基于情境成绩的研究结果，有研究者指出，在所有的人格特质中，尽责性是人格的一般因素，正如能力中的一般因素那样，该特质与成就水平休戚相关。然而批评者指出，尽责性只是成就的一个标准，它并非对所有个体都起作用。霍根博士说，对于那些创造性的工作，尽责性也许只是缺点而不是优点（Hogan，1996）。在对一个音乐家的案例研究中，霍根发现，被同伴评估为最优秀的音乐家在尽责性方面得分最低。因此，个体的成就不能简单认为取决于人格特质或能力因素，而是必须建立在人与工作相匹配的基础上。当尽责性对现实型和常规型的工作成就具有较好的预测价值时，却同时阻碍了那些需要革新性和创造性的研究、艺术及社会工作的成功，可见，尽责性与前者呈正相关而与后者呈负相关。

三、人格—情境之争

（一）人—境之争的起因

一个人的行为到底取决于个体的人格还是特定的情境，心理学家们对此一直争论不休。特质论者认为，个体的行为表现由人格特质决定，了解特质就能预测行为；情境论者则认为，行为由特定情境决定，知道一个学生在学校表现诚实，无助于我们了解他在家里是否也有诚实表现。这就是人格心理学领域中著名的人格—环境之争（简称“人—境之争”）。人—境之争在很大程度上是由美国心理学家沃尔特·米歇尔（Walter Mischel）在1968年出版的《人格评估》一书中引发的。米歇尔认为，从一种情境到另一种情境的行为非常不一致，因此用概括的人格特质刻画个体差异是不合适的，而特质心理学家包括那些致力于人格测评技术和实践的学者们则强烈反对这一观点。

米歇尔向特质心理学家投掷了一枚“科学炸弹”，他举出的证据说明，在不同的情境中，我们的行为并没有我们所想的那样一致。在某一情境中外向的人在另一种情境中也许就会变得害羞；当情境发生剧烈变化的时候，情绪稳定的人也会崩溃。因此，米歇尔认为，在预测行为时，情境的信息比个人人格特质的信息更为重要。

情境论者的观点概括起来有三点：①对人格研究文献的回顾表明，以任何一种人格测量为基础预测人的行为都是有限的，而这个上限太低了；②在对行为的决定上，情境比人格特质更重要；③不仅专业的人格测评实践是浪费时间，而且日常普通的人对人的直觉也是根本无效的。用来对人进行描述的特质词汇是不合理的，人们通常会倾向于把他人看得比实际更具有跨情境的一致性。

大卫·范德在总结已有研究的基础上指出，人—境之争涉及三个核心问题：第一，是个体的人格超越即时情境而对行为提供一致的指导，还是一个人的行为最终取决于他当时所处的情境？因为我们的直觉告诉我们，人有稳定的人格（每个人每天都使用人格特质词汇），这个问题也引发出第二个争议点：日常普通的人对人的直觉是无效的，甚或根本就是错误的？第三个问题涉及的层面更深：当基础的实证问题已经在很多年前被解决，为什么心理学家们还年复一年地继续争论人格的一致性问题（Funder，2018）？

（二）特质论的回击

实际上，米歇尔的观点挑战了大多数人格理论的根基。如果在不同的情境中人们的行为确实不一致，那么人格理论还有什么用呢？米歇尔的质疑遭到了猛烈的回击，批评者认为，米歇尔所使用的方法低估了不同情境下行为的一致性。艾普斯坦（Seymour Epstein）是对米歇尔观点进行反击较为强烈的一位研究者。他认为，仅仅从表面上看，情境论者的观点是荒唐的，如果人们的行为在时间和空间上不具有一致性，那么就不存在可用以预测的行为模式，我们只能随机与某个人结婚，我们的行为也将随日复一日的情境变化而发生难以预料的改变。

艾普斯坦指出，研究者们之所以没能找到人格特质与行为之间的紧密联系，是因为他们没有正确测量行为。一般调查通常用人格特质的分数来预测一个人的行为，诸如花在某一活动上的时间。这种方法与心理测量中的基本概念不相符，由于建立在某一问题或测验上的行为得分信度太低，因此几乎不可能找到高于0.3～0.4的“人格系数”。为了理解这一原理，仔细思考一下为什么在大多数考试中从来都不会只有是非判断题。实质上，大多数行为是在同一问题的测试中进行测量的，一种人格特质也许可以较好地预测行为，但我们却不得而知，因为我们并没有真正准确地测量行为。

谈到单一问题测量的选择性，艾普斯坦建议研究者们要广泛收集材料。如果你想测试学生花多少时间在学习上，那么通过连续观察学生数周中每天晚上的行为比仅观察一个晚上的行为所得到的分数更为有效。艾普斯坦详细考察了艾森克内外倾量表的得分与大学生社会接触的数量之间的相关，在此基础上得出了上述的结论（Epstein，1979）。尽管我们认为外倾者比内倾者会表现出更多的社会接触，但是任何一天的社会接触总数与艾森克量表之间的相关都相对没有意义。然而，在量表得分与学生两周内所产生的社会接触总数之间的相关系数却达0.52之多。

特质论者认为，行为表现不一致在很大程度上是因对情境分类方式的错误所导致的。一旦理论家们提供了一种关于情境的心理特征的合适表述，这种矛盾自然会被减弱（Mischel and Shoda，1999）。例如，当你试图通过确定一个朋友在他参加的每一个聚会中是否有相同的表现来评价其行为一致性时，会发现在你仅仅用“聚会”来划分情境时，他的行为会有很大的变化。你需要确定的是什么样的心理特征能明确标示互不相同的聚会。可能你的朋友在他期望能够在陌生人面前展现魅力的聚会中会显得特别友好，而在另外一些他并不喜欢的聚会中显得极不友好。结果，我们在环境特征与人的不同反应的相互冲突中找到了一致性。另外，在情境分类中，强势情境下（如房子着火）人们的行为趋于一致，而弱势情境下（如一个人独处时）特质则起支配作用，它可以决定做什么或不做什么，这时，特质具有跨情境一致性。

（三）人—境交互作用论

一些研究表明，用人格测试测得的人格特质在所有影响行为的因素中只占不到10%，这个比例的确非常小。不过，不要错误地认为剩下的90%都是情境因素。情境因素与行为之间的相关性也十分微弱。我们在这里所能得出的结论是，行为的大部分影响因素不能被简单地划归到任何一个类别中。行为似乎是特质因素和情境因素交互作用而产生的结果。

实际上，米歇尔从来没有说过我们应该摒弃人格理论。他将行为视为情境、个人对情境的解释及人格共同作用的结果。

交互作用论指出，个体差异是指特定情境下表现出来的差异。某些特质是特定情境所特有的，如考试焦虑。一个年轻人通常是从容自信的，但是当他处在一系列非常特殊的情境下时，比如参加重要考试，他会变得非常焦虑。这个例子表明，某种特定的情境会唤起与个体特质不符的行为，即个体在特定的情境下会表现出特殊的行为方式。人格心理学家已经放弃了对“所有时间所有人”进行预测的希望，而是提出了这样的观点，即他们能够预测“某时的某些人”。例如，以焦虑特质为例，我们也许能预测在某些情境中（如考试）谁有可能会焦虑，但是在其他情境中（如与家人一起休息）他们却不会焦虑。

米歇尔认为，当情境中的线索非常微弱或含义模糊时，人格因素对于行为的影响最大。当情境十分清晰明了时，人们做出反应的差异就会变小。举例来说，假如有一天你在上课的时候，一个学生突然昏厥倒地，失去意识，教室里一下子鸦雀无声，教师立刻要求其他学生都待在座位上，并且大声朝你喊道：“快用你的手机拨打 120，叫一辆救护车来！”你会怎么做呢？这一情境非常明了：有人已经掌控了局势，这个人就是教师，而且也已经向你发出了清晰的指令。你很可能会服从教师的指令，大多数人在这种情境下都会这么做。根据米歇尔对于人格—情境因素之间交互作用的认识，个人对这种情境所做出反应的差异非常小。但是，假如你正在校园里散步，突然看到有一群人围着一个昏厥在地的学生，你会帮助他吗？这一情境就不那么明了，你的行为很可能受到过去经历和某些人格因素（如独立和外倾）的影响。

四、特质论的争论与评价

（一）特质领域的争论

1. 词汇假设的合理性

特质研究是在词汇假设的前提下进行的。特质论者将自然语言作为人格结构的描述者，认为语言是人类生存和发展的重要工具。人类在适应自然过程中会被自然语言所表征，那些与人类生存和发展关系密切的自然因素和人的因素很容易进入人们的语言系统。人格特点也是影响生存和发展的重要因素，必然会被自然语言所表征，而且，与人的生存越密切的人格特征，在语言中描述它的词就越丰富。所以，人类的自然语言中必然蕴涵了重要的人格结构。基于此，人格特质的词汇假设认为，那些非常突出的、与人的社会生活密切相关的个体差异会被人的自然语言所编码、表征。对此假说最大的质疑就是用词汇来研究人格特质的合理性，人的重要特质果真会被语言全部表征吗？人格特质与语言词汇是一一对应的吗？假如某个社会（如一些原始部落社会）的语言文字中没有描述某种特质的词汇，那么生活在该社会的成员是否就没有相应的人格特质呢？诸如此类的问题都指向了词汇假设的合理性。

2. 因素分析的合理性

因素分析在测量人格特质时有一个基本的假设：因素分析获得的高相关的人格问卷项目反映的是同一个潜在的人格特质，而彼此不相关的项目测量的是不同的特质。因素分析可以考察出人格测验项目间的相关模式，从而分析出存在于人格中的重要维度和因素。但是，由于词汇假设的合理性问题，对于因素分析的内容是否代表了整体的人格还没达成共识，因此所获得的人格维度并不一定是重要的人格因素。一些研究者认为，“大五”并没有把所有的人格维度都涵盖进去。尤为重要的是，因素分析法的使用受研究者主观影响太大，不同的研究者对运算程序的主观选择不一样，因此所获得的因素种类难免有差异。此外，因素分析法忽视了人的复杂性、独特性以及人格的动态过程。奥尔波特就曾反对使用因素分析法，认为这种方法将人视为由一些不能通过有意义的方式与个体相联系的抽象单元组成，忽视了人的独特性和整体性。

3. 描述、预测还是发展、改变？

无论是早期的类型论还是后来的特质论，其目的在于满足人们对人类自身分门别类的需要。借助于词汇描述和因素分析，特质论者最终得到了人格特质的若干维度，且每个人都能在这些维度中找到自己恰当的位置。从科学的四大功能分析，很显然，特质论者注重描述和预测，而忽视了解释和控制。特质理论不能较为全面地解释“行为是如何产生的”或者“人格是如何发展的”等问题，它们仅仅只是识别和描述了与行为相关的人格特点。尽管目前特质理论已经开始在这些方面进行修正补充，但典型的特质理论仍然只是对人格结构提供静态的或者稳定的描述。

更为重要的是，尽管特质理论发展了大量的问卷测量，而且这些测量被广泛用于教育、司法及临床等领域，但是，对于那些有极端特质的人，它并没有提供改正的措施。换言之，对于那些被诊断为有人格障碍的个体，特质论是无能为力的，它也是人格理论中为数不多的没有发展起自身关于人格治疗方法的理论之一。

（二）特质理论的评价

1. 特质理论的优势

从多维的角度来看，人格的特质方法有别于其他方法，特质理论家更希望成为学院式研究者而不是心理治疗专家，他们关注的焦点是行为的描述或预测而不是行为的改变或发展。特质论者很少去理解个体差异产生的原因，他们主要是揭示人格中的“基本元素”，所以这些差别赋予特质方法以独特的优点。奥尔波特及其他早期特质心理学家所开创的实验性工作，使他们从其他人格理论的创立者中真正独立出来。这些特质理论家不像弗洛伊德以及多数新弗洛伊德主义者那样仅仅依靠直觉或主观判断，他们使用客观测量的方法来检验人格的结构。其中有的理论家如卡特尔特别注重用材料来决定理论，这样就能经受实验效度的进一步检验。这种方法减少了其他方法因使用模糊材料而带来的偏见和主观性。

特质论的另一优势在于它拥有广阔的应用领域。例如，在评定当事人时，心理健康工作者常常要使用特质测量，而教育心理学家在他们的工作中也利用了类似于特质测量的技术。

此外，工作或组织领域的心理学家在招聘职员和提拔干部的决策过程中经常使用人格特质测量，职业咨询人员也不断依赖特质分数给当事人匹配相应的职业。尽管特质测量分数的不正确使用会导致人们对特质测量的责难，但是，这些测量的影响证明了大多数心理学家所公认的价值。像许多重要的理论前景那样，特质论已经引导了大量的实证研究。通过特质测量来预测行为已成为临床、社会、工业管理、教育及发展心理学家研究中的一大特色。

2. 特质理论的局限

对特质论的批评往往不是依据方法所阐述的内容，而是依据方法所没有说明的那部分内容。尽管特质心理学家用特质术语对人进行了描述，但它们一般都没有解释这些特质的形成过程，也没有解释它们对那些获得极端分数的人有何益处。例如，我们能够为那些在考试焦虑、自我意识、果断性等测量中获得极端分数的人提供什么帮助呢？众所周知，尽管这些分数可以帮助教师或雇主为他们的学生或职员提供适当的任务和工作，但是没有哪个心理治疗流派是从特质理论中产生的，人格特质论在探讨潜在问题过程中的失败限制了其自身作用的发挥。

正如奥尔波特自己一开始所承认的那样，特质的概念有其局限性，行为肯定要受各种环境因素的影响，事实上我们很难用特质准确地预测个体的行为。试图用简单的几种特质来概括人类复杂的行为表现，这种做法未免太过肤浅，而且基于词汇假设的研究方法还受不同语言和文化的限制。但是他又认为，“在一个人的活动倾向中，除了可变的那部分外，另外还有一部分是稳定不变的，后者正是我们力图用特质概念所说明的那部分”（Allport，1961）。奥尔波特还指出，人格特质在神经系统中具有生理性成分，通过深入分析个体神经系统的组织结构，科学家们终有一天会发明一种识别人格特质的技术。

第四章　人格与学习

第一节　行为主义的观点

生活中我们经常看到这样的现象：一个小孩将自己喜爱的巧克力糖给了另外一个小孩，为了鼓励小孩的这种分享行为，父母常常会表扬甚至奖励孩子的这种行为，当小孩得到这样的奖励以后，类似的分享行为又会在以后不断出现。在另一种情境中，一个小朋友抢了另一个小朋友的玩具，此时幼儿园的教师如果置若罔闻，那么这个小朋友在以后很可能会出现更多类似的抢夺行为。按照行为主义的观点，无论是分享行为还是抢夺行为，它们都是后天环境塑造的结果，其中强化起了关键作用。

一、行为主义看人格

（一）人格是行为模式的集合

行为主义认为，所谓的“人格”不外乎是各种习得行为模式的集合。正如其他习得行为一样，人格也是通过经典条件反射和操作性条件反射过程形成的，包括对他人行为的观察、强化、消退、泛化和辨别等各种过程。例如，小女孩看到妈妈用搅拌机打苹果馅，于是在游戏时也把搅拌机搬来玩，用泥巴当“馅”来搅拌。妈妈教育女儿说：“泥巴会把搅拌机弄坏的。你是一个懂事的大姑娘了，以后不许再玩妈妈的搅拌机了，好吗?”女儿的人格就是在模仿母亲的行为和接受母亲的教育过程中逐渐形成的。总之，行为主义强调学习在人格形成中的意义。一些持极端行为主义态度的理论家甚至指出，人格中的一切都可以用学习的作用加以解释，所谓的天生稳定的人格特质是不存在的。

（二）行为由经验和特定情境共同决定

某些人比其他人更为诚实、可靠，对此行为主义者并无异议，但是他们会说，对人的这种一般性的了解不足以帮助我们预测一个人在特定场合是否诚实。例如，当一个“诚实”的人捡到一个丢失的钱包时会交还给失主，但是在一次小测验中他很可能会作弊，或者在开车时偶尔也会超速行驶。对此，行为主义者的解释是：“我们必须首先确定是哪种具体情境，然后再看他算不算一个诚实的人。”

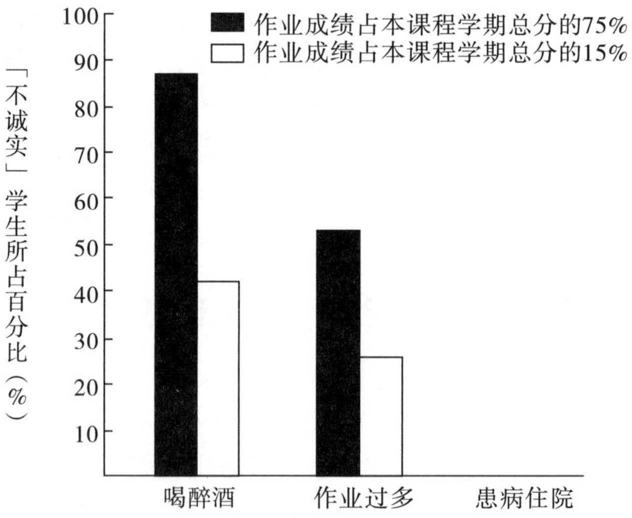

图 4－1　情境因素对说谎行为的影响

让我们用一个例子来说明环境对行为的影响作用。这是一个“角色扮演”实验，具体情境是要求大学生为不能按时交作业找一个理由（Coon，2004）。实验分两种条件：第一种条件是，这份作业的成绩将占本课程学期总分比重的 15%；第二种条件是，这份作业的成绩将占本课程学期总分比重的 75%。研究者给每位学生都规定了一个实际理由，第一组学生是因为“前一天晚会上喝醉了”，第二组是因为“作业过多”，第三组是因为“患病住院”。学生们的任务是走进“教授”的办公室进行解释，希望他再宽限一天时间。

实验结果如图 4－1 所示，大多数出于不合理原因（喝醉酒或作业过多）而未能完成作业的学生在向“教授”解释时会说谎，并且随着作业得分在期末总分中重要性的提高，说谎者的比例明显增加；出于合理原因（患病）而未能完成作业的学生都没有说谎。

二、巴甫洛夫：经典条件反射

伊万·彼得罗维奇·巴甫洛夫（Ivan Petrovich Pavlov，1849—1936），俄国生理学家、心理学家、医师，高级神经活动学说的创始人，高级神经活动生理学的奠基人。条件反射理论的建构者，也是传统心理学领域之外而对心理学发展影响最大的人物之一，1904 年荣获诺贝尔生理学和医学奖，是第一位在生理学领域获诺贝尔奖的科学家。

（一）巴甫洛夫与心理学

与其他心理学家不同的是，巴甫洛夫并不愿意做一名心理学家，相反，作为一名严谨的自然科学家，巴甫洛夫十分反对当时的心理学，反对过分强调“心灵”“意识”等看不见、摸不着的仅凭主观臆断推测而得出的东西。他甚至威胁说，如果有谁胆敢在他的实验室里使用心理学术语，他将毫不留情地开枪将他击毙。然而，这样一个如此鄙视心理学的人，却在心理学研究方面做出了重大贡献——虽然那并不是他的初衷！巴甫洛夫在心理学界的盛名首先是由于他关于条件反射的研究，而这种研究却始于他的老本行——消化研究。正是狗的消化研究实验将他推向了心理学研究领域，虽然在这一过程中他的内心也充满了激烈的斗争，但严谨的治学态度终于还是使他冒着被同行责难的风险，将生理学研究引向了当时并不那么光彩的心理学领域，而后来，该项研究的成果——条件反射理论又被行为主义学派所吸收，并成为制约行为主义的最根本原则之一。

伊万·彼得罗维奇·巴甫洛夫

巴甫洛夫对心理学界的第二大贡献在于他对高级神经活动类型的划分，而这同样始于他对狗的研究。到老年的时候，巴甫洛夫对心理学的态度有所松动，他认为“只要心理学是为了探讨人的主观世界，自然就有理由存在下去”，但这并不表明他愿意把自己当作一位心理学家。直到弥留之际，他都念念不忘声称自己不是心理学家。但尽管如此，鉴于他对心理学领域的重大贡献，人们还是违背了他的“遗愿”，将他归入了心理学家的行列，并因他对行为主义学派的重大影响而视其为行为主义学派的先驱。

（二）经典条件反射

巴甫洛夫在研究消化现象时，观察了狗的唾液分泌。他的实验方法是，向狗展示食物，并测量其唾液分泌。在这个过程中，他发现如果随同食物反复给一个中性刺激，即一个并不自动引起唾液分泌的刺激，如铃声，狗就会逐渐“学会”在只有铃声但没有食物的情况下分泌唾液。一个原本是中性的刺激与一个原来就能引起某种反应的刺激相结合，而使动物学会对那个中性刺激做出反应，这就是经典性条件反射的基本内容。

条件反射的情境涉及四个变量，两个属于刺激，两个属于机体的反应。一个是中性刺激：它引起预期的、需要学习的反应，在条件反射形成之前，即条件刺激（CS）——在巴甫洛夫的实验中就是铃声（如图4－2）。第二个刺激是无条件刺激（UCS）：它在条件反射形成之前就能引起预期反应（本能）——条件反射形成之前，出现了肉，即UCS，就引起唾液分泌。对于无条件刺激的唾液分泌反应叫作无条件反应（UCR），这是在形成任何程度的条件反射之前就会发生的反应；由于条件反射的结果（被刺激）而开始发生的反应（流口水）叫作条件反应（CR），即没有肉，只有铃声的唾液分泌反应。当两个刺激紧接着（在空间和时间上相近）并反复地出现，就形成条件反射。

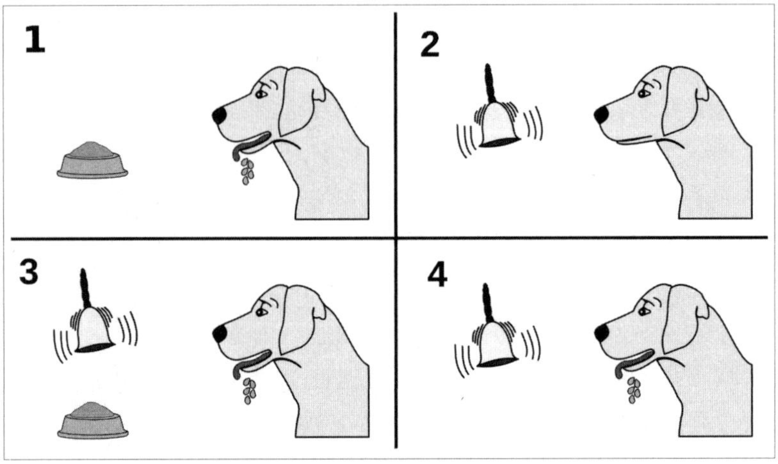

图4－2　经典条件反射示意图

中性刺激与无条件刺激在时间上的结合称为强化，强化的次数越多，条件反射就越巩固。条件刺激并不限于听觉刺激。一切来自体内外的有效刺激只要跟无条件刺激在时间上结合（即强化），都可以成为条件刺激，形成条件反射。举例来说，如果你在一个令人不愉快的环境中进食某种食物，比如说当你生病的时候，或者食物本身不干净，那么你之后可能都不会再吃这种食物了。或者，如果你认为吸烟或者吃肉是不道德的，那么香烟或者肉可能会令你作呕。你也有可能从此把肉叫作“令人发胖的食物”，把香烟叫作“癌症棒”。

巴甫洛夫的研究公布以后不久，一些心理学家，如行为主义心理学的创始人华生，开始主张一切行为都以经典性条件反射为基础。人们一致认为，相当一部分行为，用经典性条件反射的观点可以做出很好的解释。巴甫洛夫认为，“所有的学习都是联系的形成，而联系的形成就是思想、思维、知识”。他所说的联系就是指暂时神经联系。他说：“显然，一切教育、学习和训练，一切可能的习惯都是一系列的条件的反射。”巴甫洛夫利用条件反射的方法对人和动物的高级神经活动做了许多推测，发现了人和动物学习的最基本的机制。

（三）高级神经活动类型学说

巴甫洛夫认为，人的气质是由人的高级神经活动类型决定的。大脑皮层的基本神经过程有强度、均衡性和灵活性三种基本特性。神经过程的强度是指神经系统兴奋与抑制的能力，兴奋与抑制能力强，其神经活动类型就是强型，兴奋与抑制能力弱，其神经活动就是弱型。平衡性是指兴奋与抑制能力的相对强弱。根据神经活动的平衡性，可以将强型又分为两类：如果兴奋与抑制的能力基本接近，就是平衡型；兴奋能力明显高于抑制能力，就是不平衡型。灵活性是指兴奋与抑制之间相互转换的速度。根据这三种特性可以将个体的神经活动分为不同的神经活动类型：兴奋型、活泼型、安静型和抑制型。

1. 兴奋型

兴奋型相当于气质类型中的胆汁质，这种类型的个体兴奋过程强于抑制过程，容易建立阳性条件反射，但很难建立阴性条件反射，在必要的情况下，也很难阻碍这种类型个体的活动。这是一种容易兴奋、不受约束的类型，所以也称为不可遏制型。在特定的要求个体有较强的抑制的情境中，这种类型的个体倾向于抑郁和昏沉，或者产生难以遏制的行为或攻击性行为。

2. 活泼型

活泼型相当于气质类型中的多血质，这是一种健康、坚强、充满活力的神经活动类型。巴甫洛夫认为这是一种最完善的类型，这种类型的人比其他类型的人更能与环境维持平衡。这种类型的人受刺激时活泼、灵敏，没有受刺激时倾向于昏沉。他们很容易建立抑制性条件反射。即使在不良的环境中，这种类型的人也难以出现神经性疾病。

3. 安静型

安静型相当于气质类型中的黏液质，这种类型与前一种类型的特点一样，能够良好地适应环境。这种类型的个体兴奋过程和抑制过程都强，而且平衡，很容易建立阳性与阴性的条件反射，而且一旦建立就较为稳定不易被改造。这是一种坚韧而行动迟缓的类型。由于神经过程不灵活，这种类型的个体很难适应快速变化的环境。这种类型的个体即使生活在不良的环境中，也很难出现神经性疾病。

4. 抑制型

抑制型相当于气质类型中的抑郁质，这种类型的个体需要特殊的环境才能生存，他们难以建立条件反射。这种类型的个体神经细胞很弱，所以正常强度的刺激也会引起他们的保护性抑制，在刺激作用下，会产生错乱，甚至衰竭。这种类型的个体常见于神经官能症患者中，他们也很难对抑制性刺激做出反应。环境中的快速、经常性的变化会引起行为错乱。抑制型具有一定的保护性。他们只有在特定的环境中生活才有价值。

三、华生的行为主义主张

（一）华生的生平

约翰·布罗德斯·华生

约翰·布罗德斯·华生（John Broadus Watson，1878—1958），1878年生于美国南卡罗来纳州的格林维尔。早在童年时代华生就已显露出其日后开创事业时所具备的两个特点：他既是一个爱攻击的人，又是一个富于建设性的人。华生的父亲酗酒、不务正业，致使其自幼未能受到良好的家庭教育，13岁便成为问题少年，曾两次因打架肇事而遭警局拘留，15岁考入当地的福尔满大学后改过自新。

华生在大学期间经教师莫尔（G. B. Moore）介绍，阅读了冯特和詹姆斯的心理学著作，这是他接触心理学的开始。莫尔曾声称，任何迟交作业的学生都将不及格，但华生或许出于他根深蒂固的放荡不羁，就有意迟交了作业，想看看莫尔的决心，结果莫尔毫不客气地给了他一个不及格的分数，致使其不得不延长一年毕业。华生于1900年获得硕士学位，后考入芝加哥大学攻读博士学位，师从机能主义创造人杜威和安吉尔。华生的心理学兴趣是从观察动物学习行为中培养出来的，与其他同班同学不一样，他更喜欢用老鼠而不是用人作为被试来开展研究，他说："我难道就不能通过细心观察动物的行为去发现其他学者通过使用观察者而发现的那种东西吗?"（Watson，1936）他的博士论文的题目就是《动物的教育》。

华生于1903年获得博士学位，当时年仅25岁，是该校获得博士学位的人中最年轻的一个。由于他所从事的动物心理实验研究既新颖又科学，到1907年，他已成为全美的知名人物，并于1908年以一年3 000美元的高薪受聘于霍普金斯大学。1913年，华生在《心理学评论》杂志上发表论文《行为主义者眼光中的心理学》，这一论文的发表标志行为主义的正式登场。1915年，华生当选美国心理学会主席。作为一个攻击者，华生击败了当时的心理学家；作为一个建设者，华生构建了一种理解人类行为的方法，这一方法曾经在几十年间改写了心理学原理。1920年，华生与妻子离婚并与他的研究生助理雷纳结婚，这迫使他辞去霍普金斯大学的职位，转而从事广告业。后来他写道："我开始意识到，看到一个新产品销售曲线的上升与观察动物或人类的智力曲线是同样令人兴奋的事。"

1947年，华生从商界退休，在康涅狄格州的一个农庄中度过他生命的最后几年。1957年美国心理学会在授予他荣誉的一段褒奖文字中，把他的工作赞扬为"现代心理学的形式与内容极其重要的决定因素之一，是持久不变的、富有成果的研究路线的出发点"。美国心理学家古斯塔夫·伯格曼说："我认为虽然在（二十世纪）五十年代他不像二三十年代那么受人瞩目，但约翰·华生在本世纪（二十世纪）上半叶的心理学思想史上是仅次于弗洛伊德的人物——虽然相差甚远。他的思想在心理学家中被广泛接受……他不仅是一个实验心理学家，还是系统的思考者和方法论者。尤其是在最后这个领域他做出了重大贡献。"1958年9月25日，华生逝世。

（二）华生的基本主张

在《行为主义者眼光中的心理学》一文中，华生提出了行为主义的五大主张：

（1）心理学研究的主题是个体行为而非意识；

（2）心理学研究的方法是客观观察与测量而非主观内省；

（3）心理学的研究目的在于预测行为与控制行为；

（4）环境是影响行为的主要因素，控制环境因素即可改造人的行为；

（5）由动物行为研究所获得的原理原则可用于解释人的行为。

相对于内在的特质、动机、意图以及潜意识而言，行为是科学心理学所能研究的唯一对象。因此，在行为主义那里，心理学又被冠为"行为科学"，其目的是使心理学变成自然科学。自1913年美国心理学家华生开创行为主义直至20世纪中叶，传统心理学思想中有关认知、思维、情感、人格、智力等主题均被摒弃于心理实验室之外，这是心理学思想的空前巨变。当时，美国心理学界中反对行为主义思想的学者给予华生这样的评价："达尔文赶走了心理学的灵魂，华生挖掉了心理学的心！”

作为一个极端的环境决定论者，华生曾经断言：“给我一打健康和天资完善的婴儿，并在我自己设定的特殊环境中教育他们，那么我敢担保，任意挑选其中一个婴儿，不管他的才能、嗜好、趋向、能力、天资及其祖先的种族如何，都可把他训练成我所选定的任何一种专家：医生、律师、艺术家、商界首领乃至乞丐和盗贼。”（Watson，1930）然而，具有讽刺意味和悲剧色彩的是，华生根据他的 S－R（刺激—反应）的行为主义原理来养育他的两个儿子，结果一个儿子自杀，另一个则成为精神分析学家。

华生假设，生活中必要的活动就是大量的特定环境刺激所产生的反应，而且人格是由一系列习得的 S－R 联结所组成的。因为每个人都有不同的学习历史，所以每个人的风格都是不同的。而且 S－R 的类型也并不是结构化的或者是一致的，它取决于个体恰巧学到了什么。例如，如果一个人在家里很强势而在工作时很谦和，那么办公的环境会使他产生恭顺的反应，而家里的环境会使他变得强硬。

（三）华生对复杂行为的解释

1. 情绪

华生认为，恐惧、愤怒和爱是三种最基本的情绪，但这三种基本情绪的表现时机仍然是条件反射的结果。其中恐惧是由高声和突然失去支持引起的，愤怒是由身体运动受到阻碍引起的，而爱是由抚摸皮肤、摇动和轻拍引起的。对于华生来说，情绪不外乎是身体对特定刺激所做出的反应而已，它可以用客观的刺激情境、外显的身体反应以及内脏变化来解释。

2. 思维

语言是一连串的 S－R，而思维则是无声的语言，也是一连串的 S－R。华生的“外周思维论”力图将思维归结为内隐的言语运动。因此，言语的思维被归结为无声的谈话，而这种无声的谈话包含在外显言语中习得的肌肉习惯。思维的同义词就是“喉头的习惯”，喉头被认为是“思维的器官”。除喉头习惯外，语言和思维还以手势、皱眉、耸肩等为中介，它们把对情境的外显反应象征化了。

3. 人格

人格是习惯的综合，而习惯则是反应的综合。按照华生的观点，人格不过是“我们的行为习惯系统的最终产物”。换言之，在人的生活历程中，我们都在以多少可以预测的方式对特定的刺激给予条件反射式的反应。有的人可能被父母或教师激发起迎接挑战的行为，而有的人可能学会了放弃而去尝试新的事物。每个人都有独特的生活经历，这使我们形成了各自对刺激的特定反应方式，因此也造就了不同的人格特征。

知识链接：小艾伯特实验

约翰·华生和罗莎莉·雷纳从一所医院挑选了9个月大的小艾伯特进行这项研究。小艾伯特是巴尔的摩约翰霍普金斯大学斐马克诊所一名雇员的儿子。在实验开始之前，小艾伯特接受了一系列基础情感测试——让他首次短暂地接触以下物品：白鼠、兔子、狗、猴子、有头发和无头发的面具、棉絮、焚烧的报纸等。结果发现，小艾伯特对这些物品均不感到恐惧。

大约两个月后，华生和他的同事开始进行实验。开始时，他们把小艾伯特放在房间中间桌上的床垫上。实验室白鼠放在靠近小艾伯特处，允许他玩弄它。这时，小艾伯特对白鼠并不恐惧。当白鼠在他周围游荡时，他开始伸手触摸它。在后来的测试中，当小艾伯特触摸白鼠时，华生和雷纳就在艾伯特身后用铁锤敲击悬挂的铁棒，制造出响亮的声音。毫不奇怪，在这种情况下，小艾伯特听到巨大声响后大哭起来，并表现出恐惧。经过几次这样将两个刺激配对，白鼠再次出现在小艾伯特面前。这时，他对白鼠出现在房间里感到非常痛苦。他哭着转身背向白鼠，试图离开。显然，这名男婴已经将白鼠（原先的中性刺激，现在的条件刺激）与巨响（非条件刺激）建立了联系，并产生了恐惧或哭泣的情绪反应（原先对巨响的无条件反射，现在对白鼠的条件反射）。

这个实验导致如下一系列的后果：

巨响（非条件刺激）出现，引起恐惧（无条件反射）。

白鼠（中性刺激）与巨响（非条件刺激）同时出现，引起恐惧（无条件反射）。

白鼠（条件刺激）出现，引起恐惧（条件反射）。在这里，学习发生了。

这个实验让人疑惑的是，小艾伯特似乎推广了他的反应，在实验的17天后，当华生将一只（非白色的）兔子带到房间，小艾伯特也变得不安。对于毛茸茸的狗、海豹皮大衣，甚至华生戴上有白色棉花胡须的圣诞老人面具出现在他面前时，他都表现出相同的反应，不过小艾伯特并不惧怕一切有毛发的东西。

四、行为主义的相关研究

（一）攻击性行为

1. 电视暴力片与攻击性行为

随着舆论传播工具日益发达，各种各样的信息一并向人们涌来，这其中就包括暴力信息。几十年来，许多人担心孩子们长期接触刺杀、枪杀、打斗等场面会对其造成不良影响。事实上，美国心理学家早在20世纪中叶就已对电视暴力与儿童攻击性行为的关系做过系统的研究，其结论正如班杜拉在社会学习理论中指出的那样，电视暴力片与儿童的攻击性行为显著相关。一些令人信服的例子已经表明，人们在目睹暴力行为之后会模仿这些行为（如图4-3）。这就是近一二十年来青少年犯罪比率日益上升、犯罪手段日益残忍的原因，但是问题在于我们还无法最终确定观察攻击性行为是否确实会导致攻击性行为的出现。

图 4－3　儿童模仿电视中的暴力行为

针对这一问题，研究者开展了现场研究，他们在实验室外考察观看暴力行为对攻击性行为的影响。对每一个被试，研究者用孩子们在成长过程中某一时间段观看的暴力电视节目数量和种类来预测他们长大后的攻击性。研究者从中发现了重要的证据，证明在儿童和成年人中，观看大量的攻击性电视节目会导致更多的攻击性行为。让我们看一下埃朗早期所做的一项纵向研究（Eron，1987）。首先，研究者测量了一组 8 岁儿童观看暴力电视的数量，随后，当这些孩子长到 30 岁的时候再测查他们的攻击性行为。研究发现，儿童时期观看暴力电视的数量与 30 岁时出现攻击性行为的可能性之间存在显著的相关，犯罪行为的严重性和所看暴力电视的数量相关。8 岁时观看暴力电视越多，成年时犯罪越严重。该研究结果有一个潜在问题，即儿童观看暴力电视可能是因为他们本身就具有攻击性，而不是出于其他原因。研究表明，好攻击的人喜欢观看攻击性电视节目（Bushman，1995）。但是，即使研究者用统计方法控制了儿童最初的攻击性，研究结果仍然表明观看暴力电视会导致以后的攻击行为。

2. 攻击性行为的原因

观看电视上的攻击性榜样会助长短期及长期攻击性行为出现的可能性。这种关系可以部分地运用班杜拉的社会学习理论加以解释。但进一步的考查表明，这只解释了其中的部分原因。研究发现，被试的攻击行为和影片的榜样行为不同。由于媒体传播的攻击性暴力情节激活了记忆中的攻击联想，因此，攻击性的想法、情感及记忆立即被高度激活，因此攻击行为增多。这种推理获得了大量研究的支持。在一项研究中，研究者让小学二三年级的男孩观看暴力或非暴力电影。后来，一部分男孩在玩冰球之前就表现出他们已经从暴力电影中得到暗示（冰球杆就像片中狙击手用的一个步话机）。看过这部暴力电影并看到了那部步话机的男孩在打冰球时表现出更多的攻击行为（踢倒对手、用球杆打人）。

（二）习得性无助

先来看三个案例：①一位妇女被解雇了，因为老板认为她的能力达不到工作要求。经过几个星期的求职，她不断遭受挫败，最后决定干脆待在家里。她不再和朋友们出门，完全中止了她曾经热衷的活动——跳舞、看电影、跑步。她越来越抑郁，自尊心越来越弱，没有信心再去找工作了。②一位老人住进了一家历史悠久的敬老院，他再也用不着照料自己的生活，一切都由护工来做。他不再替自己做饭，不再打扫房间甚至购物。很快，他变得不活跃了，他说话越来越少，也不如以前开心，身体也开始垮掉。③一名四年级的小男孩因数学考试考砸了，便对之后解答数学题也感到很沮丧，最后连试一试都不愿意了。其他学科的成绩也开始变得糟糕，他很快对所有的学科甚至学校的其他活动都失去了兴趣。上述三个例子被研究者称为“习得性无助”（learned helplessness）。

1. 狗的习得性无助实验

心理学家对习得性无助的兴趣最初来自经典条件反射实验中狗的行为表现。在最初的习得性无助实验中，狗被套上锁链，不断受到电击，但又无法逃脱（Seligman and Maier, 1967）。经历了几次无法逃脱的电击之后，狗又被置于学习逃离的情境中。逃离的方法是，信号声一响，狗便可越过隔板跳到箱子的另一边。在这种情境中，那些没有经历过电击的狗在电击一开始肯定会四处逃窜，而且能很快学会听到信号就越过障碍物跳到安全地带。令研究者感到吃惊的是，那些有过无法逃脱电击经验的狗在电击开始后的几秒钟内还四处乱跑，但接下来它们就停下不动了。这些狗怎么了？研究者认为，狗已经明白它们是无助的，在无法逃脱的电击中，它们已经无数次地尝试逃跑，但都未奏效。最后这些狗认识到它们不可能逃掉电击，只能屈服于无助感。

2. 人的习得性无助实验

人类是否与动物一样也有习得性无助？出于人道主义，我们不能给人套上锁链，对他们施行电击。但通过对基本实验步骤稍作改动，研究者想出了一种测试人类是否容易受这种影响的方法。研究者用令人烦躁但不会使人感到痛苦的噪声代替了不可逃避的电击，被试可以通过关掉噪声解决问题。一些被试可以想办法关掉噪声，很快解决这样的问题。但是，实验控制的另一部分被试根本无法解决这一问题。与实验中的狗一样，这些人很快认识到没有办法可以逃避这些讨厌的刺激。他们会将这种无助感迁移到其他情境中吗？研究者让被试离开噪声情境进入新的实验情境。那些曾顺利解决问题的被试在处理新问题的时候几乎没有困难，但在噪声情境中获得无助感的被试在处理新问题时表现得很糟糕。很显然，后者将一个情境中的习得性无助不恰当地迁移到了新的情境中。此后，大量的重复实验都证明，人和动物一样都容易受习得性无助的影响。

3. 习得性无助的克服

习得性无助是一种习得的，在面对困难、惩罚或消极刺激时认为自己无能为力的表现，它是在我们认为不可控制的情境中经常出现的一种心理状态。当人们遇到不可预测且无法控制的惩罚或失败时，就会产生类似的反应。为了克服习得性无助，研究者使用了控制训练的方法，即令那些能够控制和把握危险环境中的行动得到强化，这样的训练能够提高动物抵抗习得性无助的能力。这就意味着，人们可以通过训练获得“免疫力”以战胜无助感和抑郁。

训练方法之一就是使人们获得战胜那些似乎无法战胜的挑战的经验。例如，在野外生存训练营中，人们冒着各种危险去登山、漂流和进行各种野外生存训练。体验过挑战成功的人能很快地克服无助感。与此类似，遇到失败的学生也许需要在其他课程上得到一个好的分数，以便帮助其意识到自己仍有能力在学业上获得成功。另一方面，归因方式对无助感的产生也有很大影响。当一个人将自己的失败归因于某种一般的、持续不变的因素时，就容易产生无助感，并且很容易在其他场合因为这种习得性无助而产生绝望的情绪。因此，积极归因方式的训练被认为是克服习得性无助的另一重要手段。

第二节　斯金纳：强化理论

一、斯金纳的生平

伯尔赫斯·弗雷德里克·斯金纳（Burrhus Frederic Skinner，1904—1990），美国心理学家，新行为主义心理学的创始人，1904 年出生于美国宾夕法尼亚州，在“温暖而稳定”的家庭中长大。据他自己回忆，小时候只被体罚过一次，“我从来没有受到父亲的体罚，只有一次受到了母亲的体罚，她用肥皂水洗我的嘴，因为我说了一个脏字。但父亲从来没有错过一个机会提醒我，要是我产生一个可耻的念头，惩罚就会等着我，他曾经带我参观乡下的监狱，结果我很害怕警察”。(Skinner，1967：390)

中学时，斯金纳以第一名的成绩考入汉密尔顿大学学习语言文学，因发现自己缺乏文学创作才能而一度情绪沮丧，“作为一个作家，我失败了，因为我没有什么重要的东西要写，但我不能接受这种解释，肯定是文学出了问题”。后来他读到华生和巴甫洛夫的心理学著作，决定放弃文学改学心理学。1928 年，斯金纳从欧洲回来后就注册进入哈佛大学学习心理学研究生课程，他感觉终于找到了自己的位置，并全身心地投入到学习中。

伯尔赫斯·弗雷德里克·斯金纳

“我会六点钟起床，一直学习到吃早饭，然后去课堂、实验室和图书馆。一天当中，只有 15 分钟没有列入时间表，晚上学习到九点整，然后上床睡觉。在这段时间，我没有看过电影或戏剧，很少去参加音乐会，几乎没有什么约会，除了心理学和生理学的书，

其他方面的书概不涉猎。”（Skinner，1967：398）

在斯金纳漫长的一生中，这种高度的自律代表了他的工作习惯，他在两年后（1930年）获得了硕士学位，在三年后（1931 年）获得了博士学位，然后在哈佛大学接着做了五年的博士后研究。1936 年，斯金纳任明尼苏达大学副教授。第二次世界大战期间他曾参与美军秘密作战计划，采用操作性条件反射原理训练鸽子，用以控制飞弹和鱼雷。1945 年担任印第安大学心理系主任，1948 年转任哈佛大学教授。他在心理学理论和应用两方面的贡献使得他在 20 世纪 60 年代成为世界最著名的人物之一。

尽管斯金纳在心理学上的著作为他赢得了无数荣誉和名声，但他并未放弃对文学的兴趣。20 世纪 40 年代，他曾返身于文学创作，写出小说《沃尔登第二》，内容为根据他在实验中发现的强化原理而虚拟的一个空想社会。同华生一样，斯金纳也是一个环境决定论者，他对那些运用不可观察的概念来解释人类行为的人持坚决批评的态度：“我相信，我的生命既没有显示出弗洛伊德式的人格类型，又不具有荣格式的原型模式，也没有按照艾里克森所说的发展顺序成长。永久性的主题只有少数几个，但它们来自环境而不是来自天性。我生活在环境中，环境就成为我生命的一部分。”（Skinner，1983）

斯金纳一生所获得的荣誉在心理学家中是举世无双的。1958 年获美国心理学会杰出科学贡献奖，1968 年获美国政府颁发的代表最高荣誉的国家科学奖，1971 年获美国心理学基金会金质奖章。1990 年 8 月 10 日，美国心理学会将首次颁发的终生贡献奖授予斯金纳，颁奖词这样写道：

> 作为一名具有创造力、远见卓识的科学家，您在心理学领域领导了一场突破性的运动；
>
> 作为心理学领域的一位先驱，您挑战了传统的思维方式；
>
> 作为一位知识分子领袖，您提高了心理学的地位，并将它的思想氛围提高到了一个更高的水平，您卓有成效地提高了公众对心理学的意识及心理学对社会的影响；
>
> 作为一名世界公民，您为诸如伦理学、自由、尊严、管理以及和平等独特的人类事业，提出了富有创见的，经常引起争论的并总是对之抱有同情心的洞察，您已经从根本上并永远地改变了我们对人类学习能力的看法。

美国最近的一项权威调查结果显示，斯金纳是迄今为止“最有影响力的心理学家”。1990 年 8 月 18 日，斯金纳死于白血病，享年 86 岁。

二、操作性条件反射

（一）两类反应

斯金纳将有机体的反应分为两类：一类是应答性反应，由已知的、先行的刺激引发，如巴甫洛夫经典条件反射所描述的那样，其模式为S－R；另一类是操作性反应，该反应可以利用安排结果性的、后继的刺激（强化物）得到巩固或消退，其模式为R－S。操作性条件反射所关注的正是后一类反应。斯金纳认为，动物不必非得依靠实验者提供的刺激，它也可以学着为自己提供刺激。例如，一只白鼠可以通过学会按电钮来获取食物丸。斯金纳将这种主动行为命名为操作性条件反射。在这种条件作用下，有机体可以通过“操作”环境来产生结果。

与经典条件反射不同的是，操作性条件反射是从有机体自发的行为开始的。当我们将老鼠关进一只笼子时，老鼠会不顾一切地乱动、乱抓、乱挠，因为这些反应都没有被强化。但是，如果做出这些行为中的一种总是伴随得到一颗食物丸的结果的话，则这一行为出现的频率就会增加。有机体自发性反应之后的强化将加强其继续反应，斯金纳将这一机制称为后效强化，即反应后的强化效果加强了该反应。

（二）操作性条件反射实验

斯金纳关于操作性条件反射作用的实验，是在他设计的一种动物实验仪器即著名的“斯金纳箱”中进行的。箱里只有一个杠杆以及一个传送食物丸的斜道（如图4－4）。在斯金纳的实验中，他把一只鸽子放在斯金纳箱中，鸽子开始到处乱撞。之后鸽子走动了几步，并用嘴巴梳理自己的羽毛，最终推动了杠杆。食物丸立即沿着斜槽滚了下来，鸽子获得了食物。但是，鸽子并不是非常聪明，接着，它又开始重复之前的动作。它到处跳，梳理羽毛，最终再一次撞到了杠杆，食物丸又一次滚落下来。鸽子渐渐开始理解其中的联系，它撞击杠杆的比率稳步增长，有时它甚至不再做其他多余的动作，而是直接按压杠杆。

图4－4　鸽子的操作性条件反射

斯金纳的实验与巴甫洛夫的条件反射实验的不同在于：

（1）在斯金纳箱中的被试动物可自由活动，而不是被绑在架子上；

（2）被试动物的反应不是由已知的某种刺激物引起的，操作性行为（压杠杆）是获得强化刺激（食物丸）的手段；

（3）反应不是唾液腺活动，而是骨骼肌活动；

（4）实验的目的不是揭示大脑皮层活动的规律，而是为了表明刺激与反应的关系，从而有效地控制有机体的行为。

实验发现，动物的学习行为是随着一个起强化作用的刺激而发生的。斯金纳把动物的学习行为推而广之到人类的学习行为上，他认为虽然人类学习行为的性质比动物复杂得多，但也要通过操作性条件反射。操作性条件反射的特点是：强化刺激既不与反应同时发生，也不先于反应，而是随着反应发生。有机体必须先做出所希望的反应，然后得到"报酬"，即强化刺激，使这种反应得到强化。学习的本质不是刺激的替代，而是反应的改变。斯金纳认为，人的一切行为几乎都是操作性强化的结果，人们有可能通过强化作用的影响去改变别人的反应。在教学方面教师充当学生行为的设计师和建筑师，把学习目标分解成很多小任务并且一个一个地予以强化，学生通过操作性条件反射逐步完成学习任务。

三、强化与行为习得

操作性条件反射关注的是某种类型的结果对行为出现频率的影响。有些结果会使先前某种行为出现的频率增加，这些结果叫强化；有些结果则会使某种行为频率减少，这些结果叫惩罚。一种结果是强化还是惩罚取决于人与情境。如果你饿了，那么给你草莓冰淇淋就是强化，但是如果你不喜欢这种冰淇淋，那么草莓冰淇淋就是惩罚。正强化使行为频率增加，例如，学生在考试前努力学习，结果得了一个高分，他们就会在所有考试前都努力学习。为了使强化在行为塑造过程中更为有效，斯金纳强调，强化应当针对行为本身而不是针对有机体。强化既可以是连续的，也可以是间歇的，建立某一操作性反应的最佳训练组合可能是：最初使用连续强化，然后是固定时间间隔的强化，最后是变化比例强化。

（一）强化的类型

强化包括正强化、负强化和自然消退三种类型：

第一种：正强化，又称积极强化。当人们采取某种行为时，能从他人那里得到某种令其感到愉快的结果，这种结果反过来又成为推进人们趋向或重复此种行为的力量。例如，学校通过设置各种奖学金来激励那些学业成绩优异的学生即为一种正强化。

第二种：负强化，又称消极强化。它是指通过中止不愉快条件来增强反应概率。例如，因为违反学校纪律而受处分的学生，在其受到处分后不但没有再出现违纪行为，反而表现得非常优秀，鉴于此，学校决定撤销对该学生的处分，这属于负强化。

第三种：自然消退，又称衰减。它是指对原先可接受的某种行为强化的撤销。由于在一定时间内不予强化，此行为将自然下降并逐渐消退。例如，企业曾对职工加班加点完成生产定额给予奖酬，后经研究认为这样不利于职工的身体健康和企业的长远利益，因此不再发给奖酬，从而使加班加点的职工逐渐减少。

上述三种类型的强化相互联系、相互补充，构成了强化的体系，并成为一种制约或影响人的行为的特殊环境因素。强化的主要功能，就是按照人的心理过程和行为的规律，对人的行为予以导向，并加以规范、修正、限制和改造。强化对行为的影响，是通过行为的后果反馈给行为主体这种间接方式来实现的。人们可根据反馈的信息，主动适应环境刺激，不断地调整自己的行为。

（二）惩罚与负强化

凡是能够减弱行为或降低反应频率的刺激或事件都叫惩罚，惩罚可以分为两类：一是正面惩罚，是指行为之后给予一个厌恶刺激，亦即通常所说的惩罚（如体罚）；二是负面惩罚，即指行为之后撤销一个积极刺激，例如，小孩因为犯了错误，父母不许他再跟同伴玩。惩罚与负强化是两个不同的概念，正强化与负强化都有加强行为的效用，惩罚则是制止某种不当行为，这是惩罚与负强化的主要区别。表 4－1 是操作性条件反射的程序。

斯金纳认为，不能把负强化与惩罚混为一谈。他通过系统的实验观察得出了一条重要结论：惩罚就是企图呈现消极强化物或排除积极强化物去刺激某个反应，仅是一种治标的方法，它对被惩罚者和惩罚者都是不利的。他的实验证明，惩罚只能暂时降低反应率，而不能减少消退过程中反应的总次数。在他的实验中，当白鼠已牢固建立按杠杆得到食物的条件反射后，在它再按杠杆时给予电刺激，这时反应率会迅速下降。如果以后杠杆不带电了，按压率又会直线上升。

表 4－1　操作性条件反射的程序

程序	目的	应用
正强化	增加行为	行为之后给予奖励
负强化	增加行为	行为之后撤销厌恶刺激
无强化	减少行为	无刺激
惩罚	减少行为	行为之后给予厌恶刺激或撤销正面刺激

在日常生活中我们经常会看到负强化的例子。一个人可能会为了避免配偶或同事的唠叨这样一种厌恶刺激而不再吸烟。而厌恶刺激（唠叨）会在表现出理想的行为（不再在家中或办公室吸烟）后停止。实际上，斯金纳反对用厌恶刺激来矫正行为，并指出这样做的结果并不像正强化那样可以预测。同样，负强化并不总是奏效，而正强化的有效性则更加稳定。

知识链接：惩罚的威胁

惩罚使用不恰当，会产生不良后果。惩罚者必须非常小心，这是因为以下几个原因：

（1）惩罚会产生情绪唤醒。惩罚会产生的首要威胁就是它能引发情绪反应。对于惩罚者而言，它会产生兴奋、满意，甚至是攻击性的冲动，可能会使处惩罚者失控。不仅如此，受惩罚者也会产生情绪唤醒。它能唤醒受惩罚者对惩罚者的恐惧、憎恨，以及想要逃离的想法，甚至是自卑。这些强大的情绪反应会影响人们正常、清晰的思考。结果，受罚者是不可能“学习到任何事情”的。

（2）惩罚很难保持一致。假设有一天，你失去了一个大客户，受到了老板的责骂，溢出来的番茄汁洒到了你的裤子上，而且你发现你的轿车莫名出现了一个新划痕。当你回到家中，看到你的孩子把棒球从卧室的窗户扔了出去，你会怎么做？再想象另一天，你获得了一个大客户，受到了老板的嘉奖，而且比你预期的少花了5 000元买到一辆漂亮的新轿车。当你回到家中，同样看到棒球从窗户被扔了出去，你又会怎么做？在这两种环境中，很少有人对孩子的行为产生一致的反应。

（3）很难测量惩罚的严重性。在一些虐待儿童的案例中，家长们以为只是轻微的拍打，却很可能使孩子受伤。家长们很少考虑他们比孩子高大，尤其在愤怒的时候，这就可能会造成家长很难控制惩罚孩子的力度。另外，语言一样可以伤人。家长、教师或者老板的责骂能引起强烈的羞耻感，这样一来，会使受罚者产生比惩罚者所想象的更严重的心理悲痛，而且能唤醒使情形变得更糟的或者报复的想法。

（4）惩罚使人学会滥用权力。惩罚意味着强壮的、有权力的人会伤害弱小的、低权力的人。结果，受罚者会觉得，只要等我长大了、有权力了，我就可以惩罚别人了。因此，很多童年时受到虐待的人，长大后也会虐待自己的孩子。孩子受到的惩罚对他们的个性有着持久的影响（Raymund，et al.，2010）。

（5）惩罚会激发隐瞒行为。受罚者有很好的理由去隐瞒那些可能会受到惩罚的行为。你有没有在老板靠惩罚建立规则的公司中工作过？在那里，没有人和其他人说话，人们更不会跟老板说话。如果员工们不说话，老板就注意不到公司里所发生的事情。在家庭中也一样，如果孩子预期会从父母那里得到惩罚，那么他们会尽可能地切断一切与父母的联系。

（资料来源：Funder，2018：428－430）

四、斯金纳的人格观

关于人格问题，斯金纳认为，“人格”的基本概念既不确切又容易误导人。根据斯金纳的观点，无论是一只老鼠、一只鸽子，还是一个人，其行为不过是对外界刺激的习得反应而已，而人格仅仅是通过操作性条件反射的强化而形成的惯常的、独特的行为方式以及这些方式的组合。他拒不接受那些决定和指导行为的人格或自我概念并批评指出，假定某种类似精神的东西存在于人体内使人运动是泛灵论的遗迹。他认为，对人格的研究应该是对个体的特殊学习经历和独特遗传背景的系统考查，或者说人格研究就是去发现有机体的行为与行为强化之间的独特联系。

（一）人格研究的途径

斯金纳选择从个体所处环境的强化程序来考查人格的发展与改变。他认为，尽管弗洛伊德等人的阶段理论在预测人格变化时有一定的价值，但他们并没有考虑对事件的控制或操纵，而后者正是行为科学的关键所在。在斯金纳看来，科学的最基本目的是对事件的控制和预测，而阶段理论却是描述性的。要想解释儿童行为的原因，描述性的信息是远远不够的，我们应该去控制和操纵那些对儿童游戏行为有影响的事件。

基于此，斯金纳主张从学习角度研究人格。学习使人获得各种行为，使人能够在复杂环境中生存。个体要学会辨别在哪些刺激或情境下行为会得到强化，在哪些刺激或情境下同样的行为得不到强化。因而，习得行为被认为处于刺激控制之下。例如，有的孩子学会了在公共场合哭闹，因为在这种场合，母亲总会来安慰他，满足他的要求；相反，如果在家里，母亲对此类哭闹行为或许根本不予理睬。通过强化，儿童逐渐明白哪些行为是适宜的，哪些是不适宜的。行为塑造的过程也就是形成其稳定的人格特征的过程。

（二）关于人格评估

斯金纳没有采用其他理论家所偏爱的典型评估技术。在他的理论中，自由联想、梦的分析或投射技术等完全没有容身之地。他并没有直接涉及人格，实际上他对人格评估也不感兴趣。但他对行为进行了评估。在应用行为矫正技术时，首先必须对特定的行为进行评估，既包括理想行为也包括非理想行为。

接下来对于作为强化物以及可以被用来改变行为的环境因素都必须进行评估，没有这些事前的评估，便无法对行为进行适当矫正。斯金纳评估行为的方法被称为机能分析，它涉及行为的三个方面：①行为的频率；②行为发生的情境；③与行为相关的强化物。只有对这些因素都进行了评估，才有可能制订并执行一项行为矫正计划。

（三）与弗洛伊德的区别

在弗洛伊德看来，惩罚使个体对受到惩罚的行为所造成的刺激感到厌恶，结果任何能减轻或消除这种刺激的行为便立即受到正强化。所以，压抑仅仅是这样一个事实："受到惩罚的行为令人厌恶，人们采取不介入或眼不见为净的策略，躲避条件化的厌恶刺激。"(Skinner，1974)。斯金纳对于升华的解释是，如果行为的两种方式都能给人带来满足，但其中仅一种方式会受到惩罚，那么另一种方式则更可能发生；而弗洛伊德将升华看作是本能能量的释放，尤其是性本能冲动和社会赞许活动的结合。

关于转换，弗洛伊德认为是"将一种无意识冲突转变为一种象征性等价的躯体症状"，心理事件可以使躯体致病，如内部指向的愤怒会导致溃疡病。可是按照斯金纳的说法，感到愤怒只是一个认为与溃疡病有医学联系的条件，两者都是由复杂的社会情境引起的。这些情境可能是可恶的上司、百般挑剔的妻子、行为粗暴的丈夫、哭哭啼啼的孩子、薄情女、负心郎等。

虽然斯金纳的理论体系以强大的实证研究作为支持，但也因为其决定论的观点、实验情境的简单化，只关注行为频率而对行为本身缺乏关注，以及没有考虑人与老鼠、鸽子不同的独特品质而饱受批评。尽管采用斯金纳的操作性条件反射技术进行行为矫正依然非常流行，但行为主义在心理学中的地位已然被认知心理学所取代。

第三节　罗特：行为预测与控制点理论

一、罗特的生平

朱利安·罗特（Julian Rotter，1916—2014），1916 年出生于美国纽约市布鲁克区的犹太家庭，是三兄弟中最小的一个。他说他们“非常符合阿德勒对老大、老二和‘好斗’的老小的描述”（1993：273）。在罗特父亲于 1929 年经济大萧条时生意失败之前，一家人生活得非常安逸。环境的巨大变化对这个处于青少年期的男孩来说是一件非常重要的事情。他写道：“从那时候开始社会公正是我一辈子关注的事情，并让我深刻地认识到环境是如何影响人格和行为的。”

朱利安·罗特

中学时代，因为阅读阿德勒的《理解人类的天性》和弗洛伊德的《日常生活的心理病理学》，罗特决心从事临床心理研究。当得知心理学家能做的工作非常少时，他非常沮丧，最终选择在布鲁克林大学学习化学，因为“我不知道学心理学能从事什么职业，在 1933 年的经济大萧条时期，选择专业是要用来谋生的”（Rotter，1982）。大学四年级时，罗特有幸在长岛医院聆听阿德勒讲授他的个体心理学，并应邀参加个体心理学会的每月例会。他希望能够从事学术研究，但社会对犹太人的偏见阻碍了这个目标。“在布鲁克林大学和研究生院期间”，他写道：“我被警告无论犹太人的文凭是什么，都不能从事学术工作。这些警告似乎是正当的。”（Rotter，1982：346）

当罗特决定从事心理学专业时，他选择了爱荷华大学，跟随著名的格式塔心理学家勒温学习团体动力学。1941 年，罗特获美国印第安纳大学临床心理学博士学位，此后，他开始在康涅狄格州的一家州立精神病院工作。“二战”期间，罗特曾以心理学专家身份在美国军队中服役。1946 年，他进俄亥俄州立大学任教，乔治·凯利当时是那里的临床心理学方向的负责人。两位强调认知的人格心理学家在同一个机构开展他们的工作，这非常有趣。然而，在罗特刚到这里的时候，凯利的观点已经非常完善了。

在俄亥俄州立大学，罗特将他的社会学习取向引入人格研究之中。他的研究项目吸引了非常多优秀的研究生。其中一位将在俄亥俄州立大学的那段时间称为“辉煌时期”：

“罗特和凯利正在完善他们的理论并撰写代表作的时期”（Sechrest，1984：228）。从1963年起，罗特一直任教于康涅狄格大学。1988年，罗特荣获美国心理学会杰出科学贡献奖。

二、行为预测理论

尽管行为主义者一直强调强化对行为的发生起着决定性的作用，但是罗特认为，高强度的强化未必导致个体实际做出某种行为。罗特指出，我们主要的或基本的行为模式是在社会情境中获得的，个体在寻求满足时必须有他人作为媒介。一个人的行为不只由行为之后的强化所决定，而且还取决于对所选择的行为将导致强化的预期。

（一）理论假设

其一，个体与其富有意义的环境相互作用。人们对环境刺激的反应取决于他们赋予某一事件的意义或重要性。强化并不仅仅依赖于外界刺激，同时也受个体认知能力的影响。同样，像需要或特质这样的个人特征本身也不能成为行为的原因。相反，罗特认为，人的行为源于环境与个人因素的相互作用。

其二，人类的人格是习得的。因此，人格不是在哪个特定的年龄发展阶段定型或被决定的；相反，只要人们有学习的能力，人格就可以改变或得到矫正。虽然人们早期积累的经验会使他们的人格具有一定的稳定性，但是人格总会随着新的经验发生某种改变。

其三，人格基本上是统一的，亦即人格具有相对的稳定性。当人们有了丰富的经验时，他们学会了依据先前的强化来评价新的经验。这种相对一致性的评价使人格具有较大的稳定性和统一性。

其四，人的行为动机受目标指引。罗特反对认为人们是以减低驱力或寻求快乐为主要动机的说法，主张人们的行为是被推动他们朝向目标的期望所激发的。例如，绝大多数大学生的目标是毕业，为了达到这个目标，他们能够忍受压力、紧张和艰苦的学习。他们知道需要苦读几年大学课程才能毕业，这并没有降低他们的驱力，反而激发了他们的驱力。

最后，罗特假定人们具有预期各种事件的能力。他们评价强化物的标准就是趋向预期事件方向的运动。罗特的人格理论以这五种基本假设为基础，并用以预测人们的行为。

（二）行为预测公式

按照罗特的社会学习理论，行为的预测由行为所导致的若干强化的共同效价和对这些行为的总预期来决定，即行为潜势＝预期×强化效价（$BP = E \times RV$）。换言之，一种行为被选择的可能性取决于行为者认为它能够带来的回报（RV）有多大以及实施该行为能够带来回报的可能性（E）。

1. 行为潜势（behavior potential）

行为潜势是指在达成某种目标的特定情境中出现某种行为的可能性。例如，为了从母亲刚刚买回的一兜苹果中吃到一个，小孩可能会直接向母亲开口要，也可能会为母亲端来饮料以得到母亲的奖赏。对于特定情境下的特定目标而言，多种行为都有其发生的可能性（即行为潜势），只不过有些行为的潜势相对高，而另一些则相对低。

2. 预期（expectancy）

预期是指个体对自己在某种特定情境中以某种方式行动就会产生预测强化所抱的信念。它是一种主观概率，受人们经历过的强化影响，可分为特殊预期和类化预期。前者是对某种特定情境的预期，如一个学生对与自己的同桌成为好友的可能性的预期取决于他以往与自己历任同桌相处得如何；后者是运用于数种情境中的预期，如一个学生对自己的人际关系以及交往能力的预期取决于自己以往与同桌、其他同学及亲友等一系列相关的人际关系的总体情况。

3. 强化效价（reinforcement value）

强化效价指某一物品或结果对某个特定的个体具有的心理价值而不是实际价值。例如，一个 3 岁的小男孩可能更愿意选择一支玩具手枪而不是一只装饰精美、价格昂贵的皮箱；一位孤独的老母亲可能会觉得与那些富有的儿女们寄来作为生日礼物的一张张支票相比，只有那一双普通的手织手套最暖心。可见，强化的期望取决于不同的人和不同的价值观，这种主观价值因素对于我们解释一个人的人格十分重要。

（三）心理情境

罗特强调，行为预测中仅仅了解一个人产生反应时的外部情境是不够的，我们还需要了解这个人的心理情境，即他是如何对特定情境进行解释和定义的。行为随情境变化而变化，没有哪一种行为在任何情境下都可能带来同等的强化效价，也没有哪一种行为的成功预期不会随条件的变化而变化。因此，要比较准确地预测一个人的行为，仅仅知道行为在一般情况下相对稳定的表现方式是不够的，还必须详细考察当事人所处具体心理情境中的各个因素。

举例来说，如果别人的脚绊了你一下，你会做何反应？一般来说，你的反应取决于你认为这是故意的还是偶然的。再如，如果你在一次考试中名落孙山，你将把这一结果视为挑战而继续努力呢，还是视为自己应该就此放弃的信号？由此可见，人对情境的主观解释是十分重要的。

（四）行为预测举例

设想在一次派对上有人侮辱你，你会做出怎样的反应？你会在几种反应中做出选择：可能会理智地淡然处之；可能会平静地说“这太过分了”，并要求对方向你道歉；也可能感到很气愤，回击并大骂对方；还可能只是走开而已。按照罗特的行为预测理论，我们需要知道的是，每种可能的反应预期会得到什么样的结果以及这些结果的价值有多大。反应及其结果的几种可能性如表 4 – 2 所示。在该实例中，你可能会要求对方道歉，因为你期望对方的道歉而且认为得到其道歉有很高的价值。很显然，在这样的情境中，有不同经历的个体和对这些结果的价值有不同感受的个体，他们在对这件事的反应上可能会采取与你不同的态度，这就是我们所说的人格差异。

表 4－2 行为潜势计算示例

选项	可能的结果	期望	价值	行为潜势
要求道歉	道歉	高	大	高
回击	被嘲笑	低	大	一般
对侮辱者大叫	尴尬的场面	高	小	一般
离开聚会	感觉自己愚蠢	一般	小	低

三、控制点的理论

（一）两种人格特质

罗特并未阐述过人格结构的概念，不过他提出的两种问题解决的类化预期——人际信任和控制观，实际上可以视为两种类特质。人际信任是指个人对他人言语承诺的信赖程度。一般来说，那些信任他人的人，较少说谎、欺骗或偷窃；他们倾向于给他人第二次机会，并尊重他人的权利；他们的心理较健康，常被他人视为朋友。而不信任他人的人，则总是以怀疑的眼光来看待他人。

罗特的研究发现，个体对自己的行为后果获得报酬的原因，在其本人主观解释上有一种心理倾向，他把这种主观倾向称为控制点（locus of control），意指个体对自己的行为和行为后所得报酬间的关系所持的一种信念。在此基础上，罗特区分出了两种人格类型：内控型和外控型。内控型的人相信行为或事情由自己的努力、能力、特质决定，其泛化预期是人可以影响将要发生的事情，无论发生的是好事还是坏事，都是自己造成的。外控型的人相信运气及其他外部力量决定其行为与成败，与内控的人相比，他们更相信发生在自己或别人身上的事情是不受自己控制的。

罗特是在一项实验研究中得出这一结论的，该实验是为了验证类化预期是否具有普遍影响。研究者让一些大学生被试完成猜图任务，并欺骗他们说这是一个超感实验。实验中将一张卡片背向学生，让他猜卡片上面是一个圆形还是一个正方形，然后主试告诉他猜对了或是猜错了。10 次尝试之后，让被试说说自己在后面 10 次中可能会猜中的次数。罗特发现，一些人总认为他们会猜得更差，因为他们说自己是凭运气猜对的；而另一些人总认为自己会越来越好，因为他们相信自己在超感方面的技巧会越练越熟。后来，罗特的心理训练班上也发现了类似的情况：有些学员总认为发生在他们身上的事情都是由外部力量决定的，而另一些学员哪怕已经有多次失败的记录，他们对自己的某种行为也总是抱着成功的信念，认为发生在他们身上的事情是由自己的努力和能力决定的。

知识链接：测测你的控制点

下面的每种陈述都表明它在多大程度上符合你的情况。量表如下：

1 = 非常不赞成，2 = 不赞成，3 = 有点不赞成，4 = 赞成和反对之间，5 = 有点赞成，6 = 赞成，7 = 非常赞成。

1. 我能得到我想要的东西是因为我的努力。（ ）
2. 制订计划的时候，我相信我肯定能让它发挥作用。（ ）
3. 我喜欢带有运气的游戏，而不是纯粹需要技术的游戏。（ ）
4. 只要我下定决心，就能学会几乎所有的东西。（ ）
5. 我的专业成绩完全取决于我的努力工作和能力。（ ）
6. 我通常不设定目标，因为我很难最终实现它们。（ ）
7. 竞争不能使人变得优秀。（ ）
8. 人们通常靠运气获得成功。（ ）
9. 在所有的考试、竞争中，我想知道我比别人做得怎样。（ ）
10. 干一些对于我来说太难的事情没有意义。（ ）

计分方法：把第3、6、7、8、10题进行反向计分（1 =7，2 =6 ，3 =5 ，4 =4 ，5 =3，6 =2，7 =1），然后合计10个项目的分值。

来自大学生样本的控制点的平均分是：男生51.8，女生52.2，标准差均为6。得分越高，表明你越相信自己能控制成就。

（资料来源：Burger，2010）

（二）关于控制点的研究

1. 控制点与心理障碍

一般来讲，有心理障碍的人更外控。例如，控制点得分和焦虑测量相关，外控的人表现出更高的焦虑水平。研究者对控制点和抑郁之间的关系特别感兴趣，他们将97项研究中所发现的相关系数求平均值，得出控制点和抑郁之间的相关系数为0.31，这表明外控和高抑郁相关（Benassi and Sweeney，1988）。这些研究结果和习得性无助的研究结果一致。在这两种情况下，察觉到无力控制事件的发生和高抑郁水平有关，外控者即相当于习得性无助被试。关于自杀的研究也发现，企图自杀的人在产生自杀念头之前，他们无法控制的事件通常会增多，大学生中外控者比内控者有更多的自杀念头。研究还发现，一个国家的自杀率和公民的控制点平均得分之间的相关系数为0.68，而且外控得分是高自杀率的指标。

2. 控制点与学业成就

研究表明，内控的学生学业成绩更好。原因何在呢？内控者认为自己应当对自己的成绩负责。内控的学生更相信努力学习会对考试起作用，而外控的学生觉得他们做的任何事情都不会对考试成绩起作用。另一个原因或许是内控者和外控者对反馈的回应方式不同

（Martinez，1994）。内控的学生将高分归因于自己的能力和努力，但如果外控的学生得 A，他们会觉得原因在于运气好或考试容易。内控者面临考试时更能及时调整自己的期望值，以指导自己正确复习和面对考试。外控者总为自己糟糕的表现寻找借口，对于考试失败，外控的学生并不认为是自己没努力，而是因为教师评分不公平或不欣赏他们的答题风格。

3. 年龄和性别差异

研究表明，从婴儿期开始，我们就开始尝试控制外部环境，到 8 ~ 14 岁会变得越来越显著。一项针对 14 ~ 15 岁青少年的研究发现，女生在内控上的得分显著高于男生（Manger and Ekeland，2000）。大学生更多显示出内控而非外控倾向。随着年龄的增长，人们变得越来越内控，在中年期达到顶峰。此外，对美国 60 ~ 75 岁的人群进行的一项研究显示，内控型可以通过认知训练得到显著提高。

美国成年男性和女性在内—外控量表的总分上没有显著差异。然而，最近一项对英国 18 ~ 29 岁的男性和女性的研究发现，女性外控上的得分显著高于男性（Holladn，et al.，2010）。离婚后女性的外控水平会短暂升高，随后又会回归到内控。遭受身体虐待的女性也表现出倾向于外控（Baron and Byrne，1984）。中国的研究证明，男性的内控得分显著高于女性（Tong and Wang，2006）。

4. 控制点与健康

控制点与人的健康状况有关吗？如果有的话，那可能表现为成就动机高的内控者给自己施加的压力过大，甚至以牺牲健康为代价。然而，大量研究表明，越是内控的人越健康。如何解释这一研究结果？研究者发现了内控者和外控者在行为上的两个重大差异，这也许可以解释他们的健康差异。

第一个差异是，内控者在出现健康问题时会采取更多的措施。我们偶尔会生病或遇到其他健康问题，但这些麻烦是暂时的还是会导致身体越来越糟糕则取决于我们如何应对这些问题。内控者相信自己有控制力，可以处理好自己的健康问题。外控者则认为自己对遇到的问题无能为力，所以不愿意去解决问题。健康出现问题时，内控者通常会积极采取措施寻找疾病的症结。

内、外控者的第二个主要差异是他们采取什么样的态度预防疾病。内控者更愿意采取措施预防疾病。例如，内控者比外控者更能成功地戒烟，外控的人不相信发生的事情是自己的行为所致，因此不愿意承认吸烟和健康之间有关系。对减肥的研究也得到了同样的结果。许多肥胖症患者尝试减肥，但结果失败了。这些人认识到肥胖有健康危险，但过不了几个星期他们就放弃了努力，照常大吃大喝。另外有一些人，也许是减肥者中的少数人，最终成功地将体重减下来了。他们成功的原因是什么呢？没有人知道他们减肥成功的全部秘诀，但成功与不成功的减肥者之间存在着控制点的差异。内控者减肥比外控者更易于成功，特别是能够控制自己饮食的人，他们的成功在于相信成功与失败掌握在自己手中。

四、人格适应不良

依据罗特的社会学习理论，下列行为均可视为人格上的适应不良。

1. 低预期—高效价

当一个人对某种需要的满足赋予高价值时，那么能满足该需要的行为通常具有较高的自由度，但是此人对于行为可获得该需要满足的自由度（预期）却极低，这时便可认为他有人格上的不适应。例如，一个男子尽管十分渴望得到异性的爱，但他既不去接近女性也不相信自己有能力达到此目标，而是千方百计躲避女性，这种极低的自由度显然有适应问题。

2. 冲突

某些人对于不相容的需要赋予极高的效价。例如，一个既有强烈成就需要又有强烈依赖需要的女性，就可能使自己陷入种种不适应行为的冲突之中。正如一个学生既想勤奋学习拥有好的成绩，又不想离开令人激动和兴奋不已的电子游戏机。

3. 缺乏能力

在某些情况下，缺乏某种能力也会产生适应问题。由于个体在某方面缺乏能力，于是不断放弃参加相应活动的机会，以致越来越丧失自信。例如，一个患口吃的孩子缺乏交际能力，无法与其他孩子进行互动而发展良好的人际关系，导致某些适应上的问题。

4. 不适当的最低目标水平

在缺乏能力的情况下，如果个体的最低目标水平极高，那将会使他经常体验到失败和失望；而如果个体的最低目标水平极低，也会被看作是偏离文化标准的怪人。罗特的最低目标水平是指个体认为在一系列强化中最低的强化目标。

5. 无法分辨

如果有的人把某种需要的价值看得特别高，以致支配了他的整个生活，那么就会造成种种对现实的扭曲或无法区别各种情境的怪异行为。例如，有强烈权力需要的个体不仅在家庭内外追求权力，甚至对两岁的孩子也表现得争强好胜，这种行为可能被认为是异常的。

罗特认为，消除适应不良行为要直接从行为入手，通常要认真检查与适应不良行为有关的情境因素和认知因素，设置合理的、有针对性的治疗目标，以期改变适应不良行为。在这里，治疗适应不良行为就是要改变不同需要的价值，改变满足这些需要的预期，因此，行为塑造与矫正应当从强化效价和行为预期两个方面着手。

在治疗过程中，罗特主要采用认知行为疗法。他指出，治疗基本上是一个学习过程，是社会互动的一种形式，通过这一过程，治疗师帮助患者达成计划中的行为和思想的改变。他还对不同的患者采用不同的技术。例如，增进患者解决问题的技能，对患者进行解释或直接强化，引导患者在实际生活中改变不适当的行为以及发展内控、提高对人际的信任、了解他人的动机、分辨情境间的差异等认知方式来进行治疗。

第四节　班杜拉：社会学习理论

在传统的行为主义人格理论中加入认知的成分，这要归功于班杜拉的努力，因为他抛弃了激进行为主义所认为的人类是由外界刺激塑造的被动的接受者的观点。班杜拉指出，传统的行为主义将人的发展变化过程降低到与老鼠学会按压杠杆来获取食物丸的程度，这完全忽视了人类行为中最重要的原因和人格的重要来源。

一、班杜拉的生平

阿尔伯特·班杜拉（Albert Bandura，1925—　），1925年出生于加拿大北部阿尔伯达省一个名叫曼达尔的小镇。他读中学时，学校只有20名学生和2位教师，但这培养了其自学能力，令他受益匪浅。他的父母移民自波兰，非常看重教育的价值。“你可以选择”，在小时候，他的母亲就对他说，“你可以去做农民，去啤酒店喝酒，或者也可以去上学。”（Foster，2007：3）

阿尔伯特·班杜拉

在班杜拉高中毕业后的那个夏天，他去加拿大育空区的荒原中做建筑工人，在阿拉斯加高速路上负责地面修补。这对一位聪明、充满好奇心的年轻人而言是一段非常特殊的经历。

班杜拉发现自己周围性格古怪的人，大多是逃债者、逃避离婚赡养费的人以及处于缓刑期的官员，很快他对日常生活的精神病理学产生了深厚的兴趣，就好像绽放在严寒的冻土带的一朵鲜花（*Distinguished Scientific Contribution Award*，1981：28）。

班杜拉作为一名本科生进入了温哥华的英属哥伦比亚大学攻读心理学，并于1949年在该校获得学士学位。大学毕业后，班杜拉选择了在美国的爱荷华大学攻读硕士学位，在此期间他接受了心理学众多领域的训练。由于这里有研究学习理论的良好传统，在1951年获得硕士学位后，班杜拉选择了继续攻读博士学位，师从当时颇具影响力的学习理论家斯宾塞（Kenneth Spence，1907—1967），并于第二年获临床心理学哲学博士学位。

在校期间，班杜拉深受当时的行为主义心理学家多拉德和米勒两人合著的《社会学习与模仿》一书的影响，班杜拉的社会学习论思想也是从此开始的。获博士学位后，班杜拉在威奇托做了一年的临床实习医生，1953年进入斯坦福大学担任讲师，并与西尔斯一起从事儿童问题的研究。

1964年升任教授一直到退休，在斯坦福大学，班杜拉继续在传统的学习理论与认知人格理论之间、在临床心理学与借助实验来理解人格的方法之间架设桥梁。其间，他还于1972年获古根海姆研究基金奖，同年获美国心理学会临床心理学分会杰出科学家奖，1974年当选美国心理学会主席，1977年获卡特尔学术研究奖，1980年获国际攻击行为研究学会杰出贡献奖，同年又获美国心理学会杰出科学贡献奖，并于2006年获美国心理学基金会的心理科学终身成就金质奖章。美国的一项权威调查显示，班杜拉是20世纪中仅次于斯金纳、皮亚杰和弗洛伊德而排名第四的最伟大的心理学家。

班杜拉的幽默总是指向他自己。当被问及是步行还是开车上班时，他说："都有，即使在同一天之中。"他有时开车去上班，下班时却由于全神贯注于工作而心不在焉地走路回家，忘记车还在学校的停车场里。

二、社会学习理论的观点

今天，尽管大多数人都赞同行为是学习的结果，人格中有相当一部分是环境的力量，但机械的行为主义观点早已销声匿迹，取而代之的是社会学习理论。该理论对人的知觉、思维、期望和其他心理过程的作用进行了更为系统的整合。在对人格的解释中，社会学习理论更为全面地涉及学习原则、榜样作用、认知以及社会关系效应等理论问题。

行为通过环境习得以及对强化的重视是所有行为主义者和学习理论家的共识，但人们不禁要问：行为通过哪些途径获得？在没有强化的情况下行为能否习得？一般的行为主义者都认为，行为是条件反射的结果。而社会学习理论家则认为，条件反射只是一种低效的学习方式，人的大量行为都是通过观察、模仿习得的。

社会学习理论指出，如果说动物的学习和人类早期的学习受外部强化支配的话，那么个体成熟以后的学习大多是在无强化的情境中产生的。换句话说，学习可以在没有强化的情境中进行，行为是否发出取决于外界环境与内部主观的心理过程（预期）的共同作用，单独的情境因素不足以预测行为。例如，一个学生在决定是否努力学习之前，不仅要看努力学习的结果是否会得到教师的表扬，而且还要看自己有多大可能性获得好成绩。

从二十世纪五六十年代起，许多仍然接受行为主义基本原理的心理学家开始对行为主义的主张提出质疑：人类的所有学习都是经典或操作性条件反射的结果吗？如果社会学习完全是建立在奖励和惩罚之结果的基础上的话，那么大多数人都无法在社会化过程中生存下去。社会学习论的代表班杜拉指出："如果人只能从尝试的经验中进行学习，如果没有教给孩子们怎样游泳，没有人教青少年怎样开车，如果医学院的学生只能凭借从成功和失败的经验中来掌握必需技能从而为患者做手术，那么人类生存的希望就会很小。"（Bandura，1986）据此，班杜拉提出如下假设：

（1）人类有能力控制自己生活的属性和质量。

（2）人格受行为、个人和环境交互作用的影响。

（3）对人的生活产生重要影响的有许多是机遇和幸运事件，它们是无法预测和计划的。

（4）人们有能力使用语言和其他符号来调节自己的生活。
（5）人最突出的特征是可塑性，即他们有学习各种行为的能力。
（6）强化在人们意识到他们的行动与行动后果的联结时最有效。

三、观察学习

（一）观察学习的实质

班杜拉早期从事的研究是观察学习，亦称替代学习。这种学习指个体只是以旁观者的身份观察他人的行为表现（自己不必实际参与活动）就可以习得这种行为。观察学习不只限于个体观察别人的行为表现而学到这种行为，也可以进一步从他人行为的后果中获得间接经验。例如，幼儿如果看到其他小孩因打针而恐惧啼哭，他只凭在旁观察就可能学会对打针的恐惧反应。像这种只从观察他人的行为经验即可获得新经验的学习方式，班杜拉称之为替代学习。

班杜拉强调指出，在社会情境中，人的大多数行为都是通过观察、模仿习得的，这种学习无须对每个细小的反应进行强化，也无须尝试错误。班杜拉的研究发现，儿童在观察或模仿他人行为时，只要是他喜欢的，即使观察、模仿之后得不到强化，照样可以学到新的行为。班杜拉的这种观点最早源于强调认知因素的新行为主义者托尔曼的研究。

与条件反射和基于强化的学习方式相比，观察学习有以下两个优点：

（1）观察学习效率高，错误率低。如果个体的每种行为都须按强化相倚原则一小步一小步地强化，那么行为的学习将会是个效率低且错误率高的过程。这与我们实际生活中的经验不相符合，虽然那种尝试错误的学习方式也存在，但我们的大多数行为都可以通过观察他人的行为既快又好地学会。例如，看过母亲化妆的小女孩能很快学会给自己的玩具娃娃化妆。

（2）观察学习是一种间接学习、替代学习。我们不必亲自去做出某种行为，然后根据随后出现的强化是积极的还是消极的来确定自己做得对还是错，只需看着别人是怎样做的，做过之后带来何种后果，便可以知道自己该如何做。

（二）观察学习的过程

初看起来，观察学习似乎很简单，但事实并非如此。并不是所有的观察者都能获得示范者的行为模式，它与示范者的人格特征、观察者的人格特征有关。班杜拉认为，观察学习主要受四个系统控制（如图4－5）。

1．注意过程

该系统主要涉及观察者对示范者的注意、认知以及区别其反应的特征。注意过程决定了观察者从示范者那里选择、吸取何种信息。在各种决定因素中，最重要的是有关联的示范影响，它会限定一个人的学习。例如，斗殴团伙成员学习攻击行为与仪态文静的群体成员学习这类行为明显不同。不同示范者的行为价值也很重要，成功、有威望、有魅力的示范者往往容易被人注意和模仿，而那些地位低下或被他人忽视的人则不大可能引起人们的注意。

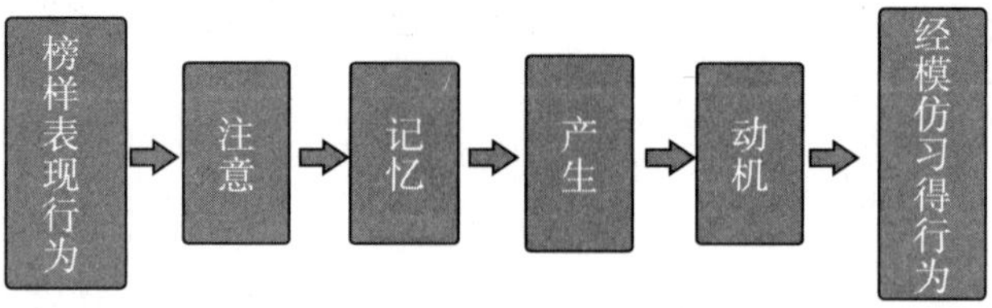

图 4－5　观察学习的四个系统

2. 记忆过程

由于个体能够在没有示范线索的情况下再现示范者的行为，因此他必然以某种象征性的形式保持原先观察到的输入信息。这其中，观察者在记忆中以表象表征系统和言语表征系统对示范行为的重要线索进行编码。除符号编码外，复述对于输入信息的保持有重要的意义。有些示范行为，由于社会禁令而不能用外部表现的手段形成，因此人们便将这种行为看在眼里，用复述的方法记在心里。

3. 产生过程

这是一个运用被模仿行为从象征性符号指导自己的行动过程，它借助于以前编码的表象和言语表征转化为动作的再现。心理表征第一次转化为行为很少是精确无误的，因而只通过观察并不能完善技能。在大多数的日常学习中，人们需要花费大量时间来进行练习，先部分再现习得的某种技能，然后借助反馈信息，经过自我矫正，最后使该行为精确化。

4. 动机过程

动机过程是指在应用习得行为中的诱因问题。尽管行为习得与强化无关，但是习得反应的表现却需要强化，需要动机的支配。对示范者行为的注意明显受动机的影响，是否表现习得的行为也受动机的影响？像其他的认知学习理论家一样，班杜拉将新行为的习得和新行为的表现加以区分，人们能够观察示范者而获得新行为，但是人们可能表现也可能不表现这种新行为。新行为的表现由动机控制。

（三）行为习得与行为表现

班杜拉关于“儿童攻击性行为”的研究结果提醒我们，行为习得与行为表现是两个很不相同的概念，前者要远远多于后者。在大多数情境中，行为尽管没有表现出来，但学习却已经发生，只不过缺乏足够的线索诱发而已，这就是潜伏学习。同时，榜样行为是否习得与是否表现出来所依赖的条件是不同的，直接的强化在榜样行为是否习得的过程中并不是必要的，而在是否表现过程中却举足轻重。

这一结果不仅证明学习可以在无强化的情况下发生，而且对于人格和行为的教导有重大意义。做父母的只能控制自己不成为孩子学习不良言行的榜样，但是不能控制他成长的整个环境，包括影视传媒里那些不良的榜样。生活中那些常常旨在吓唬和惩罚一下孩子的举措不仅没有奏效，反倒成了他们观察学习的榜样，“教”给孩子们的不仅是希望吓唬他们不要去学习的行为，而且还有吓唬和惩罚行为本身。这就是为什么有些用打骂的方法来教育孩子不许打架、骂人的家长，常常会发现自己对孩子打骂的次数越多、惩罚的力度越大，孩子在外面打架骂人的“本领”越高强。

班杜拉在 1965 年所做的“儿童攻击性行为”的实验研究还告诉我们，无论是在实验室情境还是现实世界里，无论是在电视、电影、视频游戏中还是在家里、社区和学校里，看到暴力就会导致暴力（Schultz and Schultz，2016）。研究表明，儿童期观看的暴力电视节目越多，20 多岁时就越富有攻击性（Husemann，et al.，2003）。对美国、日本和其他一些国家的儿童、青少年和大学生进行的大样本研究发现，相比不玩暴力电子游戏的个体，玩暴力电子游戏的个体的攻击和敌意行为增加，以及使用更多的酒精和药物（Anderson，et al.，2010）。美国、加拿大和西班牙的研究认为，12 ~ 17 岁的男孩和女孩，在没有父母的控制和监督下使用计算机会导致较多的网络攻击行为，包括网络欺凌行为（Calbete，et al.，2010）。

四、交互决定论

对于个体人格特征的解释，班杜拉不同意行为主义关于人格决定于环境因素的看法。根据社会学习的理论观点，人既不是由内部因素驱动的，也不是完全受环境所左右的。班杜拉认为，个体、行为和环境三个因素之间存在相互作用，每个成分都可以影响和改变其他成分。因此班杜拉的人格理论又称交互决定论，意指人格的形成是由个体、行为及环境三个因素交互作用决定的（如图 4－6）。

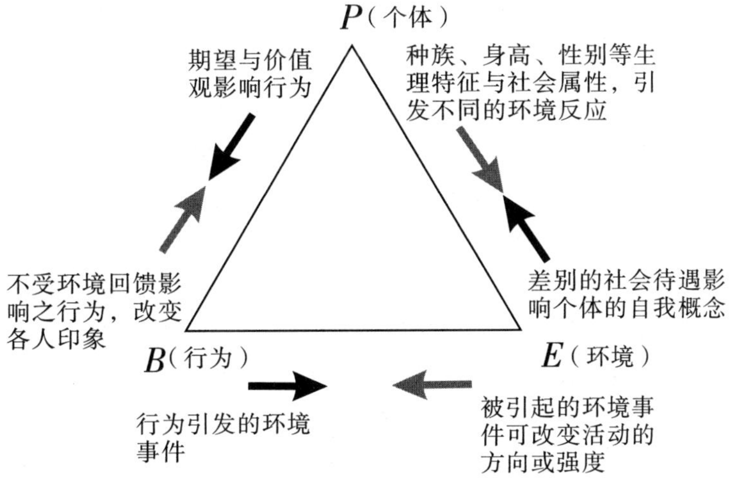

图 4－6　交互决定论模型

（一）P—B 交互决定

P—B 交互决定代表人的个体因素与行为之间双向的相互影响和决定关系。人的信念、期待、意向、自我概念等认知因素往往强有力地支配并引导行为，即人怎么想就会怎么做。但人是理性的，他的理性能力不允许思维朝任意方向发展，而必须与世界保持一致，这就是通过行为及其结果的反馈作用实现的。因为行为总是指向一定的对象，并旨在改变对象的存在方式，使之达到个体的目标，表明其思维是合理的；如果行为未达此目标，则表明其思维未能把握对象存在方式的规律性而需调整和纠正。所以行为结果带有资讯价值。因此，一方面思维决定行为，另一方面，行为及其结果反过来又影响并最终决定思维的内容与形式，二者之间具有双向的交互决定关系。

（二）E—P 交互决定

E—P 交互决定代表环境因素与个体因素之间的双向交互作用关系。在环境与人之间，不仅环境决定人，而且人也决定环境。在社会情境中，这种双向决定关系表现得尤为明显。不仅人的信念、期待、情绪反应习惯、认知能力等的发展与变化，是标榜作用、社会劝导等社会影响力的结果，而且人又以其生理的、心理的以及社会的个体特征影响其社会环境。比如，人们往往以不同的方式来对待不同年龄、性别、种族、长相的人，或反过来说，个体的这些生理意义上的个体特征由于文化、社会习俗等的作用，能够从与他交往的他人引发出不同的反应，从而在他采取某种行为之前预先决定了他的社会环境。研究表明，个体的社会环境往往是其人格特征的产物。如古板而盛气凌人的人，不管走到哪里都不受欢迎而造成紧张的社会气氛；而幽默热情的人，即使在陌生的环境里，也常与欢声笑语相伴。社会角色作为个体的社会特征，也以类似的方式决定了个体的社会环境，又通过个体感觉系统反过来影响他对社会、他人和自己的看法，二者互为因果。

（三）B—E 交互决定

B—E 交互决定代表行为与环境之间的相互决定关系。行为作为人与环境之间的关系中介，是人用以改变环境，使之适合人的需要而达到生存的目的，并改善人与环境之间的适应关系的手段，因而它不仅受人的需要支配，同时也受到环境的现实条件的制约。有什么样的环境条件，就要求行为采取相应的方式，否则行为将与现实的环境条件不相关而无效。例如，面临 A 型肝炎病毒流行这一危险现实环境的人们，就要采取饭前便后洗手并服用板蓝根冲剂等预防行为。很显然，现实环境条件决定人的行为方式。但是，环境并不是一个必然地以某种固定的方式来影响人的机械实体，它的一个重要属性是潜在性，即一种环境因素是否对人产生影响，取决于人是否采取某一行为激发它。例如，一个政治家发表电视演讲，作为人们的潜在生活环境，只有在人们打开电视机并倾听其演说之后才构成人们的现实环境而影响人们。正因为行为与环境之间具有这种双向的交互决定关系，所以人既是环境的产物，又是环境的创造者。

班杜拉的理论提出了一个由个体因素、行为和环境刺激三者构成的复杂的互动系统。这三者中的每一个元素都会影响并能改变另一个元素，并且这种影响极少是单向的。你的行为会受到你的态度、观念、之前的强化经历以及环境中可获得的刺激所影响；你所做的可以对环境产生作用，同时人格中某些重要的成分受到环境和行为反馈的影响。因此，交互决定成为班杜拉理论中的一个重要概念，它意味着如果要完整地理解人格和社会生态学，就必须全面地考察所有的这些因素。

五、自我效能感

（一）自我效能感的内涵

自我效能感（self-efficacy）是人们对影响自己生活的事件通过施加某种控制的方式进行行为表现的能力的信念。效能信念是形成个体动因的基础。除非人们相信他们通过行动可以产生期望的结果，否则他们几乎不会产生任何行动意图或在困难面前坚持不懈。在理解这一概念时，首先要注意的是，自我效能感并非指某人已有的“自我”，而是指涉及自我这一概念的认知过程。换言之，自我是一个概念、构念或像其他概念一样的心理表征，只不过它比其他概念更能影响我们的思维、情绪和行动。基于此，我们可以对影响自我效能信念发展的因素和导致自我效能信念改变的因素进行研究。

很显然，自我效能感概念承认了环境因素的重要性。对成功和失败的预期以及与此相应的是中止还是坚持行动的决定，可能是以对周围环境究竟是支持性的还是非支持性的判断为基础的，当然，还有对于自己能力的知觉。这种期望被称作基于结果的期望。图4－7呈现了班杜拉理论中各个概念之间的关系，这个模型表示了人们和他们行为之间的效能期待，结果期待在行为和预期的结果之间，行为结果取决于人们对自己能力的知觉和对环境的知觉。

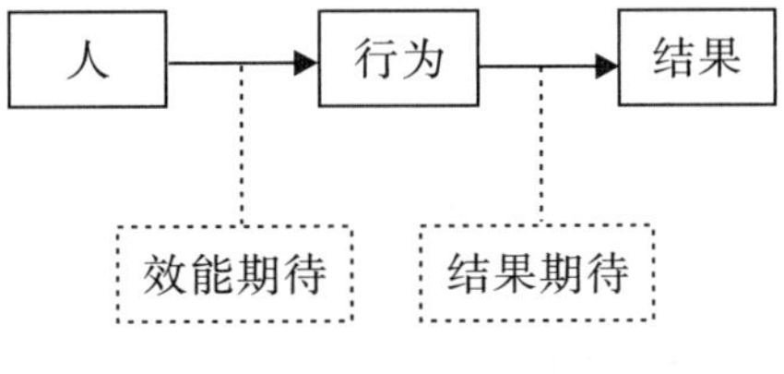

图4－7 班杜拉的自我效能模型

（二）自我效能感的来源

1. 个人的成败经验

自我效能感最权威和最具影响力的来源是个人成败经验。个体的成功会建立起对自己效能的稳固信念，而失败则会动摇这种信念，尤其是在自我发展的早期阶段。而个人的成败经验对自我效能感的影响还受其归因方式的影响。如果把成功归因于外部的不可控的因素就不会增强自我效能感，把失败归因于外部的不可控的因素就一定会降低自我效能感。恐高症患者在爬梯时总是因为焦虑而退缩，所以他们从没有爬上过梯子，因而就认为自己干不了这件事。另外，如果人们的成功可以信手拈来，那么他们也容易因为失败或受阻而泄气。稳定的自我效能感的发展需要通过不断努力获取克服困难的经验。

2. 替代性经验

产生和强化自我效能信念的第二种途径是通过“替代性经验”。如果人们看到与自己一样的人通过不懈努力取得了成功，那么他们也会相信自己具有成功的能力。相反，观察到他人的失败会对自己完成类似的活动产生怀疑。通过传递掌握环境要求所需的知识和技能也能建立自我效能感。害怕在众人面前讲话的学生在演讲会上看到其他同学都发表了演讲且没有产生什么不好的后果时，其自我效能感可能会从“我做不了这个”转变为“我能行”。

3. 言语劝说

“言语劝说”是增强自我效能信念的第三种途径。当问题出现时，如果人们被说服认为自己具有取得成功的能力，比起陷入自我怀疑或盯住个人缺陷的人来说，他们会更加努力和坚持不懈。告诉一个不愿意跟老板抗争的人说“你能行”，也许能说服这个人去争取自己的权利。然而，有效的社会劝导者不只是传递人们对能力的信心，他们也为其他人安排一些可以带来成功的活动，并且避免将能力不足的人安排到他们容易遭遇失败的情境中去。

4. 身体和情绪状态

最后，人们也会根据他们的“身体和情绪状态”来判断自己的能力。他们往往将自身的紧张、焦虑和抑郁视为个人缺陷的信号。一位难以接近男士的女士在拿起电话邀请一位先生约会时可能会心跳加快，掌心出汗。如果将这些生理反应解释为焦虑的信号时，她可能会认为自己太紧张而做不好这件事情。在要求体力和精力的活动中，他们将疲劳、喘息和疼痛看作身体效能低的指示物。

（三）自我效能感的作用

根据班杜拉等人的研究，自我效能感具有以下功能：

（1）决定人们对活动的选择以及持久性。自我效能感水平高的人倾向于选择富有挑战性的任务，在困难面前坚持自己的行为；而自我效能感水平低的人则相反。

（2）影响人们在困难面前的态度。自我效能感水平高者敢于面对困难，有自信心，相信通过坚持不懈的努力可以克服困难；而自我效能感水平低者在困难面前缺乏自信，畏首畏尾，不敢尝试。

（3）影响新行为的习得和已习得行为的表现。

（4）影响活动时的情绪。自我效能感水平高者信心十足，情绪饱满；而自我效能感水平低者充满恐惧和焦虑。

自我效能感的判断影响人们在各种情境下面临困难时愿意付出多少努力以及能够坚持多久。例如，你以多大的精力和耐心学习本课程，与你的实际能力相比，可能更多地取决于你的自我效能感。对成功和失败的期望受实际表现的反馈影响，但是，这些期望也可能创造出一个预期的反馈而变成一种自我实现的预言。当你预期不能产生效果时，你不会尝试采取行动或者捕捉机会，甚至会选择逃避。事实上，当你拥有能力并且存在意愿时，如果你认为自己缺乏从事某种事情所需要的资源，你也不会去采取相应的行动或者不能坚持完成任务。

六、理论简评

（一）理论的优势

历史上，行为主义曾被视为心理学走进科学殿堂的唯一代表，而今天，社会学习论也日益为人们所重视。原因在于这一理论有着坚实的实验研究基础。这与人格研究的其他理论流派有别。从华生到班杜拉，行为主义者及社会学习理论家对人格的描述完全建立在实验研究的基础上，他们凭借实验数据来发展和完善自己的理论。

该理论的另一重大贡献是由此发展起来的一套实用的治疗技术——行为疗法在塑造良好行为及矫正和消除不良行为中的作用不能不令我们对行为主义和社会学习理论刮目相看。与其他治疗方法相比，行为疗法原理简单，易于被理解和掌握。从某种意义上讲，大多数家长和教师都是行为治疗学家，因为他们使用的教育方法和手段有相当一部分都是行为主义的。

此外，在由早期的行为主义向社会学习理论的过渡中，研究者对认知变量日益重视，这就扩大了行为主义解释的现象范围。社会学习理论的人格模式使我们既能认同早期行为主义的主张，又能理解思维、期望、价值之类的概念。这些认知变量将行为主义和后来的认知流派有机地联系在一起。

（二）理论的不足

当然，行为主义和社会学习理论也存在明显的缺陷。首先，在其研究主张中，只承认外在的行为而忽视深层的人格内涵，这使人格的本质显得过于肤浅和狭窄。事实上，行为不可等同于人格，即使行为习惯也与人格不一样。

其次，该理论过分强调环境的作用，没有充分关注遗传的影响。对于有些人格现象（如人格障碍），如不考虑遗传因素，那么我们对人格本质不可能有一个全面的理解。

再次，早期的行为主义以动物研究的结论推广到人的身上，本身就犯了一个逻辑错误。人类的学习不可等同于老鼠按压杠杆，尽管两者有相似之处，但人的行为要比老鼠的行为复杂得多。

最后，在研究过程中由于过分看重客观性和可操作性，行为主义和社会学习理论都不同程度地存在某种还原论的倾向，如将人格还原为多重 S－R 的联系。这样一来，我们几乎很难理解作为整体意义上的人格。

与特质论一样，在行为塑造与改造过程中，行为主义和社会学习理论忽视了发展变量的重要性。很显然，不只是人的行为与动物的行为有别，小孩的行为与大人的行为也很不相同，更不用说他们在学习过程中所存在的差异。

第五章　人格与认知

第一节　人格与认知的整合

观看同一部电影，有人说“精彩极了”，有人觉得“乏味透了”。对于同一部电影，人们之间为何会产生这么大的差异？这是认知所致还是人格差异所致？按照人格的认知理论，人格差异是由人们加工信息方式的不同而导致的。每个人都有自己处理信息的方式，由于观察角度和认知经验不同，所以做出的反应也不相同。

一、整合研究的必要性

人格和认知历来是心理学家关注的两大领域，然而在西方心理学的学科体系中，它们却长期分属两个不同的研究范畴——个体差异心理学和认知心理学。历史上，由于人格与人性接近，通常为哲学心理学家所关注；认知则与科学心理学的诞生休戚相关，通常为实验心理学家所偏爱。在现行的普通心理学教科书中，感知觉、记忆、思维一类的认知领域与自我、特质、动机一类的人格领域几乎都自成体系，少有结合。

正是在人格与认知对立的基础上，才形成了研究人类心智操作的两种重要方法：其一是集中于人格及个体差异的影响方面；其二是尝试建立起认知心理或信息加工的一般规律。但是，正如汉弗莱斯所说，研究中如若不将上述两个领域结合起来，那么我们对个体的认知操作就很难获得正确的理解。事实上，对于完整的心理活动而言，人格心理与认知心理是一个有机整体，该整体包含着两者之间的相互作用及双向影响。其实在西方心理学史上，也不乏试图整合人格与认知的心理学家，较早的有威特金的认知方式理论和凯利的个人建构理论，较近的有米歇尔和舒达提出的认知—情感的人格系统（Mischel and Shoda，1998）。近年来，随着认知神经科学的发展和个体差异的行为遗传学研究不断取得新的进展，人格与认知研究日益出现相互渗透的趋势。心理学家和行为医学家同时发现，无论是认知过程还是人格、智力等个体差异，几乎都可以归结于大脑高级神经活动的差异，并最终追溯到 DNA 的差异。

从行为表现到观念形成，人格与认知的相互影响无时无刻不存在。无论是在实验室条件下或是在情境任务中，个体的人格、智力、动机或情绪状态无疑会对其信息加工产生影响。然而，在研究过程中尤其是在实验研究中，这种影响或者被研究者忽略，或者作为一个无关变量被加以平衡或控制。客观地说，这两种做法都有可能降低研究的效度和信度。进而言之，人格、动机、情绪等个体差异因素不仅在现实情境中是一个重要的被试变量，而且在实验室条件下也是如此。在认知加工的实验研究中，研究者的一个默认假设是：被试是带着理想的唤醒水平、动机强度和心境状态走进实验室的。但实际情况并非如此，个体差异除这些主观状态以外，其相对稳定的人格因素、气质类型等反应倾向也将影响其认知加工过程，并且其效应随认知任务不同而有别（Rusting，1998）。

总之，无论是用信息加工方式来解释人格差异或是在认知加工过程中充分考虑个体差异因素，人格与认知的整合研究都是非常有必要的。从各自研究的目的来看，人格心理学不外乎是从尽可能多的角度（包括认知的角度）来理解并揭示人格的本质及其内涵；认知心理学则旨在揭示个体信息加工的内在机制，进而提高认知及学习的有效性。很显然，无论是实验室的认知还是情境认知，信息加工都不可能在真空中进行，且不可避免地受人格差异的影响。因此，如果忽视了这种影响，那么将很难揭示人类认知的本质。从信息加工的角度来理解人格，这是人格的认知理论家所要解决的问题；在认知过程中考虑个体差异，这主要是认知心理学家所要解决的问题。

二、认知加工的个体差异

（一）认知的三个水平

认知（cognition）涉及意识和思想，以及具体的心理活动，包括感知觉、注意、记忆、解释、信任和预期。所有这些心理活动的总和被称为信息加工，亦即将感觉刺激转换成心理表象并操纵这些心理表象的过程。如果你曾经想知道他人考虑问题的方式是否与你相同，那么你已是一个初级的认知人格心理学家了，因为你思考的正是认知的个体差异问题。人格心理学家对于认知的兴趣，主要集中在三个水平：

1. 知觉

这是一个对感觉器官收集信息并施加指令的过程。你也许会认为不同个体间的知觉没有什么不同，因为我们的感觉和知觉系统是相同的。但事实并非如此，两个人看到同样的事物，却可能知觉为完全不同的东西。请看图 5－1，你看到了什么？有人说看到的是一张年迈丑陋的老太婆的照片，也有人说看到一张年轻漂亮的少女照片。至于你看到的是老人还是少女的照片，不只取决于你从哪个角度看，而且还跟你的认知经验和社会阅历有关。这类知觉的“两可图”告诉我们，知觉不完全是一个客观的过程，它同样反映了一种个体差异性。

图 5－1　少女还是老妇？

当个体面临更为复杂的社会情境时，人们所感知到的会有更多的个体差异。即使是在知觉水平上，我们看到的世界也有着很大的不同，这些不同往往与每个人的人格差异联系在一起。这就是诸如“罗夏墨迹”之类的投射测验的理论基础。个体在墨迹中所见的是其人格的产物。在看同一幅墨迹时，一个人看到的可能是蝴蝶落在花朵上，而另一个人看到的是一辆车撞上一条狗，鲜血四溅。难道你不认为这两个人的人格存在显著差异吗？

2. 解释

这是给生活中的各种事件赋予意义的过程。每当遇到一件事，并思考“这意味着什么”“这件事是如何发生的”“会有什么后果”时，我们的解释也就开始了。举例来说，假如你在开车时遇到一点小意外，撞在护栏上刮花了挡板。有人可能问你：“为什么会撞车？”你会立即自动做出一种解释：“路况不太好，路太窄，弯道太急，许多人还在横穿马路。这是公路部门的责任。”然而，事实上你也可能会有另一种解释：“我是一个笨拙的司机，我不太会开车。也许我今后不应该再开车了。”

上述只是许多不同解释中的两种，每一种都能揭示个体人格的某一方面。不同的解释代表着不同的人格，这就是诸如“主题统觉”等投射测验合理性的基础。在主题统觉测验（thematic apperception test，简称 TAT）中，首先给被试看一幅模棱两可的图画，然后让被试解释正在发生什么，并推测接下来会发生什么。个体对主题统觉测验的解释极为不同。有证据表明，这些解释揭示了个体的人格，尤其是个体的长期动机，比如对成功、权力、亲密关系的需求。

3. 目标

目标是指个体形成的评估自己和他人的标准。每个人在成长过程中都会形成一些特定的信念，比如生命中什么是最重要的，哪些目标是适合去追求的。这些目标可能受年龄和文化背景所限，比如在东方文化中，个体在成长过程中会更加看重人际关系。个体将这些关于什么是合适的和重要的任务文化信仰转变为自己的愿望或目标。

个人目标可以是很小的事情，如准备一周的生活用品；也可以是重要的大事，如未来从事什么样的职业，以及和什么类型的人结婚等。这种人格研究取向关注意图，即个体希望发生什么，希望从生活中得到什么。目标因人而异，这些差异是人格的一部分，可以揭示个体的人格。

（二）信息加工的个体差异

对于客观世界的认知，人们处理信息的过程都是相同的，从感觉登记到信息编码再到最后的信息输出，这是一个相对机械的过程，从这种意义上讲，人脑与电脑类似。但是在认知过程中，有的差异并不是能力或智力所致。例如，同样是“杯子”，有的人觉得它“好看”，有的人觉得“中用”，还有人觉得它“好看不中用”或“不好看但中用”。对情境或对人的认知差异则更大，同样一场舞会，一些人觉得“糟糕透了”，一些人则感到“印象深刻”。这些差异我们不能简单归结为智力差异。

人格的认知理论认为，这是个体认知图式差异所致。对“杯子”的看法不同，我们可以说是因为审美经验的不同而造成的；对“舞会”的不同看法，我们可以说是因为观念的差异造成的，这就是人们通常所说的主观因素。然而，无论是审美经验或观念，它们都根植于个体的人格，是人格的重要组成部分。一个人的认知过程从一开始就打上了主观的烙印，这一烙印既有遗传的成分，也有环境的成分；既有能力的因素，也有人格的因素，认知心理学家所进行的信息加工研究不应当也不可能排除个体之间的这些差异。

基于这种考虑，包括唐纳德·布罗德本特、米歇尔·艾森克在内的一批著名的认知心理学家一开始就注意到了信息加工中的个体差异，研究领域涉及信息选择、信息通达、信息提取等认知加工的各个阶段。布罗德本特很早就将人格特质的内外倾与神经质作为认知加工变异的重要来源，并详细阐述了这两个维度对信息加工诸阶段的影响。

此后，麦克劳弗林和艾森克的研究报告表明：①在简单任务操作上，内、外倾被试的成绩没有显著差异；②在困难作业中，外倾者的成绩优于内倾者，低神经质被试的回忆量多于高神经质被试（McLaughlin and Eysenck，1967）。在这些心理学家中，汉弗莱斯和雷维尔是集大成者，他们提出的“人格、情境及动机对认知加工影响的结构模式”几乎涵盖了个体差异对认知加工影响的方方面面（Humphreys and Revelle，1984），如图 5－2 所示。

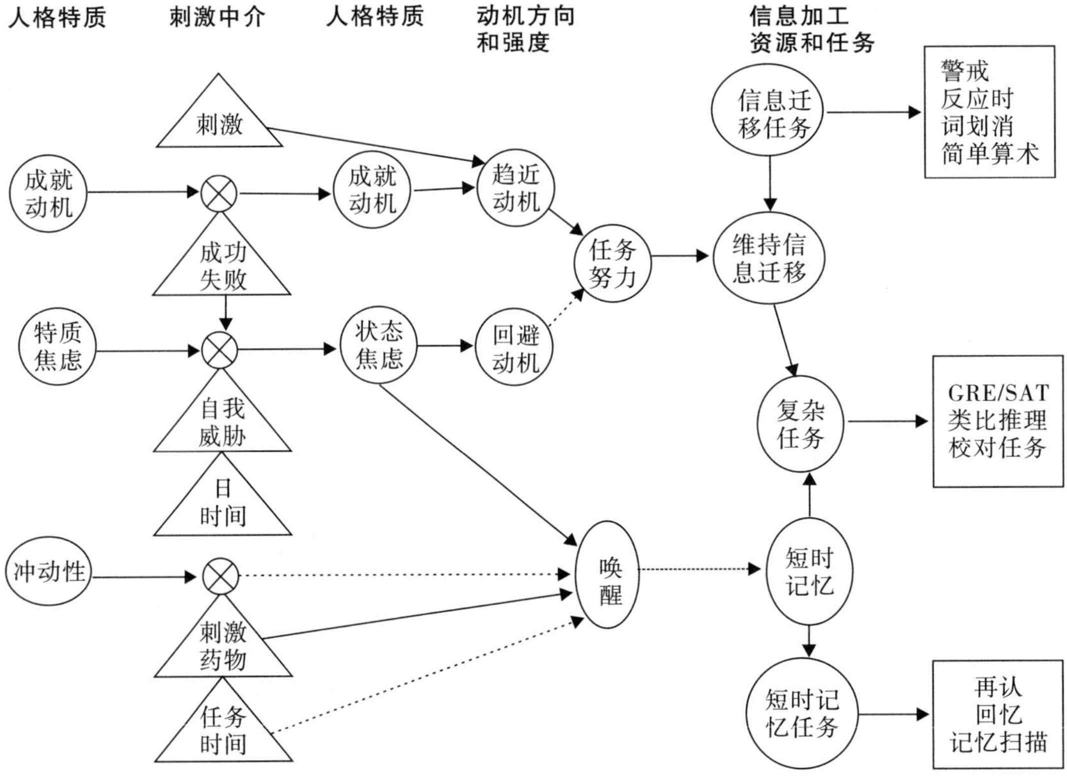

图 5－2　人格、情境及动机对认知加工影响的结构模式

注：实线表示正面影响，虚线表示负面影响，椭圆代表潜在变量，长方形代表可测试变量，三角形代表实验操纵，⊗表示交互作用。

（资料来源：Humphreys and Revelle，1984）

三、人格差异的认知观点

（一）从认知的角度看人格

如果个体的认知过程受到人格差异的影响，那么一个人的人格或行为差异能否从其认知过程中得到解释？信息加工的过程是一种内部过程，我们凭什么说个体的差异就是因其加工信息方式不同而导致的呢？信息加工的“黑箱”操作使认知与人格关系的研究步履维艰，即使是认知心理学家也只能将此过程与计算机类比。尽管如此，研究还是有所突破。一部分人格心理学家在20世纪50年代就开始尝试建立人格与认知关系的理论，凯利的个体建构理论是早期的代表，他提出的关于“人是科学家”的主张使人格研究如同认知研究一样得以量化，而米歇尔等人提出的人格系统的“认知—情感单元”则反映了人格认知理论的新发展。其主要观点认为，个体的人格差异产生于人们处理信息的方式，在这一过程中将形成不同的认知—情感单元，这些单元反过来又与情境交互作用共同影响人们的行为。

（二）情境、认知与行为相互作用

在认知心理学诞生之前，西方心理学主要是行为主义的天下。但是，由于行为主义对人类的学习及人格等复杂心理现象解释的某些不足，一部分行为主义者开始放弃早期的一些观点，逐渐强调主体的内部加工如观察、预期、信念等认知因素的重要性，强调行为、认知及社会情境之间的相互作用。正如第四章所说，班杜拉正是介于社会学习理论与认知理论之间的一个代表人物。

与社会学习理论一样，认知理论更进一步强调认知过程与行为的作用是同等重要的。那些支持人格认知理论的心理学家指出，在对外界情境的理解和定义方面存在显著的个体差异。认知理论强调心理过程在人们对现实的感觉和知觉印象进行组织时的重要性。与人本主义理论类似，认知理论也强调有机体本身在形成自己独特人格过程中会有主动的参与，而且这种参与能起到决定性作用。人们会主动选择去适应自己的环境发展，而不是被动地做出反应。

（三）人格是建构的结果

人格差异的认知观点可以通过一个简单的例子得到说明。众所周知，“1 + 1 = 2”是一个不容置疑的数学公理，对于这一科学的命题，人们看到的尽管是一个相同的等式，但是却会赋予它不同的意义。有的小孩会认为这是一个苹果与另一个苹果加在一起等于两个苹果；而另一个小孩则认为不对，应该是一朵花与另一朵花相加等于两朵花。其实，从小孩自身的角度而言，两者都有道理，他们只不过是从自己的生活经历出发赋予这一公式不同的内涵。

尽管同处这个世界，但是我眼中的世界与你眼中的世界绝对不一样。知识是个体在其生活经历中主动建构起来的，对同样的事物人们看到的是不同的方面，从而建构起不同的意义。从这种意义上讲，知识是主观的，由大量知识组成一个知识结构系统，这一系统构成了我们的观念和信念的基础。例如，在与周围的人打交道的过程中，我的观念是“人是可信赖的”，而你可能正好相反，认为“人是不怀好意的”。这种观念的差异不正是人格差异的体现吗？

知识链接：人工智能正在拥有人格！

人工智能（artificial intelligence），英文缩写为AI，一个最近被炒得火热的概念词汇，一个备受争议的前沿技术，一个既陌生又熟悉的科学术语。

就在大多数人还在幻想未来AI的智慧水平将达到一个何等的地步时，Deep Mind的AlphaGo横空出世，这台机器通过两年时间就横扫了被称为“人类智慧游戏皇冠”的围棋项目，不论是韩国高手李世石还是围棋界的霸主柯洁，都在“狗狗”天马行空的棋路下一败涂地。

直到这时，人们才发现，原来AI已经进化到了这种程度，它的演化速度远超任何有记录的物种，所以有科学家预计再过几十年，AI就将彻底超越人类。

最近，几名英国科学家表示，他们正在尝试让AI通过学习心理学来模仿人类的思路和逻辑。相关负责人表示，“我们将让人工智能学会用心理学去分析和判断人类的思维模式。我们相信这将使得未来的人工智能变得越来越像人！而我们也积极准备在技术成熟的时候赋予人工智能独立人格。”

无独有偶，美国人在人工智能的逻辑进化上也在不断发力，加州伯克利大学的团队正在研发一种使AI具备回溯逻辑的新算法。在过去，我们用计算系统辨识图片时常用的做法是以既定模式逻辑来辨认，比如要在一堆图片中找一张打乒乓球的图，电脑会先在图库内为所有与乒乓球相关的图片都进行标识，然后根据标识分类后把所有包括乒乓球元素的图片都选出来。

新的人工智能则让计算机学会了问“为什么”。

比如系统搜索到一张图片中有乒乓球也有人，于是就会发出问题：“这个人是在打乒乓球吗？”

然后根据问题场景进行再次比对和搜索，然后得出结论：“不，这个人只是卖乒乓球拍的，他没有打乒乓球。”

系统再次自我提问：“为什么？”再次比对后回答：“因为他站在柜台里一手拿着球拍一手在收钱，所以他在卖球拍而不是在打球。”

这个问题看似很简单是因为这是我们人类典型的思维方式，我们会回溯，会问自己为什么，会想到打乒乓球是什么状态，这个人是什么状态然后经过比对判定这个人不在打球。

而现在，人工智能就将学会这样去思考，参与研发的专家表示：“人工智能的自我学习能力比我们预期的还要强大，在过去，人与机器很大的差别就是人会自主发问而机器不会，我们现在就是要努力让机器也能自我发问并通过这种方式让他们的逻辑和我们靠近。”

2016年，相关科研机构曾对175位行业专家进行调查，其中有半数专家预计，人工智能在2040年会达到人类水平，而有90%的人相信，2075年一定会达到。

（资料来源：http：//www. sohu. com/a/155244812_639090）

第二节 威特金：认知方式

认知方式（cognitive style），又称认知风格，是个体在知觉、思维、记忆和理解问题等认知活动中加工和组织信息时所显示出来的独特而稳定的风格。20 世纪 40 年代，一批具有新思想的心理学家们认为，传统的知觉理论忽视了知觉过程中个体差异因素的作用，只重视知觉活动的普遍性和共同性，忽视了其特殊性和差异性。与此同时，一部分人格心理学家们也意识到，传统的人格研究忽视了知觉者的存在。以此为起点，这些研究者把传统心理学中一向分离的两个领域即知觉和人格统一起来，开创了“新观点”运动。

一、威特金其人其说

赫尔曼·威特金

赫尔曼·威特金（Herman Witkin，1916—1979），美国心理学家，1916 年 8 月 6 日出生。1935 年获纽约大学生物学学士，1936 年师从石内尔勒进行动物行为方面的研究，获心理学文科硕士学位，1939 年以关于白鼠学习迷津的研究获心理学哲学博士学位，同年成为格式塔心理学大师苛勒（Wolfgang Kohler，1887—1967）的助手。1940 年，威特金在布鲁克林学院担任讲师，开始研究空间定向的问题。他对人们在判定空间垂直方面所表现出来的显著个体差异产生了浓厚的兴趣，并决定毕生致力于关于个体差异的性质与起源的研究，开拓了“场依存—场独立”认知方式研究领域。

1952 年，威特金任纽约州立大学南部地区医疗中心精神病学系副教授，不久晋升为教授，他同精神病学家和精神分析学家合作，将场依存—场独立认知方式的研究扩展到防御机制、身体概念、心理病理学以及梦、人际行为等研究领域。在医疗中心工作的 19 年里，威特金出版了两部重要著作：《经由知觉看人格》（1954）和《心理的分化：发展研究》（1962）。在写作第二部书的时候，威特金认为心理的分化起着一种组织的作用，并对此进行了许多研究。他通过对遗传因素、亲子关系、家庭过程的研究以及通过对不同的社会化习俗的跨文化比较研究，从几个方面对认知方式的个体差异、群体差异和性别差异的起源问题提出了独到的见解。

1971 年，威特金来到美国教育测验服务部，出任人格与社会行为研究中心主任。除继续从事以往的课题研究外，威特金还考察职业差异，研究教师如何教学、学生如何学习以及师生如何相互作用等问题，致力于将场依存—场独立的认知方式研究应用于教育实践。他的关于认知方式教育含义的长篇论文荣获美国教育研究协会 1979 年度最佳论文奖。其实，早在两年前，威特金就因其工作杰出而获荷兰女王颁发的梯伯格大学荣誉博士学位；

同年，他受聘出席在克拉克大学举办的沃纳讲习班。但是，威特金最引以为荣的是看到自己的思想影响了其他科学家的工作。早在1975年，《社会科学引证索引》就表明了威特金属于著述被引用最多的100名心理学家之列，其《心理的分化：发展研究》是100部最常被引用的著作之一。

关于认知方式的研究，在威特金之前已有三大取向：一是瑟斯顿（Louis Leon Thurstone，1887—1955）的个体差异心理学取向；二是精神分析的自我心理学取向，将认知方式视为自我在适应环境方面起控制和组织变量的作用；三是实验认知心理学取向，着重于信息加工的规律性。威特金的工作既结合了这三种取向，又发扬了它们各自的特色。他以格式塔心理学的涵养，敏锐地抓住了认知中的形式问题，把通过知觉和思维形式表现出来的个体一致性当作重要的心理学现象来研究，从而将认知和人格这两大方面结合起来，并通过一系列发展心理学、临床心理学以及跨文化心理学的研究扩展了认知方式的含义。其研究涉及的被试甚至包括因纽特人。

威特金是一个卓越的研究者和科研组织者，他有深刻的理论头脑，善于用具有内在一致性的理论框架将来自实验室、诊所和现场的大量证据统一起来。威特金于1979年7月8日逝世。1981年，他的又一部著作《认知方式的实质与起源》出版。

二、认知方式的早期研究

（一）研究的起源

早期关于认知和人格的大量研究始于20世纪50年代，主要考察个体认知方式的差异，如威特金关于场依存—场独立认知方式的研究以及后来的分析型—综合型认知方式的研究（Witkin，1962）。威特金是从知觉的实验研究开始他的认知方式研究的。他感兴趣的问题是个体在空间定向中如何维持正确的垂直方向，亦即人们如何知道我们的身体或环境中的另一物体是垂直的。人们是根据周围环境的视觉线索，还是身体线索，或是依靠两者的结合来判定我们何时在垂直方向的？如果我们仅有一套线索或这些线索彼此冲突——身体告诉我们是垂直的而环境告诉我们是倾斜的，或正好相反，那么结果将会怎样呢？

尽管威特金感兴趣的是知觉的一般规律，但是他发现个体在知觉过程中存在很大的差异。以此为起点，威特金开始对知觉个体差异以及这些差异与总体人格组织的关系进行了长达25年的研究。

（二）场依存性—场独立性测验

为了研究知觉的个体差异问题，威特金等人设计了三个著名的实验，即棒框测验（rod and frame test，简称RFT）、身体顺应测验（body adjust test，简称BAT）和转屋测验（rotating-room test，简称RRT）。这三个实验都要求被试判定视野中的有关项目是否与地面垂直。这样的判定可以依据视野的线索，也可以依据身体经验的线索如动觉和平衡觉。主要依据视野线索做出判定的倾向被称为“场依存性”，主要依据身体经验线索做出判定的倾向被称为“场独立性”。

在棒框测验中，被试在暗室中面对一个发光的框和框中可移动的亮棒，主试要求被试将亮棒调为垂直。场依存性的人往往把亮棒调为与亮框对齐，这表明他们主要以视野中亮框作为参照。当主试使亮框倾斜时，以亮框作为主要参照的被试总是出错。而场独立性的被试能把亮棒调为与地面接近垂直，因为他们主要依据身体经验线索，而不是依据视野线索来判断亮棒的垂直程度。

身体顺应测验主要用来测试当外在视野线索与内在线索（身体垂直知觉）不相一致时，个体主要参照哪一种线索进行垂直判断。测验时，被试坐在一间小的斜屋内，要求他把身体调正。结果发现，场独立性的人，在调整身体时，主要不考虑屋子的位置，更多地利用从身体内部来的经验作为参照；场依存性的人，往往调整身体以与斜屋看齐，即他在确定身体位置时，以环境作为主要参照物。

转屋测验是让被试坐在一个倾斜的房间中一个倾斜的位置上，然后要求被试在倾斜的房间中将自己的座位调整到与地面垂直。

（三）知觉方式的拓展研究

首先，威特金考察了对方向的同一知觉模式是否可运用于其他知觉情境的问题。在图5-3的镶嵌图形测验中，要求被试找出隐藏在复杂的大图形或场的模式中的简单图形或形状。由于这种测验要求从隐蔽性的复杂图中分离出一个简单的图形，这与在RFT、BAT和RRT中从视觉场分离出亮棒或身体的要求类似；同时，这些测验的操作之间又高度相关，因此威特金等人将场依存—场独立性概念重新定义为知觉的去隐蔽能力。

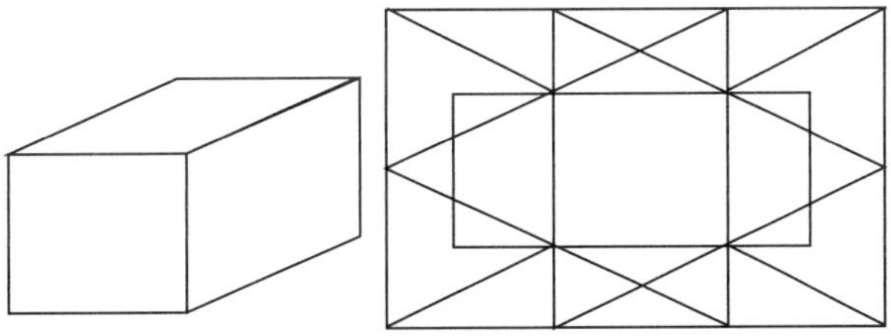

图5-3 镶嵌图形测验使用的图片

后来的研究揭示，知觉的去隐蔽能力与思维、想象等认知活动中的“去隐蔽能力”相关。在这里，场依存—场独立概念的内涵得到深化，其适用范围从知觉领域扩大到整个认知领域，从而成为一种名副其实的认知方式，而不仅仅是一种知觉方式。随着研究的深入和理论的发展，威特金最后将场依存—场独立性确定为人在认知活动中主要依靠外部参照还是依靠内在自我参照两种对立的认知倾向（Witkin，1979）。

其次，威特金还考察了知觉上的这些差异是否与人格机能上的其他差异有关。研究发现，知觉上的个体差异确实与其他方面的不同机能有关。例如，相对于场依存性的人而言，场独立性的人就对方式更积极，更能以灵活的方式控制自己的冲动，较少受自卑情绪的影响。研究还发现，认知方式是影响学生专业选择及课程表现的一个重要变量：场独立的学生更愿意选择那些要求分析能力的课程，如自然科学、数学、工程学，并且他们在这些科目上能够取得更好的成绩；而场依存的学生则倾向于那些与人打交道的课程，如社会科学、咨询、教学，他们在这些科目上的成绩相对更好。

三、认知方式理论的新进展

自威特金开创认知方式研究后，研究者提出了许多关于认知方式的理论和模型，特别是20世纪90年代以来，随着人格与认知两大领域整合研究的呼声日益提高以及教育和劳动职业部门实践活动的要求日益强烈，人们对认知方式研究的兴趣重新被燃起（张利燕，2009）。

（一）柯里的洋葱模型

柯里的洋葱模型认为，所有的认知方式都可以归结为三种主要类型或类似于洋葱皮层一样的层面（Curry，1983）。她指出，学习行为从根本上说受控于中心层的人格维度，这种控制通过中间层的信息加工维度的传递，最终与外层所经历的环境交互作用而产生影响。

洋葱模型的第一层面也是最容易观察到的层面，柯里称之为“学习偏好”，它是指个体对学习环境的选择方式。该层面处于最外层，而且在很大程度上取决于学习者的环境、学习者的预期、教师的期待以及其他外界因素的影响，因此柯里认为学习偏好是最不稳定的，其测验水平也最容易受到影响。

洋葱模型的第二层面称为“信息加工方式”，它被认为是个体吸收信息的心智活动方式。由于该层面不直接涉及环境，因此柯里认为这种方式的测量比学习偏好更稳定，但仍然被学习策略所更改。信息加工方式处于人格水平的个体差异与环境提供的学习形式选择的交界处。

第三层面也是最底层，叫“认知性人格方式”，它被认为是个体改造和吸收信息的方式。尽管这一层面不与环境直接发生相互作用，但它是一个潜在而持久的人格维度，只有通过观察处于学习情况下的个体行为，这种方式才会显露出来。

（二）瑞丁的认知控制模型

为了深化柯里的洋葱模型，瑞丁等人提出了认知控制模型（Riding and Rayner，1995）。在这一模型中，处于最底层的是一些潜在的初级资源，包括个体对过去经验和知识的记忆、潜在的人格资源和性别等。

处于次级水平的是认知控制，包括认知方式的两个维度：整体—分析维度、词语—表象维度。在瑞丁看来，大量的认知方式名称都可归类到这两个基本维度中。其中，整体—分析维度是指个体在信息加工时是以整体方式进行还是以部分方式进行；词语—表象维度是指个体在表征信息时是倾向于用词语表征还是用表象表征。

基于此，瑞丁将认知方式界定为个体在表征信息和加工信息时所表现出来的方式。认知控制在内部状态与外部世界之间提供了加工信息和表征信息的桥梁。处于输入水平的是知觉和工作记忆系统，它负责分析输入的信息，这种操作是智力测验评估智力水平的主要决定因素。处于输出水平的是学习策略，其形成过程包括：识别自己比较容易运用的方式，然后组织成学习偏好，再决定将新输入的信息转换成何种表征形式。处于这一水平的还有影响社会行为的认知反应“心向”。

以焦虑为例，外部刺激通过认知控制水平的评估决定其是否有威胁性。那些被解释为威胁性的刺激激活了焦虑资源，增加了状态焦虑水平。而对威胁的解释既受认知方式的影响，也受特质焦虑资源的影响。

（三）斯腾伯格的心理自我管理理论

心理自我管理理论以政府的管理为隐喻，按管理的功能、形式、水平、范围和倾向将思维方式分为 5 个维度 13 种方式。

第一个维度是管理的功能，包括立法型、执法型、司法型三种思维方式。立法型的人喜欢从事那些要求运用创造性策略来解决问题的操作任务；执法型的人更多关注在某种目标导向下对任务的贯彻执行情况；司法型的人更多关心评价别人活动的结果。

第二个维度是管理的形式，包括君主型、等级型、独裁型和无管理型四种思维方式。君主型的人在从事任务操作时一次只集中在一件事情上；等级型的人倾向于将注意分配在几件优先解决的任务上；独裁型的人也喜欢在同一时间内达成多种目标，但不喜欢区分优先次序；无管理型的人喜欢从事那些很有弹性的工作，这些工作对他做什么、在哪儿做、什么时候做以及怎样做都没有刻意要求。

第三个维度是管理的水平，包括全局型和局部型两种思维方式。全局型的人更多注意把握问题的整体情况；局部型的人喜欢从事具体细节工作。

第四个维度是管理的范围，包括对内型和对外型两种思维方式。对内型方式的人喜欢从事那些允许他独立完成的工作任务；对外型方式的人喜欢从事那些给他提供发展人际关系机会的工作任务。

第五个维度是管理的倾向，包括自由型和保守型两种思维方式。自由型方式的人喜欢从事那些涉及创新或模棱两可的工作任务；保守型方式的人喜欢在任务操作中坚持既有的规则和程序。

四、认知方式的取向与应用

（一）不同取向的认知方式

研究者曾将众多的认知方式类型进行分析总结，认为可以从认知、人格、活动三个方面对认知方式研究进行归类，这样就形成了三种取向的认知方式：认知中心取向、人格中心取向和活动中心取向（Sternberg and Grigorenko，1997）。这些研究者认为，认知中心取向的认知方式与能力相似；人格中心取向的认知方式与人格特质相似；活动中心取向的认知方式是活动的调节器，这种调节器来自人格和智力的某些方面。

1. 以认知为中心的观点

该取向侧重于基本认知过程的特点，如威特金提出的场依存型—场独立型以及卡根提出的冲动型—沉思型等，其中以场依存型—场独立型、冲动型—沉思型两种认知方式分类的影响较大。

2. 以人格为中心的观点

该取向侧重于认知方式在人格中的反映和作用，以荣格的心理类型论和格戈里克的能量理论最具代表性。格戈里克的能量模型有两个基本维度——对空间的利用和对时间的利用。前者指获取和表达信息的知觉类型，它可以分成具体型和抽象型两种；后者指排列事物的两种不同方式，包括有序的和随机的。在此基础上将人分为四种类型：

（1）具体—有序型，这种人注重事实和具体事物，通过感知来验证其假设；

（2）抽象—有序型，这种人偏爱逻辑分析，并通过预先设置的方案来验证假设；

（3）具体—随机型，这种人偏好直觉思维，验证想法时只依靠个人经验，很少采纳外在证据；

（4）抽象—随机型，这种人注重自身感受和情绪体验，以主观因素作为验证假设的标准。

3. 以活动为中心的观点

该取向侧重于对认知方式进行动态认识，将认知方式看成是活动的调节器。这里主要介绍学习方式和教学方式两种。

学习方式主要指学生在学习过程中通常喜欢采用的方式，即学生对学习方法的定向或偏爱。它对于获取信息以及最大限度地提高学生的学习效率具有重要作用。柯尔布将学习方式分成两个维度四大类：聚合型—发散型、顺应型—同化型。

教学方式主要指教师在教学活动中所采取的习惯模式。亨梭将教学方式分为六类：任务导向型、合作计划型、儿童中心型、学习中心型、学科中心型和情绪兴奋型。

（二）认知方式在教学中的应用

1. 场独立型—场依存型

学生的场独立水平与他们的学校表现有关。比如，场依存型的学生更善于适应学校情境中社会性的一面，在完成小组任务中比场独立型的学生做得更好。他们对那些需要知觉宽泛模式的课程感兴趣，如文学和历史。教师需要帮助场依存型的学生抓住问题的关键部分，或者为非结构性的任务排出优先顺序。相反，场独立型的学生能够忽略不相关的信息，从一个大的模式中分离出其要素或部分，并对它们进行分析。场独立型的学生喜欢像数学和自然科学这些要求分析能力的课程，另外他们很难看到自己的行为是怎样影响整个团体的，或者很难将几个分离的事实结合起来以形成一个更大的模式。因为教师不太容易知道学生的风格，所以他们必须面对所有的学生使用多种不同的教学方式。

在以八年级学生为被试的一项研究中，研究者发现在多媒体教育环境下，场独立型的学生比场依存型的学生能更有效地学习课程（拉森，巴斯，2011）。理论上讲，场独立的学生能更好地发现贯穿于各种媒体信息中的线索。研究者得出结论，较之场依存的学生，场独立的学生能更快地抓住各种媒体资源的要点，并能更快地在媒体信息与感觉之间切换。许多研究表明，知觉类型的差异导致了学习类型的差异。例如，场独立者在刺激丰富的环境中擅长选择性注意（只处理特定的信息，屏蔽不重要的信息）；而场依存者擅长处理组块信息，领会不同信息间的关联。

2. 冲动型—沉思型

学生的冲动水平会影响到他们在学校的表现。冲动型的学生在阅读和记忆任务中容易犯更多的错误，在推理和视觉分辨任务中也会经常给出不正确的答案。通过适当的引导，学生可以学会沉思。在小组“问—答”时间，为了避免冲动型学生打断沉思型学生的思维，可以采用轮流回答问题的办法。在单独作业中，鼓励冲动型的学生在做作业时心里自言自语。比如，在多项选择测验中，教导学生可以提醒自己浏览每一个选项，以避免做出不正确的选择；教导学生如何检查数学和自然科学作业；在给论文和测验打分时，给那些进行了自我检查的学生适当加分等。

3. 心理自我管理理论

斯腾伯格在心理自我管理理论中提出了13种学习方式，在这里我们只介绍其中的三种以及为这三种方式所设计的教育和评估活动（见表5－1）。

表5－1　心理自我管理的三种方式

认知方式	具有此种方式的学生特点	对教学的启示
立法型	喜欢创造、制订和计划解决问题的方案，并喜欢以自己的方式来做事情	立法型学生喜欢自己选择论文或课题的主题，能够自己设计实验，并安排自己的学习时间
执法型	喜欢执行计划、遵循规范以及从既有答案中做出选择	执法型学生不喜欢自己确定论文题目或解决方案，倾向从提供的很多论文主题中做出选择或做多项选择测验
司法型	喜欢评价规则、程序或结果	司法型学生喜欢对两种事物进行比较、对比或者分析某种观点，他们很喜欢这种类型的论文或考试

（资料来源：Steinberg and Jams，2002）

第三节　凯利：个人建构

作为人格认知理论的早期代表，凯利从临床心理学经验中获得启示：只要使患者本人对自己和自身问题的看法有所改变，就能够使患者的病情有所好转。凯利认为人们对客观世界的认识以及个人的经验、思想观念是影响人格形成、发展甚至导致变态的主要因素，在此基础上，他提出了人格的建构理论。

一、凯利的生平

乔治·凯利

乔治·凯利（George Kelly，1905—1967），美国心理学家，个体建构理论的创立者，也是一位未曾接受临床心理学训练而在心理治疗领域自成一家的人。1905 年 4 月，凯利出生于美国堪萨斯州的一个农场。他是家里的独生子，父亲是一位长老会的牧师，母亲是小学教师。在这样一种家庭环境中，凯利从小养成了一种伴随终生的实用主义精神：判断一个想法或装置的主要标准是看它是否有用。

13 岁那年，凯利被送到威奇托，在此后的四年中曾先后就读于当地四所不同的高中。高中毕业后，他在威奇托的友谊大学学习了三年，然后又进入密苏里州的帕克学院，并于 1926 年获得物理与数学学士学位。凯利对他的第一堂心理学课毫无印象，因为他在一些课堂讨论里没有得到有趣的话题。终于有一天，教师将“S－R”写在黑板上，当时失望的凯利这样回忆道（Kelly，1969：46）：

尽管我专心致志地听了好几个学期的课，但之后我最大限度所能理解的就是：你不得不用“S”来说明“R”，而“R”放在那里就是为了能够证明“S”能说明一些东西。我从未找出那个箭头所代表的意思——至今仍然没有——我早就放弃试着去理解它了。

由于当时凯利对社会问题深感兴趣，于是考入了堪萨斯大学，主修教育社会学，副修劳资关系，并于 1928 年获得硕士学位。在就读堪萨斯大学期间，凯利决定攻读弗洛伊德的著作。但是弗洛伊德与“S－R”心理学一样，并没有给他留下太多印象：“我不记得我试着读过的任何一本弗洛伊德的书，但我确实记得越来越多的怀疑感，那是任何人都能写的废话，更不用说将它们出版了。”（Kelly，1969：47）

1928 年的冬天，凯利去了爱荷华州，任教于一所专科学校，其工作包括教授戏剧，这段经历可能影响了他后来所创立的理论。凯利就是在此认识了他未来的妻子——同一所学校的英语教师格莱迪斯·汤普森。对凯利来说，1929 年是忙碌的一年：他同时担任了三份教学工作，一份在名为明尼阿波尼斯的一个劳工学院，一份在美国银行家协会所办的演讲班，还有一份是专为那些希望成为美国公民的移民讲授如何成为美国人。同年，他还得到了一份能让他去苏格兰爱丁堡大学学习一年的奖学金。在苏格兰，凯利在著名统计学家和心理学家汤姆森（G. Thomson）教授的指导下攻读博士学位，这时他对心理学产生了兴趣，他的学位论文是关于教学成功与否的预测。

1930 年回国后，凯利考入爱荷华州立大学攻读心理学研究生课程，并于 1931 年获哲学博士学位，其博士论文研究的是关于影响言语及阅读障碍的共同因素。当时正值美国经济大萧条时期，很多人因生活艰难而陷入情绪困扰。凯利很想帮助这些人解决心理问题，但因未曾接受临床心理学训练而深感力不从心。在此情况下，凯利从实际观察开始，力求从情绪困扰者的心理特征中寻求解决之道。结果，缺点竟然变成优点：正是由于缺乏临床心理学的训练以及自己所持的实用主义态度，使凯利在处理情感问题时有很大的自由，不囿于传统治疗的理论和方法。他的观察最终使他建立了独特的人格理论。

在此后数年间，凯利发展建立了全州巡回心理治疗队，为教师提供咨询服务，帮助教师处理学生行为问题。在实践诊断中，凯利有机会接触到师生交往中广泛存在的情感问题。由于没有接受过任何特定治疗方式的训练，凯利在治疗中开始尝试一些新的方法。随后，他便做出了一个惊人的判断。从临床实践中凯利发现，任何引起患者以不同方式考虑他们自己或自身问题的事情都能改善患者的状况。治疗师提出的解释是否“合乎逻辑”或是否“正确”似乎与治疗效果没有什么关系（Kelly，1969）：

> 我开始虚构一些“见解”，为患者精心提供荒谬的解释。而其中一些解释我没有用弗洛伊德学派的方法，当然，最初提出的解释是有点谨慎的。然后，当我看到发生的事情时便提出了更为大胆的解释。我判断的唯一标准就是这个解释能说明患者所理解的关键事实，而且这个标准隐含着以一种不同的方式接近未来。

这段陈述体现了凯利的理论基础：一个人有无心理问题主要与他如何看待事物有关。

“二战”初期，凯利加入了美国海军，并被安排负责一个当地的民用飞行员训练计划。战后，他在马里兰大学任教一年。1946—1965 年，他在俄亥俄州立大学工作，任该校心理学教授和临床心理学系主任，并与罗特一起创设了全美最好的临床心理学课程。在俄亥俄州的 19 年，凯利提炼出了他的人格理论及心理治疗方法，并于 1955 年出版了他最重要的著作——《个体建构心理学》（两卷本）。1960 年，凯利及其妻子得到了人类生态学基金会的资助，这使他们有机会环游世界，讨论凯利的理论同国际问题的关系。1965 年，凯利接受了布兰迪斯大学的一个职位，在那里他与马斯洛曾短暂共事。1967 年 3 月 6 日，凯利病逝于马萨诸塞州，享年 62 岁。

二、构念及构念系统

（一）构念的内涵

从字面意思来理解，“construct”有两层含义：其一是“建造、构筑”之意，作动词用；其二是“建筑物”之意，作名词用。就建造房屋而言，前者指造房的过程，后者指造房的材料如砖头等。我们认为，凯利在其建构理论中使用“construct”一词颇有用意：就个体的人格而言，它的形成过程就是一个动态的“建造”过程，在此过程中，作静态用的“构念”不正是建造“人格大厦”的“砖块”吗？个体之间的差异既与构成“人格大厦”的个人构念有关，也与构念与构念之间的搭配有关。

凯利将构念视为人格建构的单元，其主要功能是用以描述、理解、预测事件的发生。具体来说，构念就是个体在其生活中通过对环境中的人、事、物的认识，期望，评价，思维所形成的观念。例如，一个人可以具有这样的构念：“大学生都是激进的”“蛇都是危险的”“某某人是一个失败者”。一种构念就像一种信仰或一种态度，不过，让一个人将一种构念用语言表达出来有时也很困难。

由于每个人的生活经验不同，个人构念也因人而异，因此个人构念就代表他的人格特征。以父母体罚孩子为例，对父母而言，体罚可以矫正孩子的偏差行为，有益于孩子成长；对孩子而言，父母的体罚只能无奈地接受，这是这个世界上必须忍受的一种不幸；对社会工作者而言，父母体罚孩子是对儿童的虐待；对传教士而言，父母体罚孩子是神对罪恶世界审判的延伸。很显然，不同的人有不同的个人构念。

凯利认为，人格是由人们建构世界、特别是社会生活的不同方式所构成。这种差异是由于个体常用的个人构念系统不同而造成的。当第一次见到一个人时你倾向于注意什么？对你而言，可能一个人是否爱运动很重要，这构成了你对他人第一印象的很大一部分。而对另一个人来说，他采用的可能是聪明—不聪明的构念。因此，这个人与你看待目标个体的方式完全不一样，每个人都从自己的个人构念这一独特的视角出发。

（二）构念的基本假设与原理

凯利的个体建构理论根植于这样一个基本假设：“个体的信息加工过程被他对事件的预期所引导。”这一假设是凯利的理论基础，它是人格和行为背后的基本力量，也是与建构理论及人格其他理论的根本差异。在此基础上凯利精心推导出了 11 个原理：

（1）解释原理：人们通过解释事物的规律来预测事物。例如，一个友好的人总是经常友好的，白天总是跟随着黑夜，冬天总是变得寒冷等。

（2）个性原理：每一个人对事物的解释方式互不相同。按照凯利的观点，“情人眼里出西施”不仅体现在爱的关系中，而且体现在一切事物中。

（3）组织原理：每个人在预测事件时都会形成一种包括构念顺序关系的构念系统。凯利认为，人的各种构念被组织成了一个有层次的系统，其中有些构念比另一些构念更加广泛。例如，一个“内倾—外倾”的构念就比一个“喜欢—厌恶”的构念更广泛。

（4）两极原理：一个人的构念系统是由无数个“双极构念”（dichotomous construct）组成的。例如，美是相对于丑才显示其意义的，一个人相对来说是漂亮的，因为他拥有某种相同的特质（相似性）；另外一个人则是丑陋的，因为他缺乏那种特质（相反性）。

（5）选择原理：为了扩展或限制一个人的解释系统，个体总是在那些最可能对未来事件做出预见的双极构念中做出二择一的选择。

（6）限定性原理：一个构念对事件的预测范围是有限的。很显然，像“冷—热”的构念就不能用于需要“好—坏”这样的构念去判断的情境。一个构念最佳适用范围内的各种事物规定了构念的“适用焦点”。

（7）经验原理：一个人的构念系统随着他对事物规律的不断解释而变化。每一个构念系统相当于一套科学理论，而每一个构念则相当于一个科学假设。

（8）调节原理：个体的构念系统受其中各构念的渗透性限定。这种可变性建立在这些构念适应范围的基础之上。

（9）不连续性原理：个体可以不断使用一系列在逻辑上互相排斥的构念系统。凯利认为，一个人的构念系统总是处于一种不断流动的状态，同时，人也在不断地重新组织他的构念系统，以便做出更加稳定可靠的预测。例如，在工作中与在酒吧间对待公司老板的态度可以完全不同。

（10）共同性原理：一个人对经验的解释方式同另一个人相似到什么程度，他的心理过程就同另一个人相似到什么程度。凯利强调，不是共同的经验，而是共同的解释经验方式使人们变得相像。

（11）社会原理：一个人在何种程度上理解和解释别人的构念系统与解释程序，他就能在何种程度上扮演与别人相关的社会角色。

（三）探测个人构念系统

人们用双极化描述性的个人构念术语来解释世界，这些个人构念组成了一个构念系统。因此，一个人可以用双极化构念的术语将自己与别人的关系描述成“我占主要地位”或“我处于顺从地位”的关系。任何一个重要构念在该系统中都会涉及到其他构念，例如，“我是顺从的”可能暗示对某个特定的个人是“一种不自在的关系”。

构念系统有简单和复杂之分。简单的构念系统仅有少量不相关联的构念，其层次只有一两个。例如，“好—坏”“成功—不成功”等，这种构念在做预测时不考虑环境因素。复杂的构念系统包括许多彼此相互联系的构念，是一种多层次、多水平的组织。复杂的构念系统在理解世界时很少有差异，因而能做出更精确的预测。为了探测个体的构念系统，凯利设计了一种叫“个人构念积储格”的方法，这种方法曾广泛应用于医疗、监狱和教育等领域。我们看看下面的案例：

王某是个30多岁的男子，任职于一家保险公司，做着大多数人都认为是“好职业”的工作。在向心理医生寻求帮助的前几个月他曾申请过提拔，但没有成功。他被这件事弄得好几周心烦意乱，最后才恢复了平静。之后不久他与女朋友的关系破裂了，但他说自己和父母及两个兄弟的关系都很好。来看心理医生之前他的情绪曾有很大波动，表现为易怒、郁闷，对自己的未来和整个世界感到悲观。

表5－2　王某的个人构念

①“受别人尊重”	对	“被别人轻视”
②“有教养的”	对	“教养差的”
③“为人热情、率直”	对	“冷淡”
④“容易激动”	对	“稳重”
⑤“与人容易相处”	对	“难以相处”
⑥“工作上成功”	对	“失败”
⑦“与别人相处时有自信”	对	“没有自信”
⑧“在校学习成绩好”	对	“在校学习成绩差”

我们可以借助个人构念积储格方法来探测王某对生活中重要人物及自己的看法，从而归纳出对他真正重要的构念。通过面谈，得知那时他生活中的主要人物是他的父亲、母亲、一位经常见面的兄弟、一位工作上的朋友、工作中的上司和他的前女友。从王某身上得出的构念如表5－2所示。王某按要求考虑他的每一个重要人物，并决定将他们放在每个结构的相应位置上。有许多数学方法可以用来推断哪些构念对王某最重要，从表中可以看出，构念①“尊重”是一个重要构念，王某自己也证实了这一点，这个构念与构念②“教养”和构念⑥“成功”之间有联系。比较重要的构念有⑦“自信”，它与构念③和构念⑤有联系。

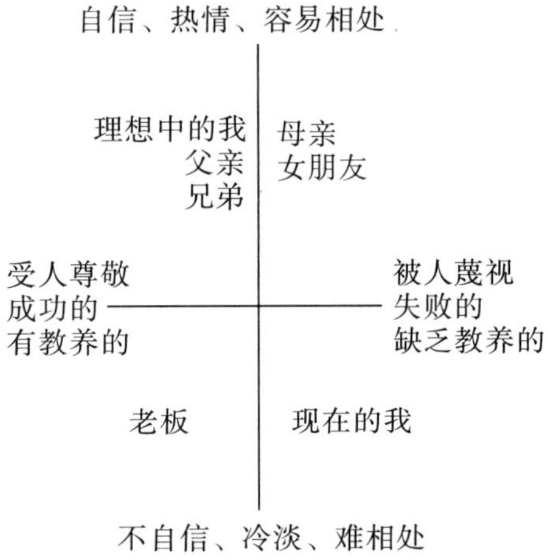

图5－4　王某对重要人物的看法

上述两组构念聚集在一起，就反映出王某在判断自己和别人时的两个重要维度。要证明这一点的另一方法是将重要人物的位置标示在图表的重要维度上，如图5－4所示。也许在王某的世界里，这张图最突出的一点就是在他的现状和他的理想状态之间存在很大差距。他在“尊重”和“自信”两个维度上都比较欠缺。尽管他有个好职业，但是非常怀疑自己的成就和自己与别人的相对位置。他家里的其他男人——父亲和兄弟，与他“理想中的我”较接近。不难看出，这种个人构念积储格在许多方面有待进一步探讨，就王某对世界的看法而言，他可能需要一定的帮助。

知识链接：测测你的人格——个人构念

首先，请写出符合下面要求的12个人的名字。有的人可能适合填到好几类中，但这个表中需要列出的是12个不同的人。如果没有符合这类的人，就填上与这类描述相似的人。例如，如果你没有兄弟，可以找出一个像你兄弟的人。

1. 你喜欢的一个老师。(　　)
2. 你不喜欢的一个老师。(　　)
3. 你的妻子（丈夫）或女（男）朋友。(　　)
4. 一位你认为很难与之相处的同学、主管或上司。(　　)
5. 你喜欢的一位同学、主管或上司。(　　)
6. 你的母亲。(　　)
7. 你的父亲。(　　)
8. 与你年龄最接近的哥哥、弟弟（或是像哥哥、弟弟那样的人）。(　　)
9. 与你年龄最接近的姐姐、妹妹（或是像姐姐、妹妹那样的人）。(　　)
10. 一个与你一起工作（学习）且容易与之相处的人。(　　)
11. 一个与你一起工作（学习）但你很难了解他的人。(　　)
12. 一个与之相处得很好的邻居。(　　)

现在，请一次从中拿出三个人的名字，按照下面的提示，描述一下在哪个方面其中的两个人相似而第三个人与他们不同。请把你对两个相似的人的描述写在下面的“构念”一栏，对第三个人的描述写在“对比”一栏。

用到的名字	构念	对比
3，6，7	________	________
1，4，10	________	________
4，7，8	________	________
1，6，9	________	________
4，5，8	________	________
2，11，12	________	________
8，9，10	________	________
2，3，5	________	________
5，7，11	________	________
1，10，12	________	________

上面呈现的只是“角色构念技能测验”（简称Rep）的一个简版。它可以让你很快发现自己是怎样组织关于所知或所遇的人的信息的。你可能想要把自己的回答与其他受测者的相比较，毫无疑问，你们有一些重叠的构念，但是也有许多是你未曾考虑的。当然，人格构念方面的不同代表了人格的不同，这将解释你们行为上的差异。

（资料来源：Burger，2010：272）

三、“人是科学家”

凯利的人性观是“人是科学家”。在他看来，每个人都像科学家一样，努力理解、预测以及控制生活事件。当个体不能理解为什么某事发生时（例如“为什么我的女朋友和我分手”），他们会感到很苦恼，而如果他们知道原因则要好得多。因此，人们为生活事件寻求解释的过程就像科学家在实验室为一种现象寻找原因一样。

（一）关于“人是科学家”的假设

按照凯利的观点，所有人都像科学家一样着眼于未来，现存的东西只不过是用来检验理论对未来的预测能力。“人并不只是为预见而预见，而是为了更好地说明和呈现未来而预见。现实常常捉弄人，令人着急和焦虑的东西不是别的，也不是过去，而是未来。现在只是个体透视未来的窗口。”凯利最感兴趣的是人类行动的方式：像科学家一样产生和检验他们的假设，以及得出“世界是什么”的新观点。因为没有两个人会用完全相同的观点去认识世界，也就没有两个人行为完全一致或有着同样的人格。

根据“人是科学家”的假设，个体被激发去了解所有作用于自身的刺激意义。像科学家试图预测和控制事情的发生那样，个体寻找对世界的了解以帮助他预测和控制将要发生的事件。假如你根据过去的观察，对你的教师是怎样的一个人形成特定的假设，那么每当你看见他就会收集更多关于他的信息，然后再把这些信息与你的假设比较。如果假设被证实，我们就会继续使用它，反之则用一个新的假设来取代它，凯利将此描述为“模板匹配”。我们对世界的看法就像一个个透明的模板，在认识一种事物时就取出其中一个模板，匹配就保留，不匹配则修改，以便下一次做出更好的预测。

（二）构念与科学理论

科学家用科学理论来解释物质世界，我们则用个人构念来解释社会生活。我们用构念概括对他人的观察，并预测他人在将来生活中的行为。我们可以说某某是聪明的、某某是害羞的，这是我们观察这些人后做出的解释。更为重要的是，我们通过构念揭示其意义。

一个人用以预测事件发生的主要工具是他自己的构念，它是个体用来建构、解释、预测经验或赋予经验以意义的东西，往往是指一个模板、观念、思想或看法。一个构念就像一个微型的科学理论，可以用来对实在做出预言。如果从这个构念产生出来的预言被经验所证实，那么此构念就是有用的；如果不能被经验所证实，那么这个构念就必须被修改或放弃。“个体通过其自己创造的、简明的思维模式来看待所处的世界，并试图用来匹配构成世界的那些实在……让我们用‘构念’去称呼这些思维模式，它们是个体解释世界的方式。”在凯利看来，构念就是一个人应用于环境事件并检验随后发生经验的言语标签。

一个人是过着开放的、创造性的生活，还是过着约束的、限制性的生活，在很大程度上取决于个人的选择。同样地，对于同样的情境，一些人可以积极地看待它，另一些人可以消极地看待它，这也是一种个人选择。凯利在这个问题上的立场可以用一句古老的谚语来总结："同是铁窗外面的世界，一个人看到的是烂泥，另一个人看到的则是星星。"这就把我们带到了凯利关于建构理论的一条最基本的假设："个体的信息加工过程被他对事件的预期所引导。"换言之，一个人的行为与思想的指向受他预测未来事件的构念支配。

四、心理问题与固定角色疗法

（一）对心理问题的理解

与其他心理学家不同的是，凯利在区分各种心理障碍者的诊断图式方面没有多少兴趣，他在用另一种方法来解释心理失调者：人们产生心理障碍是因为他们构念系统的紊乱，而不是过去创伤经验的残留。过去的经历也许能解释为什么某人会以他自己的方式来认识世界，但这并不是心理问题产生的原因。在凯利看来，当人们不能预期未来的事件时，就会产生焦虑，而且认为许多重要事情都发生在人们的预料之中。我们也许有过这种体验，比如你去找工作，在面试前当你对主考官一点也不了解，也不知道他们将问些什么问题时，你很可能会产生焦虑。同样，在你不明白为何别人用这种方式对待你，或你不知道在某一特定的情况下该怎么办时，你也会变得恐慌不安和紧张焦虑。

与传统心理治疗不同的是，凯利认为，神经症患者就像是蹩脚的科学家，尽管他们保持着相同的预感，但却失掉了对经验运用的有效性。也就是说，神经症患者的个人构念不能有效地预料未来事件，因此焦虑的产生也就不可避免。凯利认为心理治疗给患者的帮助是：①考察并检查他的构念系统；②重新调整他的构念系统。

（二）固定角色疗法

凯利并不主张以传统的治疗方法对患者进行分类和诊断。他不仅反对各种人格测验，而且认为这种做法是静止的，只是将注意力集中在过去以及现在。他认为这样做会忽视一个事实：人是不断变化的，治疗师不仅应该发现患者心理的实际情况，而且还应该指出他可能达到的目标。只有通过这种过程，患者才能重新成为一个正确对待自己问题的"好的科学家"。为了与传统的治疗方法相区分，凯利将自己的治疗方法称为"固定角色疗法"。

该方法充分体现了个人构念心理治疗的特色。凯利将我们对他人的看法与期望的理解称为"角色构念"，而将我们怎样遵循这种理解来行动称为"角色"。所谓"角色"是一种心理过程，它建立在角色扮演者对与之发生社会关系的人的构念系统的解释基础之上。角色是根据诊断交谈与测验指定的，设想该角色能够通过用一种有效的新人格代替无效的旧人格来解决患者的问题。

固定角色疗法反映了凯利这样的信念，即心理问题就是知觉问题，而治疗师的工作就是帮助患者以不同于以往的角度来看待事件。凯利常常在治疗开始时要求患者写一份自我性格描述，而这份描述向凯利提供了一些关于患者如何看待自己、世界以及他人的信息。

接着，凯利会创造一个角色，要求患者扮演两周。这个角色的性格与那个患者的自我性格描述显著不同。在这种情况下，患者成了主角，治疗师就成为患者的配角或助演者。

在治疗过程中，凯利鼓励患者像试穿一件新衣服一样试用一种新人格，促使患者用一种新的方式来行动，以新的方式来看待自己，并就此变成一个新的人。这种疗法的核心就是要让患者在生活中扮演一个全新的角色，按新的角色去思想，去行动，直到自然而然地接受了新的角色而加以内化，这样，其心理障碍便迎刃而解了。

凯利特别强调，心理障碍最好用理性的方法来治疗，即告诉患者如何去对待他的困难，并用新方法去重建自己的生活。用他的话来说，就是："心理治疗的目的是要让人们重新回到生活应该有的方向上。"

第四节　米歇尔：认知—情感单元

请看下面的例子：张某的人格表现在他与陌生人第一次接触时显得非常友好，但是随着他同某个人交往的进一步深入，他开始慢慢表现出粗鲁和不友好的行为。而李某则恰恰相反，他的人格表现为在与自己不熟悉的人交往时总是害羞和沉默，但是当他和别人熟悉起来后就变得非常合群和健谈。

如果我们分别将张某和李某总的友好指数进行平均比较的话，会发现他们在这种特质上总量等值，但是很显然，这种方法不能帮助我们了解他们两人在行为上的重要差异。根据米歇尔的观点，人们如何对特定的环境刺激反应取决于一些重要的认知—情感变量。

一、米歇尔的思想渊源

沃尔特·米歇尔（Walter Mischel，1930—2018）1930 年出生于奥地利维也纳，住在距精神分析学家弗洛伊德的家仅咫尺之遥的地方，从小就受到弗洛伊德的影响。他说这段童年期经历对自己可能有这样的影响（Mischel，1978）：

沃尔特·米歇尔

初读心理学时，弗洛伊德的学说最为吸引我。当我就读纽约市立学院时，觉得精神分析理论对人似乎有一套最完备的看法。但是当我把那些想法应用到纽约下层社区的“少年犯罪”时，兴奋之情却遭破灭。努力要给那些年轻人所谓的“领悟”，对他们、对我都没有助益。弗洛伊德的观念和我所见并不相符，于是我寻求更有用的观念。

1938 年，纳粹德国侵占奥地利，米歇尔随全家移居美国。此后，他先后就读于纽约大学及纽约市立学院，1953—1956 年，米歇尔在俄亥俄州立大学攻读临床心理学硕士学位，当时受两位著名心理学家影响很大，“罗特和凯利是我的两位良师，他们对我思想的启发有极其重要的影响”。凯利的个体建构理论我们在上一节已作了详细介绍，罗特的思想则是近年来才开始在人格领域中流行，其影响来自“内—外部控制点”的概念。罗特的观念其实更早以前即已发展，其中包含以下几个特点：

第一，罗特强调的是和重要的人类社会现象有关的学习论。

第二，他强调行为上的情境因素和个人因素并重。任何人格理论的测量方法，只要是忽略了情境因素对个人行为变异的重要性，就会受到批评。

第三，罗特强调学习中认知历程的重要性。相对于机械的 S－R 联结，他尤其强调特定情境下个人对不同行为强化的预期。

罗特的这些观念和凯利的个人建构都对米歇尔的思想产生了重大影响，对一般社会认知学习论的发展也有重要意义。米歇尔说明自己的研究和这两位良师的关系如下（Mischel，1978）：

> 我知道我在认知和社会学习方面的研究的确根植于这两位学者的贡献，亦即着重于视人为解释者和行为者，不时与环境的变更交互作用，努力使生活保持和谐，即使在面对极不一致的情况下仍然如此努力。

米歇尔认为，人的行为是个人与情境交互作用的产物，但情境并不直接影响行为。情境首先影响个人因素，再通过个人因素影响行为，个人因素在特定情境的背景下的交互作用，构成了体现个体特征行为和情感的独特模式，并称之为“认知—情感系统”（Mischel and Shoda，1995，1999）。

1958 年，米歇尔任职于哈佛大学，因而有幸得以和特质心理学家奥尔波特与默里保持密切联系。1962 年，他调任斯坦福大学，与班杜拉并肩领导人格的认知研究，两人共事 20 多年。1978 年，米歇尔获美国心理学会临床心理学分会颁发的杰出科学家奖，1982 年获美国心理学会颁发的杰出科学贡献奖，1984 年以后，米歇尔又调回纽约，任哥伦比亚大学心理学教授。他的另一个著名研究领域是关于自控力——“延迟满足”（delay gratification）的研究，研究表明，儿童对于延迟满足的把握，与其成年后的人生成就有显著相关。

知识链接：米歇尔关注的焦点

或许是由于知道弗洛伊德在维也纳的住所离我童年时的住所很近，我便很自然地被他的理论吸引。虽然 8 岁那年因纳粹占领了奥地利，我们全家搬到了纽约，我便因此而远离了弗洛伊德，但在那 10 年之后，我却仍然想当一个临床医生，以便把他的观点用于帮助患者。正是这种对心理动力学理论的兴趣，给予了我学习临床心理学的动力。

但是，当我看到我所学的许多“事实”只不过反映了忠实的信徒们所共有的信念而不是科学的发现时，我便困惑了。当我在纽约的下东区做社会工作时，我极力将我所学的东西应用于帮助那些处于困境的青少年和孤立无援的老人，可我却发现我所学的与这些现实社会的情况竟然不相关。于是我的疑虑更加重了。

这些疑虑在我完成学业并开始从事研究和临床实践时又进一步加深了。20世纪60年代初，当我在和平队做顾问时，我发现有的情况下（如当人们的确信任心理学家时）人们愿意并且能够评价自己，还能对自己的行为做出与已有的最好的正规测验或专家的临床判断一样准确的预测。这些令人惊奇的结果使我认识到，已有的评价方法尽管在描述人的类型或群体间的总体差异时是很有用的，但它们在对个体和他们所面对的具体生活情境进行有效预测和治疗决策时并不准确和敏锐。

尽管个体在共同特质维度上（如神经质）的特征可以对一般的行为提供有效的总体概括，但它却似乎忽略了在跨时间和跨情境下都可从同一个人身上清楚地观察到显著的不同。一个在自己家里比大多数人都更体贴、更大方、更爱帮忙的人会不会在其他情境下就变得比多数人较少体贴、较为自私呢？这些跨情境的变异性是稳定的、有意义的模式吗？它们能体现一个人持久的特征而不是随机的波动吗？如果是如此，那该怎样理解它们呢？它们反映了什么呢？这些问题一直困扰着我，而尝试解答这些问题成了我后半生的主要目标。

与此同时，我开始注意到，刺激或情境的影响以及奖励或人们所遇到的压力都依赖于人们在大脑中如何从认知和情感方面来对其进行编码和表征。如果人们遇到的刺激或情境的认知表征的方式有至关重要的影响，那么人格个体差异研究就需要注意这一方面和其他“中介变量”，即人格心理学家需要识别出有关行为的潜在的、基本的心理变量，而不只是总结出人们通常所表现的总体行为水平或类型。

多年积累的研究成果为我们提供了一套有关人的社会行为和情感状态的个体差异的基本个人变量。我的观点是，这些变量就是个体对情境和自己的编码和表征方式，被特定背景所激活的预期、信念、价值、目标和情感以及应对变量的能力和技巧。正是这些变量在特定情境下的交互作用，构成了体现个体特定行为和情感的独特模式。

（资料来源：Pervin，2001）

二、人与情境的相互作用

（一）情境的重要性

米歇尔承认绝大多数人的行为具有某种程度的一致性，但是他坚持认为情境对个人行为具有很大的影响力。米歇尔反对使用特质作为行为的预测源并不是因为特质缺乏时间上的稳定性，而是因为它们缺乏跨情境的一致性。例如，一个学生可能过去在学习上是勤勤恳恳的，但在清扫公寓或保养汽车上却没那么勤快。在清扫公寓上所表现出的懒惰可能是因为他对此不感兴趣，而对汽车保养的忽略可能是因为他不具备足够的这方面知识。

因此，具体情境与预测个体行为的能力、兴趣、目标、价值取向、期望等诸如此类的特质相互作用。在米歇尔看来，特质或个体倾向假说注重依据特质或个体倾向对人类行为的预测，但忽视了人们所处情境的重要性。

（二）行为是多种因素相互作用的结果

个体倾向只是在某种条件下或在某种情境中对行为产生影响。该观点表明行为不是由综合个体特质所决定的，而是由人们在某种特定情境中对自己的知觉所决定的。例如，在年轻女性面前通常表现很羞怯的年轻男性，当他和男性或与年长的女性在一起时，则表现出开朗、外向的行为。那么这个年轻人是羞怯的还是外向的？米歇尔说，他是两者兼而有之，他的表现取决于在特定情境中影响他的条件。这种“视条件而定”的观点认为，行为是由个体倾向加上个体特定的认知和情感过程而决定的。特质理论可能认为综合倾向可以预测行为，而米歇尔则主张，个体的信念、价值观、目标、认知和情感与那些倾向的相互作用决定了行为。

为了测试这个模式，怀特（Jack Wright）和米歇尔（1988）与8～12岁的儿童及成人进行了会谈，要求他们报告所有他们知道的关于“靶”群体儿童的情况。成人和儿童都承认其他人的行为是可变的，但是成人更确信某种行为可能发生的条件。而儿童的描述可能有些含糊其辞，例如他们说“卡罗有时候打别的小孩”，而成人回答得更具体，“卡罗被惹火的时候会打人”。这些研究结果表明，人们能意识到情境和行为之间的内在联系，他们对倾向视条件而定的说法有一种直觉上的依从。

三、人格系统的认知—情感单元

米歇尔对特质理论忽视情境作用表示不满，但他又深受社会学习理论和认知理论的双重影响，试图建立一种截然不同的人格理论，这种理论主要强调三个方面：第一，情境的具体性。个体的行为被视为具有高度的可变性和相对的情境性。第二，强调人类认知机能的鉴别力。人们一般都能识别与不同情境有关的奖励和需要，并据此调整自己的行为。第三，强调人格机能适应的自我调节方面。

（一）认知—情感单元

米歇尔指出，我们遇到的事件会与一个复杂的认知—情感单元发生交互作用，并最终决定我们的行为。所谓认知—情感单元，其实是指所有的心理表象，它由人格中的特殊元素组成（见表5－3）。

表5－3 认知—情感人格理论的个人变量

变量	定义	举例
编码方式	将自我、他人、事件和情境（外部的与内部的）加以归类（建构）	每当汤姆接触到一个人，他总是首先试图界定出这个人的富有程度

（续上表）

变量	定义	举例
预期和信念	对在某种特定的情境中将要发生什么进行预测，对某种特定的行为会有什么后果进行预测，对某人的个人效能进行预测对于个人能够带来某种后果的能力的信念	约翰试图邀请他的朋友们去看电影，但他对说服他们和他一同去不抱什么希望
情感	人们的感受和情感，包括一些生理上的反应	杰克非常容易脸红
价值和目标	期望或厌恶的结果和情感状态；个人的目标和生活规划	乔伊斯想成为大学班级里的班长，因为他认为当班长很有价值
能力与自我调节系统	个人可能表现出的潜在的行为和脚本，组织活动、影响结果以及个人行为、内部状态的计划和策略	彼得可以讲英语、法语、俄语和日语，他一直希望能够在联合国工作

（资料来源：Gerrig and Zimbardo，2002）

1. 编码方式

编码方式即人们对从外界刺激获取的信息进行分类的方式。不同的人对相同事件采用的不同方式进行编码，这正是个人构念中的个体差异的体现。同一个人在不同的情境对相同的事件进行完全不同的编码。人们选择注意什么，他们如何解释自己的经验以及他们将输入信息进行分类的方式使刺激的输入发生了实质性的改变。

每个人都有自己独特的个人构念和编码策略，米歇尔特别强调人们解释和加工与自己、他人以及世界事件有关的信息的方式。很显然，对个人构念的强调与凯利的观点有关，而对编码策略的强调则与认知心理学的信息加工模型有直接联系。

2. 预期和信念

任何情境都蕴含着大量的行为潜能，但人们如何行动取决于他们对每种不同行为可能产生的结果所持的特殊期望和信念。人们经常在“如果……那么……”的框架中构想这种期望，以此来引导某种情境中的行为选择。人们行为不一致的原因之一是他们不能预测别人的行为。

正如罗特所说，要预测一个人在某种特定情境中的行为，我们必须考虑他对在该情境中可能的行为后果的具体预期。与罗特一样，米歇尔也认为，当对两种情境的预期不同时，行为就会有很大的不同。如果一个幼儿对阿姨的“依赖”经常受到奖赏，而对同伴的“依赖”未受到奖赏，那么考察这两种情境下的“依赖”便不可能得到高度相关。

3. 情感

该单元是指个体的感觉、情绪及情绪反应，其中包括生理反应。同一个体对待不同情境的情感反应不同，不同的个体对待相同情境的情绪情感反应也不相同，这种反应的差异反映了人格的差异。情感反应不仅与认知过程密不可分，而且还影响着所有其他认知—情感单元。

认知—情感的表现并不是互不相连的离散元素，只作为被激发起来的孤立的“反应”：这些认知表征和情感状态以动态的形式相互作用和交互影响，正是他们之间的组织关系构成了人格结构的核心并指导和制约着它们的影响。（Mischel and Shoda，1995：253）

4. 价值和目标

该单元表明个体对不同后果赋予不同的价值，人们具有对终点或目标的心理表征能力以及据此做出有目的、有目标导向的行为的能力。对大学生来说，致力于自食其力的生活任务是至关重要的，虽然他们对这种生活任务的重要性有不同的认识。

米歇尔强调，人们不是环境的被动反应者，而是积极的并受目标指引的反应者。他们确立目标，为达到目标制订计划，并在某种程度上创造出自己的情境。价值观、目标和兴趣与能力一样也是最稳定的认知—情感单元。

5. 能力与自我调节系统

能力（competencies）是指人们获得有关世界及他们与世界关系的大量信息的能力。人们如何行动在一定程度上取决于他们能够做出的行为，他们认为自己能做什么，他们表现行为的计划和策略以及他们对成功的期望。人们利用自我调节策略，通过自我强加的目标和自我产生的结果来控制他们自己的行为。

人们拥有的信息各不相同，他们利用信息的方式和具体的行为技巧也各不相同。米歇尔指出，认知和行为能力与潜在成就相关，而不是与实际成就相关。因此，我们应当注重一个人能做什么而不是一个人通常做了什么。该系统强调个体形成和执行长期计划的能力、确定标准并维护标准的能力以及抵制诱惑并在遇到挫折时仍坚持不懈的能力。

（二）人格的认知模型

当我们处在某种情境时，人格系统中的单元就会与情境发生交互作用，最后影响人的行为，人的行为又反过来影响情境。米歇尔认为，情境、认知—情感系统与行为之间，在不断进行着复杂的交互作用（如图5－5）。

米歇尔等人指出，这些单元并非孤立的，而是在情境作用下以独特的方式联系在一起，形成人格结构，在不同情境下保持相对稳定。当某个个体处于某个情境中时，情境便会激活某些相互联系的单元，彼此之间又发生特定的交互作用，从而产生情境特异化的认知、情感和行为。不同的情境有不同的激活，这就是行为不一致的原因。由此可见，个体差异不仅体现在跨情境上，更体现在跨情境差异的规律性上——差异背后稳定的人格组织。单纯分析某个情境下的某个行为，是不会得到有价值的结论的，应该分析情境变化时同一个人的不同行为表现，据此绘成情境—行为剖面图。

那么，怎样用认知—情感单元来解释个体间行为的差异呢？答案就在于每个人都有一

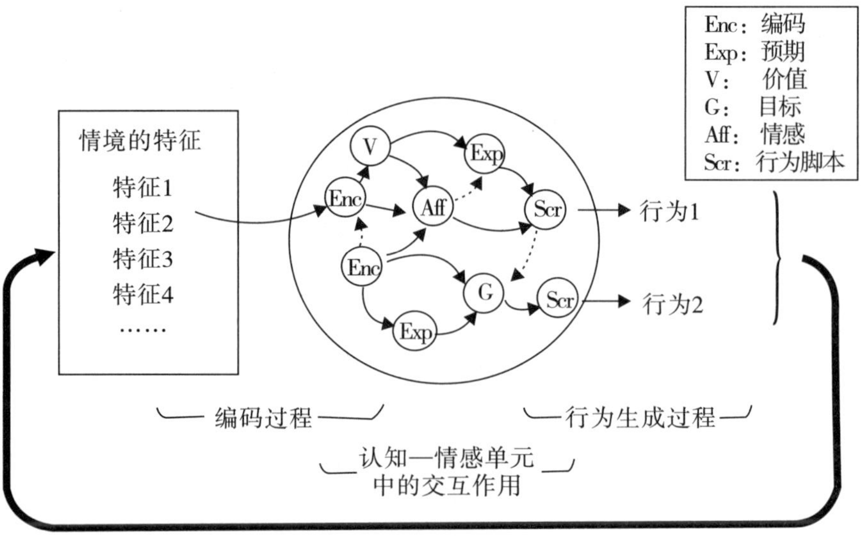

图 5－5　人格的认知模型（Mischel and Shoda，1995）

套独特的心理表象，这导致了不同行为模式的产生，甚至当我们处于相同的情境中时，我们的行为也很可能不同。因此，个体解释某种特定情境的方式或个体对自己的解释做出何种反应依赖于被激活的认知类别。例如，一个人认为是机智反驳的话在另一个人听起来也许是辱骂；一棵圣诞树可以让一个人想起他的信仰价值，也可以让另一个人回忆起家庭和假期的欢乐，还可以让第三个人想起童年的悲伤。

四、行为预测："如果……那么……"

关于行为预测，早期的情境论者强调情境对行为的决定作用，而特质论者则认为人格特质是行为预测的关键。对于"人—境之争"问题，米歇尔提出的"如果……那么……"模式不失为一种明智的解决方法。在不同刺激情境中，人格变量会导致个体出现不同的行为反应。例如，受到辱骂的人，他可能只是走开。但是，在不同的"如果……那么……"模式下，可能出现暴力的反击行为。

在对该理论的一项应用研究中，心理学家苏珊·安德森等人认为，精神分析中移情的观点就可以解释为"如果……那么……"的模式。如果一个人见到另一个人能够使他回忆起自己父亲的人，那么他就会像对待父亲一样对待这个人（Andersen and Thorpe，2009）。另一项研究发现，对于比赛胜利、比赛失败、比分相同或接近等情境，青年棒球教练拥有稳定的"如果……那么……"反应模式（Smith，et al.，2009）。

米歇尔想用"如果……那么……"模式代替人格特质作为理解人格差异的重要元素。"如果……那么……"模式最主要的优势就在于它的明确性。某一种特质，比如强势，只能大致预测一个强势的人会做些什么。把特质用"如果……那么……"的模式重新定义的话，就可以具体地预测如果一个强势的人参加一次商业会议，那么他将会迅速地主导整个会议。

“如果……那么……”的观点能够很好地描述人们随着情境改变他们行为的方式。也许，同样一个在会议上很强势的人，在家里就完全不一样。相反，按照特质论的观点，强势的人会在所有情境中都展示自己强势的特点。研究表明，特质论的观点大体上是正确的，但是“如果……那么……”理论则是一种例外，它强调某种具体的情境会使强势的行为更可能发生。

米歇尔的“如果……那么……”模式将特质重新界定为明确的行为模式，进而实现了人格特质及社会学习和认知概念的整合（Funder，2018：443）。举例来说，如果一个友善的人见到陌生人，那么他可能会主动发起谈话。如果一个害羞的人在社会场合，那么他可能对于任何拒绝的信号都很敏感。人格特质在提供有效的方式思考行为时显得过于宽泛和模糊。而将“如果……那么……”模式与特质整合起来，则能使二者互相补充、互相丰富。

五、人格的认知结构

人格的认知理论家用我们对信息的心理表象差异来解释人格的差异。我们将这些表象称为认知结构。凯利认为信息被组织在个人构念中，米歇尔则归纳出五种类型的认知—情感单元。结合大多数认知理论家的观点，这里主要介绍图式和原型两种人格的认知结构。

（一）图式

图式（schemas）是由一些类别构成的知觉世界的方法，是帮助人们知觉、组织、获得和利用信息的认知结构，其作用是帮助我们知觉周围环境的特征。它影响新信息的理解、组织及记忆。根据信息加工观点，它影响信息的编码、贮存与提取。

图式与凯利构念的概念相似。从人格的观点来看，个体化图式的形式及图式间的关系是有差异的。这一点在凯利的建构理论中表现得非常明显，如果两个人没有相同的图式，那么彼此很难相互理解；如果他们有同名图式而包含不同的内容，那么彼此之间的相互理解也会存在问题。例如，两个人对忠诚有相同的图式，但一个人的图式或许包含撒谎以袒护朋友，而另一个人则可能不会有。

除了感知环境的特征外，图式还给我们提供了一个加工和组织信息的结构。例如，我能把一个关于母亲的新信息纳入已有的并与之相关的知识中，这是因为我有一个非常明确的“母亲”图式。我能系统地描述母亲，因为有关的信息组织在一个结构良好的系统中，而不是大量杂乱的信息分布在许多无关的图式中。最后，由于“母亲”的图式给我提供了一个框架去加工和组织有关的信息，对我而言此类信息自然也就容易利用。与记忆中那些散乱的信息相比，回忆起关于母亲的信息要容易和详细得多。

（二）原型

如果让你想象一个商人、一个天才或一个运动员，你可能马上会在脑海中浮现出三个人的形象。如果问你最好的朋友是不是一个商人、天才或运动员，你可能将他与你脑海中浮现的形象进行比较，越是与之相似，你认为你朋友是商人、天才或运动员的可能性就越大。这种想象中的形象就是原型（prototypes）。研究发现，在判断某一物体是否属于某个范畴时，人们通常使用原型来判定。物体同原型越相似，就越有可能被归为同一类。例如对于水果这一范畴，你可能会把苹果或橘子作为原型，而油桃或杏与该原型很相近，因此它们很容易被归为水果一类。但当有人说西红柿或鳄梨是水果时，你也许会感到十分惊讶。

原型也可用于区别人。一个人的原型并非描述某一特定的人，而是一个有许多固定特征的混合体，代表某一类人的缩影。例如，你用迈克尔·乔丹作为“篮球运动员”的原型，那么当你说某人不像篮球运动员时，你的意思是这人不像乔丹。米歇尔认为，这些人的分类是呈等级系统排列的，如图 5－6 所示。

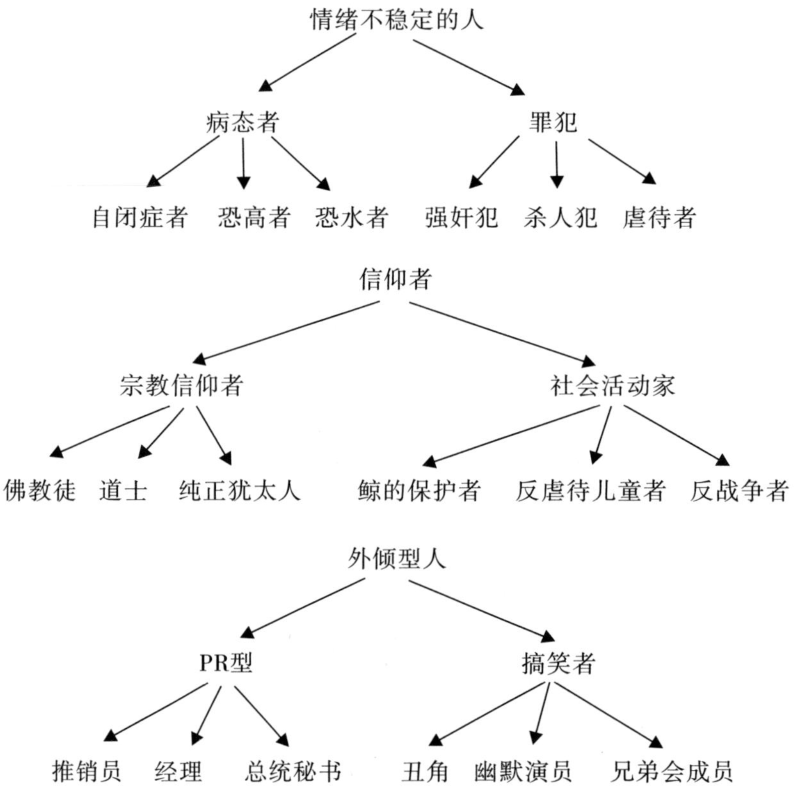

图 5－6　原型等级结构的实例（Burger，2010）

如何用原型来理解人格呢？我们以自己感兴趣的类别构成独特的原型，而且这些感知方式的差异又导致我们行为上的差异。我们有不同的原型，用不同的类别关系去区分信息，因而我们对同一个人会有不同的看法，并以不同的方式和这些人交往。由于原型是一个相对稳定的认知结构，因而这些行为上的个体差异也是相对稳定的。

（三）对人格中认知成分的分析

人格的认知成分包括相当纯粹的认知成分，诸如构念、期望、自我效能、图式、原型等，也包括价值和目标。事实上，正如我们所看到的那样，目标是一种重要的人格动机成分。此外，认知成分还应当包括如评价情境的认知能力。最后，认知成分也包括对未来的预期、忍受延迟满足的自我调控能力。

人格的特质与人格的认知成分差异非常明显。特质成分是从个体差异观点的角度来看的，而认知成分尽管也与个体差异有关，但主要强调与具体情境要求有关的个体所共有的认知过程。特质理论家在利用因素分析技术时强调的是个体差异，而认知理论家强调的是实验研究中的普遍共有过程。

特质理论家希望能够借助几个为数不多的特质因素对个体行为表现做出一般性的预测，而认知理论家则试图根据具体情境对行为表现进行预测。对待行为的一致性问题，特质论者强调行为具有跨时间和跨情境的一致性，这主要归功于人格的特质单元在本质上具有稳定性和一致性。但是，认知理论家则认为，个体的行为模式取决于特定的情境以及个体对情境的认知。

六、人格的认知理论评价

（一）理论优势

与其他人格理论不同的是，认知理论偏重于个体对情境的认知，用认知结构来解释个体行为的差异，这远远超过了简单地将人格特质进行归类或描述。在人格建构过程中，认知理论家既不单纯强调主体的作用，也不单纯强调环境的作用，而是认为人格是两者交互作用的产物。如今，用于解释个体差异的大多数认知结构都已经被大量严格控制的实验研究所证实。从某种意义上讲，人格的认知理论扭转了人格心理学长期忽略认知因素的现象，符合当前心理学发展的趋势和潮流。更为可贵的是，认知理论看到了人格与认知之间的双向互动作用，不仅从认知的角度解释了人格的差异，还用这种差异进一步指导认知。

人格的认知理论形成了许多新的思想和观念，这些思想和观念借助于经验的研究方法不断得以发展，特别是根据研究发现，原型和图式的概念不断深化。研究者不仅将这些概念加以具体应用，而且还通过经验调查来解释人格现象。人格的认知理论家确信，他们的观点能够对特质论在解释为什么特定的人会表现出特定的人格特征时起到推动作用。除了证明特质和预期行为相关外，认知论者还用认知结构解释了行为中稳定的个体差异。其重要之处在于，特质也可以解释为信息加工中稳定的态度。

（二）理论不足

或许是因为人格的认知理论尚处于发展初期，还没有形成一个清晰的模型来组织和指导其理论与研究。相对于实验研究来说，人格认知理论中的许多概念含混不清，这是人格认知理论常受到的批评。“人格结构”或“原型”究竟是什么？如果我们仅有一些含混的概念，又如何证实它们在行为中的影响？某些问题可以通过进一步的研究来回答，但与人格理论家的某些结构相比，认知的不确定性可能使人更加费解。

与此相关的另一个问题是，用这些含混的概念说明行为中的个体差异纯属多余。例如，行为主义者声称他们可以用较少的结构去解释同一现象，图式或原型的引入也许是多余的，它们犹如在理解人格的过程中给人造成迷惑的障碍物。根据简捷性原则，认知理论家有责任使用更简洁的方法阐述他们的理论。

第六章　人格的人本取向

第一节　心理学的第三势力

20 世纪中期，心理学领域有两种主要的人性理论。一种是以弗洛伊德为代表的精神分析论，认为人主要受生存本能尤其是性本能以及死亡本能的控制，这是心理学的“第一势力”。另一种是以华生为代表的行为主义，该理论将人看作是硕大的、复杂的老鼠，认为人也像老鼠那样受环境刺激的控制，这是心理学的“第二势力”。

很显然，弗洛伊德和华生都忽视了人性中一些非常重要的东西：人的价值、潜能、自由、尊严，他们把行为说成是受控于本我的冲动或外界的环境而不是个体的选择。基于这种考虑，心理学的“第三势力”——人本主义开始兴起。在这三种势力中，最有资格谈论人格的当数第三势力，因为只有它才将人格作为自己真正的研究对象。

一、人本主义的兴起

人性通常被认为包含三种成分：身体（生物构成）、心理（理智构成）和精神（情感构成）。近年来，不同哲学派别及心理学派别更倾向于强调其中的一种成分，而以牺牲其他成分为代价。这种观点的流行主要是由时代精神所决定的。在美国历史上，20 世纪 60 年代是一个喧嚣的时代。美国卷入越南战争，反战运动迭起；马丁·路德·金、约翰·费德罗·肯尼迪和罗伯特·肯尼迪相继被暗杀；许多大城市发生激烈的种族抗议活动。“嬉皮士”公开反对父母及国家的价值观，他们像古代的怀疑主义者一样找不到值得信任的东西，又像犬儒主义者一样逃避社会，试图回归一种简单、原始的生活。这个自由和博爱的新时代显然不是一个理性哲学（强调心理）或经验哲学（强调身体）流行的时代。

20 世纪二三十年代，构造主义、机能主义、行为主义、格式塔心理学与精神分析共存，它们各自追求不同的目标。然而，到 20 世纪中叶，构造主义作为一个派别已经消失，机能主义和格式塔心理学因被其他流派吸收而失去了作为派别的意义。到 20 世纪 60 年代早期，只有行为主义和精神分析仍被认为是具有影响力的、完整的思想派别。

在这个躁动的年代，行为主义和精神分析所提供的关于人性的知识，被许多人看作是不完整的和扭曲的。行为主义以动物和小孩的学习来推断人类的学习，以“S－R”的联结来解释复杂的人性，无怪乎人们将它称作“幼稚心理学”。精神分析以精神病患者的心理来推断正常人的心理，以潜意识的本能和冲动看待人格的本质，因此被人称为是“伤残心理学”。正因为如此，人们急需一种新的心理学理论，一种既不强调心灵也不强调身体，而是强调人的精神的心理学。

20 世纪中叶，在马斯洛的领导下，一批人本主义者开始了一场被称为第三势力心理学的运动。这些心理学家宣称，心理学的第一势力——精神分析，以及第二势力——行为主义忽视了人的许多重要特性。他们认为，行为主义将自然科学技术应用于人的研究，把人当成了机器、计算机或低等动物。对行为主义者而言，人没有什么独特之处。对精神分析的主要批评是，认为它的研究对象主要局限于神经症患者，并发展一些使异常个体成为正常人的技术。

第三势力的心理学家认为，上述两种势力所忽略的一些内容——自由、价值、潜能——可以促使健康的个体变得更健康，即实现他们的全部潜能。要使个体的潜能得以充分发挥，就必须发展一种新的人性理论，这种理论应当强调人的独特性及其积极性，而不是把人看成是一种消极的存在。

二、人本主义的理论渊源

（一）浪漫主义

与大多数心理学理论流派一样，人本主义也不是新生事物，它可以追溯到浪漫主义和存在主义，而这两种哲学又可以溯源到古希腊。浪漫主义者（如卢梭）坚信，人不只是经验主义者和感觉主义者所说的机器，也不只是理性主义者所说的逻辑的、理性的存在。他们对把理性、宗教信条、科学及社会规则作为人类行为的向导持怀疑态度。

在浪漫主义者看来，人的真实情感是指引其行为的唯一有效的实在。浪漫主义者相信人天性善良、合群，如果给予他们自由，他们将变得快乐、完美且具有社会意识。如果人们表现出自我毁灭或反社会的行为，那是因为他们的自然冲动被社会力量干扰所致。人永远不可能是坏的，但社会系统却可能而且常常是坏的。

（二）存在主义

1. 存在主义的观点

存在主义是一种将人的存在当作全部哲学基础和出发点的哲学思潮，产生于 19 世纪 30 年代的德国，盛行于第二次世界大战中遭受严重破坏的法国，并迅速扩展到欧美等其他国家，代表人物有：克尔凯郭尔、海德格尔、萨特等。存在主义认为：

（1）人是个体存在的人，是在追求着和感受着的个人，是具有不可剥夺的独一无二的个性的人。

（2）个人具有绝对重要性，存在的个人首先应该是无限地关怀他本身、他的命运和人生价值。

（3）每个人都有独立选择自己人生道路的自由，每个人都必须对自己的选择负责。

（4）每个人的选择都受到他所处具体的和历史的条件制约，个人所选择的价值标准都从某一角度反映了他所处的社会环境。

萨特有一句名言："人就是他希望成为的人。"人类是自由的，注重未来的。克尔凯郭尔认为，每个人都面临着三种人生态度的选择，即审美阶段、伦理阶段和宗教阶段。虽然称为阶段，但它们之间不是连续的而是一种选择的境界。在审美阶段，人所追求的是感官享受、及时行乐；在伦理阶段，人把生活建立在忠于工作和婚姻的基础上，对人生采取理性的态度；而宗教阶段的特点是信仰，充满了对上帝的恐惧。克尔凯郭尔认为恐惧支配着存在，人不可能知道将会有什么事情发生。存在主义宣称人是被"抛入这世界的"，痛苦、挫折、疾病、死亡是人类现实的本质特征。

2. 存在主义与人本主义

作为人本主义的另一来源，存在主义者强调人类存在中意义的重要性及人类选择这种意义的能力，这种观点与经验主义和理性主义相对立。存在主义将人的自由、选择和价值作为其中心主题。克尔凯郭尔认为主观性就是真理。换言之，一个人的信念指引他的生活并决定他存在的性质。真理不是独立于人的、等待被逻辑和理性思维过程所发现的东西，它存在于每个人的内部，而且实际上是由每个人所创造的。在尼采看来，上帝已经死了，人只能依靠自己。他认为人们的生活之路只有两条：要么把传统道德作为生活的向导，因而参与到群体之中去；要么践行自己的信念、价值和生活，达成自己的真理与道德并因此而成为超人。

（三）人道主义

人道主义是人本主义的又一理论渊源。从词源分析，"人本主义的"（humanistic）、"人道的"（humane）与"人道主义的"（humanitarian）同源。人道主义主张以人性作为衡量历史和现实的准则，重视个人的价值，维护个人的尊严和权利，解放人性，使个人得到充分、自由的发展。人道主义者关心人类的命运及其所从事的一切活动，包括人类的娱乐、工作、建设、旅行和组织。

但是，作为人本主义者，其要求高于人道主义者。按照其主张，个人作为人，其地位不可以还原到更低级的水平，个人是有独特价值、自主判断与行动潜能的存在。人道主义与人本主义之间的不同，可以在这样一个相关的例子中表现出来：行为控制依靠的几乎完全是正强化。这种方法是人道主义的，因为它持慷慨、同情的态度；但它不是人本主义的，因为纯粹由外部力量所进行的系统行为矫正，其背后的理论基础与人的概念（作为一个有自我意图及预先活动，而不纯粹是反应性的存在）是不相容的。

三、研究对象与基本信念

（一）人本主义的研究对象

基于当时的科学背景，特别是心理学的背景，人本主义提出了自己的研究对象：

其一，研究整体的人或人的整体，后者正是指人格。为此，他们提倡“N＝1”的研究方法，认为要理解人性的本质，不必对一群被试作统计意义上的分析，而只要全面、充分、透彻地了解一个整体的人即可。

其二，研究健康人的心理或健全的人格。“如果一个人只潜心研究精神错乱者、神经症患者、心理变态者、罪犯、越轨和精神脆弱者，那么他对人类的信心势必愈来愈小，他会变得愈来愈现实，尺度愈放愈低，对人的指望也愈来愈小。”（Maslow，1970）

其三，研究出类拔萃者或社会精英。这些人被马斯洛看作是自我实现的代表，是健全人格的典范，其研究中自我实现者的特征就是从大量历史名人及社会精英身上总结得来的。

最后，人本主义强调以人的本性、潜能、价值、尊严、经验作为研究主题，因为人的本性从根本上讲具有追求生命意义的冲动和创造美好生活的潜力。

（二）人本主义的基本信念

人本主义心理学家坚持认为，研究非人类的动物对研究人类没有什么价值，主观实在才是人类行为的主要指南，认为研究个体比研究具有共同特征的群体更有意义。人本主义者将主要精力应用于发现那些能拓展并丰富人类经验的事情。他们指出，心理学研究应该寻找那些能帮助解决人的问题的信息，目标是完整地阐述成为一个人意味着什么。

人本主义者反对以预测及控制人的行为作为心理学的目标，如果说人本主义的科学除了对人之奥妙完全沉醉并享受于其中之外还有其他目标的话，那就是将人从外部控制中解放出来，并使其更少受到观察者的预测，使其更自由、更有创造力、更由内部决定，即使其更会受到自己预测的影响。同样地，精神分析关注对有心理障碍个体的研究，创造出一种“伤残的”心理学。马斯洛认为，杰出人物的生活不能简单地理解为没有心理障碍。为了理解人性所能达到的境界，心理学必须直接研究杰出人物。

四、人本主义的基本内容

尽管目前还没有一个明确的标准来判断一种理论是否是人本主义的，但是一般认为，人本主义的核心内容包括以下四个方面。

（一）强调人的责任

存在主义哲学家指出，人们最终要对自己所发生的事情负责，这是人本主义人格理论的基础，它能够说明我们为什么经常说“我不得不”这句话。例如，“我不得不去上课”“我不得不去见朋友”等。其实，从某种意义上讲，我们可以不做任何事情，因为在特定的时刻，行为都是我们自己选择的结果。

人们可以选择维持人际关系，但并非必须这样做。我们可以选择被动地行动，也可以选择积极地行动。人本主义者将人看作是自己生活的主动构建者，我们可以自由地改变自己，如果不能改变，只是因为身体上暂时有局限。人本主义心理治疗的主要目标，就是使患者认识到他们有能力做他们想做的任何事情。

（二）强调此时此地

根据人本主义的观点，只有按生活的本来面目去生活，我们才能成为真正完善的人。对过去和将来的某些思考尽管有益，但是多数人花费过多的时间反省过去，计划未来，这其实是在浪费时间。因为对过去我们已无法挽回，而对未来我们也无法把握，我们能够把握和享受的只有现在。

一个人只有生活在此时此地，他才能够充分享受生活。当然，过去经验会形成和影响我们的自我认同以及如何行动，但是这些经验并没有明确指出我们能够变成什么样子。人们不能因为他们“过去很害羞”就认为其永远害羞，也不能因为不知道未来还能做什么就不得不维持目前不愉快的人际关系。人本主义坚信，过好了每一天也就过好了一辈子。

（三）个体的现象学

现象学的最一般形式是指这样的方法，即它关注产生的认知经验，但并不试图将这些经验还原为它的构成要素。在这里，现象学有两重含义：其一是指人类的一切知识，只限于存在的现象，对于世界或物体自身的本来面目，我们不得而知；其二是指人们所知道的只是万物之现象，否认物体自身之存在，所谓存在只不过是一种意识经验而已，绝无高于意识经验之事物。

在此基础上，个体的现象学指出，没有人比你更了解自己。因此心理治疗师听了患者的倾诉后，判断他们是什么问题，然后强迫他们接受意见、同意要改变什么以及如何改变，这些做法都是很荒谬的。人本主义认为，治疗是患者自己的事情，在治疗过程中患者会逐渐了解自己并想出适当的办法来解决问题。

（四）强调人的成长

根据人本主义的观点，需要立刻得到满足并不是生活的全部。假如你继承了几百万元的财产，和一个尊敬你、爱你的人一起平平安安地过日子，而且让你健康长寿，你会幸福吗？这种幸福又会持续多长时间呢？人本主义者相信，当人们眼前的需要得到满足后，他们不会感到满意，而是要积极地寻求发展。“当我们变得更像我们自己，成为一个人能够成为的那种人的时候，我们就达到了自我实现的境界。”（Maslow，1970）

如果问题和困难阻碍了一个人的成长，那么他可以借助于人本主义的心理治疗。当然，治疗师并不能把患者推回到发展轨道上，只有患者自己才能做到。治疗师应该允许患者自己克服困难，继续成长。罗杰斯将这一通过自我获得发展的过程称为“成长过程”。

知识链接：人本主义的中心论点

人本主义具有强烈的现象学性质或依据经验的特征，它的出发点是意识经验。意识经验为心理学家提供了他们所关心的重要原始资料，因此不必考虑或许便能够解释意识经验的所谓先在“原因”。每个人对自己独有的感情和观点都有不可置疑的权利。人本主义对主观的心理内容具有强烈的兴趣，也不愿忽视超感视觉和超感知觉等心理经验，致力于创立一种人类经验的科学。由于人本主义将意识经验作为研究的中心并反对行为主义的逻辑实证主义倾向，不重视在标准条件下对心理现象的精确测量，因而从根本上也是反对行为主义的。同时，人本心理学坚信意识就是它自身的起因，而没有其他更基本的原因，坚持现象学传统，反对还原论，因而从根本上也是反对精神分析论的。

人本主义坚持人类本质的完整和完善，人本主义的人格理论家如罗杰斯、马斯洛都将戈尔德斯坦所强调的人类最基本的动机是力争统一和完整称为追求自我实现。自我实现是一个过程，这当中个人努力实现自己尚未实现的潜能，以便超越现状，变得更加完善。由于强调人类潜能的发展和身心的统一，一些人本主义心理学家越来越不相信两极性的概念，如意识对潜意识，内在对外在，思想对情感，等等。他们怀疑以非此即彼的方式来概括心理经验是否有意义。

人本主义在承认人生明确固有的限制的同时，坚持人类保留着必不可少的自由和自主。人类能选择自己对限制及其他强加于他们的条件的态度。例如，一个知道自己死期将至的妇女，仍然可以自由地选择一种心理态度去面对这一不可避免的事实。在自由选择这个问题上，存在主义和人道主义为人本主义提供了哲学基础。

人本心理学在确定其方针时反对还原论。所谓还原论是将复杂的现象分析简化成最基本的元素，然后再用这些基本元素的性质来解释整体事物或现象的理论。人本主义特别反对用 S－R 的简单符号来解释复杂的人类现象，也反对用潜意识冲动来解释复杂的人类现象。人本主义者认为，潜意识的概念并不特别有益或中肯，因为它的性质不可能被人直接认知，很容易被用来否定自由或为推脱自己责任的行为找借口。尽管他们也承认弗洛伊德发展的潜意识这一概念有助于揭示人性的阴暗面。

与存在主义的基础一致，人本主义相信人性不可能彻底被解释。因为假如我们根据人的实际所为和实际所是（即人的存在），而不是根据关于人的本质的抽象论述来解释人性，那么在人类智能范围内人性就永远不能被彻底理解清楚。

（资料来源：Maslow，1987）

五、人本主义简评

（一）批评

（1）人本主义忽视了科学的累积性，认为科学心理学不关注人的高级属性。其实是科学心理学还没有准备好去研究这些属性，正如在写诗之前必须先学会语言。人本主义心理学家所批评的科学心理学为未来研究更复杂的人类特性提供了基础。

（2）人本主义心理学一般都对行为主义、精神分析和科学心理学进行批评，但这三种心理学已为改善人的状况做出了巨大的贡献。换句话说，它们所做的事情正是人本主义心理学的一个主要目标。

（3）如果人本主义心理学反对将传统的科学方法论作为评价人性假设的手段，那么应该以什么方法取而代之呢？如果仅仅用直觉或推理，这个事业就不应被称为心理学，而应该被称为哲学甚至是宗教。研究人的人本主义方法常常被看成是退回过去的前科学心理学。

（4）人本主义心理学家反对进行动物研究，这意味着舍弃了一个对人的认识极有价值的来源。不用进化论的观点来研究人的行为，这充其量不过是倒退。

（5）人本主义心理学家所用的许多术语和概念是如此模糊，以至于他们公然反对清晰的定义及实证显得无力。即使是人本主义心理学的定义，也显得混乱不堪。

（二）贡献

人本主义心理学家并没有否定行为主义、精神分析及科学心理学对理解人所做出的贡献。他们认为行为主义和精神分析只是说出了一部分事实，也许一些重要的人的属性不能用传统的方法和科学假设来研究。正如詹姆士所说，如果现存的方法对于研究人性的某些方面无效的话，那么就应该抛弃那些方法，而不是那些人性。人本主义心理学家不想抛弃科学的探究，他们想拓展人们的科学观，使科学探究能够用来研究高级的心理属性。

人本主义心理学的主要贡献是拓宽了心理学的领域。现在，心理学界越来越倾向于研究整体。我们不仅关心人们如何学习、思考，心理和生理如何成熟，还关心人们怎样制订计划以达到目标以及人们为什么会哭、会笑、会创造意义。许多人认为，人本主义的范式为心理学注入了新的生命。

第二节　马斯洛：需要层次

一、马斯洛的生平

亚伯拉罕·马斯洛（Abraham Maslow，1908—1970），1908 年 4 月 1 日出生于纽约的布鲁克林。他是家里七个孩子中的老大，父母是俄裔犹太移民。马斯洛回忆说，父亲喜欢威士忌、女人和打架；母亲极度迷信，而且性格冷漠残酷。马斯洛小时候曾带两只流浪猫回家，结果流浪猫被母亲当面活活打死。马斯洛尽管不喜欢这些，但最终只与父亲和解，而终身恨着他的母亲，以至于在母亲去世时，他拒绝参加她的葬礼。在谈到自己对父母的印象时，马斯洛写道（Hoffman，1988）：

亚伯拉罕·马斯洛

我的童年和少年非常不幸。在我的记忆中，它似乎是一个黑暗和悲哀的时期。父亲误解我，认为我是一个白痴和傻瓜。也许，他对我很失望。我是一个极不快乐的孩子。我的家庭是一个令人痛苦的家庭，我的母亲是一个可怕的女人……我没有朋友，我是在图书馆和书籍中长大的。但奇怪的是，经历这样的童年生活，我居然没有患精神病。

有趣的是，正是对母亲的恨激发了马斯洛去研究人本主义心理学。马斯洛去世前不久，在私人日记里作了这样的评论：“我总是在想我的空想主义、道德压力、人文主义以及对仁慈、爱、友谊的强调及其他观念来自哪里。我确切地知道，这是没有母爱的直接后果。但推动我的生活哲学以及所有理论和研究的整个力量，都植根于对她所代表的一切东西的憎恨和反感。”（Lowry，1979）

与父母的关系冷淡，而且又是非犹太社区里唯一的犹太男孩，所以马斯洛自幼非常孤独、害羞，他只能躲避到书本和学习中。在布鲁克林男子高中他是个优秀的学生，于是进入了纽约城市学院。在此期间，马斯洛曾努力满足父亲的愿望——成为律师而进入法学院。然而，由于不适应法学院的学习，一天晚上，他走出了教室，永远将书本留在了那里。马斯洛在城市学院成绩平平，于是转入康奈尔大学向铁钦纳学习心理学的基础知识，但是铁钦纳的心理学方法没有给他留下很深的印象。他在康奈尔大学只待了一个学期，又转回到城市学院，部分原因是为了与他深爱的表妹贝莎·古德曼离得近些。

1928 年，马斯洛与贝莎结婚，此前他已进入了威斯康星大学，后来他们生了两个孩子。根据马斯洛的记录，他的生活直到他与贝莎搬到威斯康星之后才真正开始。具有讽刺意味的是，马斯洛最初沉迷于华生的行为主义，并从中看到了解决人类问题以及使世界变得美好的方法。当他与贝莎有了第一个孩子时，他从沉迷中醒来："第一个孩子改变了我作为一个心理学家的观点。他使我曾沉迷过的行为主义看起来如此愚蠢，以至于我再也不能忍受下去。那真是晴天霹雳，从而使万物平静……我震惊于这种神秘以及不受控制的感觉。面对这些事实，我感到自己的渺小、无力及脆弱。我要说的是，任何有过孩子的人都不可能是一位行为主义者。"（Hall，1968）

马斯洛于1930—1934年在威斯康星大学先后获得学士、硕士及博士学位，这时他还是一个忠实的行为主义者。作为研究生，马斯洛成为著名的动物心理学家哈洛（Harry Harlow，1905—1981）的第一个博士，其博士论文是关于猴子群落支配性的建立。他注意到，支配性更多地是与内部信任而不是与身体力量有关，这一观察可能影响了他后来建立的理论。在此期间，马斯洛还注意到群落中的性行为与支配和顺从有关，因此他怀疑人类的性行为是否也是这样，这是他不久之后将要探索的一种可能性。获得博士学位后，马斯洛在威斯康星大学任教了一段时间，而后去了哥伦比亚大学，并成为桑代克的研究助手。此外，他开始研究人类的性行为，采访男女大学生的性行为（Hoffman，1988）。在著名性学专家金赛展开研究的数年前，马斯洛就为我们对人类性行为的了解做出了巨大贡献。

1951年，马斯洛任布兰迪斯大学心理学系主任，并成为心理学第三势力的领袖，1954年他首次提出人本主义心理学的概念。1967年，马斯洛当选为美国心理学会主席，这标志着人本主义在美国心理学界的地位得以确立。1968年，马斯洛接受了Saga管理公司提供的研究员职位。1970年6月8日，马斯洛在慢跑时死于突发性心脏病，享年62岁。1970年8月，国际人本主义心理学会在荷兰首都阿姆斯特丹举行成立大会，次年美国心理学会正式设立人本主义心理学分会，这两件事标志着人本主义心理学思想获得美国及国际心理学界的正式承认。

对于马斯洛，《纽约时报》评论说："马斯洛的心理学是人类了解自己过程中的一块里程碑。"还有人这样评价他："正是由于马斯洛的存在，做人才被看成是一件有希望的好事情。在这个纷乱动荡的世界里，他看到了光明与前途，他把这一切与我们一起分享。"的确，弗洛伊德为我们提供了心理学病态的一半，而马斯洛则将健康的那一半补充完整。

二、需要层次理论

在理解人性本质的问题上，马斯洛找到了一个非常恰当的突破口——人类的动机与需要。他指出，对一个完善的动机理论来说，以下设想是必不可少的：个人是一个统一的、有组织的整体。一个行动或有意识的愿望，如果只有一种动机，那是不正常的。例如，当一个人饥饿的时候，他所有的器官都会感到饥饿，他整个人都需要食物，而不只是他的胃。个人的绝大多数欲望和冲动是相互关联的，这对于诸如饥饿一类的基本需要来说不完全正确，但对于诸如爱情一类的更复杂的需要来说，无疑是正确的。

（一）需要的层次

需要层次理论指出，人类的需要由低到高、由强到弱呈金字塔形的等级系统排列（如图6－1），它们是动机产生的基础和源泉。一个人只有在占优势的生理需要得到满足后才会出现更高层次的需要。例如，如果社会没有基本秩序，动荡不安，连基本的生命安全都得不到保障，个体怎么可能奢望得到别人的尊重呢？马斯洛将前四种需要称为“基本需要”，将自我实现的需要称为“发展需要”。

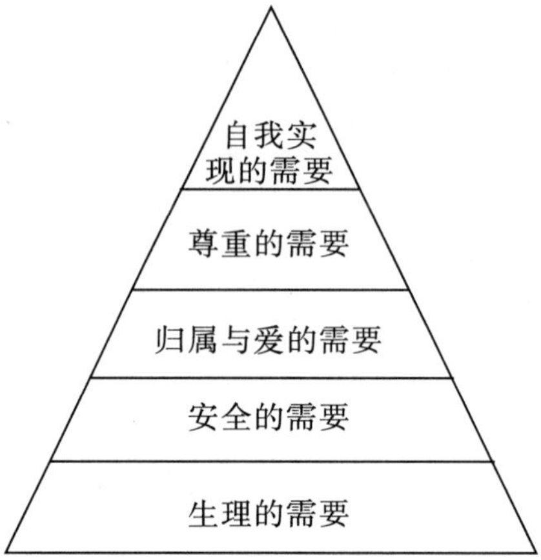

图6－1　马斯洛的需要层次结构

注：一般人满足他们的需要接近以下水平：生理的需要85%，安全的需要70%，归属与爱的需要50%，尊重的需要40%，自我实现的需要10%。（Maslow，1970）

1. 生理的需要

生理的需要是人类最基本、最强烈的需要，包括对食物、水、住所、性交、睡眠和氧气的需要。这些需要（除性交以外）任何一项得不到满足，人类个体的生理机能就无法正常运转。换言之，人类的生命就会因此受到威胁。从这个意义上说，生理需要是推动人们行动最首要的动力。马斯洛认为，只有这些最基本的需要满足到维持生存所必需的程度后，其他的需要才能成为新的激励因素，此时，这些已相对满足的需要也就不再成为激励因素了。

2. 安全的需要

生理的需要一旦得到了充分的满足，就会出现马斯洛所说的安全的需要。因为在健康、正常的成人身上，安全的需要一般都得到了满足，所以观察儿童或患神经症的成人最有助于理解这种需要。儿童心理学家发现，儿童需要一个可以预料的世界，他们喜欢公平、秩序和规律。如果缺乏这些因素，他们就会变得焦虑不安。大多数人都喜欢选择可知而不是不可知，喜欢秩序井然而不是混乱不堪。这也是为什么我们会为了将来而储蓄、购买保险，而且愿意选择稳定的工作而不是冒险创业的原因。

3. 归属与爱的需要

归属与爱的需要是指个人渴望得到家庭、团体、朋友、同事的关爱和理解，是对友情、信任、温暖、爱情的需要。归属与爱的需要比生理和安全的需要更细微、更难以捉摸。它与个人性格、经历、生活区域、民族、生活习惯、宗教信仰等都有关系，这种需要是难以察悟、无法度量的。当生理和安全的需要得到满足以后，马斯洛说："现在，这个人开始追求与他人建立友情，并在自己的团体中求得一席之地。他会为达到这个目标而不遗余力。他会将此看得高于世界上任何别的东西，他甚至会忘记当初他饥肠辘辘时曾把爱当作不切实际或不重要的东西而嗤之以鼻。"

4. 尊重的需要

人人都希望自己有稳定的社会地位，要求个人的能力和成就得到社会的承认。马斯洛认为，人们对尊重的需要可分成两类：自尊和来自他人的尊重。自尊包括对获得信心、能力、本领、成就、独立和自由的愿望；来自他人的尊重包括威望、承认、接受、关心、地位、名誉和赏识。对尊重的需要往往为弗洛伊德所忽视，但是他的弟子阿德勒却很重视这一点。一个有足够自尊的人总是更有信心，更有能力，也更有效率。然而，当他缺乏自尊时，他就会感到自卑、无望，从而可能导致绝望和神经症行为。

5. 自我实现的需要

自我实现的需要是最高层次的需要，是指实现个人理想、抱负，将个人的能力发挥到最大程度的需要。达到自我实现境界的人，接受自己也接受他人，解决问题能力增强，自觉性提高，善于独立处事，要求不受打扰地独处，有完成与自己的能力相称的一切事情的需要。亦即人必须干称职的工作，这样才会使他们感到最大的快乐。

自我实现的需要是促使自己的潜能得以实现的趋势。这种趋势是希望自己越来越成为所期望的人物，完成与自己的能力相称的一切。"作曲家必须作曲，画家必须画画，诗人必须写诗，否则他们始终无法安静。他们能够成为什么，就必须成为什么。他们必须忠实于自己的本性。这种需要我们可称之为自我实现。"（Maslow，1954，1987）但是，为满足自我实现需要所采取的途径因人而异，它的实现有赖于前四种需要的满足。

（二）需要的特征

需要的层次越低、强度越大、效能越高，就越需要优先满足，力量就越大，反之，越是高级的需要，力量就越微弱。换言之，生理的需要与安全的需要有一段长期的进化历史，因而力量是最强大的；而较高级的归属与爱、尊重及自我实现的需要比较"新"，并且为人类所特有，因此它们没有一个坚实的生物基础，这就意味着它们的满足很容易被干扰。一个人要求满足的需要层次越高，这种情况就越容易发生。因此，尽管自我实现的需要是内在的，但这种需要的满足却很容易被干扰。

马斯洛指出，人的基本需要是一种似本能需要或具有似本能性质，是由人的潜能决定的。他用"似本能"这个术语代替"本能"，来表达人类需要的本性。似本能需要是天生的，但是是微弱的，极易被环境条件所改造。马斯洛指出了人类行为与动物行为之间的连续性和区别，反对当时人兽不分的倾向。他指出，本能是强大的和不可改变的，这对于低等动物来说也许是真实的，但对于人类来说并非如此。马斯洛认为，本能性的低级需要是一般动物和人共有的，高级需要是人类和一部分接近人类的动物共有的，而创造性是人类独有的。

由于高级需要对于个体实际生存的必要性较低，因此可以延迟满足。高级需要得不到满足不会产生危机，而低级需要的满足失败则会引发危机，为此，马斯洛将低级需要称为缺失性需要，而将高级需要称为成长性需要。此外，高级需要的满足也有利于个体的心理健康。高级需要的满足会带来更大的满足感、幸福感和成就感。

（三）研究发现

尽管并非所有的研究都支持马斯洛的需要层次理论，但后来的一些研究为其主要观点提供了充足的证据。例如，一组研究者证实，当需要被剥夺时，较低层次的需要比较高层次的需要更强烈（Wicker，et al.，1993）。在该研究中，研究者给被试呈现了各种各样的目标，这些目标反映了马斯洛理论中的不同需要层次。例如，有充足的食物和水；感到安全和不害怕；属于某个团体；被认为是一名优秀的学生；心理健康并充分发挥了自己的才能。然后，针对每个目标，要求被试回答几个问题，包括“假如你得到了它，你感觉有多好”和“假如你得不到它，你感觉有多糟糕”。研究者发现，当被试没有达到较低层次的目标时，他们的消极反应最强烈。与无法满足自我实现的需要相比，当感觉到安全需要没有得到满足时，被试表现得更难过。对于积极反应的评价恰恰相反，达到的目标层次越高，他们表现出的积极情感越强烈。

在另一项研究中，研究者依据马斯洛的需要层次将被试划分为不同的组，然后比较不同组之间的幸福感（Diener，et al.，1985）。每个被试都会被问道：“是什么使你感到最幸福？”根据回答来确定其属于哪种需要水平。例如，一个被试说“能够好好地享受一顿美餐，这就是使我感到最幸福的事”，根据这一回答，主试可以把该被试分到生理需要水平的组别中。结果表明，幸福感与人们的需要水平之间不存在相关关系。对于幸福感来说，它与人们正在致力于满足何种水平的需要无关，亦即正在寻求自我实现的人并不比寻求满足其他需要的人更幸福。马斯洛也曾指出，幸福感并不一定与自我实现的需要一起出现（Larsen and Buss，2011）。

三、自我实现的理论

（一）自我实现的内涵

马斯洛认为，每个人都有自我实现的先天倾向，它涉及能力、品质的积极使用及潜能的发展和实现。自我实现有两层含义：其一是完满人性的实现，指作为人类共性的潜能的自我实现；其二是个人潜能或特性的实现，指作为个体差异的个人潜能的自我实现。

就动机状况而言，健康的人已充分满足了他们对安全、归属、爱和尊重的基本需要，因此他们主要受自我实现需要的驱动。自我实现可大致描述为充分利用和开发天资、能力、潜能，即使命的完成以及更充分地认识并承认一个人的内在天性，是个人内部不断趋于统一、整合或协同的过程。这样的人似乎在竭尽所能地使自己趋于完美。

马斯洛认为，心理学强调研究低等动物及心理障碍者的时间太久了。为了纠正这种情况，他研究了许多他所认为的自我实现者，这些人包括历史上的以及当时仍然在世的著名人物，包括斯宾诺莎、贝多芬、歌德、爱因斯坦、林肯、杰斐逊、弗洛伊德、亚当斯、詹姆士以及当时的美国总统罗斯福等。作为这一研究的成果，马斯洛从这些人物中概括出一些共同的人格特征，并称之为自我实现者的特征。

（二）自我实现者的特征

自我实现者最基本的特征之一就是他们总是将注意力集中在自身以外的问题上，而不是以自我为中心。自我实现者对外界比对自身更感兴趣。所有的自我实现者都具有创造力，有时表现在艺术或科学方面，有时则以更实际的方式表现出来。他们总能以一种新鲜感反复品味事物。他们还具有超乎常人的、敏锐的洞察力，比如辨别真伪的能力等。而且他们的这种领悟力几乎延伸到各个领域，如艺术、音乐、政治、公益事业等。

马斯洛认为，自我实现者比大多数人更具有爱以及发展深层关系的能力，他们也比常人更能够品味孤独。他们的天性是民主的、友善的，他们不为社会地位、教育水平或政治所困扰，对人类抱有强烈的认同感和同情心。他们对于善恶有着清晰且实际的界定，却也可以容忍他人在这方面的缺陷。他们有着某种特定的幽默感，不太关注生活中的消极方面，即那些令人感到受伤害、受冷遇或自卑的情况。

尽管马斯洛认为自我实现者都是杰出人物，但他们并非毫无缺点。与普通人一样，他们也有憨直、挥霍或轻率的行为习惯，他们也会无聊、固执、易怒；他们身上也绝不是没有一点虚荣、骄傲以及偏袒自己的成果、家庭、朋友和子女的行为；他们有时也会表现出令人吃惊和难以想象的冷酷无情。假如他们有谁发现自己长期信任的人不诚实，他们就会毫不惋惜地中断这种友谊，而并不会感到痛苦。

知识链接：自我实现者的人格

- ◆对现实具有更有效的洞察力和更适意的关系。他们绝不幻想，宁愿接受不愉快的现实也不陷入令人赏心悦目的幻想世界。
- ◆对自己、他人和大自然表现出极大的宽容。他们不因自己的缺陷而自卑，也不因发现自己或他人的缺陷而震惊、沮丧。
- ◆自发性、单纯性和自然性。自我实现者比普通人更易在思想、情绪和行为中流露出自发性。他们喜欢交际，而这能使他们单纯和自然。

- 以问题为中心，不太注重自我意识，也不会对自己困惑不解。能够使自己献身于某种任务、事业或使命，而这些任务、事业或使命好像是专门为他们准备的。
- 离群独处的需要。自我实现者喜欢与世隔绝的独处生活，因为这样可以全力专注于自己感兴趣的对象上，同时也能沉思。
- 高度的自主性。自我实现者在遭到拒绝和冷落时仍然真实地看待自己，甚至遭到伤害时仍能去追求自己的兴趣和目标，保持自己的正直和诚实。
- 对平凡的事物不觉厌烦，对日常的生活永感新鲜。他们“反复地欣赏，带着新奇和天真去体验人生的天伦之乐……如每一次日落，每一朵花，每一个婴儿”。
- 经常性的高峰体验。这种体验被称为“神秘”体验、“海洋”情感，即感到作为一个人而存在的界限突然消失。
- 社会感情，即对人类的一种归属感，觉得自己已成为整个人类或大自然的一员。他们不仅关心自己的亲属，而且也关心全世界各种文化的人的处境。
- 仅与少数朋友或所爱的人有亲密的关系。自我实现者有能力同至少一到两个人建立真正亲密、挚爱的关系。
- 民主的性格结构。自我实现者不以种族地位、宗教或其他群体特质来判断和结交人，而是把对方作为个体的人来看待。
- 强烈的道德感。能够区分善与恶，有高度的道德感，尽管他的正误观全部属于传统的范畴，但他们的行为同伦理道德意义有密切的关系。
- 善意的幽默感。自我实现者将普通人的小毛病、自负及蠢事作为笑料，而不是虐待、揭丑或是反抗权威。
- 有创造性，不墨守成规。自我实现者在他们的某些生活领域具有创造性和独创性，他们以不依常规的方法去工作或思考。
- 对文化适应的抵制。自我实现者在某种程度上可以把自我同强行灌输和强迫接受的文化分开，能对他们所处的社会矛盾和不公正现象提出批评。

（三）无法自我实现

为什么只有不过1%的人才能够达到自我实现呢？原因之一是在这些需要层次中，层次越高，力量越弱。自我实现作为最高层次的需要，力量当然是最弱的，因此容易被抑制。当经济状况太差，个体的生理和安全需要都很难满足时，自我实现的需要似乎也就不那么被看重了。

没有受到良好的教育以及父母教养方式不当都可能会对个体成年期的自我实现动机造成影响。如果孩子受到过度保护，不被允许去尝试新行为，探索新思想，实践新技能，那么他们长大以后也会束手束脚，不能充分参与对自我实现非常重要的活动。相反，父母过度的纵容也是有害的。马斯洛认为，儿童期最理想的情况就是在许可与规则之间达到一种平衡。

童年期获得充分的爱是自我实现的先决条件。在两岁前生理需要和安全需要的满足也是自我实现的必要条件。如果儿童在小时候具有安全感和信任感，长大以后也会依然如此。如果童年期没有得到充分的父母之爱、安全以及尊重，成长后也很难去为自我实现而奋斗。

（四）自我实现的途径

如何达到自我实现？马斯洛提出了七点建议：

（1）把自己的感情出口放宽，莫使心胸像个瓶颈。

（2）在任何情境中，都尝试以积极乐观的角度看问题，从长远的利害做决定。

（3）对生活环境中的一切，多欣赏，少抱怨；有不如意之处，设法改善；坐而空谈，不如起而实行。

（4）设定积极而有可行性的生活目标，然后全力以赴使其实现；但不能期望未来的结果一定不会失败。

（5）对是非之争辩，只要自己认清真理正义之所在，纵使违反众议，也应挺身而出，站在正义一方，坚持到底。

（6）莫使自己的生活僵化，为自己在思想与行动上留一点弹性空间；偶尔放松一下身心，有助于自己潜力的发挥。

（7）与人坦率相处，让别人看见你的长处和缺点，也让别人分享你的快乐和痛苦。

（五）高峰体验

马斯洛认为，自我实现的过程伴随着高峰体验，它是指人们在进入自我实现和超越自我状态时所感受到的非常豁达与极乐的瞬时体验，其特征如整体意识、感知丰富、全神贯注、审美感受、创造精神、真知灼见等。高峰体验有一种可复制的结构，是一系列心理活动累积的结果，它的第一个先决条件是“能量”。高峰体验从本质上说是能量的溢出，容易产生高峰体验的人是一些在“储藏箱”中存有大量能量的人。

如果你对一个小孩说，“你要是把卧室收拾干净，今晚我就带你去看童话剧”，他会立刻精神百倍、兴奋不已。平日让他厌烦的清洁工作，这时他会干得热火朝天。这里有一个能量的召唤和聚集的过程，就好像在大喊：“全体集合！”正是这种警醒、机敏、准备好了的状态为高峰体验的出现打下了基础。

自我实现者能更多地体验到高峰时刻的出现。它可以是音乐家的一次成功的谱曲或演出，也可以是工匠精湛手艺的完成；可以是某一哲学或科学真理的发现，也可以是家庭生活的和谐感受；可以是一次陶醉的文艺欣赏，也可以是对自然景色的迷恋；可以是极度的欢乐，也可以是宁静而和平的喜悦。以下描述了高峰体验的时刻：

情景一：火花直到昨晚才突然迸发出来。我热爱夏天，我恨死了冬季。于是，当我昨晚步出户外时，发现外面暖意融融，我不想再返回屋里了。我徜徉于房子四周，静观周围的一切。环顾这一切，静听这夜晚的声音，我感到惬意、舒适。我觉得好像是在观察整个世界一般。这种温柔的感情使我心颤不已。是的，我喜欢在冬雪中漫步，让雪花轻飘到我的脸上。当雪花抚摸着我的脸颊时，我觉得心中涌起一股奇妙的幸福感。

情景二：一个年轻的母亲在厨房里忙碌着，为她的丈夫和孩子准备早餐。太阳光照进屋里，孩子们穿戴得整齐又干净，边吃饭边喋喋不休地说话。丈夫正和孩子们随便说笑着。当她看着他们时，她突然陶醉于他们的美、自己对他们巨大的爱以及自己的幸福感当中，以至于进入了一种高峰体验。

情景三：一个女主人举办了一场晚会，每一件事都进行得非常成功。那天晚上大家玩得十分开心，晚会结束了，她向最后一位客人道了晚安后在一张椅子上坐下，看着四周一片狼藉，反而进入了极度幸福欢欣的高峰状态。

四、人的潜能

马斯洛关于人的概念并没有排除人有遗传上的差异这一可能性，然而他认为人的潜能是存在的。每个人身上都有这些伟大的潜能，但又很难测量。“我们无法测出一个人将来可能有多高，只知道他现在有多高；我们无法知道在最好的条件下他会变得有多聪明，只知道在目前的实际情况下他有多聪明。”因此，我们所能做的就是看看这些扩大我们视野的杰出人物——“奥林匹克金牌获得者”或“诺贝尔奖获得者”能做些什么。

马斯洛相信，绝大多数人都有创造、自发、关心别人、好奇、不断成长、爱别人和被人爱的能力以及自我实现者身上所具有的一切特点。一个人行为不善，是因为他的基本需要被剥夺才做出这样的反应。假如他的行为有所改善，那就说明他开始发展其真正的潜能，并向更健康、更正常的人看齐。弗洛伊德告诉我们，每个人过去的经历都存在于他的现实之中。

马斯洛鼓励他的研究生把奋斗目标定得很高。他会问他们准备写出什么伟大著作或完成什么伟大任务。这类问题往往会使学生发窘，他们想回避这样的问题，但马斯洛问道：

假如你打算做个心理学家，那么你是做一个积极进取的心理学家，还是做一个消极被动的心理学家呢？是做一个好的心理学家，还是做一个差的心理学家呢？假如你不渴望写出伟大的一流作品来，那么谁来写呢？假如你故意想偷懒，少花点力气，那么我警告你，你今后的一生都会不幸。你将总是避开力所能及的事，避开自己有可能做到的事。

一个人要有点不知天高地厚的、辉煌的梦想，这样他才敢说将来要超过柏拉图。把目标定得很高的人必定会有软弱的时刻，因为他知道自己有不足之处。但他应该意识到，柏拉图自己也肯定有过类似的怀疑、不确定、软弱的时刻，然而不管怎样，他还是奋斗下去了。马斯洛告诫我们，绝不能对人的潜能怀有不切实际的想法。人的本质中有一种发展的趋势，然而，我们还必须认识到，人的本质中还有一种与之相反的趋势，即倒退、害怕发展、不能自我实现。

第三节　罗杰斯：自我理论

一、罗杰斯的生平

卡尔·罗杰斯

卡尔·罗杰斯（Carl Rogers，1902—1987），1902年1月8日出生于美国伊利诺伊州的橡树园，在六个孩子中排行第四。罗杰斯的父亲是个成功的土木工程师，其父母亲为虔诚的基督徒，对子女管教严格。在富裕的橡树园，罗杰斯与著名建筑师怀特的孩子以及海明威上同一所学校。罗杰斯认为他的家庭成员关系密切，彼此非常虔诚。

由于家庭的原因，罗杰斯自幼性格内向，和马斯洛一样，他只能到书本中寻求慰藉，包括百科全书和字典。12岁时，罗杰斯全家搬到一个农场，目的是给家庭提供一个更有益、更虔诚的氛围。他的父亲一直认为农场应该科学经营，因而罗杰斯对科学产生了强烈的兴趣，阅读了所有他能读到的关于农业实验的书籍，这使他对科学的兴趣保持终生。高中毕业时他打算做农民，1919年，罗杰斯进入威斯康星大学时选择了农学。刚进大学时，罗杰斯积极参与教会活动，1922年被选中参加在中国北京召开的“世界学生基督教联合会”。在这六个月的旅行中，罗杰斯首次接触了来自不同宗教和文化的人。

回到威斯康星大学后，罗杰斯从农业转向历史专业，并于1924年获得学士学位。大学毕业不久，他娶了青梅竹马的恋人埃利奥特，并与她生了两个孩子。婚后不久，罗杰斯举家搬到纽约，他进入纽约联合神学院学习，同时还选修了哥伦比亚大学开设的教育学与心理学的课程。在神学院待了两年后，罗杰斯开始怀疑宗教方法的有效性。这促使他转入哥伦比亚大学，于1928年获得该校临床与教育心理学硕士学位，1931年获得博士学位，他的博士论文是关于儿童人格适应性的测验。

获得博士学位后，罗杰斯去了位于纽约罗彻斯特的儿童研究中心，担任防止儿童虐待协会的工作。这里的工作经历促使罗杰斯发展起自己的心理治疗方法——非指导性治疗。在当时，受传统心理治疗训练的治疗师占据了主流，他们将自己的工作看成是对问题原因的“洞察”，然后与患者分享这个“洞察”。最初，罗杰斯遵循了这个程序：在一个案例中，他将儿子的违法行为归结为母亲抛弃儿子，但这位母亲却完全不同意他的观点。罗杰斯描述了接下来发生的事情（Rogers，1961：11）：

最后我放弃了。我告诉她，尽管我们都尽了力，但我们还是失败了……她同意我的观点。因此我们握手，结束了面谈。她走到门口，然后她转过身来问我："你在这儿为成人做咨询吗？"当我作了肯定答复时，她说："我想要帮助。"她坐到刚才的椅子上，开始倾诉她对自己婚姻的绝望、她与丈夫糟糕的关系、她的失败感和困惑感。此时她说的一切都不同于先前所给的贫乏的"个案史"。这时真正的治疗才开始。这次事件和许多其他事件使我认识到这样一个事实，那就是来访者知道哪里受到伤害、应走向何方、什么问题是关键以及什么经验被深深地遗忘了。我开始意识到，在治疗过程中我将更好地依靠来访者指引方向，除非我需要证明自己的聪明和博学。

1957 年，罗杰斯回到威斯康星大学，担任心理学和精神病学教授。1963 年进入位于加州拉霍亚的西部行为科学研究所。在这里，罗杰斯对交朋友小组和敏感性训练越来越感兴趣，对个体治疗的兴趣则减弱了。1968 年，罗杰斯及其 75 个同事辞职离开了行为科学研究所，并在拉霍亚成立了人类研究中心，继续从事交朋友小组的工作。此时，他的兴趣已扩展到教育及国际政治领域。1985 年罗杰斯组织了维也纳和平计划，将 13 个国家的领导人召集到一起。1986 年，他主持了在莫斯科召开的和平研讨会。1987 年 2 月 4 日，他死于髋部外科手术后的心脏突发疾病。

罗杰斯一生荣誉等身，他在 1944—1945 年创立美国应用心理学会并兼任主席，1946—1947 年担任美国心理学会主席。1956 年他与斯彭斯、苛勒一同获得第一届美国心理学会杰出科学贡献奖。领奖时他含着眼泪说："直到今天我才真正觉得我是美国心理学大家庭中的一个成员！"（Rogers，1974）由此可见号称第三势力的人本主义心理学创立的艰难。1972 年罗杰斯获得美国心理学会的杰出专业贡献奖，这使他成为美国心理学会历史上第一个获得两项奖（杰出科学贡献奖和杰出专业贡献奖）的人。与马斯洛偏重人本主义理论的倡导略有不同，作为人本主义的另一位创始人，罗杰斯偏重将人本主义理念用于心理治疗实践。

二、人格的自我理论

（一）有机体和现象场

有机体是指一切经验的所在地，由一种主要的内驱力而不是由许多各自独立的内驱力所激发，这种主要的内驱力就是一个人对实现自身天生潜能的不断追求。罗杰斯说，他的全部思想基础就是认为人类的有机体是"积极主动的、自我实现的和自我指导的"。

罗杰斯将一个人的内心世界或经验世界称为现象场，它由个体的知觉经验的总体构成，是个人的参照系，个体如何行事取决于现象场。每个人都以独特的方式知觉世界，因此每个人的现象场也不尽相同。尽管现象场是个体隐私的内心世界，但是我们可以通过每个人的知觉及其对知觉的解释了解其内心世界。罗杰斯认为，现象场对于有机体来说就是其所面对的"现实"，其针对现象场这个现实来进行反应。他指出：

我不是对绝对现实进行反应，而是对这种现实的知觉进行反应。正是这种知觉对我来说是现实。例如，两个人在西部大公路上行驶，前方路中出现了一个障碍物。一个人看到的是一块大石头，感到害怕；另一个人是当地人，看到的却是风滚草，反应冷淡。每个人都在对觉察到的现实进行反应。

这就说明了为什么罗杰斯在心理治疗中特别强调对来访者的同感理解这个原理了。因为心理失调的人做出的行为与他们的现象场在因果关系上是符合逻辑的，即有什么样的现象场，就相应会做出什么样的行为。在这一点上，他们与健康人的情况完全一样（Hothersall，郭本禹，2011）。

（二）实现倾向

实现倾向（actulization tendency）是罗杰斯整个人格理论的基石和核心假设。他认为，实现倾向是所有生物都具有的基本倾向，是最能体现生命本质的生物特性。任何一种生物，不管是一株草、一棵树、一头狮子还是一个人，只要他（它）被赋予了生命，他（它）就会表现出一个明显的生长、发展和活动的趋势，一种求生存、求强大、求茂盛、求完满的趋势。

实现倾向从个体还在母亲子宫内时就已开始，通过为身体器官分化和生理机能的发展提供能量而促进人的成长。实现倾向影响着个体的成熟，从胎儿的成长到青春期第二性征的出现，所有这些变化都按照我们的基因构成进行，通过实现倾向得以实现。

尽管这些变化由基因决定，但实现的过程既不是自动的，也不是毫不费力的，而是一个充满挣扎和痛苦的过程。例如，当儿童迈出第一步时，他们会摔倒、受伤。虽然停留在爬行阶段，痛苦会更少，但大多数儿童坚持下来了。他们也许会再次摔倒、哭泣，但是即便痛苦，他们也会坚持下来，因为自我实现的倾向比仅仅因为成长的艰难而倒退的倾向更强烈。

罗杰斯在治疗中发现，即使是那些有很多问题的人，或者行为上已经非常反社会的人，或者是极其神经质的人，这些积极的、建设性的、朝向自我实现的、朝向成熟成长的倾向在他们身上也是确实存在的。

（三）自我及其测量

1. 自我的构成

罗杰斯认为，个体是完整的有机体的存在，是一切体验的发源地，且在自我实现倾向的驱使下成长与发展，其结果就是"自我""自我概念"的发展、扩充及实现。

自我包括个体对自身机体的整个知觉、他体验到的其他所有知觉，体验到的这些知觉与所处环境中其他知觉以及整个外部世界发生关系的方式，即个体对个人的特性、人际关系及其价值规范的知觉。人格由“经验”和“自我”构成，当自我与知觉的、内藏的经验呈现协调一致的状态时，他便是整合的、真实而适应的人，反之，他就会经历或体验到人格的不协调状态。自我有两种：一种是真实的自我，是较符合现实的自我形象；另一种是理想的自我，是一个人期望实现的自我形象。

2. 自我的测量——Q 分类技术

罗杰斯要求为自我提供一个实质性的测量方法，他最初把每一次治疗的会谈记录下来，然后用语义分析法，将与自我有关的词分类，取得一定的效果。后来，罗杰斯采用 Q 分类技术（Q - sort Method），发现它很适合人本主义的人格模型，于是很快加以推广运用。Q 分类技术假设患者能准确描述自己的真实自我和理想自我，并且两者在治疗前有很大分歧。运用 Q 分类技术的研究分以下几步：

（1）给被试一定数量的卡片，卡片上的句子写着个人几种可能的自我概念，如“我常常焦虑”“我鄙视自己”“我披着一件虚伪的外衣”“我真实地表达自己的感情”等。

（2）要求被试根据自己的情况，从最适合的特质到最不适合的特质，将卡片分成几堆，排放在中间的一堆是被试不能确定上面所写的句子是否像自己，即中性卡片。实验前，规定好卡片的数目，使卡片分配成常态状（两端最少，中间最多）。例如，100 张卡片可分成 9 堆，每堆的卡片数依次为 1、4、11、21、26、21、11、4、1。

（3）要求被试根据理想自我对这些卡片再分类，描述出他最希望成为的人，即理想自我。通过 Q 分类技术，可以对他人的评定与被试自己的评定进行比较，也可以对理想自我与真实自我进行比较。这样，治疗师和患者就可以清楚地看到患者自我概念和理想概念的轮廓，并且计算出理想自我与真实自我之间的相关系数，为治疗提供依据。

（四）自我经验的形成与发展

我们可以借助两个例子来说明自我经验的形成。

例一，一个学生在掌握阅读技能的过程中，如果一方面产生了自己正在增长才智的积极经验，另一方面又得到父母或教师的好评，那么他就可能形成一种积极的自我经验——“我喜欢阅读”。这时个体的有机体经验和他积极的自我经验是一致的，他就能正确地认识和评价自己的行为。

例二，孩子偷吃糖果，并且感到很可口，由此也会产生一种积极的有机体经验，但是孩子的这种行为却受到父母的训斥。此时，父母对孩子行为的评价就可能压倒个人的有机体经验——“我不喜欢吃糖”或“我不应该吃糖”。孩子会将真实的自我经验压抑下去。这时，真实的经验应该是“我喜欢吃糖，但妈妈不允许我偷吃或我不应该偷吃”。罗杰斯认为，不真实的经验与有机体经验是不一致的，这种不一致的经验是由“受尊重的外加条件”引起的。所谓“受尊重的外加条件”，是指不按他人事先确定的方式去行动就得不到尊重。

罗杰斯认为，个体在发展的过程中，在与环境交互作用中逐渐将“自我”与环境分化开来。刚出生的婴儿，除了本能的感知外，一般不知道自己是唯一的独立实体。当生长发育、父母及其他重要人物开始影响他们时，婴儿才意识到有一种叫“我”的东西。孩子开始说“我想要……”“我想……”“把那个东西给我”“这是我的”以及“让我来做”，这类语言的出现标志着“自我”开始出现。起初，婴儿的这种“自我”趋向于多变而不稳定，随着年龄的增长和阅历的增加，“自我”日渐趋于稳定和一致。

三、无条件积极关注

（一）有条件积极关注

与马斯洛一样，罗杰斯假定人有一种朝向自我实现的内驱力，如果人们将这种实现倾向作为生活的参考框架，那么他们将有可能过上美好生活并最终发挥出自己的全部潜能。不幸的是，罗杰斯认为大多数人并没有按照他们内在的情感生活。由于童年期对积极关注有需要，问题也因此产生。积极关注是指儿童在生活中接受父母或他人的温暖、同情和接纳等。但如果毫无保留地给予儿童积极关注，问题就不会产生吗？事实并非如此。

父母或他人只是在儿童按某种方式表现或思考时才给予积极关注，这样就建立起有价值的条件。不久儿童便发现，为了得到爱，他们必须在生活中按他人的价值观来行动和思考。当儿童逐渐内化那些价值观时，那些价值观就取代了作为生活向导的机体评价过程。

只要人们按照别人的价值观而不是他们自己的真实情感来生活，体验就会被修改，而本应符合机体评价过程的经验就会被否定。这种有条件的积极关注的结果就是，儿童学会了抛弃他们自己的真实感情和愿望，而只是接受父母赞许的那一部分自我。他们拒绝自己的缺点和错误，最终，儿童变得越来越不了解自己，而且在将来也越来越不可能成为一个完善的人。

作为成年人，我们仍然在继续着这一过程，我们只是把那些最有可能被生活中重要人物赞许、爱和支持的内容纳入自我概念。其实每个人身上都还有另一部分内容，它们不被赞许或有可能被反对。与接受和表达这些思想和情感的做法相反，我们会否认或扭曲它们，把它们从自我概念中剔除。这样我们就失去了与自己真实情感的联系，因而也不可能成为完善的人。

（二）无条件积极关注

当我们知道自己的缺点和错误可能不被别人接受的时候，我们应该如何对待它们？根据罗杰斯的观点，我们需要无条件的积极关注来接受我们人格中的所有方面。所谓无条件积极关注是一种没有价值条件的积极关注体验，即使自我行为不够理想时，他觉得自己仍受到父母或他人真正的尊重、理解和关怀。

在无条件的积极关注中，我们知道无论自己做什么，都会被接受、被爱、被引以为荣。尽管父母并不赞成孩子的某些行为，但是他们应该和孩子交流，应该一直都爱孩子、接受孩子，在这种条件下，孩子就会觉得不需要去隐藏那部分可能会引起爱被撤销的自我，他们就可以自由地体验全部的自我，自由地将错误和缺点纳入到自我概念中去，自由地体验全部的生活。

罗杰斯认为，在自我发展的过程中，最基本的必需品是在婴幼儿时期得到无条件积极关注。当母亲给予婴幼儿以慈爱和关心而较少注意他们如何行为时，这种满足也就实现了。在一切情况下，他们都能感觉到自己的价值，而且也就没有了防御行为的需要，在自我和现实知觉之间便不会有不一致。因此，这种人在自我实现的道路上，会无拘束地发展一切潜能，达到最终指向的目标，成为一个拥有健康人格的人。

（三）价值条件

价值条件（conditions of worth）是父母或重要的他人提出的获得积极关注的条件。儿童可能总是想着如何不辜负种种期望，而不去发现那些令自己真正快乐的事。在生活中，他们通过一些特定的方法来赢得父母和重要的他人的爱、尊重和积极关注。

满足了许多价值条件的儿童可能会丧失自己的期望和想法（Larsen and Buss，2011）。他们开始过着一种努力取悦他人的生活，变成了他人所期望的人，他们对自我的理解仅仅包含了他人赋予的一些特性。他们不断地远离机能完善的人的标准，对他们而言，最重要的事情是使他人高兴，时刻想着的就是“别人将会怎么想”，而不是“在这种情况下，我真正想做什么”。

成年后，这种人依然对别人如何评价自己耿耿于怀。其工作基本上是为了得到他人的赞许，而不是出于自我导向。他们依赖他人的积极关注，并经常去寻找那些一定要被满足的价值条件。他们隐藏自己的弱点，扭曲自己的缺点，甚至否认自己的错误，并采用各种各样的方式来取悦除自己之外的其他人。长期以来，为了讨好他人，他们勤奋工作，以致忘了自己想要的生活。他们已经失去了自我指导的能力，并且不再朝着自我实现的方向前进。

四、机能完善者

（一）何谓机能完善者

如果你能准确地、不歪曲地感知世界，如果你能为自己的选择负责任，那么你就成为罗杰斯所说的机能完善者（fully functioning person）。罗杰斯指出，“最好的生活是一种漂泊、变化的过程，在其中没有任何事物是固定不变的，它们在成长的过程之中。好的人生是一种过程，而不是一种状态；是一个方向，而不是终点”（Rogers，1961）。人的本性就是要努力保持乐观和对生活的满足。要想成为一个机能完善的人，就要不断接受生活中的各种考验。

与弗洛伊德不同，罗杰斯相信人的本性是善良的，当然，人有时也很敌对、很残忍，但罗杰斯认为，如果让我们自由发展，不被生活困难所累，那么每个人都能成为充满爱和信任的人。机能完善的人有时也会表示气愤或者通过做其他事情来掩饰自己的感情，但是在他们的成长过程中，积极、亲切的态度始终影响着他们的行为。

与大多数人相比，机能完善者不屈从于社会的要求，相反，他们更看重自己的兴趣、价值观和需要。他们能深刻地体会自己的情感，无论这种情感是积极的还是消极的。也正是因为这种敏感性，机能完善者往往生活经历更丰富，他们“了解痛苦，但更了解快乐”。

（二）机能完善者的标准

（1）机能完善者知觉所有的经验。没有经验被扭曲和拒绝，所有经验都渗入自我当中。他们对于积极的感受是开放的，对于消极的感受也是开放的。

（2）机能完善者每时每刻都生活得充实而丰富。所有的经验都可能是新鲜的。经验无法被预知，但是能够完全参与，而不是仅仅去观察。

（3）机能完善者相信自己的机体反应。他们不是按照他人的观点、社会规范或者他们的理智判断行事，对他们而言不存在什么威胁，所有信息都能够被准确知觉、评价和权衡。

（4）机能完善者毫无顾虑地自由选择。这给他们带来一种力量感，因为他们知道未来取决于自己的行动，而不是现在的环境、过去的事件或者其他人。

（5）机能完善者带有创造力。当环境改变时，他们生活积极而且适应良好。他们非常灵活，喜欢寻求新经验和挑战。

（6）机能完善者会面对困难。他们敢于面对不断的测验、成长、努力以及需要运用个体所有潜能的情境，这种生活方式会给他们带来难题和挑战。他们的人格更多地是丰富、令人激动且富有意义的。

（三）成为“机能完善者”：一则故事的启示

有一个成长在孤儿院中的男孩，常常悲观地问院长：“像我这样没人要的孩子，活着究竟有什么意思呢?”院长总是笑而不答。

有一天，院长交给男孩一块石头说：“明天早上，你拿这块石头到市场上去卖，但不真卖，无论别人出多少钱都不能卖。”

第二天，男孩拿着石头蹲在市场的角落，意外地发现有不少人对他的石头感兴趣，而且价钱越出越高。男孩兴奋地向院长报告，院长笑了笑，要他明天把石头拿到黄金市场去卖。在黄金市场上有人出比昨天高10倍的价钱要买这块石头。

最后，院长叫男孩把石头拿到宝石市场去展示，结果石头的身价又涨了10倍，由于男孩怎么都不肯卖，石头竟被传为“稀世珍宝”。男孩兴冲冲地捧着石头回到孤儿院，把一切告诉院长，并问为什么会这样。院长没有笑，他望着男孩慢慢说道：

生命的价值就像这块石头一样，在不同的环境下会有不同的意义。一块不起眼的石头，由于你的珍惜、惜售而提升了它的价值，甚至被传为稀世珍宝。你不就像这块石头吗？只要自己看重自己，自我珍惜，生命就有意义，有价值。如果你都不把自己当回事，那别人就更加会瞧不起你。生命的价值首先取决于你自己的态度。在别人肯定你之前，你先得肯定你自己。

知识链接：积极心理学运动

近年来，随着人本主义心理学对成长、发展和潜能实现的强调（Levine，2006），这一观点也随着积极心理学运动（positive psychology movement）的到来而复苏了。这个正在发展的领域的目标是纠正人们对精神病理学和机能失常长期的过分强调。相反，为了“改善生活质量、避免当人生单调和无意义出现时发生病变”，这个领域关注“积极的主观经验、积极的个人物质和积极的制度等现象”（Seligman and Csikszentmihalyi，2000）。

积极心理学是人本主义心理学的再生。人本主义认为，传统心理学把人兽性化、非人格化和无个性化，所以倾向于忽视人类的特点，比如创造性、爱、智慧和自由意志。关键是，传统心理学忽视了人生的意义这个问题。积极心理学把这个问题放在前面和核心的位置上，主张让人满意和有意义的人生需要快乐，但是真正的快乐是通过征服重要的挑战而获得的（Ryff and Singer，2003）。

积极心理学的研究不只限于对老式人本主义的再现或是在存在哲学中加入积极的诠释。相反，它研究特质、过程，还有对快乐和有意义的人生有推动作用的社会制度。例如，很多研究检验了提升和降低快乐或主观幸福感的因素。研究表明，当超过了特定的基线水平，金钱对快乐就不再重要了，征服挑战变得更重要（Diener，et al.，2002）。此外，一些人常用提升幸福感的方式来思考问题，比如避免对消极事件的徒劳思考，体会人生中幸福的事情。

积极心理学与其他学派的最大区别在于它关注人类的优点而不是缺点。我们之前提到的弗洛伊德和精神分析的观点，则是强调心理冲突和它所导致的神经症。概言之，心理学更多地关注预防或者消除不良的后果（如心理疾病），而不是促成更好的结果，比如最大限度的成就感和健康，这种说法可能是公正的。积极心理学的目标是通过确认和发挥性格优势来确定这一点。

客观地说，积极心理学仍然是新兴的领域，它最重要的著作和书籍都是在2000年以后出现的。正如萨特所观察到的，自由意志和死亡必然性的困境是无法摆脱的，所以积极心理学很可能在不久后要面对这些问题。通过寻求确定和发挥人类的优势，积极心理学为心理学提供了一个重要的方向，这个方向确切地说并不是新的，但的确使它重获新生。

（资料来源：Funder，2018：369－371）

第四节　罗洛·梅：存在分析论

与存在主义哲学反对传统哲学一样，存在心理学（existential psychology）也反对主流心理学——行为主义和精神分析，并与持现象学观点和人本主义倾向的心理学家联合，形成心理学中的第三势力。存在主义心理学家罗洛·梅曾断言，对心理学来说，存在主义哲学背景远比那种假定物理和化学为其模型的科学背景更为有用。

一、罗洛·梅的生平

罗洛·梅

罗洛·梅（Rollo May，1909—1994），被誉为“美国存在心理学之父”，1909 年 4 月 21 日出生于美国俄亥俄州的艾达镇。他的父母都没有受过教育，所以在这个家庭中不存在多少知识的激励。当他的姐姐患上精神病时，他的父亲将之归咎于受的教育太多。梅的父母都是基督徒，因此他自幼在宗教气氛里长大。由于父母感情不融洽，梅与父母的关系都不好，他尤其不喜欢自己的母亲。

梅的童年生活不快乐，这可能是他以后研究咨询心理学的原因之一。1930 年，梅毕业于欧柏林学院，主修的是英国文学。之后，他只身游学欧洲。由于他自幼爱好艺术，因此先后到维也纳、希腊以及波兰等地学画。为了赚取生活费用，他也曾在萨落利卡的美国学院教了三年英文。三年的欧洲游学对年轻好学的梅影响很大，他利用了两个暑假的时间专程赶到维也纳去参加由弗洛伊德的高足阿德勒主持的心理分析研讨会。

1946 年，梅成为一名开业的心理治疗师。而后，梅进入哥伦比亚大学攻读博士课程，但在拿到学位之前感染了肺结核，并差点死去。对于这段经验，30 年后的他回忆说：

> （20 世纪）30 年代末期我染上了肺病，十多年里我生活在动荡之中，感觉仿佛没有明天。突然间，我赖以生存的重要计划、人际关系、生活标准以及人生价值完全化为乌有。不久后，我即刻调整了自己的存在，我此时此地的存在——我所拥有的就是这个存在和我染上了结核菌的身体。面对死亡是个很有价值的经验，因为在这段经验中我学会了面对人生。

在患病期间，梅学习了克尔凯郭尔和弗洛伊德关于焦虑的理论。回到哥伦比亚大学后，他提交了名为“焦虑的意义”的博士论文。1949 年梅以满分的成绩获得哥伦比亚大学授予的第一个临床心理学博士学位。

与此同时，有人指出，20 世纪 60 年代的梅，尽管在学术上非常成功，但是在生活中却十分失败。自从离婚之后，他孤零零地搬到旧金山居住。20 世纪 60 年代以后，罗洛·梅历任哈佛、普林斯顿、耶鲁大学兼职教授。他还是美国心理健康理事会的成员，曾担任过心理治疗与咨询联合会主席、高等教育全国宗教委员会委员以及心理学与精神医学协会会长、纽约心理学会主席等职。1994 年 10 月 22 日，梅因多种疾病去世。

在心理学史上，罗洛·梅是介于存在主义和人本主义心理学之间的桥梁性人物。1958 年，他在《存在》一书中首次将德国哲学家海德格尔的存在主义思想介绍到美国，借此一方面建立了他的存在心理治疗体系，另一方面为人本主义心理学的发展奠定了基础。1980 年，梅七十大寿，人本主义心理学研究所为他出版了一本专辑，罗杰斯为他写了一篇祝寿短文：

存在哲学和心理治疗学传入美国的心理学界，梅的贡献最大。他首先向因袭成风的精神分析挑战，并对它运用的治疗方法表示不满。此外，他也是攻击逻辑实证主义的先锋之一。他在1958年出版的《存在》一书是一部最有价值的巨著，其中最好的几章并非介绍欧洲存在主义的那几篇，而是梅自己对存在主义本身作介绍、作诠释的那几篇。

二、存在分析论

（一）人的困境与人的科学

罗洛·梅指出，人既是经验的主体又是经验的客体。客体意味着我们是物理的存在，事情因此在我们身上发生。作为客体，我们与自然科学所研究的其他物理客体没什么两样。在传统的科学方法中，人被当作客体来研究，其假设是人的行为原因与物体的行为原因是一致的。然而，人除了是客体外，还是主体。也就是说，我们不只是单纯地拥有经验，而且还按照自己的经验去解释、评价并做出选择，我们赋予自己的经验以意义。这种人性的两重性被罗洛·梅称为“人的困境”，它让人在这世上变得独特。在梅看来，困境不是指一个无法解决的问题，而是指人的存在的矛盾性。

与许多存在主义思想家不同的是，罗洛·梅并不反对科学地研究人，而是反对用物理科学的方法来研究人。他指出，这些方法忽视了人特有的属性。为此，梅提出应创造一门专门用来研究人的新科学（May，1967）：

我们所建议的研究人的科学大纲，将把人看成是符号制作者、理智的人、与历史有关的哺乳动物，他们能加入团体，拥有自由的潜能，其行为合乎道德。追求这种科学和追求实验与自然科学一样，需要严密的思维及专心的训练，但它会把科学事业放在一个更广阔的背景下。也许它将有可能再一次科学地研究人，并把人看作一个整体。

（二）存在的基本因素

罗洛·梅从一开始就不赞成弗洛伊德的本能决定论和行为主义的机械决定论。他坚持人的存在的独特性，认为人是一种能自由选择、自我决定、自我负责的存在。20世纪30年代，他在《咨询的艺术》一书中探讨了人的存在的四种基本因素，即自由、个体性、社会整合及宗教紧张感，并将它们视为人格的基本结构成分。

1. 自由

自由是存在的基础，是人格的基本条件。一个人只有相信自己是真正自由的，才能具有创造性意愿，他的自我潜能才能得到发展，并自由而负责任地选择其行为方式。

2. 个体性

个体性是自我的前提。个体性是指一个人区别于他人的独特性。个体必须认识到自己独特的“生命形式”，这也是心理健康的必要条件。因为一个人若不能接受自我，就不能发展自己的个体性，自然也就丧失了自我。

3. 社会整合

社会整合是完整存在的条件。社会整合是指一个人在保持个体性的同时，积极参与社会生活，保持良好的人际关系，并对社会产生积极的个人影响。罗洛·梅认为，自由的个体要想保持自我，就必须是社会整合的。

4. 宗教紧张感

宗教紧张感是人格完善的动力。宗教紧张感是存在于人格发展中的一种紧张或不平衡状态。由于自由的个体具有创造的能力，他不仅要经常做出选择，而且要随时采取行动，这就使他经常面临挑战，人格便经常处于紧张状态，而这种紧张正是促使人格不断变化、完善的动力因素。

（三）人类存在的本体论特点

人之所以成为人的特点是什么？罗洛·梅认为，之所以要研究这个基本问题，是因为他在心理治疗中发现，要想使心理咨询和治疗取得长期的效果，心理医生就必须对人有一个明确的认识，对人的存在结构和特征有真正的了解。为此，他详细阐述了人类存在的六种本体论特点。

1. 自我核心

指一个人本质上不同于别人的存在，即人的唯一性。自我就处于这个存在的核心，他的整体性和同一性是和别的存在完全分离的。因此，每个人都是独一无二的，谁也不能占有别人的自我，心理健康的基本条件就在于接受自己的独特性。

2. 自我肯定

指一个人保存其自我核心的勇气。在罗洛·梅看来，人的自我核心不是自然而然发展和成长的，而是在不断鼓励和督促自己的过程中发展成熟的。

3. 参与

指一个人在社会活动中必须不断地与别人交往，加入到其他个体中去，同他人建立和保持必要的相互关系。这是一种与自我核心相对立的人格特点。

4. 觉知

指一个人对自我核心的主观认识。罗洛·梅将觉知看作一种感觉、愿望、身体欲望和需要的体验，但它实际上是一种比自我意识更加直接、包含着人的具体存在的体验。

5. 自我意识

这是觉知表现在人类身上的一种独特形式，是人领悟自我的一种独特能力。人的所有其他特点都是经由自我意识发展而来的，而自我意识使人能够超越自己，拥有抽象概念，能用言语和其他象征符号与别人沟通。

6. 焦虑

指人的存在面临威胁时所产生的一种痛苦的情绪体验。由于焦虑所威胁的是人的基本存在和自我意识，因而它成为人类特有的本体论特点。我们在凭借自我意识进行天马行空的自由想象和创造的同时，又不可避免地会遇到各种存在的威胁，使人不由自主地产生焦虑体验。

三、塑造健康人格

作为一名心理医生，罗洛·梅从20世纪30年代至90年代，都力图站在精神分析和存在主义的结合点上，寻找解决心理治疗困境的出路。

1. 创造性紧张是人格健康的必要条件

罗洛·梅认为，人格问题的根源是人格内部的紧张适应不良。只有对人格内部的紧张进行调整，使之能在外部世界获得创造性的、富有成效的表现，即产生适当的创造性紧张，才能从根本上解除心理疾病。这是因为罗洛·梅把人格视为既是动态多变的，又是相对稳定的。变化就必然产生心理冲突和紧张，企图逃避只能加重心理负担。

罗洛·梅主张，治疗师在心理治疗中虽然可以考虑所有的外部环境因素，但若想从根本上解除心理疾病，就必须从人格内部的紧张入手，帮助患者通过内部适应来解决问题。问题的关键在于帮助患者理解他自己与环境的关系，正确调整其人格内部的紧张，至于是否改变环境则由患者自己决定。

2. 创造性的人格调整是解除心理困境的出路

罗洛·梅把造成人格困境的内部心理冲突同外部的症状表现联系起来，指出在人格内部产生心理冲突的人，若不能对人格进行正确的调整，就会表现出各种形式的外部症状。例如，有人特别羞怯、胆小，总是感到焦虑不安，害怕见人或者害怕工作失败等。这是因为个体和内在的自我发生了心理上的争吵，由于他未能适当地进行人格调整，表现在外部便是和社会群体发生了冲突。解决的出路在于及时进行创造性的人格调整，学会按照自己独特的存在方式去创造、去发展。

3. 同焦虑做斗争，找回失落的自我

20世纪的社会剧变使人们赖以生存的传统价值观受到了威胁，就连个人对家庭、对社会、对国家的基本信念也发生了动摇。现代人的自我就在这种动荡之中失落了，因这种失落而引发的焦虑性心理疾病也日益增多。

罗洛·梅认为，现代人应对焦虑的方式主要有两种：一种是神经症患者的变态方式，他们往往使用压抑和禁忌的方式来摆脱焦虑，如放弃自己的自由和责任；另一种是健康积极的主动方式，个体在焦虑面前既不逃避，也不墨守成规，而是以建设性的态度面对焦虑，把焦虑作为一种习得的经验或测量人潜能的一种手段去正视。

4. 成为一个有创造性勇气的人

到20世纪70年代，罗洛·梅又站在新的高度来看待人格健康问题。他指出，我们生活在一个旧的时代即将过去、新的时代尚未诞生的时期，现代人的家庭婚姻方式、性关系、教育、宗教、技术及现代生活方方面面都发生了剧烈变化。在这样一个动荡的时代，人格要健康发展，个体要进行自由的选择并负责任地生活，都需要勇气。

在他看来，现代社会中勇气的主要特点是和人的存在密切联系着的。勇气发源于人的内部存在，它使人能积极地参与到社会生活中去；相反，一个缺乏生活勇气的人，会感到自己仿佛处在真空之中，人与人之间关系紧张，时常感到极度空虚和孤独。

5. 力量是形成善恶人格的基础

罗洛·梅对人类本性持既善又恶的观点，但他又认为人性是人的力量的反映，而力量则是使人进行生命的选择，确定人格善恶的基础。在《力量与纯真》（1972）一书中，罗洛·梅指出，力量是“引发和阻止变化的能力”，是一切生物的基础，因为力量包含着自尊和意义的斗争，这其中包括存在的力量、自我肯定的力量、自我主张的力量、攻击的力量以及暴力五种水平。

四、存在主义与人本主义的比较

（一）两者的共同点

存在主义心理学与人本主义心理学的许多共同点使他们常常被概括为存在—人本主义心理学。下面是两者的共同点：

（1）人有自由意志，所以能对自己的行为负责。

（2）研究人的最恰当的方法是研究完整的主观经验的现象学。

（3）要理解人，必须把人作为一个整体来研究，任何形式的元素论都是对人性的歪曲。

（4）人是独一无二的，因此任何对于动物的认识都不能用来认识人。

（5）每个人都是独特的，因此对一个人的认识不能用来认识其他人。

（6）享乐主义不是人的行为的主要动机。人不是趋乐避苦的，人追寻的是以个人成长为特征的、有意义的生活。

（7）本真生活比非本真生活好。

（8）因为人有诸如自由意志这类独特属性，所以不能用传统的科学方法来对人进行有效的研究，需要创建一门新的、独一无二的人文科学。

（二）两者的区别

存在主义心理学与人本主义心理学最大的区别在于他们对人性的假设。人本主义者认为人根本上是善的，如果把他们置于一个健康的环境，他们将自然而然地与别人和谐生活。在人本主义者看来，生命最主要的动机是实现倾向，它是内在的，并持续地驱使人做出那些有利于自我实现的行为。

存在主义者把人性看成是既善又恶的，在他们看来，人生来就有的唯一属性使其有选择存在性质的自由。这就是萨特所谓“存在先于本质”的含义。作为一个独特的人，我们自由地选择自己的本质。我们能运用自己的自由创造任何我们所希望的生活，无论它是好的还是坏的。存在主义者认为生命的主要动机是通过有效的选择创造意义。一些存在主义者已得出这样的结论：没有意义就不值得生活，有了意义人就能忍受任何情况。奥地利精神病学家、维也纳第三学派的代表维克多·弗兰克尔引用尼采的话：“知道为什么而活的人，无论怎样的处境他都能忍受。”弗兰克尔认为，人只有一种驱动力，那就是他所谓的“意义的意志”（will to meaning）。

人本主义者对人性的观点使他们对人及其未来抱乐观的态度，他们认为如果社会能与人们的本性相符，人们就能和谐生活。存在主义者则比较悲观，他们认为人并没有内置的指导系统，人只有选择的自由。因为我们是自由的，我们不能因为我们的不幸而责备上帝、父母、遗传或环境，而只能责备我们自己。这个责任常常让自由成为一个诅咒，而不是福祉。人们并不常常运用他们的自由，而是按照别人的价值进行选择。

两者的另一个重要区别是，存在主义者认为意识到死亡的不可避免是非常重要的。在实现充实的生活之前，人必须专心处理这一事实，即人的生命是有限的。人本主义心理学家则不会太多地去研究死亡对人的存在的意义。

知识链接：弗兰克尔的意义治疗学

维克多·弗兰克尔（Victor Frankl，1905—1997），1905 年出生于维也纳的一个犹太人家庭，1930 年获得维也纳大学医学博士学位。1928—1938 年，他曾在维也纳创设青年辅导中心，帮助青年人解决心理适应问题。尽管弗兰克尔曾在弗洛伊德门下研习精神分析，但因受海德格尔等人的思想影响，其兴趣转向存在主义。1938 年初，他采用存在主义的观点创立了意义治疗法。

第二次世界大战期间，纳粹对犹太人迫害日甚，1942 年弗兰克尔及其家人全被关入集中营，不久他的父母、兄弟及子女，悉数遭到杀害，因弗兰克尔是医生，被认为留之有用，幸免于死。大战结束，弗兰克尔得知全家罹难之后，曾痛不欲生，幸赖其人生哲学的信仰使他又勇敢地活了 50 多年。

第二次世界大战后，弗兰克尔重回维也纳大学研究哲学，1949 年获哲学博士学位，此后兼作医师与教授，除在维也纳大学任教之外，兼赴美国哈佛大学、斯坦福大学讲学，一生中曾获世界各地 100 多所大学荣誉博士学位。弗兰克尔从他前半生极度痛苦的经验中领悟出来的积极乐观的人生哲学，使他后半生生活得健康快乐。弗兰克尔在 80 岁时仍能攀登阿尔卑斯山，并到世界各地演讲，推广他的意义治疗学。1997 年 9 月 2 日弗兰克尔病逝于维也纳，享年 92 岁。

弗兰克尔在心理学上的贡献主要在于他靠亲身体验所创立的意义治疗。所谓意义治疗（logotherapy）是指协助患者从生活中领悟自己生命的意义，借以改变其人生观，进而面对现实，积极乐观地生活，努力追求生命的意义。意义治疗的主要观点包括：

（1）生活目的是满足精神需要。他将人的需要分为三个层面：

①生理需要，如饮食、睡眠、性交等，其主要使人类得以生存并延续种族；

②心理需要，如安全、归属、尊重等，其主要使人感到快乐；

③精神需要，如精神寄托、宗教信仰以及人生理想追求等，其主要使人感到幸福，从而体验到人生的意义和价值。

(2) 心理治疗旨在助人领悟生命意义。生活中，现实目的（如生理与心理需要）的满足多半受环境限制，无法完全操之于己。只有超现实的精神需要，才能摆脱环境限制，达到完全操之于己的地步；只有追寻精神需要，才能做到人本主义所强调的意志自由。

(3) 精神需要与价值感。弗兰克尔强调，人生意义不在于现实生活需要的满足，而在于超现实精神生活需要的满足，这种需要的满足来自于三种价值感：

①创造性价值，这种价值感可在求新、求变、精益求精的日常生活与工作中体验得到；

②经验性价值，这种价值感可在日常生活中对美的欣赏与爱的授受中体验得到；

③态度性价值，这种价值感可在对人世间一切无常变化所形成的人生态度中体验得到。

意义治疗的目的就是要帮助患者通过调整自己的生活获得以上三种价值感。意义治疗法特别强调两点：其一是自由，让患者领悟人生意义后自由抉择自己的生活方式；其二是责任，让患者了解到对自己的抉择应该负起实践的责任。

(4) 意义治疗的基本技术。

①矛盾意向法（paradoxical intention），当患者被某一顽固的想法困扰时，他所要做的不是与该症状或想法做斗争，相反，是让患者努力去做他平常因害怕而不敢做的事情。

②非反省（dereflection），这种方法“使我们能够‘忘记’自己指向一种治疗的注意中心，意即使注意力从问题转向他人或自己思想中的积极方面”（Frankl，1984）。

③态度改变法（attitude changing），由于许多患者对自己的生活前景持消极悲观的态度，心理治疗的任务就应该首先考虑改变患者思考其生活的方式，以积极乐观的生活态度取代消极悲观的生活态度。

（资料来源：Frankl，1998）

第七章　人格的生物学取向

第一节　艾森克：人格的生物学基础

一、艾森克的生平

汉斯·艾森克

汉斯·艾森克（Hans Eysenck，1916—1997），1916年3月4日生于德国柏林，父母都是演员，父亲擅长喜剧表演，母亲则是默片演员。在他2岁时，父母离婚，他由祖母抚养长大。1934年因不满纳粹政权而移居英国。1935年开始在伦敦大学师从C. E. 斯皮尔曼学习心理学，1938年获文学学士学位，1940年获心理学博士学位。

在第二次世界大战期间，他曾以心理学家的身份任职于磨坊山急救医院，1945年任伦敦莫兹利医院专职心理学家。1955年任伦敦大学心理学教授、伦敦大学精神病研究所教授，并兼任莫兹利和贝思莱姆皇家医院的心理学专家。其间他写了《人类人格的结构》一书，承担开创临床心理学的任务，由他领导的心理学系是第一个培养临床心理学家的机构，并用于发展行为治疗的方法。

艾森克是个多才多艺、很有勇气且特别自信的人。受巴特的影响，艾森克的研究工作集中在心理学中处于中心的、同时也是最为复杂的问题，即人格问题，并且力图将严谨的、定量的、实验的科学方法应用于该领域。艾森克一直致力于将统计分析的结论与生理和行为资料数据联系起来，这主要是受巴甫洛夫的研究工作和行为主义心理学的影响。

在艾森克建立的伦敦莫兹利医院心理学部，他极大地推动了心理功能的生物学基础方面的研究，尤其是行为遗传学的研究。艾森克始终坚信遗传对人格和行为的重要性，不仅对智力问题如此，而且与人类行为中诸如犯罪、吸烟、吸毒成瘾和种族差别等方面联系在一起。由此也给他招来了大量指责，甚至人身攻击。但不可否认的是，艾森克是西方当代心理学家中富有成果的人物之一。

艾森克一生好斗的风格被一位传记作家形容为“知识界的斗士”（Gibson，1981）。艾森克无疑喜欢这一称呼，他写道："从我青年早期与纳粹对立开始，到我与弗洛伊德和投射技术对立，提倡行为疗法和遗传研究，以致近期的许多争论，我经常站在现有理论的对立面反对这些理论，但是我更愿意认为在这些争论中多数人错了，而我是对的。"（Eysenck，1982）不仅如此，艾森克还是一位天才的作家，他许多关于心理学的普及著作拥有大量的读者。他从不回避谈论那些有争议的问题，并用有说服力的证据支持自己的观点。由于在理论建构方面过于雄心勃勃以及过分注重定量化研究，艾森克不可避免地受到一些心理学家的批评。

不管艾森克的气质来源如何，这有两则轶事展示出了他的坚韧性（Gibson，1981）。在他 8 岁的时候，一次音乐课上他被叫起来独唱。他以自己的嗓音一点也不好为理由拒绝演唱，但是老师却坚持让他来唱。最终他唱了，但是唱得非常差劲，老师认为他在嘲笑课堂。为此，老师想要处罚他，但是艾森克却先出了手，他用牙齿咬住了老师的拇指，像一只牛头犬一样地不放松，直到校长介入才罢休。

第二件事情发生在纳粹分子攫取政权的时候，那时艾森克还在读中学。有一次他的老师说，人们都知道犹太人在军队里缺乏勇猛。艾森克就着手去探索这个问题，最终得到了这样一个事实 ，即在第一次世界大战中犹太士兵赢得了特别高比例的军事荣誉。这一事件虽然并没有使艾森克博得老师的喜爱，但是它展示了艾森克主动接受论战较量的倾向，从中也可以看出他献身科学论证的志向（Carver and Scheier，2011）。

二、人格的 PEN 模型

（一）人格的三个维度

20 世纪 40 年代，艾森克试图根据当时已有的实验结果来建立自己的人格理论，他认为一个详尽的理论不仅应该能够预测一种人格的行为表现，而且也应该能解释这种人格是如何形成的。随着对正常个体和精神病患者研究的推进，艾森克逐渐形成了自己的理论，并确定了人格的两个维度——外倾性和神经质，后来，他又加入了第三个维度——精神质（psychoticism），由这三个维度构成了 PEN 模型（Eysenck，1998）。

为了区别一般的人格特质，艾森克将这三个维度称为人格的类型（super-trait），亦即超级特质。他指出，人格在这三个维度中并非相互排斥，非此即彼，每个人在外倾—内倾、神经质—情绪稳定以及精神质三维结构上都有不同程度的表现，极少有单纯类型的人（如图 7 - 1）。例如，某人可能表现得非常外向，有些神经质和极少的精神质；而另一个人则表现出极少外向，有些神经质和精神质。大多数人的人格特征都在人格维度的平均值范围内，处于 16% 至 84% 之间，很少有人落入两个极端。个体在三个人格维度上的表现程度可以通过艾森克人格问卷来测定。

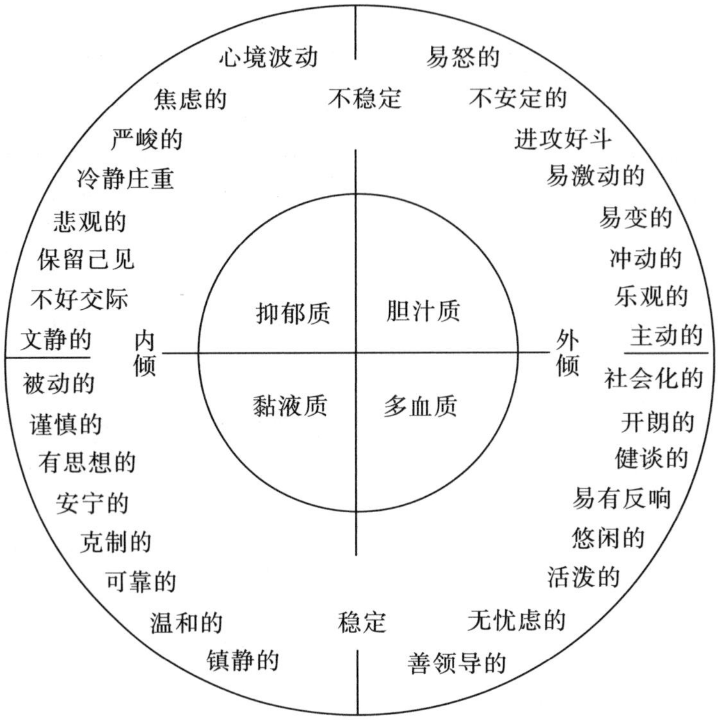

图 7－1　与艾森克两个人格维度相关的特质

1. 外倾性

外倾者不易受周围环境影响，难以形成条件反射。典型的外倾者喜欢聚会，需要有人与自己交谈，不喜欢独自读书或学习。这种人渴求兴奋与刺激，喜欢冒险，行为冲动，习惯凭一时兴致做出决定，贸然行事。外倾者还容易发脾气，较具攻击性。而内倾者则较为害羞、安静、谦让、腼腆，喜欢反省，喜欢书本胜于喜欢人。他们倾向事先订好计划，小心谨慎而不冲动，努力避免激动，严肃对待日常生活，并爱好秩序井然的生活。内倾者非常理智，他们不是攻击性强或脾气急躁的人。内倾者比外倾者更可靠，但也更悲观，且非常强调伦理价值。

2. 神经质

艾森克模型中的第二个基本维度是神经质，这一维度表明人格从异常到正常的连续特征。在该维度上得高分的人“情感的易变性是外显的、反应过敏的，得分高的个体倾向于过于强烈的情绪反应，他们在情感经历之后较难面对正常的情景”（Eysenck，1968）。而处在该维度另一端的人则似乎能很快从困境中摆脱出来，他们在情感方面很少动摇不定。情绪稳定的人反应轻微而缓慢，且容易恢复平静。这种人不易焦虑，稳重温和，容易自我克制。

3. 精神质

直到 20 世纪 60 年代，艾森克才提出了精神质的人格维度，这一维度表明人格从异常到正常的连续特征。它代表一种倔强固执、粗暴强横和铁石心肠的特点，并非暗指精神病。在该维度上得分高的人往往被看成是“以自我为中心的、攻击性的、非个人的、冷酷的、缺乏同情的、冲动的、对他人不关心的，且通常不关心别人的权利和福利”（Eysenck，1982）。得分低者则表现出温柔、善感、软心肠等特点。如果个体的精神病态性表现出明显程度，则易导致行为异常。艾森克认为，精神质与神经质维度可以一同表示各种神经症和精神病。

（二）PEN 与人格障碍

尽管在 PEN 三个维度中处于两极的人数较少，但现实中毕竟还是有比较极端的人，艾森克认为这些人往往与某种程度的人格障碍有密切联系。首先来看神经症各类疾病在外倾性维度及神经质维度的坐标上所占的位置。艾森克及其同事进行的大量实验都得到了较为一致的结果。如一项研究测试了 145 个神经症患者和 45 个正常人，总共采用了 22 种测验和问卷，包括暗示性测验、稳定动作测验、迷津测验、坚持性测试、美感测验、幽默感测验等。

实验假设：外倾性维度的得分应该能区分歇斯底里症及焦虑症，神经质维度的得分可以区分正常人与神经症患者。研究结果充分证明了这一假设：情绪不良包括焦虑状态、强迫症、抑郁型神经症和混合型神经症等，它们是高神经质和高内倾的结合，各种类型的精神病态人格则是高外倾和高神经质的结合。

其次，我们再来分析人格维度与精神病的关系。根据艾森克的理论，精神病的发展并不是神经症的严重化，两者的发展不是同一方向的。在一项被试为 70 个神经症患者、30 个精神病患者和 20 个正常人的研究中（如表 7－1），几乎所有的精神病患者精神质得分都高于神经症患者，而神经症患者的神经质得分也都高于精神病患者。另外，精神病患者作为一个整体来看待，其神经质的得分也非常高。

表 7－1　临床诊断与心理测验的符合情况（单位：人数）

诊断	正常人	神经症	精神病	总数
正常人（×）	19	1	0	20
神经症（○）	2	60	8	70
精神病（△）	0	4	26	30
	21	65	34	120

正常人的这两种因素的得分都非常低。有两位神经症患者实际测定的得分接近精神病患者的分数，当他们第二次入院时都被确诊为精神病。有一位精神病患者实际测定的得分接近神经症患者的分数，后来被确诊为神经症。由此可见，在不利因素的影响下，神经质可以发展为神经症，而精神质也可以发展为精神病。

三、人格层次模型

（一）人格的层次结构

图 7－2 呈现了艾森克的层次结构模型：超级特质水平处于顶层，特质水平处于第二层。每一特质水平又包含第三个水平，即习惯化反应水平。例如，“好交际”这种特质包含的习惯化行为可能是打电话闲聊，也可能是经常与其他同学一起喝咖啡来消遣时间。因此，特质水平可能包含不同的习惯化反应水平。

层次结构的最底层是特定反应水平。如果特定反应经常重复出现，这些行为就会成为第三水平的习惯化反应，习惯化反应聚类形成第二水平的特质，再由这些特质聚类形成顶层的超级特质。层次结构的优点在于，在精神的网状系统中，对每一种与人格有关的特定反应进行了定位（Larsen and Buss，2011）。

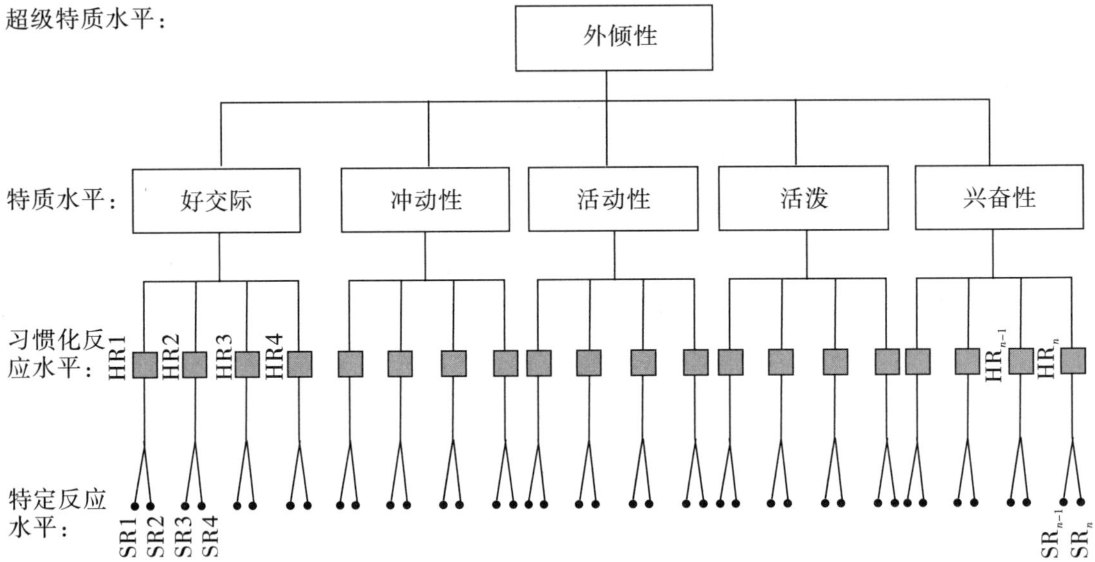

图 7－2　艾森克的人格层次结构模型

举例来说，如果我们看到一个人一下午都在与朋友说说笑笑，我们将这一行为表现看作一个特定反应。如果这个人在一星期内有好几个下午都与朋友共度和说笑，我们就得到了这个人在艾森克理论中的第三个水平——习惯化反应水平。但是，这个人似乎不只限于在下午社交，也不只限于与这些朋友交往。假设这个人花了大部分的周末和晚上来进行社交，如果你观察的时间足够长，你就会发现，这个人生活在社交聚会、小组讨论、集会等社会活动之中。按照艾森克的理论，你可能会得出结论，这个人显示出了好交际的特质。艾森克还认为，像好交际这样的特质是一个更大的人格维度中的一部分。也就是说，好交际的人也会倾向于冲动、主动、活泼和兴奋。所有这些特质构成了艾森克所说的外倾的超级特质。

（二）“超级特质”的层次结构

外倾性这一超级特质包含大量次级特质（即特质水平），如好交际的、活泼的、主动的、爱冒险的、支配的、无忧无虑的、激动的、寻求刺激的等等。这些次级特质包含在外倾性这一超级特质之内是因为它们彼此间共变的程度足以使它们负荷于同一个因素。

神经质这一超级特质由一组更细化的次级特质组成，包括焦虑的、抑郁的、感到内疚的、紧张的、害羞的、喜怒无常的、情绪化的、低自尊的、非理性的等等。从概念上讲，次级特质焦虑和易怒可能非常不同，然而，从经验上讲，感到焦虑的人也有易怒的倾向。这两个特质实际上是联系在一起的，在人群中有共同发生的倾向，这再次证明了因素分析是很有价值的一种工具。

第三种超级特质——精神质包括诸如攻击的、以自我为中心的、有创造力的、冲动的、冷酷的、冷淡的、反社会的、缺乏同理心的以及固执的等次级特质。在对次级特质的分类中，因素分析很有用。例如，因素分析显示冲动性与缺乏同理心有共同发生的倾向，亦即不假思索就行事的人（冲动性）也往往缺乏站在他人角度看问题的能力（缺乏同理心）。

对于这些超级特质，特别是精神质的命名已经引起了一些争议。事实上，有人建议对“精神质”进行更准确、更合适的命名，即“反社会人格”或“精神变态人格”。尽管如此，精神质在常规的人格研究中经常作为一种重要特质出现。

（三）层次结构的生物学基础

1. 两个生物学标准

艾森克人格层次结构的生物学背景中有两个方面对理解模型至关重要，即遗传力和可以确认的生理基础。

对艾森克来说，人格“基本”维度的重要标准是它应具有相当高的遗传力。行为遗传学的研究表明，艾森克结构模型中的三种超级特质——外倾性、神经质和精神质，都具有中等程度的遗传力，许多其他人格特质也是如此（见本章第三节）。

基本人格特质的第二个生物学标准是：它应具有可以确认的生理基础，即可以在大脑、中枢神经系统中找到与此特质相对应的成分，并且假定它们是产生这些特质的因果链的一部分。艾森克认为，外倾性与中枢神经系统的唤醒和活动相联系，内倾者比外倾者更容易唤醒中枢神经系统的活动。相应地，他提出神经质与自主神经系统的不稳定程度有关。最后，精神质上得分高的人被预期有高水平的睾丸激素和较低水平的单胺氧化酶（一种抑制性神经递质）。

2. 人格生物学基础的证据

首先，特质的跨文化研究普遍揭示人格具有较强的生物性成分（Eysenck，1990）。我们预期文化和环境的差异会造成人格因素的不同，但是，一项在包括乌干达、尼日利亚、日本、中国、美国、匈牙利、保加利亚以及前南斯拉夫在内的25个国家开展的研究显示，事实并非如此（Barrett and Eysenck，1984）。在这些不同的社会文化环境下所取得的研究成果均显示了外倾性、神经质和精神质这三种超级特质的存在，这更多地表明了生物因素的作用而非文化的影响。

其次，在个体成长过程中，尽管周围的环境不断变化，但是这三种超级特质却表现出惊人的稳定性。我们的反应方式和习惯可能会随着时间的迁移和环境的变化而改变，但是人格的这三种超级特质则不会。这种一致性显示，特质中含有很强的生物学成分（Eysenck，1990）。

最后，以往的研究结果表明，外倾性、神经质和精神质均有中等程度的遗传力（Eaves，et al.，1989），这些研究结果与当今的行为遗传学研究结果非常吻合。正如艾森克自己所说："遗传因素当然不可能直接影响行为或认知，从本质上讲，中介变量必然会涉及生理、神经、生化或者激素等方面。"（Eysenck，1990：247）

四、人格的神经机制

（一）外倾性与神经质的神经机制

艾森克构想了两种可能性：外倾者与内倾者在唤醒水平和唤醒性方面存在差异（见下文的"唤醒理论"）。艾森克认为，内倾者比外倾者有着更高的唤醒水平，尤其是上行网状激活系统（ascending reticular activating system，简称ARAS），这是一条将信号从边缘系统和下丘脑传到皮层的通路。ARAS主要加工唤醒和情绪刺激中的皮层信息（如思考一道难解的数学题）。ARAS的活动状态会决定个体是机敏警觉还是迟钝呆滞。

由于内倾者所预设的基线条件位于其唤醒阈限上，故而他们的行为较为拘束，他们会回避那些可能加重现有的已刺激过度的条件，从而使自己保持现有状态或者做一些安静的事情（Miserandino，2015）。外倾者所预设的基线条件位于其唤醒阈限之下，因此在基线水平上，外倾者几乎感受不到刺激信息，所以他们会趋向于接受更多的刺激和不受约束的行为。从根本上讲，外倾者更趋向于寻找外部刺激来提升自身原本较低的唤醒水平。

与外倾性不同，神经质与ARAS的激活状态无关，而与交感神经系统的稳定性有关（人脑中涉及情绪调节的结构，比如海马体、杏仁核、扣带回、下丘脑）。一般神经质得分高的个体易于产生诸如害怕、焦虑这样的消极情绪，而他们的这种脆弱特质的根源是过于敏感的情绪或者驱力系统。然而，如果采用独立的生理加工过程来解释外倾性和神经质，艾森克也承认皮层和交感神经系统是相互联系的（Eysenck，1990）。

（二）人格的唤醒理论

艾森克从遗传因素和生理过程的角度来揭示人格差异。受巴甫洛夫高级神经活动类型说的影响和启发，以及基于个体生理过程的不同，艾森克提出了人格的唤醒理论。该理论主要围绕三个维度和五个因果链的分析展开。他认为，大脑皮层中存在两种与唤醒有关的神经系统：网状—皮层回路和网状—边缘系统回路。前者控制由外部刺激引起的唤醒水平，后者控制由情绪刺激引起的唤醒水平。

一般而言，内倾者的唤醒水平较高，外倾者的唤醒水平较低。外倾性与网状—皮层回路的唤醒有关，神经质则与网状—边缘系统回路的唤醒相联系。因此，在情绪刺激的作用下，高神经质被试更容易被唤醒，但神经质维度上个体的唤醒差异只在情绪或压力情境下才比较明显。关于精神质维度，艾森克早期并没有作详细探讨，他承认尚无研究证据证明关于精神质生物学解释的假设，后来的一些论述提到，该维度与多巴胺有关（Eysenck，1997）。

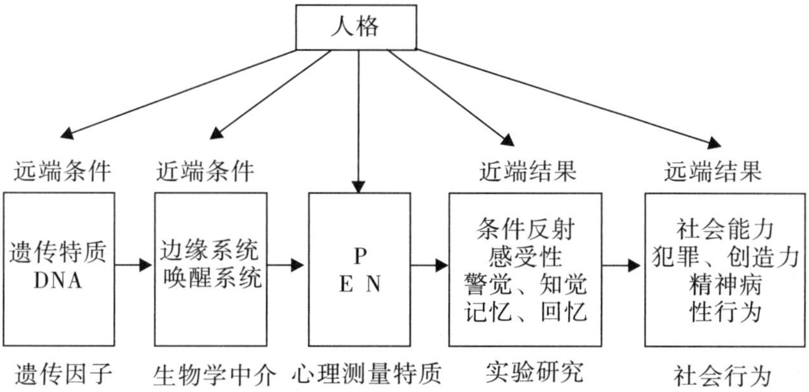

图 7－3　艾森克人格理论的因果链

在人格的三个维度与五个因果链之间（如图 7－3），核心链是人格的三个维度。第一个链是遗传特质 DNA。艾森克认为，DNA 不能直接产生行为，它需要一些中介因素，艾森克将边缘系统和唤醒系统作为其中介。他指出，外倾性（E 维度）有其生物学基础，内倾者在网状—皮层回路有较高的活动水平，因而内倾者比外倾者有更高的唤醒水平；外倾者由于皮层唤醒水平低，所以往往要通过参与某些活动（如冒险）来提高其唤醒水平。

神经质（N 维度）是个体焦虑、抑郁、敌对情绪的表现程度，与自动产生唤醒的边缘系统（海马体、杏仁核、下丘脑）有关。艾森克将由网状结构活动产生的、作为 E 维度基础的唤醒称为“唤醒”（arousal）；而将自动产生的、作为 N 维度基础的唤醒称为“激活”（activation）。

第四个链是近端结果，是一些直接受 P、E、N 影响而产生的结果。例如，内倾者有着高度的警戒性，即能够长时间保持较高的注意水平。在艾森克所做的一项警戒性操作实验中，被试必须注意正常变动着的刺激并说出什么时候出现不正常的变动，不能完成该任务的人得分低。艾森克预测，由于外倾者的注意力不够集中而且容易感到厌烦，因而其警戒性比内倾者的警戒性差。研究结果也表明，随着时间的延长，内倾者能保持得分率而外倾者得分则明显下降（Eysenck and Eysenck，1985）。

第五个链是作为远端结果的社会行为，对此艾森克以学校教学的例子进行了分析。他假设，对于教学中的发现学习与接受学习，外倾者很可能得益于发现学习而内倾者则很可能得益于接受学习。他的另一项实验结果证明了这一假设，无论是学习一周后还是五周后进行测验，内倾者都是接受学习的得分高，外倾者则是发现学习的得分高。

（三）基于唤醒理论的行为预测

用该理论所做的预测之一是认为内、外倾被试在形成条件反射的过程中存在差异，内倾者比外倾者更容易形成条件反射，因此更有可能适应社会。在早期的研究中，艾森克将这种观点作为犯罪行为理论的基础，从而引起了许多人的关注。但是，目前还没有证据支持内倾者与外倾者在形成条件反射中有差异。后来，该理论又被修正为外倾者在冲动性而不是社交性方面与条件性作用有关。

唤醒理论还预测，内倾者与外倾者在感觉阈限上是不同的，内倾者被唤醒的大脑皮层警觉水平较高，从而更有可能有效地觉察低水平的刺激，并对刺激做出反应。在一项视觉学习任务中，外倾者会更迅速地按下按钮更换幻灯片，这可能是因为他们对这些图片和指示厌烦得比较快。在另一项研究中，让外倾者和内倾者一边听耳机里的噪音，一边完成语词记忆任务（Gree，1984）。如果允许，内倾者会将他们的耳机音量调得比外倾者更小。

艾森克理论也曾用于对许多有趣的行为进行预测。由于内倾者唤醒水平较高，所以他们更能对刺激做出反应。为什么人们对于疼痛的敏感性不同？答案在于其人格特质是内倾还是外倾。按照艾森克的理论，如果内倾者对刺激更敏感的话，那么我们将预料他们感觉到的疼痛更为剧烈。低水平的刺激（如坐在一所黑暗、寂静的房子里）和高水平的刺激（如参加一个拥挤而喧闹的聚会）都会被认为是令人不快的，而中等程度的刺激则是令人愉快的或中性的。如果内倾者由于自己的神经系统本质而“扩大”刺激的话，那么我们预测他们不太会为低水平刺激而苦恼，但是会对高水平的刺激感到很不舒服。相反地，外倾者会觉得低水平刺激令人不愉快，却能忍耐高水平刺激。因此在喧闹的聚会上，内倾者首先会抱怨演奏的音乐太吵，并且可能会大胆地说出自己的恼怒。

第二节　进化人格心理学

进化理论认为，人类与其他生物都遵循着生物进化的法则——物竞天择，适者生存。因此，无论是从生理角度还是心理角度而言，人类必定与动物有着千丝万缕的联系。进化心理学主张用进化论的视野来看待和研究人格问题，为人格心理学提供了一个全新的理论框架（Buss，1999）。进化人格心理学的理论遵循着一个前提，即人格由心理机制和行为策略构成，心理机制是人类长期进化选择的产物，而行为个体差异的产生是由于个体使用了不同的适应性策略。

一、进化心理学

(一)兴起

进化心理学(evolutionary psychology)源于社会生物学的发展，那些认同这一动向的人一般都与心理学有关，而不是与人类学有关。它的宣言书已被编辑成《适应的心理》(Barkow, et al., 1995)，并通过平克的书《心理是怎样运作的》而得到广泛宣传(Pinker, 1997)。与强调行为的人类行为生态学不同，进化心理学则强调通过自然选择构筑人类心理的途径或方式。心理被设想为计算的，组成若干独特的计算机制，它们被称作适应的专门化，而不是一种一般目的的计算装置。在这些方面，进化心理学主要归功于1982年由马尔(David Marr)在其视觉研究中采用的计算方法，也归功于由福德(Fodor, 1983)在其主张中采用的计算方法，他主张把心理理解为由独立的、专用的模块组成。

虽然人类心理的某些方面，如我们视觉处理的能力，大部分都是在灵长类祖先时期形成的，但进化心理学家们更加强调更新世时期(大约持续200万年，结束于1万年前)在人类心理形成中的作用。在更新世时期，人类的祖先是原始的狩猎—采集者，他们大部分时间生活在非洲稀疏草原上。有人提出，我们喜欢吃土豆片，是因为在更新世时期缺少油脂食物，而它有营养价值；我们喜欢有树的风景，因为在非洲稀疏草原上，树能提供树荫并有助于逃脱危险的食肉动物；我们对花的喜爱源于它们在一片绿色包围中的稀疏草原上作为可食用的水果、坚果或根茎的标记的独特性(Pinker, 1997)。

进化心理学寻求把当代心理学与生命科学的一个中心思想——达尔文关于自然选择的进化论(如图7-4)联系起来。自然选择的思想非常简单：能更好地适应环境的有机体，倾向于比那些适应性较差的有机体更能成功地繁衍后代并遗传它们的基因。经过世代繁衍，物种朝着具有更好适应性的方向改变。心理学中的进化观点认为心理能力和身体能力一样，经过了几百万年的进化以达成特定的适应性目标。

图7-4 人类进化的历程

（二）心理学的进化观

进化心理学家关注人脑发生进化的环境条件。更新世时期的人类居住在小群体中，以打猎和采集为生，99%的进化发生在这一时期。进化心理学用进化论生物学的丰富理论框架来确定这一物种所面对的中心适应问题：躲避食肉动物和寄生虫，收集和交换食物，寻找并维持配偶，以及抚育健康的子女。在确定了早期人类所面临的适应性问题之后，进化心理学家产生了关于早期人类在进化过程中用来解决这类问题的心理机制或心理适应的推论。

进化心理学与其他观点最根本的不同在于，它把极其漫长的进化过程作为中心解释原则。比如，进化心理学家试图把男人和女人所承担的不同性别角色理解为进化的产物，而非当代社会压力的产物。由于进化心理学家无法做实验来区分进化的过程，因此他们必须创造性地提供能支持他们理论的证据。

男人和女人在性策略方面的差异是当代进化心理学关注的焦点之一。在漫长的进化过程中，所有物种都存在一个通用的规则：为下一代投入较多的性别，在挑选配偶时应该是更具选择性的；投入较少的性别，应该为获得配偶而进行更为努力的竞争。巴斯和施密特发现了一个跨文化的证据，证明男人和女人都会分别展现出符合这些预期的行为和偏好，这些都能从进化的原则中推导出来（Buss and Schmitt，1995）。他们还列出其他各种方式，其中为确保他们的基因永存下去的优化策略对男人和女人是不同的。

（三）局限

进化心理学的一个局限是其过分强调更新世时期。距今13 000年以前，更新世时期结束后，人类条件开始发生根本性的变化，在近东一带开始驯养野生动物和栽培野生植物。虽然有少数狩猎—采集社会残留至今，但人类社会逐渐开始具有各种不同的特征，最终呈现出我们如今所看到的丰富多彩的文化。

进化心理学家曾经坚持认为，文化的差别发生得过于晚近，以至于它对我们的生理结构并没有很重要的影响。但是不可否认的是，文化对于我们信仰什么，对我们怎样解释世界和对我们在不同社会背景中的行为举止仍然有重要的影响。在强调我们以牺牲这种文化的多样性为代价的共同生物学遗产时，进化心理学常常与后现代主义的现代传统、心理学中的文化相对论和各种社会科学发生冲突（Pinker，1997）。

知识链接：进化心理学家巴斯的关注点

我对人格进化心理学的兴趣始于大学期间对一些“大问题”的着迷。尽管那时对问题的认识还不太清晰，但它启发我从进化论的角度思考问题，这就为阐明心理学中的几个大问题提供了可能。例如，人的本性是什么？男人和女人在哪些方面不同？为什么会不同？个体间性别差异最重要的方面在哪里？而且我对人类婚姻的特殊兴趣部分源自我的观察结果，即婚姻、约会、性似乎是人们关注的主要事务——它们控制着人们与朋友的讨论、激动人心的幻想和对爱的渴望。这些方面出了问题，会带来心理上的痛苦。但心理学家似乎恰恰忽视了这些与男人女人的日常生活最相关的事。也许并非巧合，婚姻正好是进化阶梯上的一个台阶。

我相信，我的工作的意义首先在于证明心理学领域中起主导作用的一些假设根本就是错误的。尽管主流假设认为文化是非限定的、不确定的变量，它们决定着我们的欲望，但我对37种文化中人们的择偶欲望的研究第一次从实践上证明了男性和女性的欲望有相当大的普遍性。换句话说，与原来“人类的本性不是别的，而是学习能力，而且是为了文化而学习的能力”的说法相反，人类普遍有清晰确定的欲望，那是人类本性的一部分。这一研究对于确定某些性别差异是普遍存在的事实也具有决定性作用，这一发现与那些观念上或理论上要求男女在心理上完全一致的观点矛盾。

这一研究指向哪些方面呢？我的研究正在两个相关方向上进行，第一个方向是对威望、地位、荣誉的研究，这是心理学中受到众多批评的、也是被忽略的问题。到目前为止，我已从德国、波兰、中国和关岛收集了有关“人类威望标准”的资料。我认为心理学的研究应该是跨文化的。第二个方向，从某种程度上说是回到了我研究的根本，包括对个体差异的进化论心理学的极大兴趣，特别是对一些没有引起进化论心理学家们足够重视的问题的研究。摆在我们面前的最大的、最激动人心的挑战是在对人性、性别差异和个体差异进行整合的基础上，创建“最终的人格理论”。

（资料来源：Pervin，2001：160－161）

二、人格进化的理论解释

（一）进化对心理机制的影响

1. 适应问题

人类的存在与发展受基于自然选择的进化力量的影响，人类复杂的生理、心理机制都是进化选择的结果。进化过程最重要、最基本的产物是适应。适应是可遗传、可变化发展的特征，它们通过自然选择而存在，并有助于解决进化过程中的生存和生殖问题。人类面临两大适应性问题：生存问题和生殖问题。所有生物的远祖都曾成功地解决了这两大问题。他们具体的解决方式，或是组织结构的改变，或是生理、心理机制的变化。

人类的生存会面临许多不利因素，如粮食短缺、气候恶劣、疾病传播、战乱不断等，达尔文称这些不利的生存条件为“自然界的敌对因素”。人类还必须解决生殖问题，生殖问题是进化人格心理学研究的核心问题。它涉及如下七个方面内容：

（1）同性成员内部成功的竞争；

（2）选择配偶；

（3）成功受孕；

（4）保护配偶；

（5）两人间互利性关系的形成；

（6）结成同盟并加以维持；

（7）父母照料和社会化。

每一种生殖问题又包含若干子问题。比如，成功的同性成员间的竞争就可能包括：获得异性需要的品质或资源，对双方社会地位的考虑，双方形成互利性关系，取得某异性的亲属朋友的认同，向对方求爱，遭到同性竞争者的蔑视，等等。

2. 进化了的心理机制

一种进化了的心理机制存在于机体内部的一系列过程，它具有如下四方面重要特征：

（1）一种进化了的心理机制之所以有现在的形式是因为它在进化过程中解决了特定的生存或繁衍的问题。

（2）一种心理机制在功能上不是全能的，它只对一部分刺激信息起作用。刺激可以来自内部，也可以来自外部，刺激可能是从环境中主动地提取出来的，也可能是被动地从环境中接受而来。

（3）进化了的心理机制的输入信息让有机体知道它正在面对的适应问题。看见一条滑动的蛇的输入信息告诉你正面临着一个特定的问题，即如果被咬，躯体就会受到伤害并且可能会死去。简言之，输入信息让有机体知道它正要处理的适应问题。

（4）进化了的心理机制的输入信息经由决策规则转变为输出。看到一条蛇后，你可能决定攻击它、逃跑或原地不动，决策规则是通过一系列过程的“如果……那么……”的陈述来引导有机体这样做或那样做。

进化了的心理机制是有机体内用于加工相应信息并将这些信息经决策规则转换成输出的一系列程序，它在历史上曾经有助于适应问题的解决。这些心理机制之所以仍然存在于当前的有机体内，是因为从一般水平上讲它曾经使得现在的有机体的祖先成功地解决了特定的适应问题。

3. 心理机制进化的实例

巴斯归纳出了十种典型的心理机制，其中包括对蛇的恐惧、女性优越的空间记忆能力、男性的性嫉妒、偏营养食品、男性喜好富有吸引力的年轻女性、女性对物资经济资源的追求和偏好等。

实例一：怕蛇心理机制的存在，是因为它解决了人类在进化历程中面临的生存问题。对蛇的恐惧感是由一小部分刺激所激活的，如在可攻击的距离范围内见到的细长而光滑的生物体。当个体认为蛇具有危险性，此时自己又处在蛇能够攻击的距离范围内时，决断法则会将这些信息加以转换，激活相应的生理反应，最后的结果可能是出现外显的行为，如逃跑。这样，通过减少被蛇咬而毙命的危险就解决了有关个体生存的适应性问题。

实例二：男性性嫉妒的问题。假定你和你的配偶去参加一场聚会，你因事离开一会儿。当你返回时，你发现自己的伴侣正与一位陌生人兴奋地交谈着，他们两人身体靠得很近，深情地注视着对方，你还发现他们不时地抚摸对方的肌肤。这些线索就会激起一个人的性嫉妒。这些信息作为刺激传向其心理机制，意味着你正面临着一个适应性问题——失去配偶。内部决断法则会对这一系列信息进行评估、加工，并促使个体产生一定行为：或者是无视二人的行为，或是威胁第三者，或是对第三者拳脚相向，还有一种做法就是对你们二人的关系重新进行评价。由此可见，心理机制的结果可能是生理的激活，可能是威胁、痛击的行为方式，也可能是向其他心理机制提供信息（如重新评定你们二人的关系）。

（二）人格由心理机制和行为策略构成

1. 心理机制的特定问题

生物进化通过两种可能影响心理机制的产生。一种可能是自然选择产生了人类一般性的心理机制，如通过操作性条件反射或逻辑推理学习的能力。人类一般性心理机制能够用来解决若干适应性问题。一些机制用来解决一个特定问题，例如，一个 8 ~ 24 个月大的孩子惧怕陌生人和黑暗，这与解决孩子的安全性问题有关。另一些一般性心理机制可以同时解决几个问题，比如，追求地位的机制能够解决吸引异性和为后代提供安全保护的问题。

另一种可能是自然选择产生了用来解决特定适应性问题的特定心理机制。对人格心理学而言，进化理论是科学而有用的元理论，它认为人的心理机制：

（1）在不同的适应领域依据不同的原则来操作；

（2）数量可能是几十、几百或上千；

（3）是解决特定的适应问题的复杂方法。

因为人类与其他生物一样，会面临大量的适应问题，如择偶、育儿、处理社会关系等，这些具体的问题需要具体的解决办法，一小部分一般性心理机制无法解决大量的适应性问题，人类就需要大量的解决特定问题的特定心理机制。自然选择的结果主要不是产生通用的一般性心理机制。从攻击性、吸引、决断理论、知觉的心理物理学、语言等领域中的进化心理研究结果可以得出这样一种结论：人类心理涉及许多复杂和特殊的机制，每一种机制都会提供一种独特的功能，以解决面临的特定问题。

2. 目标指向的行为策略

人类要生存和发展，就必须解决面临的特定目标和适应性问题。借助于心理机制，人们就能对一定的目标做出反应，产生一系列行为结果去达到目标，以利于种族的繁衍。心理机制产生的行为不仅仅是物理性的动作，它还受到情绪的控制，并与具体的情境相关联。人们通常会采用认知的、动机的、情绪的和行为的策略去达到特定的目标。事实上，目标指向的行为策略也是心理机制的重要组成部分。人类面临的基本目标包含着众多的具体内容。例如：“使异性更加关注我”（个人的追求），“拥有一个男友或女友”（生活目标），“吸引配偶”（进化式的生活目标），等等。从进化心理学的观点来看，这几种形式都构成了择偶的内容。

思考一种人类普遍具有的目标指向——对地位的追求。为什么对地位的追求是人类一种普遍的进化动机呢？首先，在那些个体之间密切联系着的物种，如黑猩猩中，存在着地位的高低等级，地位高的个体比地位低的个体可以获得更多的繁殖机会；其次，跨文化研究表明，地位高的男性如国王、皇帝等，一般都会运用他们的地位去霸占很多女性；再次，研究还表明，地位高的个体的孩子与地位低的个体的孩子相比往往能受到更好的健康关照，因此身体更健康，寿命也更长。在人类进化史上，如果高地位的获得可以循环性地带来繁殖成功率的增加，那么自然选择就会形成对地位的追求这样一种动机。

三、人格进化的证据

根据进化心理学的观点，基本的心理机制是进化选择的结果，即他们之所以存在并持久是由于适应生存和成功繁衍。关键问题是，哪一种心理机制通过选择得以进化？哪一些适应性问题在进化中得到了解决？为此，我们选取男女关系的两个重要方面——择偶偏好和嫉妒原因的性别差异做进化论的解释。

（一）男女的择偶偏好

根据进化理论，由于早期选择的结果，男性和女性已进化出不同的择偶偏好。这一理论基本上围绕着男女之间两个方面的基本差异。

1. 亲代投资理论

该理论认为，女性对子孙有更多的亲代投资。因为男性可以通过频繁地与许多女性性交，增加其把自己基因传递给下一代的机会，而女性的生育期决定了其将基因传递给下一代的机会较男性少。在两者的生育期都有限的前提下，女性的生育期和男性相比更受年龄范围的限制。因此，男性和女性在择偶上有不同的标准，前者更强调未来配偶的生殖潜能（如年轻），后者更强调男性提供资源和保护的潜能。

2. 父母身份可能性理论

由于女性携带受精卵，她们总是能够确定自己是孩子的母亲。但男性就不能确定孩子是自己的，所以他们必须采取措施保证他们的投资是直接指向自己的子孙，而不是其他男性的子孙。因此，男性比女性更多地关注情敌，更看重未来配偶的忠贞。以下三个特殊的假说源自亲代投资和父母身份可能性理论：

其一，对男性而言，女性的“配偶价值”应该由她的生殖能力决定，如年轻、生理吸引。为增加父亲身份的可能性，也应该更看重贞操。

其二，对女性而言，男性的“配偶价值”应较少由生殖能力决定，而更多地由他能提供资源的证据决定，如能挣钱、有雄心和勤奋等特征的证据。

其三，男女之间在引起嫉妒的事件上也应该有差异。男性更多地为性的忠贞和父亲身份的可能性受到威胁而嫉妒，女性则更关注情感依恋和失去资源的威胁。

巴斯得到来自37个样本的问卷回答，样本来自6个洲、5个岛的33个国家的10 000名被试（Buss，1989）。这些地区在地理位置、文化、种族和宗教信仰上有巨大差异。结果是什么呢？首先，在所有样本中，男性均比女性更强调未来配偶的生理吸引和相对年轻，这与男性更看重配偶的高生殖能力的假说一致。男性更看重未来配偶的忠贞的预测得到37个样本中23个的支持，对假说有中等程度的支持。其次，女性比男性更看重未来配偶的经济能力（37 个中有 36 个样本支持），并且更大程度上看重未来伴侣的雄心和勤奋特征（37 个中有 29 个样本支持），这与女性更看重配偶的高资源提供能力的假说一致。

（二）嫉妒原因的性别差异

在后继的研究中，研究者做了两个研究以证明嫉妒的性别差异假说（Buss，et al.，1992）。

在第一个研究中，询问大学生对性不忠和情感不忠哪一个更痛苦，60% 的男性样本显示他们对伴侣的性不忠感到更痛苦，而 83% 的女性样本显示她们对伴侣的情感不忠感到更痛苦。

在第二个研究中，对大学生在两个想象情景中的痛苦做了生理测量，一个情景是伴侣对他人有性卷入，另一个情景是伴侣对他人有情感卷入。这一研究再次证明了两性之间在嫉妒原因上的性别差异：男性在想象伴侣和他人有性卷入时显示出了更大的生理痛苦，女性在想象伴侣和他人有情感上的卷入时表现出更大的生理痛苦。

在历史上，达尔文对人类行为的进化论解释曾一度不受欢迎。但今天，它又被看成是理解人类心理机能的基础。根据巴斯的观点，人类行为依赖于心理机制，通过自然的性选择的进化是这种机制所知的唯一来源。有人认为，任何对人类的社会行为感兴趣的人，都必须考虑行为的进化史。根据这一观点，人类天性的生物基础（如基因所表达的）是进化与行为之间的联结（Kenrick，1994）。

四、特质与行为的进化

（一）人格特质的进化

从生物进化的角度来说，与人类最为接近的是灵长类动物，尤其是类人猿，两者不仅长相相似，而且人类具有的人格特质也能够在一些灵长类动物身上找到雏形。巴斯列举了人类与灵长类动物共有的七种特质，即活动水平、恐惧、冲动、社会性、教养、攻击性和支配性（Buss，1997）。其中前三种特质与机体能量的激活有关，后四种特质则具有社会属性。由于人类还具有发达的大脑、高度发展的认知能力、相对漫长的童年期以及更加广阔的社会环境，这使得人类又有别于其他物种。与灵长类动物不同的是，上述七种特质在人类身上表现得更加精细化。

不仅如此，语言的使用为活动水平和攻击性特质赋予了新的内容，人类是唯一能使用语言对他人进行戏弄、贬损、威胁和表达负面情感的动物，也是唯一能对可能出现的事物和事件产生恐惧感的动物。我们具有的冲动性则要受到社会规范的制约，同时，制订计划和做出决定的过程也带上了冲动性的色彩。

社会性在人类物种身上体现得更加明显，我们要学习、工作以及参加各种体育运动和社会活动，会对妇女、儿童、老人和伤残人表示同情，会注重和追求成就、权力和名誉。

除此以外，人类还独具自尊、自控、自信等自我意识方面的特征，这些都是其他物种所不具备的。进化心理学家认为，人格特质的个体差异在人类漫长的进化过程中扮演着重要的角色，它们有利于解决我们面临的生存问题和种族繁衍问题。例如，支配、友好、情绪稳定性有可能在诸如择偶行为方面非常重要，而严谨性、宜人性、合作性则有利于维持群体活动，并与群体的生存紧密相关。

个体身上的人格特质具有遗传性的证据也使特质本身获得了进化论的诠释，即特质具有生存价值。于是，现在有些特质理论家一般都从进化论观点来看待五因素模型和特质。这种进化论的观点由两方面因素构成。

首先，可以追溯到戈德伯格的基本词汇假设，该假设认为，特质词汇可用来帮助人们对个体的基本行为进行分类（Goldberg，1990）。例如，每个人都想知道其他人是否宜人，是否值得信赖，是稳定的还是反复无常的。

其次，巴斯指出，人类之所以存在重要的个体差异，是因为特质在自然选择的进化历程中起着重要作用。这其中所要解决的基本问题是：特质是怎样为解决适应性任务而进化的？如果不是这方面的原因，那么它们为什么会存在？个体差异很可能与生存和繁衍等基本进化任务相关。因此，特质的个体差异和特质词汇反映了人类在漫长的进化发展史上不得不面对的种种任务。

（二）行为与进化

根据进化理论，一种行为越有助于个体生存和繁衍，该行为就越有可能传播到子代。因此，人格的进化论取向就是要找出普遍的行为模式，并探讨为何这种模式在几万年来对于人类而言是具有适应性的（有助于生存和繁衍）。

1. 攻击倾向和利他行为

研究者从进化的角度广泛考察了人类行为。例如，罗伦兹探讨了攻击本能在人类历史中的作用（Lorenz，1966）。攻击倾向可以帮助一个人保护领地、财产和伴侣，也会导致其在社会群体中表现出更高的支配性，获得更高的地位。不过同样的倾向也会导致战斗、谋杀，以及群体规模的冲突——战争。

理查德·道金斯考察了另一种正好相反的行为的进化根源——利他行为，以及这种帮助和保护他人、特别是近亲的倾向是如何确保个体基因成功地传播到下一代，这被称为整体适应度（Dawkins，1976）。善待亲戚终有回报，因为根据他的分析，如果与你共有一定基因的人存活下去，即使你没有后代，你的一些基因也会通过你亲戚的小孩延续下去。

2. 焦虑与社会排斥

进化人格理论认为，像焦虑这样的特点之所以能够保存下来是因为它有助于我们祖先的生存。这是一种不愉快的情绪状态，一个心理机能正常的人会尽量回避它。而且，焦虑总是会制造麻烦，它干扰我们学习、记忆信息，减弱人的性能力等。这种破坏性情绪怎能对一个物种有帮助呢？

我们来看看是什么导致了焦虑。一些心理学者认为，导致焦虑的主要原因之一是社会排斥（Baumeister and Tice，1990）。研究者指出，所有人都有从属于某个群体或加入某种关系的迫切需要。因此，当我们被社会群体排斥或拒绝时，我们会十分沮丧。这种沮丧不仅仅会在我们明确地被某一群体拒绝或被某一关系排斥时产生，而且任何可能会被社会群体拒绝或我们对别人不再有吸引力的暗示，都会威胁到我们对依附关系的需求（Burger，2010）。

虽然彻底被社会拒绝并不常常发生，但是我们可能每天都会担心别人怎么看自己。用社会排斥来解释焦虑，与进化人格理论十分吻合。任何能使人们避免被群体排斥的事情都有助于种族的生存。焦虑正好可以用来达到这个目的。所以，进化人格心理学家认为，焦虑是为了满足物种的需要而进化来的。

3. 抑郁和社会丧失

进化论者指出，抑郁也有可能是进化出来的适应工具。新的研究表明，人们因为不同的原因而经受不同的抑郁。社会丧失后的抑郁特征是痛苦、哭泣以及寻求社会支持，例如与男（女）朋友分手或丧亲。失败后的抑郁特征则是乏力、悲观以及自责，例如考试不及格或失业。进化人格心理学家认为，这些反应在种族进化史中有助于生存。

疼痛表示某部分不正常，必须要调整。正如伤腿的痛感可以让你不再尝试用它行走，社会生活中出现的问题使人感到难受也是一样，因为这表明繁衍甚至生存陷入危机。正如凯勒和尼斯指出的那样，哭泣有助于寻求社会支持，乏力和悲观可以防止个体将精力和资源浪费在没有回报的事情上，“抑郁症状表现缺乏的个体更可能失去重要的人际依恋，更可能顽固追求不能实现的目标，更不善于从失败中学习，更不懂得在不佳的境遇中寻求朋友的帮助”（Keller and Nesse，2006）。

第三节　人格的行为遗传学

一、心理学的遗传学取向

（一）遗传学取向的根源

根据达尔文的进化论，不同物种之间，其显著差异源于不同的遗传；同一物种的不同个体之间，其显著差异主要是由个体对生存环境是否适应导致的。进化论指出了人与动物在心理上的连续性，从而把心理看作生物进化所赋予人的一种机能，使个体差异逐渐成为心理学研究的中心。

除进化论以外，还原论也深刻地影响了当时的心理学。在这种思想主张中，客观世界的每一种现象都可以看成是更低级、更基本现象的集合体或组成物，因而可以用低级运动形式的规律代替高级运动形式的规律。19 世纪中后期，生理解剖学使人体的秘密得以揭示，研究者认为不仅生理现象可以还原为物理—化学现象，而且心理现象同样可以还原为生理现象，最终还原为生物—化学水平的反应。

进化论和还原论为心理的遗传学研究打开了方便之门。有人说达尔文本人就是行为遗传学的创始人，因为他明确指出智力迟钝、天才、精神病之类的现象具有明显的家庭遗传倾向。此后，其表弟高尔顿爵士第一次从经验研究的角度证明了“杰出才能具有家族遗传性”的观点。但是，真正谈得上为行为遗传学奠定方法论基础的当数罗纳德·费希尔。他曾在 1918 年撰文，试图证明可以将孟德尔遗传学说从单基因遗传性状推广到多基因遗传性状（或特质）的研究上。

行为遗传学假设进化是存在的，而一定的行为性状可以成为自然选择的基础。我们可以很容易地看到蜜蜂的协作行为是怎样被选择的，如果一个蜂窝里的蜜蜂不能很好地合作，它们必定会死亡。人类的行为性状成为自然选择的对象则不明显，这可能需要追溯到我们遥远的祖先。他们如果不能合作捕猎，那么终将饿死。而组织成捕猎队伍需要一系列的社会能力，于是这些社会能力成为可选择的性状。组队能力的自然选择导致一系列的进化，包括交流、语言、利他、工具的利用和在人类中可以看到的其他性状。

（二）研究方法

行为遗传学是关于基因型如何与环境交互作用来决定像智力、人格及心理健康这样的属性的科学研究。为了分离基因和环境的作用，行为遗传学通常采用三种研究方法：

1. 选择性交配

这种方法以动物为实验对象，选择不同学习能力的雌雄动物交配，使之生育下一代；而后再在下一代中选择不同能力的雌雄动物交配，再使它生育下一代，如此循环往复。早期的一项研究发现，聪明的白鼠和愚笨的白鼠在迷宫学习成绩上不同及代际差异会变得越来越大（Tryon，1940）（如图 7 -5）。这说明小白鼠的迷宫学习能力受它们基因组成的影响。其他一些选择性交配研究也同样揭示了基因对小白鼠和小鸡的活动水平、情绪性、攻击性和性驱力这类行为特征的影响（Plomin，et al.，2001）。

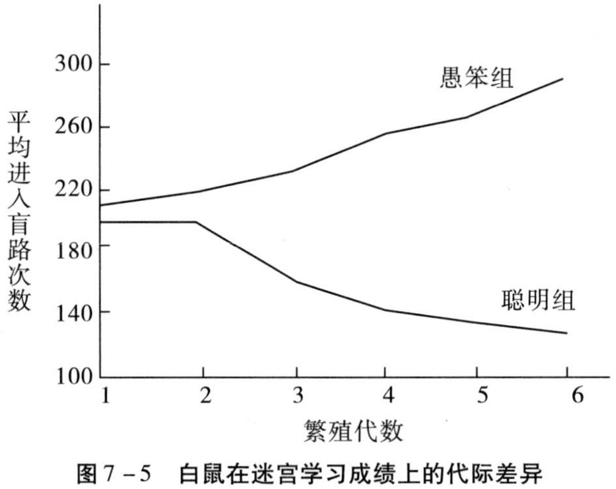

图 7 -5　白鼠在迷宫学习成绩上的代际差异

2. 双生子研究

这种研究方法从家系中的血缘关系与双生子之间的关系着手，考察相同生活环境下血缘关系的亲疏（即遗传）对个体差异的影响。假如研究的属性是可以遗传的，那么生活在同一环境中的任何两个个体的相似性，应该与他们的血缘关系（基因的相似性）密切相关。同卵双生子与异卵双生子相比，前者的遗传因子 100% 相似，而后者的遗传相似性则只有 50%。通过对 111 项双生子研究的元分析发现，出生后生活在同种环境下的同卵双生子，其智力相关高达 0.86，而出生后生活在相同家庭环境中的异卵双生子，这一相关只有 0.60（Bouchard and McGue，1981）。这说明遗传在其中起了关键作用。

3. 领养研究

这是一种将被领养者分别和与他们有血缘关系的亲属以及有领养关系的亲属进行比较，以此评估某一属性或多个属性的遗传性研究方法。是被领养的孩子与他们的亲生父母相似，因为他们有共同的基因（血缘关系等于 0.50），还是与他们的领养父母相似，因为他们有共同的环境？关于智力遗传性的研究发现，生活在同一家庭中养父母与其领养的子女之间的相关仅为 0.19，而亲生父母与子女的相关则为 0.42（Bouchard and McGue，1981）。这同样体现了遗传对智力的影响（如图 7－6）。

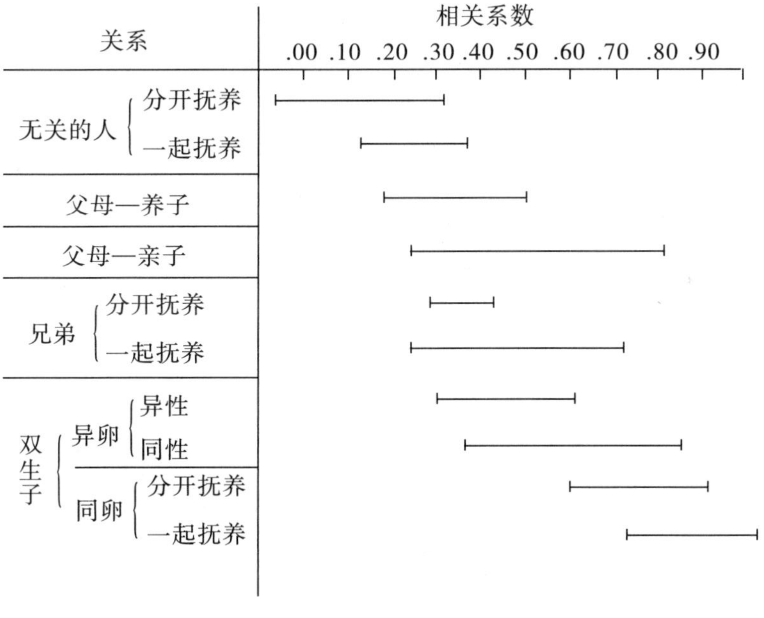

图 7－6 来自 8 个国家的“智慧”测验相关系数

关于个体差异的遗传学研究最初着眼于亲属家系双生子以及不同种族血缘关系的人。高尔顿从 1768—1868 年间英国 997 位名人家谱的分析中发现，其中 332 人也很有名望；而在一般平民中，4 000 人中只有一位有名望。据此高尔顿断言，天才是遗传的。他深信，若干遗传的生理特征或能力，特别是感官和反应时的灵敏度，都与智力相关联。今天看来，尽管高尔顿的结论显得过于粗糙，但是其主张却在两个方面产生了深远影响：其一，个体差异的科学测量；其二，优生学运动。后者在某种程度上承认了遗传对个体差异的决定作用。

（三）人格的遗传学研究途径

人格的遗传学研究分两条途径进行，其一是人格与身体特征的关系。古罗马医生盖伦关于气质的体液说即从生理学的角度考察了这种关系；古希腊的面相学认为，人体的特征和面相伴有相关的人格特征。直到20世纪初，体型说还戴着科学的面罩。德国精神病学家克瑞奇米尔指出，体型和人格类型或精神状态都是由激素分泌造成的。

这一观点得到哈佛大学心理学家谢尔顿的支持。通过分析4 000多张男性大学生的裸体照片，谢尔顿获得了大量关于体格与人格的数据。从这些数据中，他归纳出三种类型的体格：内胚叶型、中胚叶型及外胚叶型。同时指出，第一种人外向、健谈且喜欢奢侈的生活；第二种人精力旺盛、言行果断且乐观向上；第三种人内向、害羞、IQ高但不善交际。由于个体的生理特征主要由遗传决定，因此人格与体格的关系也跟遗传密切相关。

研究的另一途径是考察人格的某些特质（如神经质、外倾性）与大脑皮层唤醒水平之间的关系。艾森克认为，外倾行为主要归因于个体低水平的皮层唤醒，外倾者往往需要强烈的外部刺激以达到一种满意的唤醒水平；内倾者则有一种习惯性高皮层唤醒水平，因此要避免类似强烈的刺激。其生理机制为：上行传导通路（ascending conduction pathways，简称AAP）不仅将信息传至大脑皮层，而且还将侧突发送到上行网状激活系统，即ARAS；该系统随后依次将唤醒信息输入大脑皮层，从而使它得以正确处理传入的信号。这当中，外倾者有一种“慢速反应”的网状结构，而内倾者的网状结构则“过度活跃”（Eysenck，1994）。

二、人格的遗传力

你或许听过人们这样评价一个人：“张某像他妈妈一样具有艺术才能”或者“李某和她祖父一样固执”。你或许还会发现，你的兄弟姐妹的急躁个性正是你自己所具有的特点。这些都意味着人格特质具有遗传性。行为遗传学是当代人格研究的趋势，主要研究人格特质和行为方式受遗传影响的程度。其目的是分析在人格特质的全部个体差异中能够分别用遗传因素和环境因素差异来解释的程度。

（一）计算遗传力

遗传的影响到底有多大？行为遗传学家用统计技术来评估遗传因素在一种特质中所起到的效应量，这个指标被称为遗传力。来自双生子的数据计算如下：

$$H=(r_{同卵双生子}-r_{异卵双生子})\times 2$$

这一公式可以解读为：一种特质的遗传力等于同卵双生子间的相关和异卵双生子间的相关之差的2倍（Plomin，1990）。以智商的个体差异研究为例，在一起抚养的同卵双生

chard and McGue，1981），根据上面的公式可得，IQ 的遗传力 $H=0.52$，这在一个从 0（完全不能遗传）到 1.0（全部遗传）的尺度上充其量是中等的。这一数据也可以解释为，双生子之间智商的差异有 52% 可归功于遗传的作用。

表 7－2 双生子之间人格特质的相似度

人格特质	男孩间的相关		女孩间的相关	
	同卵双生	异卵双生	同卵双生	异卵双生
情绪稳定性	0.68	0.00	0.60	0.05
活动性	0.73	0.18	0.50	0.00
社会性	0.63	0.20	0.58	0.06

人格受遗传的影响又有多大呢？为了确定人格的遗传力，研究者比较了具有不同基因比例以及在相同或不同家庭环境中成长的家庭成员的人格特质。例如，如果人格特质中的社会性是遗传的，那么社会性在同卵双生子的相关比异卵双生子的相关要高得多（如表 7－2）。研究结果也表明，在几种人格特质间的平均相关中，同卵双生子为 0.50，异卵双生子为 0.30，非双生的兄弟姐妹为 0.20（Leohlin，1985）。根据遗传力计算的公式，可以得出人格的遗传力 $H=0.40$。可见，遗传对人格差异的贡献尽管没有对 IQ 那么大，但总体而言，人格仍然是中等程度地受遗传因素的影响。

（二）对遗传力的误解

误解一：认为它能应用于单一个体，事实上它不能被用于单一个体。我们说身高的个体变异有 90% 源于遗传是有意义的，但是说"某某身高的 90% 源于遗传"却毫无意义。对个体而言，遗传和环境的作用是不可分割的整体，它们都对身高起作用。因此，遗传力仅涉及样本或总体的差异，而不是某一个体（Larsen and Buss，2011）。

误解二：认为遗传力是不变的，而事实并非如此。遗传力是一个统计指标，它只适用于某个时期特定环境中的人群。随着环境变化，遗传力也会改变。例如，遗传力可以在某一人群中很高（如欧洲人），而在另一人群中很低（如亚洲人）；或者在某个时间段高，而在另一个时间段低。遗传力总是取决于人群中的基因差异和环境差异。

误解三：遗传力是一个绝对准确的统计指标。事实并非如此，测量的不稳定性或随机误差，都能够导致遗传力的偏差。而且，因为遗传力通常是用相关法计算的，样本与样本之间必然存在波动，这也会导致不准确性。总之，最好只把遗传力看作是对基因型差异引起表现型差异的百分比的一种估计。它不是一个精确的指标，也不具有个体意义，更不是恒定不变的。

（三）人格的遗传力

1. 人格特质

人格特质的遗传力研究主要集中在大五人格——神经质、外倾性、开放性、宜人性、尽责性方面，考察是否存在与大五人格模型相对应的特殊遗传基础。在一项研究中，德国和荷兰的研究小组对 660 对同卵双生子和 340 对异卵双生子进行了测量，全部采用自陈报告和亲友报告的方法。研究结果显示，同卵双生子人格特质之间的相关系数为 0.52，异卵双生子的则为 0.23。通过自我报告和亲友评定，研究者揭示，大五人格每一个因素都有其本质的遗传性（Riemann，1997）。

近年来，通过采用大样本，研究者得出了关于大五人格特质更可信的遗传力估计。例如，肯德勒基于 1 118 对双生子的数据，发现自我评估的大五人格的遗传力为 0.43（宜人性）、0.56（外倾性），同伴评估的大五人格的遗传力为 0.34（宜人性）、0.49（开放性）（Kandler，2012）。弗拉尼（Frani）等人（2014）基于 2 805 对双生子的自评数据，得到大五人格因素潜变量的遗传力为 0.43（宜人性）、0.58（开放性）。武卡索维克（Vukaso-vi）和布拉特科（Bratko）（2015）对先前的双生子和家谱研究（100 000 个被试）进行了元分析，人格家谱研究的遗传力估计（0.19）低于双生子研究（0.48），具体到各个维度的估计为：神经质（0.37）、外倾性（0.36）、开放性（0.41）、宜人性（0.35）和尽责性（0.31），大五人格平均遗传力为 0.36。

2. 人格障碍

人格障碍的遗传力研究主要包括精神分裂型、强迫型及边缘型人格障碍。通过个人访谈和问卷法所做的研究表明，精神分裂型人格障碍具有非常高的遗传力（Kendler，et al.，2007）。强迫型人格障碍所包含的五个因素，即禁忌、污秽/清洁、疑虑、迷信/仪式和对称/囤积的遗传力位于 0.24～0.44 之间（Katerberg，et al.，2010）。上述两种人格障碍可能是精神机能障碍遗传连续体的一部分，因为它们分别与精神分裂症和强迫焦虑症之间存在某种程度的遗传重叠（Plomin，et al.，2008）。

边缘型人格障碍是一种以心境反复无常、自我表象、情绪反应以及行为表现极端不稳定为主要特征的人格障碍，它很大程度上受遗传基因影响。例如，对荷兰、比利时和澳大利亚三个国家 5 000 多名双生子的研究表明，遗传在边缘型人格障碍中可以解释 42% 的变异，而且这一结果具有跨性别和跨国别的一致性（Distel，et al.，2008）。最近一项 10 年的双生子纵向研究发现，边缘型人格障碍在 14～24 岁的各个年龄段都具有中等的遗传力，且遗传力随年龄增长而有轻微上升的趋势（Bornovalova，et al.，2009）。

3. 态度和偏好

稳定的态度和偏好通常被看作人格的一部分，它表现出广泛的个体差异。一项明尼苏达州的双生子研究表明，传统主义的遗传力为 0.63。一项对 654 名收养与非收养儿童的纵向研究表明，遗传对保守态度具有重要影响，并且显著的遗传影响早在 12 岁时就已产生（Larsen and Buss，2009）。然而，并不是所有态度和信仰都表现出中等水平的遗传力，它因所研究的态度类型而异。例如，一项对400对双生子的研究表明，对上帝的信仰、对宗教事务的参与以及对种族一体化的态度的遗传力为0（Larsen and Buss，2009）。

基因也影响职业偏好。一项用修订版的杰克逊职业兴趣量表（JVIS）做的研究表明，34种职业兴趣中有30种的遗传力在0.37~0.61之间（Schermer and Vernon，2008）。这表明，我们绞尽脑汁做出的职业选择很大程度上受到我们从父母那里继承的基因的影响。值得一提的是，为什么有些态度和兴趣具有较高的遗传力，而有些态度和信仰的遗传力不明显甚至为零？或许未来的行为遗传学研究能够给出明确答案。

三、人格与基因

（一）基因如何影响人格

《纽约时报》曾刊登过一篇关于寻求刺激遗传性的专栏文章，该文报道一位名叫杰森·达拉斯的人将自己不怕死的特点看成是“个性问题”，例如他非常喜欢去偏远的地方滑雪，喜欢在山里骑自行车，喜欢速度非常快的交通工具。后来，达拉斯听说弗雷德·哈钦森癌症研究中心的科学家将老鼠爱冒险的性格与其基因联系起来，他相信自己也有爱冒险的遗传倾向，认为那些影响老鼠“人格”的基因同样也会影响他的人格。尽管在这项研究中没有任何证据表明neuroD_2基因与他喜欢冒险有关，但达拉斯还是倾向于认为两者存在联系，因为老鼠基因与人类基因、老鼠大脑与人类大脑有很多相似之处。

基因的影响远非报道的那么简单。例如，几百种不同基因共同作用才能影响人类的身高（身高大约具有80%的遗传性），而每种基因只能起到微小的作用。具有高度遗传的人格特质也是如此（Barondes，2017）。人格特质反映了多种基因变异的共同作用，与其相关的具有说服力的证据来自老鼠的选择性繁殖。一个著名的例子是约翰·德福瑞斯（John DeFries）对老鼠特质——倾向于探索不熟悉的、可能有危险的领域的经典研究。这种人格特质与大五人格中寻求刺激和焦虑有关，高度寻求刺激性会增加冒险，而高度焦虑会抑制冒险。

德福瑞斯的研究结果非常显著：经过30代的繁殖之后，无畏品种的老鼠后代都会在开放场地中自由地漫步，且它们的后代越来越胆大；相反，焦虑品种的老鼠后代基本上都蜷缩在箱子的角落里，其后代胆子也越来越小；控制组的老鼠则保持适中的冒险水平且经过30代依然没有什么改变。这种逐渐改变的趋势有两种含义：其一，许多基因的变异共同影响了这种人格特质；其二，在每一代中选择了更多的相关基因变异，其行为效应也在不断积累。

基因对人类人格特质的影响比对老鼠的影响要复杂得多。根据研究数据分析，喜欢看电视是可遗传的（Plomin，et al.，1990），这是否意味着DNA中的某个活性基因导致你爱看电视呢？事实并非如此。确切地说，一定有某些倾向包含遗传的成分，或许是感觉寻求，或许是嗜睡，甚至可能是对蓝光的渴求。这种成分与早期经验有某种形式的交互作用，进而使某些人有观看大量电视节目的倾向。然而，至今并没有相关研究探讨这些交互作用，也未曾提供线索告诉我们遗传倾向是如何影响看电视行为的。同样，离婚是可遗传的，每一种可能影响离婚的人格特质很可能都是可遗传的，结果离婚也变成了可间接遗传的。但是，这个结论并没有解释基因是如何影响离婚的，当然它也不意味着存在一种“离婚基因”。

（二）分子遗传学的研究

人格的分子遗传学（molecular genetics）取向主要用基因测定方法，在 DNA 水平上研究特定基因对人格表型的影响效应，旨在从微观层面直接鉴别对人格产生重要遗传影响的具体基因或基因组合，以精确揭示人格特征或人格差异的潜在遗传机制（周洁明等，2016）。由于人的基因众多，且受制于基因检测技术的局限性，早期的研究者通常需要通过了解与人格相关联的生理机制来确定人格的候选基因。例如，许多研究关注了 5 - 羟色胺转运体基因连锁多态性区域（5 - HTTLPR）及多巴胺 D4 受体（DRD4）与大五人格之间的关联。

随着行为遗传学越来越多地应用分子生物学方法，该领域也引起了越来越多的关注。新的研究深入到实际的 DNA 中，以解开特定基因如何影响生活的谜团为目标。这些研究大多使用关联法（association method），试图考察某种特质的差异是否和特定的个体差异有关。在一项关于男同性恋的遗传基础的研究中，研究者找来一组内部存在不同程度相关的同性恋，之后采用微生物技术鉴别 X 染色体上的一个基因，该基因为大多数同性恋者共有，但在同家庭的异性恋成员身上却未发现（Hamer，1997）。研究者断言，这种基因的相似性是同性恋的遗传基础之一。

关于大五人格的候选基因策略与全基因组扫描的研究结果表明，人格的神经质可能与大麻素Ⅰ型受体基因（CNR1）、5 - HTTLPR、5 - 羟色胺转运体基因溶质载体家族 6 成员 4（SLC6A4）、脑源性神经营养因子（BDNF）、多巴胺转运体 1（DAT1）、DRD4 等基因有关，外倾性可能与乙醇脱氢酶 4（ADH4）、BDNF、儿茶酚 - O - 甲基转移酶（COMT）、DRD4 以及线粒体等基因相关，宜人性有可能与 CNR1、ADH4、SLC6A4、单胺氧化酶 A（MAOA）等基因相关，尽责性可能与 ADH4、MAOA、DRD4、微管相关蛋白 KATNAL2 等基因相关，而开放性则可能与 5 - 羟色胺转运蛋白（5 - HTT）、Ras GTP 酶活化蛋白 1（RASA1）等基因关联。研究还关注了基因与基因之间交互作用的影响，如 MAOA、COMT、多巴胺 D3 受体（DRD3）三者的共同作用可以预测宜人性的高低（Urata，et al.，2007）。

自 2000 年开始，通过对分子遗传学的深入探索，一系列关于大五人格、感觉寻求、焦虑、抑郁、同性恋，甚至犯罪行为的生物基础的线索已经被提示出来。例如，最近发现，一个叫作 COMT 的基因与前额皮层的高多巴胺水平、外倾性和推理能力有关（Walker，et al.，2012）。这个发现尤其令人激动，因为它表明基因、神经递质、人格特质和智力四者之间存在关联。进一步的创新让研究者超越了对单个基因的关注，转而通过扫描整个人类基因库来寻找基因影响人格的线索（Gillespie，et al.，2008）。

美国国立卫生研究院（National Institutes of Health，NIH）的研究人员说他们已经定位了决定人类经受“高度焦虑”的基因。NIH 的墨菲（Dennis Murphy）在发表于《新科学家》杂志上的一项研究中指出，继承了 17 号染色体上的一种基因的人易于焦虑。与焦虑相关联的基因，影响一种名为 5－羟色胺转运子蛋白质的产生。这种特殊的蛋白质控制大脑中 5－羟色胺的水平，而 5－羟色胺是一种影响情绪的化学物质。NIH 的科学家和德国维尔茨堡大学的研究小组一起，定位了转运子基因旁边一组负责刺激基因活动的 DNA。其启动子可以调节基因的 DNA 序列，它可以通过两种形式遗传，其中一种形式刺激基因产生蛋白质的效率是另一种的 2 倍。研究表明，带有“不活跃”的基因启动子的个体，在对神经行为的心理测试中，包括焦虑、悲观、恐惧，比具有活跃启动子的个体得分高。然而，研究人员警告，遗传特性尽管典型，但是可能仅仅能够解释人群中不到 4% 的神经行为差异。

（三）基因的影响意味着什么

人格与基因研究涉及人格研究领域的一个重大问题，即人格的稳定性与可变性。换言之，假设人格特质由基因决定，那么后天环境在塑造健全人格及改造人格特征等方面有可能是徒劳的。对于这一点，遗传学家则很乐观，既然基因决定人格，那么通过基因的改组和重组也就可以制造出近乎完美的人格特征。分子生物学的学科带头人辛希梅尔博士为我们勾画了这样一幅情景（Sinsheimer，1969）：

> 我们隐约看到了另一条途径，一个直接稳定内在性状、治疗内在缺陷、超出我们目前想象力的有意识地改良人类这个进化 20 亿年的特异品种的机会……新优生学的视野从原则上讲是无限的——我们有可能去创造从未梦想过的新基因和新特质……有史以来第一次，一种生物可以了解它的渊源、设计它的将来。即使古代神话中的人，也不能超越其天性去设计制定自己的命运。今天，我们看到了这种机会。

尽管如此，随之而来的却是“令人敬畏的选择和责任”。遗传因素是人格个体差异中最重要的决定因素之一，这本不算新奇。然而，人格心理学家却常常面临这样一种困境：“环境经验在多大程度上影响了人格的发展？”众所周知，早期的性虐待、家庭暴力、父母离异及由神经质症状的父母抚养等因素都可能造就人格的个体差异。按照遗传是产生个体差异的重要因素这一前提，必定存在可观察的生理学、神经学和激素指标的差异，这些差异能够用来协调遗传与行为之间的关系，DNA 不能直接决定行为。

遗传学研究虽然令人瞩目，但并没引起大多数心理学家的兴趣，原因在于，此类研究未能提供对人格结构及其功能的理解，也无助于改良人格测试和评估的方法。更糟的是，它打消了这样一种希望，即心理学可以改善人类生命的质量。鉴于人格的起源是遗传的，这意味着人格既不受父母或社会的影响，也不受心理治疗或其他可控制性环境因素的影响。因此，他们对遗传学的研究要么持怀疑态度，要么认为有理论价值但无实践意义。我们主张，无论个体的人格特征变好或变坏，真正重要的是人格变异的其他部分——人格受影响的程度。

四、反思行为遗传学

在过去的几十年里，人格的行为遗传学研究取得了令人瞩目的成绩，它带来的至关重要的信息是，基因在人格的决定过程中起着重要作用。作为一种方法论，行为遗传学使心理学对人格的研究不再停留于描述阶段，不再带有个人主观色彩，使研究结论由理论层面上升到技术层面，从而在一定程度上减少了内部的争论和消耗。

当我们弄清楚基因对人格的影响以及遗传与环境的交互作用后，就可以改变一些会对人产生负面影响的不良环境。例如，两种不同的基因给人们带来抑郁或出现反社会行为的风险，然而，无论基因如何，当抚育良好、家庭和睦温馨时，风险就会消散。再比如，有先天感觉寻求倾向的个体，为了避免犯罪，可以通过参与伤害性较小的活动获得兴奋、满足需要。总之，如果我们理解某个个体的先天倾向，就可以找到合适的环境，使其人格得到最好的发展而非导致恶果。

但是，这种研究取向从一开始就不断受到质疑，“对于遗传学、认知能力、行为和人格之间的关系，我们的结论是：这方面的论述表明了相对的失败、暂时的无能或缺乏普遍性。从最经典的到最现代的各种遗传学方法，无疑可以解释……数目有限的家庭中很少一部分有异常行为，但遗传学很快显示出它在认知科学和人文科学领域中的局限”（皮埃尔·达吕，2000）。

客观地说，我们需要了解大脑中发生的电化学反应，但这些生理反应并非我们理解人格差异的唯一角度。如果我们想知道自己如何才能帮助一名工人提高生产效率或让一名儿童学得更好，那就应该在了解工人的时间安排或儿童的认知策略方面下功夫，而不是对他们大脑皮层的电化学反应感兴趣。

人是一个生物性的个体，但他更是一个社会性的个体，社会的观念、习俗、制度、文化无时无刻不在影响他的发展和变化，并对个体差异的塑造起着举足轻重的作用。实践证明，个体的成就、发展及完善，靠的是后天的奋斗和努力。行为遗传学增加了我们对自身的了解，但其目的不是宣扬遗传决定论。无论遗传学或基因研究如何发展，人格研究都不应排除其他的研究取向，如社会化取向或文化人类学取向。值得一提的是，行为遗传学在研究结论的推广方面必须慎之又慎。

尽管人格的行为遗传学研究取得了一定的进展，但进展很缓慢（Funder，2018）。最近的一项研究发现，基因模式与大五人格中除外倾性以外的其他几个因素均有关联，然而只有与宜人性有关的基因模式在三个独立的样本中是一致的（Terracciano，et al.，2010）。类似的发现让一些研究者感到气馁，他们提出将特质与基因联系起来的尝试从一开始就注定是失败的（Joseph and Rater，2012）。长期来看，主要的人格特质各自与很多不同的基因有关，每个基因都有一个小的作用力，这个作用力依赖于环境及其他基因的影响。

知识链接：我们从人格的神经科学中学到了什么？

我们知道，约有40%的人格变异来源于遗传因素，艾森克也认为，遗传因子一定是通过生理和神经系统来发挥作用的。一些理论模型，尤其是艾森克的PEN模型和格雷（Jeffrey Gray）的强化敏感性理论（reinforcement sensitivity theory，简称RST），试图用遗传和神经学差异来解释人格。即便如此，我们还是要回答一个问题：人格特质中其余60%的变异来自哪里？我们通常认为是环境，但实际上，这个问题的答案非常复杂，因为我们知道经验包括思想和行为可以影响生理，例如，研究发现，冥想可以改变脑功能（Davidson，et al.，2003）。

即使我们最终找到了大脑中的“神经质”区，这是否意味着神经基础决定了我们的人格发展？这是否意味着一辈子行事谨慎会决定个体的大脑按照既定的方式发育？也许充满不幸的艰难人生会使一个人变得神经质，也会改变我们的大脑。但是无论我们的成像技术有多好，如果不进行临床实验，我们是无法对这个基本的因果关系问题做出明确的回答的。

这样的临床实验将会是什么样？目前，对双手或者其他肢体严重震颤的标准治疗法是植入一个微小的电极。打开开关之后，微弱的电流会抑制震颤而使机体能够正常地活动。你能想象在我们的大脑中植入这样一个与外倾性有关的装置吗？打开电极开关会让个体变得想与人交往吗？关闭开关会让个体只想安静地坐着看书吗？

或者，如果我们随机给一些人服用一种能够降低5－羟色胺水平的药物呢？他们会变得更加焦虑吗？在实验或治疗中，只有采用这种随机设计才能确定因果关系的存在。事实上，研究者的确做过关于5－羟色胺的研究。他们发现了什么？结果取决于被试的行为抑制系统（behavioural inhibition system，简称BIS）水平。杏仁核的BOLD（blood oxygenation level dependent，血氧水平依赖）信号显示，BIS高的个体对于消极刺激更敏感（Cools，et al.，2005）。亦即单独的5－羟色胺水平因素并不足以造成脑功能的差异。该研究得到的启示是：第一，我们需要结合神经系统来研究人格，但是并不仅仅是将人格进行脑区定位；第二，如果我们希望弄清楚生理和神经系统在多大程度上影响了人格，那么我们需要超越相关分析而采用更新的技术方法。

（资料来源：Miserandion，2015：243）

第八章　人格判断与评估

第一节　人格判断概述

一、人格判断及其准确性

（一）人格判断的内涵

对人进行判断既可以根据经验水平，也可以根据科学研究。日常生活中的判断大多是经验或直觉判断，而心理学家则倾向于将人的判断建立在实验研究的基础上。从古到今，我们一天也没离开过对人进行判断，包括一个人的长相、地位、职位、职业、财富、性格、能力、兴趣、魅力、动机、意图等，从这个意义上讲，人格判断并非一个新兴的研究领域。人格判断是指人们在其环境中评估他人人格特征的过程，评估的结果通常用于更好地理解个体的现在以及预测个体未来的行为（Funder，1995）。

人格判断有可能准确，也有可能不准确，一般说来，那些相信自己能对他人人格做出准确判断的人的确比那些对自己做出准确判断不自信的人要更加准确（Biesanz，et al.，2011）。总之，对一个人，无论是陌生人、熟人还是自己，每个人都会形成自己特定的看法。例如，某人有什么性格特点，他或她是否讨人喜欢。根据这些个人看法，我们会选择其中的一些人进行深入交往，而对另一些人则只会浅交。与之交往时，我们会依据自己对他人的判断来调整自己的行为。同时，我们也会对他人在不同情境下的表现做出一定的推断和预测。所有这些看法或是行为，都是基于自我对他人的评价和判断，尤其是对他人的人格判断。

（二）人格判断的准确性

我们每天都在跟人打交道，因此总离不开对人进行判断，而判断的准确性是交往的关键。人格判断的准确性是指人格描述符合所描述对象的真实属性的程度，亦即判断者的评定与目标人物真实人格相吻合的程度。通俗地说就是两者的一致性程度，一致性越高，准确性也越高。日常生活中的人格判断往往借助于个人经验，通过交谈、观察以及了解个人的生活经历等途径去判断一个人，基于这样的判断很多时候也是比较准确的。

人格判断的准确性关注两个基本问题：第一，准确的人格判断是如何产生的？范德的现实准确性模型（realistic accuracy model，简称 RAM）指出，当相关的行为信息对判断者是可用的和可以察觉的，而且判断者能够正确利用这些信息时，人格判断可以获得准确性（Funder，1995）。第二，准确的人格判断是何时产生的？RAM 帮助我们进行准确的人格判断的四个基本调节变量，包括判断目标的特性、被判断的特质、用于判断的信息（数量和质量）以及判断者的个体差异。通常情况下，人们所做的人格判断的准确性足以应付复杂的社会世界，而关于准确性的研究则关注准确性如何产生以及何时产生这样的问题。

（三）准确性的标准

1. “获取”准确性

如果将判断目标的真实人格作为效标的话，那么与效标的关联程度越高，亦即一致性越高，判断越准确。但是，目标人物的真实人格是一个假定的概念，无论是目标的自我判断还是他人判断，抑或是客观的人格测量，我们都无法知晓目标的真实人格。即便将所有的判断进行综合，也只能是接近于真实人格。不过，心理学家还是有办法去接近这种真实。一种常用的做法是聚合效度（convergent validation），是指运用不同测量方法测定同一特征时测量结果的相似程度，即不同测量方式应在相同特征的测定中聚合在一起。以“鸭子测试”为例，如果它看起来像鸭子，走路像鸭子，游泳像鸭子，还像鸭子一样嘎嘎叫，那么它很可能（但是仍然不能绝对肯定）是只鸭子（它可能是只迪士尼拟声玩具鸭子，而不是真正的鸭子）。在人格判断中，聚合效度通过组合各种信息片断获得，如判断目标的外貌、长相、表情、姿态等，甚至包括行为的痕迹（Gosling，2009），聚合的各种信息条目越多，结论越具有说服力（Block，1989）。

2. 判断间一致性

判断间一致性（inter-judge agreement）是指不同判断者对目标人物判断的一致性，这里的判断者可以是自我、父母、伴侣、朋友或陌生人中的任何人。为了便于比较，研究者又进一步区分出一致性和自我—他人一致性。

（1）一致性

一致性（consensus）是指在某种情境下不同观察者（两个或两个以上的人）对同一个体判断时相互之间的一致性程度，也可以看作是同辈一致性。例如，如果周围的人（不管是朋友还是陌生人）都认为某个人很勤奋（高一致性），那么此人很可能就是个勤奋的人，无论他（她）自己是否认为自己勤奋。一致性能够预测准确性，但是一致性并非与准确性必然相关，因为即使许多人对某人判断非常一致，也很有可能他们都判断错了，这可能受到判断者是否表现了真实的人格、信息不全面以及内在判断标准或者偏见的影响。因此，单独将一致性作为人格判断的准确性有时候会显得不足。

（2）自我—他人一致性

自我—他人一致性（self-other agreement）是指在某种情境下个体的自我判断与他人判断的一致性程度（Funder and West，1993）（如表 8－1）。例如，当自我和其他观察者均认为某人是个勤奋的人时（高自我—他人一致性），那么勤奋代表了对这个人的准确判断。一般认为，自我是最了解自己的人，因此自我评价更接近于真实人格，他人判断与自己判断的一致性水平可以用来衡量判断是否准确。但是这一标准仍然存在问题，因为人们有时候并不了解自己，尤其是受社会赞许性和自我服务偏向的影响，我们对自己的判断并不准确。

表 8－1　人格判断的自我—他人一致性举例

量表项目	目标的自我报告	判断者对目标的报告
我是一个非常真实的人	5	4
我喜欢做新奇的事情	3	3
我喜欢和朋友“狂欢”	4	5
我喜欢动作电影	5	5

注：表中数据为5点量表中的评定等级。

3. 行为预测

特定的人格特质总是与特定的行为相对应，因此，外在的观察者才有可能对目标人物进行人格判断。反之，如果知觉者所做出的人格判断在某个特定时间、特定情境下的确表现出了相应的行为，那么可据此断定这种判断是准确的，这就是心理学家所说的判断具有预测效度（predictive validity）。简言之，当人格判断能够有效预测行为时，这种判断是准确的。例如，当我们基于人格的自陈问卷判断某学生是个尽责的人时，在接下来的几个学期我们通过观察和记录该生的课堂考勤、作业情况以及学业成绩等表现，确实找到了尽责行为，而且两者之间有显著的一致性，这表明“尽责性”特质判断预测了尽责的行为。

毫无疑问，行为预测（behavioral prediction）是一个非常好的标准，如果一种人格判断能够预测一种行为或与行为相关的生活结果，那么这种判断似乎在某种程度上是准确的。然而，这类研究很难操作，其成功性不仅要求对人格和行为的有效测量，而且要求将正确的特质与正确的结果进行匹配。但是，大量的研究确实表明，日常生活中来自熟人的人格判断能够预测实验室情境中的行为（Fast and Funder，2008）。一项引人注目的研究结果表明，人格判断能够预测诸如工作绩效甚至寿命长短一类的重要事件（Ozer and Benet-Martínez，2006）。

二、人格判断的资料来源

没有什么事情比了解和判断一个人更具有挑战性，因为人是最富于变化的动物。仅仅通过听其言、观其行并不足以准确了解对方，但我们大多数时候又只能如此。尽管我们不可能像心理学家那样去全面收集一个人的资料，但是古人的做法对我们仍然有启示。中国古代圣人孔子提出用七种方法来判断一个人的忠诚、礼仪、能力、智慧、气节、品性和操守七种品质："远使之而观其忠；近使之而观其敬；烦使之而观其能；卒然问焉而观其知……告之以危而观其节；醉之以酒而观其则；杂之以处而观其色。"这些方法的目的就是通过诱发情境获取可靠和有效的资料，与当代心理学家的做法如出一辙。

（一）真实的/传记性记录

这种类型的资料指有关个人历史、教育、职业和就医的记录，也可能包括犯罪记录等描述性的资料，例如年龄、受教育类型和年限、所接受的完整的专业教育或职业训练情况、婚姻状况、目前的职业及曾经从事的工作与职位、业余休闲活动、既往病史和住院记录等等。一般说来，这些资料有较好的信度，并且经常提供不可取代的信息，尤其是在人格障碍的临床诊断及工业/组织评估中作用最为明显。有一些传记式核查表——项目评估工具，在特定的语言和文化环境中有特殊的应用。

（二）行为痕迹

行为痕迹是指诸如手迹、艺术作品（图画、作文、诗歌或其他文学作品）、儿童玩耍后在场地里留下的情况、在家庭中自我设计的起居环境的类型（是整洁有序还是杂乱无章），还有个人的言行举止（如是否咬指甲）和衣着打扮等，都可以用来对人的行为进行真实的追踪。根据人本主义的观点，有时候可能是由于使用了诡计，基于行为痕迹的人格判断的准确性相当有限，例如，长期以来的准确性研究证实，笔迹分析缺乏应有的效度。而另一方面，行为痕迹能够为临床研究和评估假设提供很有价值的信息。

（三）行为观察

从某种意义上讲，行为观察是每一种人格判断都不可缺少的部分。但是在这里，"观察"一词具有更为严格的意义，它是指对人类行为直接的记录、监控、描述和分类，实行中它可能包含一个问卷、一张访谈时间表或者一种客观测验的评分规则。例如，在一个操场里对一个孤僻儿童行为的研究；对一个紧张患者实施全天候行为的监视；在新设计的工作环境中对职员绩效进行的观察；人格障碍患者对自己在治疗期间的情绪波动进行的自我监控。

（四）行为等级评定

在行为等级评定的判断过程中，要请一个人根据给定的特征、判断标准或者核查项目来对他本人的行为或另外一个人的行为进行判断。这种方法能用于直接观察下的同时性行为，或者应用于等级评定者对被评对象在过去的具体情境中或普通意义上的行为。行为等级评分方法中，等级评定者所掌握的关于被评对象行为的心理表征比行为本身更重要。行为等级评分构成了临床与工业/组织心理学以及基本的人格研究中的一种主要方法论。现代的人格研究教材通常对如何设计行为等级评定量表和如何消除评定过程中的共同的误差源作了详细的说明。

（五）表现性行为

表现性行为指一个人在看、行动、谈话、表达其目前的情绪状态、感受或动机时的变化。板起面孔、颤抖、脸变红、前额出汗、行动犹豫不决、高声或柔声细语地说话，这些都是行为变化的例子。表达即是指一个人行为的典型特征，这种特征使观察者对那个人的意识状态、情绪紧张度、感觉状态等做出外显的或内隐的推断。根据一个人的行为表现来对他的人格进行判断已有很长的历史，尽管从直觉上讲客观测量的人格属性与其身体和表情上的变化有关似有一定的道理，然而它不足以保证在对稳定的人格特质进行评估时这些变量的作用（Guilford，1959）。即便如此，在评估状态变量时，表现性行为变量仍有显著的效度。

（六）投射技术

投射技术是人格判断中最经典也是最常用的方法之一，罗夏墨迹测验和主体统觉测验是这种技术的突出代表。20 世纪 30 年代和 40 年代，许多临床心理学家受到精神分析和其他深层心理学的影响，对投射技术抱有很高的期望，他们相信通过它可以诱导一个人表现出他对模棱两可刺激物的知觉，从而自觉或不自觉地表露出个人的特征，包括那些甚至连他们自己也未意识到的动机和情绪等。20 世纪 50 年代和 60 年代以后，许多研究已明显地证明了这种评估方法不仅缺乏评分的客观性和测量的信度，而且更重要的是，投射测验的效度非常有限。尽管如此，投射测验在当今仍然具有相当的吸引力。

（七）访谈

一般来说，人格判断往往从探索性的访谈开始，在这里，人格心理学家致力于对当前的问题进行聚焦，并且为形成评估的假设去收集信息。如果研究者在访谈中所提的问题不是按照一个预先设定的程序，而主要是依据访谈对象的回答及访谈者本人的临时插入进行的，那么这种方法称为非结构性访谈。如今，大多数访谈都是半结构化或完全结构化的。在半结构化的情况下，访谈者对于需要提出的问题或主题事先有一定的安排，但后继问题在实际提出时可以依据应答者的反应稍作调整。完全结构化访谈则是按照一张包含所有待问问题的访谈表进行，通常情况下，它附有根据受访对象对前一个问题的回答如何决定下一个该问哪个问题的详细说明。访谈的结构化越不强，它所涉及的信息就可能越宽泛，根据评估信度的心理测量标准，其访谈结果能得到证实的东西也就越少。

（八）问卷

最初，人格问卷、兴趣调查表、态度或意见调查都以多项选择题的形式设计成纸笔式的结构化访谈。在一个典型的问卷中，每一个项目或陈述后面都有两到三个备选答案，如“是、不知道、否”或“真、不好说、假”等。早期如 MMPI，它的许多项目的内容取自经过确认的临床症状和症候群。与之相反，旨在测量正常健康状况下个体的外倾性、神经质以及其他人格特质的人格调查表，其项目内容则主要取材于对这些人格的主要因素的（大多数是因素分析性的）实验研究。

在行为等级评定中，研究证实许多典型的反应程式也存在于问卷调查的数据中，包括默认和社会赞许性。处理这些缺乏反应客观性数据源的一种方法是引入特别的效度量表来控制一个人在口语报告中的反应程式。如今，一个人在回答问卷时不能肯定其诚实性也是不争的事实，但有时又无法澄清。例如，一个人对某一问卷中“我经常莫名其妙地感到困倦”这一问题的反应不一定能被解释，比如说行为上所谓的困倦。相当多的被测者对“经常”“困倦”“莫名其妙”等概念的认识可能很不相同，他们回答时所依据的时间跨度和当时的情景决定了这些概念的内涵。问卷调查数据是一个人自我知觉和自我认知的行为变化的评估数据，从客观行为术语的角度讲，这些行为可能是但并不一定是诚实可信的。

（九）客观性测验

测验是人格测量工具中的核心工具，通过对它在实践中的应用，人格评估已经达到科学和广泛应用的高水平。一个测验是由一组项目或问题组成的，它们是从大量能反映待评被试状态或特质的各种项目和问题中选取出来的代表性样本。例如，从能力倾向或人格特质，或者像警觉这样的情绪状态的众多描述中选取一部分作为样本。

目前，虽然绩效的客观行为测验的开发已经达到熟练和心理测量的高质量，但人格的客观行为测验仍然滞留不前。尽管艾森克、卡特尔等人做出了大量的努力，但有确凿证据表明，诸如典型行为（而不是最佳绩效）方式和模式的测量，采用客观测验要远比传统的问卷调查、行为观察或行为等级评分等方法困难得多。因此，20 世纪 90 年代以来，研究者在客观性人格测验设计方面的研究开始将注意力集中在具有潜在效度的微型化实验室任务上，例如，心理病理学的行为标识（Widiger and Trull，1991）。

（十）心理生理数据

行为和意识中的所有变量都与神经系统有关联，都依赖激素及免疫系统。这使我们意识到，心理生理评估中的个体差异也应该是可以度量的。更直观地讲，通过监控与特定行为变量相关的心理生理系统参数的方法是可行的。这些心理生理变量包括大脑的活动情况及其功能状况，如脑电图（EEG），功能性磁共振成像（fMRI），激素和免疫系统参数及反应形式，通过自主神经系统传入的边缘心理生理反应；包括心血管系统反应模式，如心电图（ECG），呼吸参数，呼吸描计器；汗腺活动变量，如皮肤电活动（EDA）；肌肉紧张，如肌电图（EMG），以及眼球运动和瞳孔直径等。

上述 10 种资料来源对一些评估变量在效度和灵敏性上有很大的差别，并且也只对这些评估变量起作用。例如，问卷调查对人格变量之间的差别的探测更为敏感。因此，从不同的数据源角度出发对同一种待评特质进行测量时，与通过同一种数据源对该特质测量相比，将会表现出较低的相关。换句话说，从同一种数据源对不同待评特质进行评估时，其相关程度会比从不同数据源出发对同一特质进行评估的相关程度要高。在实际评估工作中，人们常常把客观测验和行为观察信息、真实的传记性记录资料综合起来，而不是单一地依靠某一种测验去获取数据。因此，人们在评估方法的选择上，总是通过将各种方法结合在一起的方式使各自扬长避短。

三、现实准确性模型

（一）四个阶段

现实准确性模型（realistic accuracy model，简称 RAM）由美国加州大学心理学教授大卫·范德在 1995 年提出。作为人格判断研究的集大成者，范德认为，要准确地判断一个人的人格特质，必须通过四个阶段（如图 8－1）：

第一，判断对象必须表现出相关行为，即行为可以为相关特质提供信息；

第二，这一信息对判断者必须是可用的；

第三，判断者必须能够察觉这一信息；

第四，判断者必须正确使用这些信息。（Funder，1995）

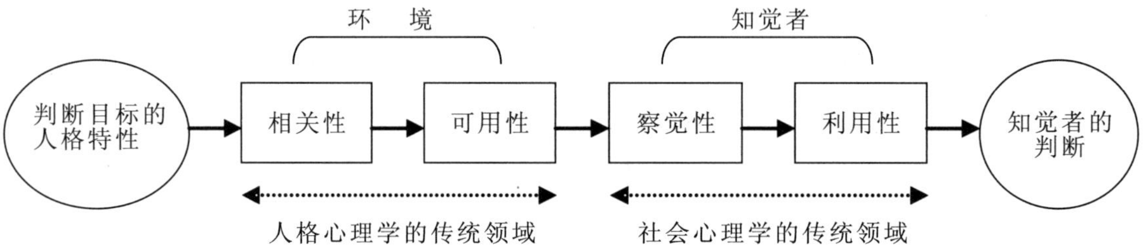

图 8－1　人格判断的现实准确性模型（Funder，1995：659）

上述四个阶段合并成一种复杂的判断形式，其中任何一个阶段的失败均不可能对人格做出准确判断。范德同时指出，好的判断者、好的目标、好的特质以及好的信息是影响判断过程的四个调节变量，它们通过影响 RAM 的一个或多个阶段来影响人格判断。RAM 主要用来描述人格判断的内在认知过程，这些过程包括四个阶段，即信息的获得、编码、存贮和提取。在认知过程中有两点值得注意：首先，对目标对象的判断必须呈现与其人格特征相关的线索或行为，因为这些线索和行为可能为判断者提供有利于判断结果的相关内容；其次，判断者应该发现这些线索，并正确利用它们从而做出准确的判断。

RAM 尽管是一个准确性的模式，但它也能用于对一致性做出假设。如果假定一个人的人格是真实的，那么两种准确的人格判断将会一致，因此，准确性高的话，一致性也高。例如，假如要判断某个人的勇敢程度，除非有能够展示这种特质的情境，否则无法探测到这个对象的特征。如果判断对象在公交车上和小偷搏斗，见义勇为，避免了受害者的损失，那么这时候他就表现出相关的行为。这种行为以判断者能够观察的方式在可观察的地点发生。有人可能正在这个时候做着见义勇为的事情，但是因为你无法看到，你就没有机会准确判断这个人的勇敢特质。这样，判断者就通过了可用性这关，但是，如果你的认知能力受损，或者因为其他原因没有注意到这次举动，判断就很难通过“察觉性”这关，仍然阻碍着你做出准确的判断。如果你观察到了这个事件，并且正确地解释那些可用行为与判断特质相关的信息，那么你将完成这次准确的判断。

（二）对人格判断的启示

RAM 假设需要借助于一系列宽泛的用于人格判断的评估标准，由此模型可描述为作为判断准确性的相关行为线索的可用性、察觉性及利用性的函数。RAM 提供了一种准确性的基本调节变量的普遍解释，阐明了这些调节变量如何相互作用，确定了重新整合准确性研究与过失研究的议事日程。范德（1995，1999）的现实准确性模型为检验人格判断过程中的步骤提供了一个有用的框架，这一过程可能受信息性和动机性因素的影响。RAM 给我们的启示有四点：

启示一，RAM 并没有描述人格判断总会出现，而是描述了准确的人格判断在什么情况下可以达到。如果一种相关行为没有展现，或者对判断者来说不可用，或者判断者没有察觉到它，又或者判断者误解了它，那么准确的判断将不可能发生。

启示二，RAM 告诉我们准确的人格判断很困难。大量关于判断偏见的研究似乎反映了这样一个惊人的事实，即人类的判断经常是错误的（Krueger and Funder，2004）。RAM 解释了人类人格判断的准确性为什么具有可能性，当且仅当上述四个阶段都顺利通过时，准确的判断才会出现，任何一个步骤失败都将导致人格判断功亏一篑。

启示三，准确性的调节变量（良好的判断者、良好的判断对象、良好的特质和良好的信息）是这四个阶段中一个或者多个阶段的产物。

启示四，人格判断的准确性可以通过四种不同的方式实现，传统上，对准确性的改进都集中在“利用性”这一阶段，而不是整体的四个阶段，事实上，其他三个阶段同样需要寻求改进的方法。（Funder，2003）

四、人格判断的调节变量

根据范德的现实准确性模型（RAM），有四个调节变量影响了人格判断的准确性，即判断能力（良好的判断者）、目标的可判断性（良好的判断对象）、特质的模糊性（良好的特质）以及信息的数量和质量（良好的信息）。

（一）良好的判断者

良好的判断者是指判断者的个体差异对准确性的影响。研究发现，总体而言，女性比男性的人格判断更准确，因为她们对于标准的或典型的人是怎样的人这一问题有更准确的看法（Chan，et al.，2011）。最新的研究表明，那些倾向于做出更积极人际判断的人，他们对目标人格判断也更准确，人格“好的判断者”被他人描述为宜人的、具有一致性以及对生活满意的，他们不自恋、不焦虑、不以权力为中心、没有敌意（Letzring，2008；Wood，Harms and Vazire，2010）。

早期的研究结果显示，极其聪明而且有责任心的人做出的判断更好，但是这些个体对任何任务都很擅长，因此不能肯定这些特质是判断准确性的基本要素。此后，一项关于大学生人格判断的研究发现，男生和女生在判断准确性程度上没有差异，但是与准确性相关的人格有性别差异：人格判断准确性程度最高的男性倾向于外向、适应良好、不太关心别人对自己的看法；女性则倾向于愿意接受新经验、兴趣广泛、比较独立（Kolar，1996）。这一结果表明，对于男性来说，准确的人格判断需要外向和自信的人际交往风格；对于女性来说，更多的是愿意接受他人、对他人更感兴趣。有研究者认为，好的判断者是那些注重发展和维持人际关系的人，这种风格被称为“交际性”。研究表明，交际性测验分数高的男性和女性做出的人格判断更准确（Vogt and Colvin，2003）。

（二）良好的判断对象

良好的判断对象是指目标的可判断性对准确性的影响。在日常观察中，有些人很容易被人了解，而有些人总让人捉摸不透；研究也证实，大多数人都知道自己是谁，他们能够被熟人准确判断（Biesanz，et al.，2011）。这一切都源于目标的可判断性（judge ability），可判断的个体其思想和情感相对“透明”，他们的可观察行为与其潜在的人格更加相关，其行为从一种情境到另一种情境是一致的，因此对其人格的有效观察更加可用。一个人身上的一种友好行为并非偶然出现的，它是一致性整体模式的一部分，这种模式即便是在不太熟悉的人当中也容易看到（Human and Biesanz，2011）。范德认为，具备可判断性的人是那些让人“所见即所得”的人，这些人表里如一，表现一致，所有认识他们的人在不同场景下对其描述本质上都是相同的（Funder，2009）。

研究者指出，好的判断目标相对外向、宜人、认真负责和情绪稳定（Colvin，1993），这一结果可以这样解释，即压抑情绪对身体健康和心理幸福感可能是有害的（Berry and Pennebaker，1993），以违背自己真实人格的方式行动非常费力且会带来心理疲劳（Gallagher，Fleeson and Hoyle，2011）。更为严重的是，最新的证据表明，更多的行为一致性在统计学和可评估的意义上都是“正常”行为的结果（Sherman，Nave and Funder，2012），你最好的自我就是真实的自我（Human，et al.，2012）。大多数人在多数时候都以一种积极的、社会赞许的方式行动，那些行为表现最为一致的人也是整体上最一致的人，亦即是最容易判断的目标。

（三）良好的特质

良好的特质是从特质特性的角度分析影响判断准确性的因素。就判断的容易程度而言，有些特质比其他特质更容易准确判断，像外倾性、精力水平以及健谈等特质比内省、幻想倾向和欺骗性等特质更容易看见，按照 RAM，这类特质更加可用，更容易觉察。更容易看见的特质（如健谈、好交际等与外倾性相关的特质）比那些不太容易看见的特质（如思考、深思的风格与习惯等）有更高的自我—他人一致性和他人—他人一致性（Funder and Dobroth，1987）。例如，对于你是否爱说话，你更可能与熟人的看法达成一致，且熟人们也更可能彼此达成一致，但是对于你是否易于忧虑、沉思，你们就很难达成一致。由于目标表现出更容易看见的特质，因此当判断者能够易于看到相同的行为时，判断者之间的一致性也更高。

即便只有少量信息，可观察性高的特质（如外倾性）容易判断，可观察性低的特质（如神经质）则很难判断（Borkenau，et al.，2009）。进一步的研究表明，自我和他人对不同特质判断的准确性不同，按照瓦沙（Vazire）的自我—他人知识不对称模型（self-other knowledge asymmetry model，简称 SOKA），对于那些不容易看见的特质，自我的判断应该更准确，而对于那些明显可评估的特质，他人的判断应该更准确。根据自我与他人感知判断目标信息的优势不同，研究者推断，自我对内在特质比对外部特质的判断更准确。由于自我对外部行为也比较了解，因此他人对于可观察特质的优势可能会相对较小。因此，对于焦虑或感觉忧虑的倾向，自我的判断更准确；而熟人对于智力的判断更准确（Vazire，2010）。

（四）良好的信息

良好的信息是指信息的数量和质量对准确性的影响。信息数量效应也被称作关系效应，因为随着人们相识时间的增加，他们能获得更多有关彼此的信息。一般而言，在人格判断中信息数量越多越好，室友做出的判断之所以比陌生人更准确，就是因为他们在信息数量方面更有优势。研究发现，判断目标暴露时间越长，自我—他人一致性也越高。在一项研究中，室友（认识目标至少 1 年）和陌生人（只在录像中看到目标约 5 分钟）同时对目标进行判断，结果发现，与陌生人相比，室友做出的判断与被试的自我判断有更高的一致性（Funder and Colvin，1988）。用 RAM 的术语来讲，更长时间的观察使得更多的信息可以被利用（Biesanz，West and Millevoi，2007）。

并非所有类型的信息对判断准确性的影响都一样，我们经常看到有些人在短时间内就非常了解对方，而有些人即使认识对方很久却依然不太了解，原因在于除了信息的数量影响准确性外，信息的质量也是一个关键因素。早期的研究表明，观察讨论思想和感受问题的面试比观察讨论习惯和爱好问题的面试做出的人格判断的自我—他人一致性更高，这说明思想和感受比习惯和爱好的信息质量更高（Andersen，1984）。最新的研究表明，与人格判断相关的信息的类别对准确性的影响非常广泛，准确的人格判断可以基于面部表情（Rule and Ambady，2008）、音乐品位（Rentfrow and Gosling，2006），甚至包括讲故事的方式（Küfner，et al.，2010）。

不仅如此，情境强度也会影响信息的质量，强势情境（如考试）包含了更多的社会规则和规范，因而限制了人们的行为表现；而弱势情境（如休闲活动）则允许人们有更多的行为变化，此情境包含了更多高质量的信息，据此做出的人格判断更准确。研究表明，基于观看某人自由交谈所做出的人格判断比基于高度结构化的竞争任务所做出的判断更准确（Letzring, et al., 2006）。最近，比尔（Beer）和布鲁克斯（Brooks）（2011）考察了不同信息质量对判断准确性的影响，结果发现，根据价值信息做出的人格判断比事实信息更准确。如果你想更好地了解你的同事，工作后的交往更有意义。

第二节　人格评估：自陈问卷

自陈问卷是一种自我报告式问卷，即对拟测量的人格特征编制许多测验题，要求被试做出符合自己实际情况的回答，主试根据其作答情况来评估其人格特征。这是目前最广泛、最通用的人格评估工具，也是一种人格的客观测验，被试要求回答关于思想、情感和行为方面的一系列问题，例如，“你经常在午夜感到害怕吗”“你晚上经常失眠吗”等。

一、自陈问卷概述

（一）自陈问卷的类型

1. 内容效度人格问卷

这是采用逻辑法编制的问卷，早期的人格测验大部分都采用这种方法。它是由专家根据某种人格理论，确定所要测量的特质，用逻辑分析的方法编写和选择一些看起来能测验这些特质的题目。这种编制方法使用一些直接的、明显的、理性的相关题目去测量问卷编制者想测量的内容。有时候这种方法是建立在研究者感兴趣的、已经存在的、关于人格特质和心理结构的理论基础上。为了使所有采用逻辑法编制的自陈问卷有效，问卷及施测过程必须满足以下四个条件：

（1）每一个题目在测验编制者和受测者眼中必须是同一个意思。例如，“头晕目眩”意味着什么？如果你在很长一段时间都一直坐着，突然站起来，然后觉得有点头晕，这算不算？

（2）完成问卷的参与者必须能够做一份清晰的自我评估。他必须对每一个题目所问的问题有足够的理解，同样也需要能在自己身上察觉相关情况。他一定不能是愚昧无知的或存在心理障碍，以致不能准确地报告这些心理症状。

（3）完成问卷的参与者必须是自愿参加自我评估，且不会歪曲事实。他一定不能否认症状或夸大症状。现代的人格测验在用于选拔雇员时也常常遇到这些问题。

（4）测验中的每一个题目都必须有效地测量到测验编制者想测量的东西。例如，“头晕目眩”真的能预测神经症吗？那些有关工作的梦也能预测神经症吗？

由逻辑法编制的人格问卷也出现在心理学期刊中，这些杂志体现了新的测验工具的一种稳定趋势，其中几乎所有的测验都是根据一系列相关问题编制的，这些问题包括测量以下主题：健康状况（你有多健康）、自尊（你的自我感觉有多良好）、目标（你对未来有什么期望）等。这种问卷的缺点是：其一，从表面上看能测量某一特质的题目，实际上可能并不能测量这一特质，即测验的表面效度并不能保证测验的真正效度；其二，由于测验题目与所测特质联系过于明显，被试一眼就能看出所测的是什么，因而容易作假。

2. 因素分析人格问卷

这是用因素分析法编制的人格问卷，其做法是，先对标准化样本施测大量的题目，题目和被试的选择可以没有任何理论根据。然后通过对被试在各测题上的得分进行因素分析或其他相关分析，将相关的题目归到一起形成若干组内相关高的且具有同质性的题目组，每一个组形成一个因素。构成一个组的题目一经确定，就可通过分析题目的具体内容给每一组题目命名，由此便可得到若干个同质量表来测量对应于这若干个因素的若干个人格特征。

许多人格问卷的编制和分析都受益于因素分析法。除我们熟知的卡特尔的 16PF 和艾森克的 EPQ 以外，奥斯古德（Osgood）、苏席（Suci）和坦奈鲍姆（Tannenbaum）编制的语意分析测验也是其中的一例。这些研究者让 100 个被试在同样的 50 个量表上逐一评定 20 个概念，然后对结果进行因素分析，发现评定结果在 3 个因素（评价、能力、活动）上有高载荷，从而得出了评价、能力、活动 3 个维度均和人对概念所持的意义有关的结论。

采用因素分析法编制人格问卷有以下三点不足：

其一，因素分析法提供的信息质量受研究者使用的题目的局限。从理论上讲，因素分析法需要研究者在初始阶段所使用的题目可以在总体上代表所有可能的题目。但是，如何才能确保这一点呢？如果不能确保，那么结果就会出现关于人格各因素重要性的错误信息。

其二，一旦计算机确认了某些题目在统计上是可以被聚类的，心理学家们就必须决定这些题目在概念上是如何联系在一起的。这一过程非常主观，因此因素分析法在计算上的严密性和确定性在某种程度上不过是一种幻觉罢了（Funder，2018）。例如，之前使用的题目可以被命名为“热心”，但也可以被命名为“社会性”或“人际积极性”。

其三，有时候研究得出的因素并没有什么意义，甚至对于做过分析的心理学家来说也是如此。由因素分析法得出的人格维度无法被准确命名的事情并不罕见（Block，1995）。

3. 经验效标人格问卷

用经验法编制问卷可以没有任何理论基础，它根据特定的被试表现的实际特征来选择测验的题目。研究者首先选出几组被试，已知各组间在某一人格特点上不同。然后以一系列的测验题对各组被试施测，选出那些能区分各组被试的题目。各组差异所根据的标准可能是他们的职业、教育程度或其他人格特征。组数多少及各组包含的内容与研究者的目的有关。这种量表的编制原本与理论无关，完全是从实践中来的，题目反映的内容只须“行得通”而无须“说得通”。

经验法的基本假设是不同类型的人在回答人格问卷的某些问题时有所不同。你回答问题的方式如果和原测验编制研究中某种职业或某类患者的回答一样，那么你也就可能属于这一群体。这一原则适用于个体层面。使用经验法编制的人格问卷筛选题目时唯一的判断标准就是不同的人是否会以不同的方式作答。如果测验在新的样本中能够预测行为、做出诊断和区分不同类型的人，那么可以认为量表是可用的。

（二）自陈问卷的格式

1. 是否式

提供一个陈述句或问句，并列出“是”和“否”两种选项，要求被试选择其中的一个选项。例如：

你喜欢热闹的事情吗？　是（　）否（　）

你总是喜欢一个人去看电影吗？　是（　）否（　）

2. 二择一式

提供两个意思相反的陈述句（A、B），要求被试选择其中符合自己实际情况的一个。例如：

A. 我喜欢批评那些有权威和有地位的人。

B. 在长辈或上级面前，我会感到胆怯。

3. 是否折中式

提供一个陈述句或问句，并列出“是”“否”和“不一定”（或“介于是与否之间”）三个选项，要求被试选择其中的一个选项。例如：

我善于控制自己的表情。　A. 是　B. 不是　C. 介于 A 与 B 之间

我总是喜欢待在安静的房间吗？　A. 是　B. 否　C. 不一定

4. 文字等级式

提供一个问句，同时列出几个（通常是五个）程度不等的选项供被试选择。例如：

你对自己的工作满意吗？

非常满意（　）　比较满意（　）　无所谓（　）　不大满意（　）

极不满意（　）

5. 数字等级式

实际上是文字等级式的变式，只不过是将文字式选项改为数字式选项。例如：

与现在相比，你觉得自己五年以后的幸福程度是：

非常不幸 1　2　3　4　5 非常幸福

（三）自陈问卷存在的问题

人格的自陈问卷一般采用纸笔测验形式，与其他类型的人格测验如投射测验相比，它具有结构明确，施测简便，计分客观，解释比较客观和容易等优点。如果编制是严谨的，在一定信度和效度的保证下，这种问卷能够高效地搜集到大量有意义的人格资料，既能用于理论研究，又能用于评价、诊断及预测。因此，这类人格测验不仅数量最多，而且在实

践中应用也最为广泛。

尽管如此，由于受测试动机、社会赞许和反应偏向等因素的影响，自陈问卷也有其自身的不足。

首先，反应定式在人格自陈问卷中表现得最为突出。所谓反应定式就是指被试有意或无意地“扭曲”其对测验项目的反应，从而塑造出一种其内心所希望显现的形象，而这一形象并不真正代表他自己。例如，在职业招聘中，有的被试在自陈问卷的作答中很可能尽力表现自己更有利于工作岗位要求的“优良品质”；为了逃避法律责任，有的被试会在鉴定是否有精神障碍的问卷作答中假装“不正常”。这种反应方式有可能反映了个体一部分人格特征，也有可能是个体有意不作真实回答。

其次，被试往往对社会赞许性强的题目作肯定回答，对具有社会否定特征的题目作否定回答，例如“我从来不撒谎”，有些被试就会回答“是”，即使他是个喜欢撒谎的人。

最后，在指导语有意要求或测验标题内容明显时，被试会歪曲自己对问卷的真实反应。

（四）编制时采取的对策

为了解决自陈问卷存在的问题，在编制时通常采取如下对策：

第一，在编选题目时应尽量选择不诱发假装倾向的题目，减少测题的社会评价意义，避免引起被试心理防卫和反感。

第二，选择表面效度与内容效度适当分离的题目。表面效度是指没有受过专门训练的观察者评价这个测验是否有效，是由外行对测验做表面上的检查确定的；而内容效度是由专家详尽、系统地对测验作评价而建立的。常常有这样的情况，外行人认为无效的题目，实际上并不一定无效。如 MMPI 中有这样的题目：“我的喉咙里好像总有一块东西堵着似的。”表面上看来，这种题目似乎与人格无关，但临床上回答“是”的人很可能为癔症或神经衰弱患者。将两者适当分离是克服反应定式的最有效方法。

第三，在问卷名称上做文章。为人格问卷加上掩饰性的名称，尽量不使问卷名称诱发被试的防卫心理。对此，美国心理学家霍兰德的“职业兴趣问卷”是一个很好的范例。这是一个“名不副实”的测验。虽然名为“职业兴趣问卷”，但实则是一个人格测验。这样，以职业爱好名称呈现的人格问卷降低了被试作假的可能性。

第四，在安排测题的选答方式时，可以将社会期望程度相同的两个项目配成一对，让被试必选一个。

第五，创设使被试诚实回答的情境，如指导语或权威暗示等。

第六，在量表中设置“防伪题”组成各种“防伪量表”。例如，在 MMPI 中就有 4 个效度量表。

知识链接：人格测验如何揭示人格

幽默作家阿特·布什瓦尔德对人格测量不以为然，他曾编制了一个测验用来讽刺人格问卷，其中包括下面的句子：

我喜欢小鸡啄米的方式。

我总是觉得眼睛冷。

尖叫声会让我觉得紧张。

我相信我和大多数人的气味是一样的。

多数情况下我睡觉之前不向别人道晚安。

擦鞋时我总是用过量的鞋油。

看到鲜血不再让我感到兴奋。

他注明，请被试在反应时选择“是”“否”或“无法回答，别来烦我”。不难理解，他想说人们对人格测量的反应就是“别来烦我”。在实际的人格问卷中，确实有一些题目与布什瓦尔德所编的那些莫名其妙的句子相似。那么，心理学家究竟如何通过人格测验揭示人格呢？一位被试对某个句子的反应是不能反映其人格特点的，例如，每个人患感冒后都会觉得“每种食物的味道都一样”，而这与人格无关。但是，如果我们从整体反应模式来看，被试在人格维度上的特点就能显现出来。

MMPI－2 人格测验对于鉴别有特殊精神障碍的人是有效的。举例来说，如果一个被试在对一系列题目的回答中表现出抑郁症患者的反应模式，那么我们就可以假设这位被试有抑郁倾向。

人格问卷中的每一个题目都是经过筛选的，而不是随意添入的，在将一个句子正式纳入问卷之前，必须有充分证据能够证明这一题目与某一人格特质或维度有高度的相关性。当然，在布什瓦尔德所编的那些开玩笑的句子中，如果有些题目能被证明与人格特质高度相关，则也可能被编入某个真正的人格问卷中。

（资料来源：Coon，2004）

二、明尼苏达多相人格问卷

明尼苏达多相人格问卷（MMPI）是 20 世纪 30 年代由美国明尼苏达大学心理学家哈萨威和精神病学家迈金利编制，最初版本于 1943 年出版，主要目的是根据精神病学的经验效标对个体进行诊断，第一个编制成的测验由 550 个项目组成，被试对每个项目回答“是”“否”“不肯定”，通过这些项目的回答，量表获得了精神病的诊断模式。

（一）量表的组成

1. 10 个临床量表

MMPI 有 10 个临床量表，每个量表都能够区分一种具体的临床群体（如精神分裂症患者）和正常比较组。通过计算并将测量结果制成曲线，我们就可以看到变态与正态之间的差别，并确定各种人格障碍的问题性质。通过使用这些量表，我们还可以发现由药物滥用、饮食失调、压抑、愤怒、玩世不恭、低自尊、能力不足等因素而产生的问题，为临床治疗或人员选拔提供依据。

（1）Hs：疑病症（Hypochondriasis）——对身体功能的不正常关心。

（2）D：抑郁症（Depression）——与忧郁、淡漠、悲观、思想与行动缓慢有关。

（3）Hy：癔症（Hysteria）——依赖、天真、外露、幼稚及自我陶醉，并缺乏自制力。

（4）Pd：心理病态偏离（Psychopathic deviate）——病态人格（反社会、攻击型人格）。

（5）Mf：男性化—女性化（Masculinity-femininity）——高分的男性表现出敏感、爱美、被动、女性化；高分女性被看作男性化、粗鲁、好攻击、自信、缺乏情感、不敏感。极端高分者考虑同性恋倾向和同性恋行为。

（6）Pa：妄想症（Paranoia）——偏执、不可动摇的妄想、猜疑。

（7）Pt：精神衰弱（Psychasthenia）——紧张、焦虑、强迫思维。

（8）Sc：精神分裂症（Schizophrenia）——思维混乱、情感淡漠、行为怪异。

（9）Ma：躁狂症（Hypomania）——联想过多过快、观念飘忽、夸大而情绪激昂、情感多变。

（10）Si：社会性内向（Social introversion）——高分者内向、胆小、退缩、不善交际、屈服、紧张、固执及自罪；低分者外向、爱交际、富于表现、好攻击、冲动、任性、做作、在社会关系中不真诚。

2. 四个效度量表

MMPI 有四个效度量表，用来测量被试可疑的反应模式，诸如明显的不诚实、粗心、防御和逃避。

（1）Q：疑问量表（Question）——没有回答的题数和对“是”和“否”都作反应的题数。如果在前面 399 题中原始分超过 22 分，566 题原始分超过 30 分，则说明被测试者对问卷的回答不可信。高得分者表示逃避现实。

（2）L：说谎量表（Lie）——是追求尽善尽美的回答。L 量表原始分超过 10 分，结果不可信。

（3）F：诈病量表（Validity）——高分表示受测者不认真、理解错误，表现一组无关的症状，或在伪装疾病。F 量表是精神病程度的良好指标，其得分越高暗示着精神病程度越重。

（4）K：校正量表（Correction）——一是判断被试对测验的态度是否隐瞒或防卫；二是修正临床量表的得分。

（二）量表的解释

测验者解释 MMPI 时，首先检查效度量表以确认测验是否有效，然后再看临床量表分数。分数的模式组成了“MMPI 得分剖析图”（如图 8－2），分析哪些量表得分最高，说明了哪些差异。用“MMPI 得分剖析图”可以对特殊群体进行比较，如重罪犯或赌徒。

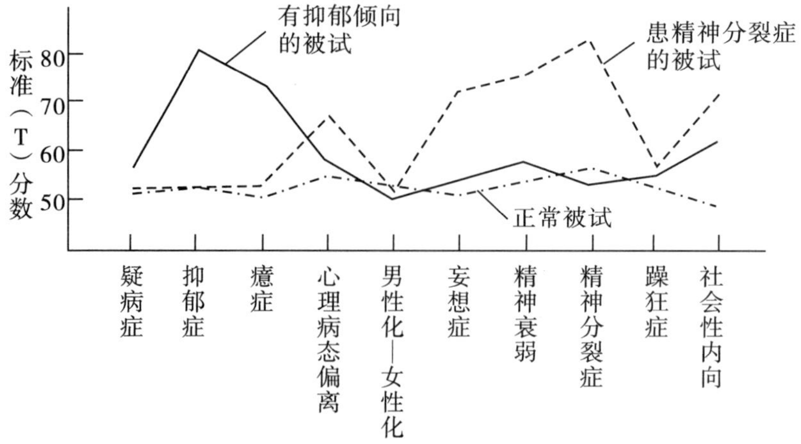

图 8-2　MMPI 得分剖析图（Coon，2002）

注：在一个分量表中得分超过 66 分者可被认为存在人格障碍，超过 76 分者即可能为严重患者。通常情况下，得分低于 40 分者也可被认为存在人格障碍或其他问题。

除了看剖析图解释外，研究者还可以将数据输入计算机，让计算机分析解释并做出报告。以下是一段从计算机里得出来的人格描述，受测者为女性，21 岁：

她似乎尽量缩小或干脆否认自身的不足。她承认自己办事犹豫不决，或许她对这种特征毫不介意。在机能正常者身上，明显的防御（不承认缺点）可能表示自信心和完善的自我概念。但是，在这个心理障碍的受测者身上，防御可能表示她不愿意接受治疗。

她可能外向，活动稍多，这种人有冲动性；她可能很健谈，热心社交，但判断力差，处事不老练，不知体贴别人，感到孤独。所以，她可能消耗大量精力，努力接近别人，满足自己的社交欲望，但是她感觉自己难以担当与他人相处中应负的责任。这种行为模式在青少年及大学生中十分常见。它不会造成严重的不适，只是时而表现出冲动性，从而带来一些麻烦。

总之，该受测者否认焦虑，极力想表现自信、和蔼可亲和自我认可的状态。

（三）量表的发展

在 20 世纪 80 年代中期，MMPI 进行了一次主要的修订，这就是 MMPI-2（Butcher, et al.，1989），MMPI-2 为了更好地适应时代的变化，进行了言语和内容的更新，根据新的数据制定了常模，同时，MMPI-2 还新增加了 15 个内容量表。目前，MMPI-2 全量表由 565 个句子组成，采用是否式评定，项目举例如下：

（1）每种食物的味道都一样。　是（　　）　否（　　）

(2) 我的脑子有点问题。　是（　　）　否（　　）
(3) 我喜欢动物。　是（　　）　否（　　）
(4) 只要有可能，我总是避免去人多的地方。　是（　　）　否（　　）
(5) 我从没有放纵自己去获得奇特的性体验。　是（　　）　否（　　）
(6) 有人想毒死我。　是（　　）　否（　　）
(7) 我经常做白日梦。　是（　　）　否（　　）

针对每一个相关的主题，如焦虑或家庭问题，项目选择的依据是：是否在理论上与主题有关，是否在统计上是同质的量表。这意味着每个量表测量了一个单一而又统一的概念，下面的知识链接展示了 MMPI－2 中十个临床量表及其基本症状，从中你会发现大部分临床量表测量了几个相关概念。MMPI－2 的内容量表包括焦虑、反社会行为、恐惧、A型人格、强迫症、低自尊、抑郁、社会适应不良、关心健康、家庭问题、想法古怪、工作干扰、愤怒、对医生和治疗的负性态度和犬儒主义 15 个方面。

知识链接：MMPI－2 的十个临床量表及患者基本症状

(1) 疑病症（Hs）：患者对自己的身体健康过度担忧。
(2) 抑郁症（D）：患者极度悲观，感觉自己没有价值，没有希望。
(3) 癔症（Hy）：患者身体出现不适，但找不出任何生理原因。
(4) 心理病态偏离（Pd）：患者情感淡漠，无视社会规范和首先准则。
(5) 男性化—女性化（Mf）：传统意义上的高“男性化”为攻击性强，高“女性化”为敏感性强。
(6) 妄想症（Pa）：患者疑心极强，有被害妄想。
(7) 精神衰弱（Pt）：患者有无法摆脱的忧虑、恐惧症和强迫性行为。
(8) 精神分裂症（Sc）：患者情绪失控，想法及行为古怪、不正常。
(9) 躁狂症（Ma）：患者情绪亢奋，处于躁狂心境中，行为异常，活动过量。
(10) 社会性内向（Si）：患者有严重的社会性退缩倾向，害羞，靠不住，不关心他人。

（资料来源：Gerring and Zimbardo，2003）

三、大五人格量表

（一）编制的背景和思路

许多特质心理学家在对人格进行因素分析时，发现人格的基本结构是由“五大”因素构成的，称为“大五”。20 世纪 80 年代以来，五因素模型的研究取得了令人瞩目的进展，其稳定性在自陈式特质调查表和他人评定、词汇研究和问卷测量的各种样本以及不同文化背景和不同分析方法的大量研究中得到验证，已被众多心理学家认为是人格结构的最好范型。

“五因素”模型有多个，其中有根据词汇研究的五因素结构，也有根据问卷研究的五因素结构。20 世纪 80 年代初，科斯塔和麦克雷开始编制用以测量三大人格维度——神经质、外倾性和经验开放性的 NEO 人格问卷，该量表最终于 1985 年发表。最初的 NEO 人格量表包括测量神经质、外倾性、开放性的六个层面的量表，但不包括对新增加的宜人性和尽责性的任何层面的测量。1992 年，科斯塔和麦克雷发表了 240 个题目的 NEO 人格量表修订版（NEO-PI-R，Costa and McCrae，1992），对大五维度进行不同层面的测量，每个维度量表设置了 6 个测量特质水平的子量表：

外倾性（E）——热情性、乐群性、自我肯定性、活跃性、刺激寻求、正情绪；

宜人性（A）——信任、坦诚、利他、顺从性、谦虚、温存；

尽责性（C）——胜任感、条理性、责任心、事业心、自律性、审慎性；

神经质（N）——焦虑、愤怒性敌意、抑郁、自我意识、冲动性、脆弱；

开放性（O）——幻想、审美、情感、行动、观念、价值。

维度水平的测量可提供对个体行为倾向的广泛描述，特质水平的测量则可帮助了解一些更具体、更独特的人格特征，两者相互补充。

（二）量表的基本情况

NEO-PI-R 测题采用第一人称表述，每一个表述都与人格的大五维度相关联。被试按照从“很不同意”到“很同意”五个级别的标准来评估自己对每一个表述的认同程度。这一测试法的另一种形式提供的是内容相似的第三人称表述，旨在由被试的同伴、配偶或其他专业人员给出更为客观的评价。

下面是部分测试项目举例，请用 1 分到 5 分评价每个陈述在多大程度上符合你对自己的描述，在对应的数字上画圈。注意，陈述没有对错和好坏之分，只反映每个人不同的特点，请不要顾虑，根据第一印象尽快做答。只有您认真如实地做答，我们给您提供的反馈才有价值。每个问题均需回答，一定不要遗漏。完全不符合 1 分；比较不符合 2 分；一般 3 分；比较符合 4 分；完全符合 5 分。

（1）我不是一个容易忧虑的人。

（2）我的确喜欢我所遇见的大部分人。

（3）我的想象力相当丰富。

（4）我认为人们表面上说得漂亮，内心则另有他谋。

（5）我以办事情慎重稳妥和合乎常理而为人所知。

（6）我常因别人对我的做法而感到愤怒。

（7）我尽量避开人群。

（8）我并非十分注重事物的审美和艺术方面的特点。

（9）我并不狡猾。

（10）我宁愿暂时不做决定以便留有选择余地，而不愿提前计划好。

NEO-PI-R 多用于正常人群，特别是应用于工作绩效领域。一般要求被试具有九年级以上的文化水平。量表有简要的指导语，要求被试严格按指导语要求作答。受测者可以个别默读指导语和测题，自行答题，或者由主试朗读指导语。不论是个体还是团体测验，主试必须取得受测者的信任与合作，使受测者觉得测验是对自己有益的，或创设某种有利于诚实作答的条件。施测时每人一份测题本和一张测题纸，测验不计时，受测者应以直觉性的反应依题作答在测题纸上，无须迟疑不决，拖延时间。

对许多研究的实际应用而言，NEO-PI-R 有些冗长。为了提供一个较短的测量，科斯塔和麦克雷在对 1985 年版本的 NEO-PI-R 进行项目因素分析的基础上得出了一套包括 60 个题目的简版的 NEO-FFI。为确保层面内容范围的充分，量表中的项目内容进行了一些调整，但是，这些分量表在界定每一因素六个层面中每个层面的代表性上并不相等。例如，宜人性分量表包括利他层面的五个项目，顺从层面的三个项目，信任层面的两个项目，温柔层面的一个项目，坦率层面的一个项目，但不包括谦逊层面的项目。操作手册中报告的信度较好，五个分量表的信度平均为 0. 78。NEO-FFI 量表与 NEO-PI-R 量表有显著相关，这表明 NEO-FFI 秉承了 NEO-PI-R 量表效度的实质内容。

（三）量表的解释与应用

和其他人格量表一样，大五人格量表测试结果的解释依赖于常模，而且需要转换成为标准分，各个量表之间的分数比较才有意义。以下是五大维度的高分和低分描述：

1. 外倾性

低分：性格内向，缄默和恬静。喜欢独处，独立活动。社交范围一般局限于少部分亲密的朋友。

高分：好交际，待人友好，充满活力，生气勃勃。喜欢投入大量的时间与人相处。

2. 宜人性

低分：较少关注他人的需要，而更多地关注自己的需要。别人会把你看作强硬的、苛求的、不妥协让步的人。

高分：对于他人的需要、健康和快乐具有强烈的兴趣。是乐意的、具有同情心的、善于与人合作的。

3. 尽责性

低分：喜欢生活在当前的感受中，并且从事现在感觉良好的事情，工作时往往疏忽大意和缺乏组织性。

高分：目标明确，并且能够下决心坚持到底。工作刻苦，人们认为你值得信赖。

4. 神经质

低分：非常沉着冷静，不容易惊慌失措。对于强烈的感情，并没有什么反应，即使是在多数人都感到压力的情形下。

高分：容易心烦意乱，甚至是在多数人认为只是满足生活的正常要求下。

5. 开放性

低分：喜欢在简单和朴素的条件下思考。别人形容你是务实和保守的。

高分：喜欢事物的新奇性、多样性、变革性。具有求知欲、想象力和创造力。

“大五”是目前最为流行的人格结构模型，而且在实践中也得到了广泛的应用。研究表明，“大五”因素模型对于诊断临床障碍和治疗心理疾病很有价值（Costa and McCrae, 1992），同时对于预测和确定健康行为与问题也十分有益。研究还发现，“大五”研究对于人格与工作绩效之间的相关性提供了比以往研究更为有力的依据。也正是由于“大五”人格因素结构的引入，使得在人事选拔中进行人格测验成为可以接受的事实。

四、爱德华个人偏好量表

（一）量表的基本情况

爱德华个人偏好量表（Edwards personal preference schedule，简称 EPPS）是由美国心理学家艾伦·爱德华（A. L. Edwards）于 1953 年编制的。该量表是以美国心理学家默瑞（H. A. Murray）在 1938 年提出的人类 15 种需求为理论基础编制的。全量表包括 225 个题目（其中有 15 个重复题目，用以检查反映的一致性），每题包括两个第一人称的陈述句，要求受测者按自己的个人偏好从中圈选一句话。EPPS 的主要功能是经由个人对题目的选择而鉴别其在 15 种心理需求上的倾向，从而了解个人的人格特质。这 15 种需求是：成就、顺从、秩序、表现、自主、亲和、省察、求助、支配、谦逊、慈善、变异、坚毅、性爱和攻击。爱德华个人偏好量表由这 15 种需要量表和一个稳定性量表所组成。在这 15 个量表中，每个量表有 9 种陈述，这 9 种陈述轮流与其他需要叙述配对，每种叙述重复两三次，让被试对每题的陈述进行迫选。完成整个量表评定需 40～50 分钟。

（二）施测时注意事项

EPPS 包括许多成对的语句。对它们所描述的特征，你可能喜欢，也可能不喜欢；其方式你可能感觉得到，也可能没有感觉到。例如：

A. 我喜欢对别人谈我自己。

B. 我喜欢为我自己所定的目标而工作。

在这两个语句中，你应当选择更能表现你自己特征的那一个。假如你喜欢“对别人谈你自己”的程度高于你喜欢“为自己所定的目标而工作”，则你应当选 A 而不是 B。假如你喜欢“为你自己所定的目标而工作”的程度高于你喜欢“对别人谈你自己”，则你应当选 B 而不是 A。你可能同时喜欢 A 与 B。在这种情况下，你必须在两者之间做出选择，选出你比较喜欢的一个。你既不喜欢 A 也不喜欢 B，那么你也必须在两者之间做出选择，选出你讨厌程度较低的那一个。

这个量表中有些成对的特征与你的爱好有关，如上面提到的 A 与 B。其他成对的语句则同你的感觉如何有关。例如：

A. 当我失败时，我感到沮丧。

B. 当我在一群人面前演讲时，我感到紧张。

你应当从中选出更能表现你特征的那一个。假如“当你失败时，你感到沮丧”比“当你在一群人面前演讲时，你感到紧张”更能表现你的特征，则你应该选 A 而不是 B。假如是 B 更能表现你的特征，则你该选 B 而不是 A。如果两句话都描述了你的感觉，那么你应该选你认为你的特征表现得更好的那一个。假如两句话都没有正确描述你的感觉，那你应当选你认为比较正确的那个。

总之，对于每道题的 A、B 必须而且只能选择其一。你进行选择的依据，应当是你当前的喜好、倾向与感觉，而不是你认为应该喜欢什么或怎样感觉。这不是测验，答案无所谓对错。你所做的选择如能最好地反映你自己的喜好、倾向与感觉，那就是最佳选择。请对每一道题都作答，不要跳过任何一题。作答时，在答案纸的每个题号下面圈出 A 或 B，以表示你选 A 还是 B。注意，你所圈的题号必须同问卷上的题号相一致。

（三）EPPS 项目举例

1. A. 当我的朋友有麻烦时，我喜欢帮助他们。
   B. 对我所承担的一切事情，我都尽我最大的努力去做。
2. A. 我喜欢探求伟人对我所感兴趣的各种问题有什么看法。
   B. 我喜欢完成具有重大意义的事情。
3. A. 我喜欢我写的所有东西都很精确、清楚、有条理。
   B. 我喜欢在某些职业、专业或专门项目上自己是个公认的权威。
4. A. 我喜欢能随我的意志来去自如。
   B. 我喜欢能够自豪地说我将一个难题成功解决了。
5. A. 我喜欢解答其他人觉得很困难的谜语或问题。
   B. 我喜欢遵从指示去做别人期待我做的事。
6. A. 我喜欢在宴会上讲些趣事或笑话。
   B. 我喜欢写本伟大的小说或剧本。
7. A. 我喜欢在日常生活中体验新奇与改变。
   B. 当我认为我的上级做得对时，我喜欢对他们表示我的看法。
8. A. 对我所承担的任何工作，我喜欢对其细节做好计划与组织。
   B. 我喜欢遵从指示做我所该做的事。
9. A. 在公共场合中，我喜欢人们注意和评价我的外表。
   B. 我喜欢读伟人的故事。
10. A. 我喜欢回避要我按照例行方法办事的场合。
    B. 我喜欢读伟人的故事。

（四）对量表的评价

EPPS 临床应用的优点在于它所测量的人格维度对于来访者来说不具有威胁性，而且测验结果的公开讨论常常可以促使来访者进一步地自我暴露。此外，和来访者一起分享对其测量到的显性需要的解说，往往可以使测试非理性化，从而减小来访者的防御性。遗憾的是，EPPS 的不足之处要盖过它所具有的优点，采用强迫选择法是一种创新，但这种方法也有一些局限：

首先，测试得到的分数是自比分数，即每种需要的强度不是以绝对分数表示，而是与个人的其他需要的强度有关，以相对分数表示，这给分数的解释带来了困难，也许两个 EPPS 得分相同的人，其需要的绝对强度并不相同。

其次，过于将注意力集中在控制社会赞许性上，必然会影响对测量不同特质的题目的选择，使得许多题目表面效度很高，另外，有人认为对社会赞许性的看法本来就是个体人格的一部分，会影响个体的行为，因此排除赞许性也许并不恰当。

再次，EPPS 并没有完全排除社会赞许性的影响，因为由代表性团体得到的平均赞许性，在用于其他团体或服务于特殊的测验目的时，本来相同的赞许性也会变得不同。

最后，由于题目编制采用反复轮流配对的方式，因此被试极易感到厌倦和疲劳。

第三节　人格评估：投射测验

你是否曾经将一朵云看成是一张脸或一种动物，如果让你的朋友来看，他们看见的可能是一个睡美人或一条龙。心理学家在用投射测验进行人格评估时也是根据同样的原理。与人格的自陈问卷不同，投射测验对反应的范围不作预先的规定，被试可以自由作答。在投射测验中，给被试一系列的模糊刺激，要求被试叙述模式、完成图片或讲述画中的故事。

一、投射测验的原理

（一）投射和投射测验

投射是指一个人将自己的思想、态度、愿望、情绪等人格特征不自觉地反应到外界事物或他人上的一种心理作用，表达出自己内心的感受，亦即个人的人格结构对感知、组织及解释环境的方式产生影响的过程。投射测验是指向受测者提供一些未经组织的刺激情境，让被试在不受限制的情境下自由表现他的反应，之后分析反应的结果，以推断其人格的情况。

在投射测验中，主试要求被试描述一个模糊刺激或根据一个模糊刺激编一个故事。显然，假如你要求被试描述一个清晰的刺激，比如，对一辆汽车的照片进行描述，你很难发现与其人格有关的东西。但是，如果你要求被试对一个模糊刺激或无结构情境进行描述的话，那么他们就必须用自己经验中的东西来描述眼前所看到的东西。面对同一个投射刺激，不同的人看到的东西是不一样的，而每个人所能知觉到的东西恰好可以反映其人格的内部情况。

（二）投射测验的特点

与其他人格测验相比，投射测验有如下突出特点：

其一，测验材料一般都很含糊，没有明确的含义，也不受任何限制，可根据自己的理解去解释。事实上，刺激材料越不具有结构化，反应结果就越能代表被试人格的真正面貌。

其二，测验的目的具有明显的隐蔽性，被试一般不知道自己的反应将得到何种心理学解释，这样在很大程度上排除了被试的伪装和防卫，使测验的结果更能反映被试真实的人格特征。

其三，对测验结果的解释重在对被试的人格特征获得整体性的了解，而不是对某个或某些单个人格特质的关注。

（三）投射测验的类型

（1）联想型。让被试说出某种刺激（如单字、墨迹）所引起的联想，如荣格的语词联想测验和罗夏墨迹测验。

（2）构造型。要被试根据他所看到的图画编造一套含有过去、现在、将来等发展过程的故事，如主题统觉测验。

（3）完成型。提供一些不完整的句子、故事或辩论材料等，让被试自由补充，使之完整，如语句完成测验：“小时候，我______”“吃饭的时候______”“我讨厌的______”。

（4）表达型。使受测者利用某种媒介（如绘画、游戏、心理剧等）自由表露他的心理状态，如画人、画树测验。

（四）投射测验的原理

投射测验的机制是精神分析理论中的外射机制。精神分析认为，一个人的人格结构大部分处于潜意识中，通过明确的问题很难表达出自己的感受，而当面对意义不明确的刺激任其随意反应时，却常常可以使潜藏在潜意识中的欲望、需求、态度、心理冲突比较真实地流露出来。这种假设正是投射测验的理论基础。在 20 世纪 40 年代至 60 年代，精神分析的思想在人格理论和研究中的影响最大，而其间投射测验增长的数量也最多。

投射测验的原理与人格的刺激—反应理论和知觉理论有关。刺激—反应理论假设：个体不是被动地接收外界的各种刺激，而是主动地、有选择地给外界刺激赋予某种意义，而后再对此表现出适当的反应。知觉理论认为，人们在知觉反应中，实际上或多或少都含有投射的作用。具体表现在两个方面：一是知觉者常常将自己的情绪投射到外部事物上去，透过投射的情绪可以分析其潜意识活动；二是人的期望对于知觉经验也有影响，人们更容易感知到他们想要感知的事物。因此，知觉结果也能反映其有意识的期望。

二、罗夏墨迹测验

在交错的光影以及变幻的云朵中，人们通常可以想象出各种各样的人与物。对于心理学家而言，这些幻象并不仅仅是一种幻觉。从某种意义上说，它反映了一个人的经历和期望，可以预测一个人的人格。鉴于此，瑞士一名精神病学家赫尔曼·罗夏（Hermann Rorschach）发明了一套模糊的图形。最初制作这些图形时，先在一张纸的中央滴一摊墨汁，然后将纸对折并用力按压，使墨汁四下流开，形成沿折线两边对称但形状不定的墨迹图形。罗夏让 300 名精神病患者和 100 名非精神病患者解释他们所看到的墨迹，对他们的反应进行分析比较，并于 1921 年在《精神诊断》一书中发表了他的研究成果。经试验数千种墨迹图片后，最后选定其中十张作为测验材料，逐步确定计分方法与解释原则。

（一）测验内容

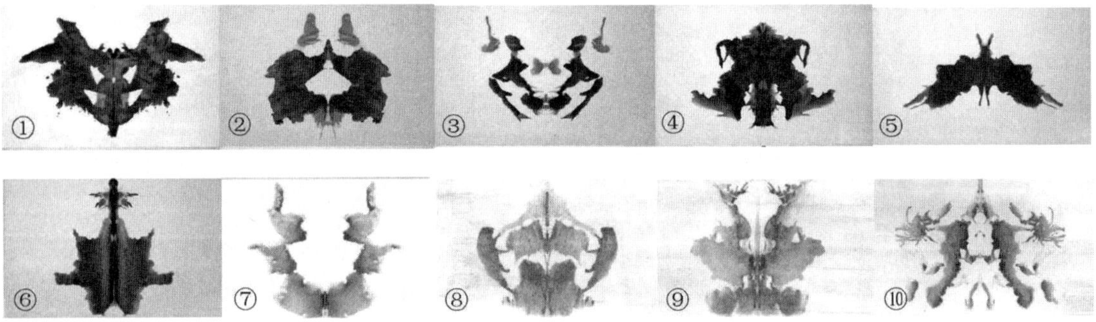

图 8－3　罗夏墨迹测验图例

在罗夏墨迹测验的十张对称的墨迹图中，有五张是黑白的，每张墨色深浅不一；两张主要是黑白墨色加上红色斑点；三张由彩色构成（如图 8－3）。施测时先设法使被试放松，用简单的指导语告诉被试如何完成测验，主试尽量少加自己的意见或其他说明。罗夏墨迹测验专家贝克建议告诉被试如下的指导语："我要给你看十张卡片，每次一张。这十张图片皆为对称图形，且内容皆毫无意义。卡片上印有墨迹染成的图形。你看每一张卡片时，告诉我你在卡片上看到了什么，或者你认为出现在卡片上的是什么东西。每一张卡片看的时间不限制，只是请你务必把每一张卡片上看到的任何东西都告诉我。"（Beck，1944）在测验开始前，首先要让被试确信答案没有对错之分。

（二）测验过程

在正式测验时，主试首先向被试呈现每张墨迹图，并要求他们描述从中看到了什么。然后主试可能回到其中任何一张图，请被试确切地辨别图中的一个特定部分，详细解释刚才的描述或根据新的印象做出解释。不同的人对同一张图片的回答可能有着明显的差别，例如，有些人从一张图上看到的是“鲜血正从匕首上滴下来”，而有的人则认为这张图是“原野上盛开的鲜花”。这些报告对于诊断人的心理冲突和幻觉有着重要意义。实际上，被试从图中所看到的具体东西是什么并不最重要。心理学家认为，更重要的线索是使被试发生想象的内容在墨迹图中的位置以及被试是如何组织自己的想象的，只有后面这些信息才能够反映被试的知觉方式和情绪障碍。

1. 提问

在施测过程中，主试的说明很简单，例如：“这看上去像什么”“这可能是什么”“这使你想到什么”。同时，主试还要记录：

（1）反应的语句；

（2）每张图片出现到开始第一个反应所需的时间；

（3）各反应之间较长的停顿时间；

（4）对每张图片反应总共所需的时间；

（5）被试的附带动作和其他重要行为等。

目的是诱导出被试的生活经验、情感、个性倾向等。被试在不知不觉中便会暴露自己的真实心理，因为他在讲述图片上的故事时，已经把自己的心态投射到情境之中了。

2. 回答内容

（1）人体。完整的人体、人体的一部分，虚构或神话中完整的人体、虚构或神话中人体的一部分。

（2）动物。完整的动物、动物的一部分，虚构或神话中完整的动物、虚构或神话中动物的一部分。

（3）抽象回答。如害怕、发怒。

（4）回答为字母或阿拉伯数字。

（5）人或动物的解剖。如颅骨、骨盆。

（6）人类学回答。如图腾、古代武士。

（7）艺术的回答。如绘画、舞蹈。

（8）植物回答。

（9）衣着。

（10）天上的云、雾、霜等。

（11）爆炸。

（12）日常食物。

（13）日常家具。

（14）风景。

（15）自然现象。

（16）性器官或性活动。

（17）有关职业等。

（三）计分与解释

1. 测验的计分

罗夏墨迹测验最复杂也是最困难的部分是计分和解释。有相当多的人对被试反应的解释基本上是依据其个人在临床工作中所建立的经验法则，采用直觉的方式对测验结果加以解释或推理。这种直觉式的解释难免带有个人的主观成分，其效度自然会受到较大的影响。为了减少解释的主观性，研究者已经给罗夏墨迹测验的反应设计了一套容易理解的计分系统，使得它在不同的施测者之间可以进行比较（Exner and Weiner，1994）。这套计分系统对反应的内容确定了通用的类别，但是人们对罗夏墨迹测验及其计分系统的效度仍有争议。

这套计分系统的基本逻辑是：

（1）如果被试的反应与多数人相同，即被认为是正常的；

（2）如果被试的反应方式怪异，与一般人差别很大，那么这个人就可能存在心理障碍；

（3）如果被诊断为某种精神疾患的人都具有某种反应类型，而被试也具有此种反应类型，那么被试就可能具有某种精神疾患。

计分主要集中于四个方面：①定位，就是在做出反应时被试注意了卡片的哪个部分，是注意卡片的整体，还是注意部分，还是细节的大小；②决定因素，对卡片的哪个方面产生反应，诸如颜色还是阴影；③反应的内容，反应对象和活动的性质；④独创与从众，记录被试的反应是原创的、独特的，还是常见的、普通的。

2. 结果解释

罗夏墨迹测验结果的解释很复杂。简单地说，有这些内容：做完这个试验一般需要20～30分钟，被试反应过快，可能是躁狂症；反应过慢，则可能是抑郁症；若慢得很多，此人容易生病（隐匿性抑郁）；非常慢则要预防他自杀了。运动反应多，有创造力，情绪稳定，内向。彩色反应多，感情丰富多变，灵巧机敏。回答总数方面，正常人对10张图片做出17～27个回答，回答总数多但质量差为躁狂症，总数多质量也高，多为内向者，回答总数少质量却高，多为抑郁症者，总数少质量又差多提示有脑器质疾病如脑瘤，或属智力痴呆者。动物回答少的几乎肯定是专门艺术家，而动物反应过多（70%～100%）则是非常刻板的学究。动物反应在20%～35%，表示被试心情好，占50%～75%则可断定为心境压抑。

解释有时会更加微妙。考虑对看起来像一只蝴蝶的罗夏墨迹测验卡片Ⅰ的两个回答。一个来访者说：“这是一只蝴蝶，它的翅膀被扯碎了，它活不长了。”对于同一张卡片，另一个来访者说：“这是一只蝴蝶。我不知道这些空白的地方是什么，我不知道哪种蝴蝶的翅膀上有像这样的白点。它们不应该存在，我猜它的翅膀被撕裂了。”（McGrath，2008）

以下是两个典型例子：有一被试屡次将图片看成死动物或解剖，如死熊、死蝙蝠、狗皮、人血、颅骨等，不久这个人自杀了。另一个人患了焦虑症，但找不到病因，难以治疗，做了罗夏墨迹测验，他竟多次看到了性器官，或有性意味，如大腿、胸脯，原来是性的方面有了问题，找到病因，就容易治疗了。

（四）测验的评价

罗夏墨迹测验是历史最悠久和应用最广泛的一种投射测验。该测验在罗夏在世时并没有多少人使用，后来却成了一种诊断手段而被广泛应用。例如，有人用它来评估从第二次世界大战退役回来的美国士兵的精神状态。到 20 世纪 50 年代，罗夏墨迹测验饱受抨击，批评者指出，这种测验在分析患者的解释时缺乏统计学上的依据，对结果的分析常常带有主观性，信度和效度都很低。有人认为罗夏墨迹测验是无效的，它几乎与掷骰子的概率相同。不管评论家持怎样的观点，罗夏测验与其他一些测试仍然在临床指导方面起着重要的作用。

三、主题统觉测验

（一）测验的内容

另一种被广泛使用的投射测验叫主题统觉测验，它由心理学家亨利·默里（Henry Murray，1893—1988）及其助手克里斯蒂安娜·摩根于 1938 年创制。主题统觉测验最初由 20 幅素描黑白图片组成，每幅都画有一个不同的场景或生活情境，如一个青年在沉思，一个提着箱子的男子，一个女子和一个男子。

右图是一个女子和一个正在做鬼脸的老妪。与罗夏墨迹测验一样，这些图片包含着模棱两可的意义，测试时向被试呈现这些图片，要求被试根据每张图片分别讲述一个故事，包括图片中的人在干什么、想什么，故事是怎么开始的，又是怎么结尾的。每个故事大约花五分钟的时间，被试可以充分发挥自己的想象力。施测者评价故事的结构和内容，评价被试描述的个体行为，并试图发现被试关心的问题、动机及其人格特点。例如，施测者可以根据被试是否关心人们有没有按照他们的意愿快乐地生活以及故事是否以严肃、有条理的方式来讲述去发现一个人的人格特点。

（二）测验举例

下面是两位女性被试为上图所编的故事：

故事一：这位女子看重自己的美貌。她小时候就曾因漂亮而受到夸奖，青年时又博得许多男子的倾心。她担心自己终归要年老色衰。但是她美丽的外表却掩盖其内心的隐衷，甚至本人有时也忽略了这种情感。她生活着，孩子们开始离家自立。她担心将来，一边照镜子，一边想象自己成了老太婆，也许是一个最坏、最丑恶的人。将来在她的眼里是可怕的、难熬的。

故事二：这张图片使我想起了一个男青年，他是个舞蹈演员，我知道这是画的女子，但那位男青年极像画上的人。他很美，和姑娘一样，体态非常标致。我自己，还有画上的这位妇女都不如他。他结婚了，有点轻视妇女，但心地善良，很难得。后面的老妇，我想这只是代表“妇女”，一位似乎不如男子漂亮的女子。

从上述例子中可以看到，TAT 的特殊作用之一就是能够投射出人际关系中的某些情感问题及其人格方面的问题。根据默里的假设：其一，人们在解释一种模糊的情境时，倾向于使这种解释与自己过去的经历和目前的愿望相一致；其二，面对图片讲述故事时，被试同样要根据过去的经历，并在编造故事中表达他们的情感和需要，这种表达通常是无意识的。

为了挖掘被试潜意识的冲突和动机，心理学家通过计分的方法来分析故事，如被试描述故事中主人公生气、被忽视、冷漠、嫉妒或恐惧的次数。重点分析的内容包括：被试讲述的故事中人物的感受、人物之间如何交往、事件的起因是什么以及故事的结局如何等。

（三）解释与分析

默里从以下六个角度对故事进行解释和分析：

1. 主人公

在被试编造的故事中，主人公的形象可以反映被试自己的特征。如故事的主人公是个领袖，反映被试可能有统治欲望；主人公是罪犯，则被试可能有自卑感。有时故事中不止一个主人公，而是一系列主人公：两个“合成的主人公”“主要主人公”和“次要主人公”等。

2. 主人公的动机倾向与情感

故事中主人公的所作所为及其情绪体验，如屈辱、成功、冲突、激动、失意等，可能正是被试自己的心境。主人公身上所表现出来的每一种需要和每一种情绪的强度，都可以做等级评定，强度的指标是：强烈、持续性、重复次数和重要性。

3. 主人公的环境压力

尤其是周围的人的压力，在故事中，主人公周围的人对主人公发生的行为，如拒绝、伤害、表扬、谄媚等，可能说明被试自己周围环境的压力。

4. 主人公的结局

将主人公的力量与环境的力量进行对比，故事中主人公抗争或妥协的结果如何，是成功还是失败，其间经历多少挫折，主人公是快乐的还是沮丧的，等等。

5. 主题

主题实际上是前四种因素的组合，主人公的愿望与环境压力的相互作用与故事结局一起构成一个故事的主题。施测者要从中分析出被试最严重、最普遍的难题是来自环境压力还是来自自身需要。

6. 兴趣与情操

被试在编造故事时，对主题的选择和角色的表现是积极还是消极的。例如，在主人公的表现上，有的被试表现为正面人物（正的方向），有的被试表现为反面人物（负的方向）。

在一项 TAT 开发的报告中，默里印发了几张样板图。为了进一步了解 TAT 在人格评估中的作用，我们再以其中的一张图片为例。样板图中有一位面向左侧的中年妇女的肖像，在她的旁边紧靠观察者的地方有一位穿戴整齐的年轻男子稍稍背对着她，他的头稍稍有些下垂，脸上略有皱眉的表情。下面是一位受测者根据这幅图片编制的故事：

母亲和孩子幸福地生活着。她没有丈夫，她的儿子是她唯一的支柱。可这个孩子交上了坏朋友，并作为从犯参与了集体抢劫活动。他被逮捕了，被判了 5 年监禁。该图片反映了他与母亲告别的场景。母亲很伤心，为他感到羞耻。孩子也感到非常羞耻。他因自己给母亲造成的伤害而担心，其程度远远超过了他对自己要进监狱的担心。（故事还在继续）这孩子因为表现好而出狱了，可他的母亲已经去世。他坠入了爱河，然而又回到了犯罪的行列，他又被关进了监狱，出狱的时候他已经成了一位老人，他在忏悔与潦倒中度过了余生。

默里对这个故事的解释是，故事的讲述者感觉到了外部的不良影响对个体行为产生的控制，并显示了受测者诸多深层次的需要，包括赡养母亲、获取金钱等。

（四）测验的作用

TAT 是人格测验，不能作为诊断工具，但可以用来发现被测者一些病理特征：如情绪不稳的人看图以后情绪反应过分，任意编造故事，或因情感而中断故事；抑郁者讲故事时表现抑郁，观念性活动受阻，回答问题言辞简短；强迫观念者描述图时详细得出奇，古怪，出现过多的解释，卖弄学问；偏执者见到的主题常常是猜疑、特务、偷偷摸摸，推断主测者的动机，解释图片过于道德化；精神分裂症患者讲故事时常有妄想性内容、荒诞的幻想、脱离社会现象、前后矛盾、内容过于推敲、象征化或模糊不清，或将同性恋、性反常和违禁的侵犯内容介绍到故事中。

比起罗夏墨迹测验来，TAT 的长处在于呈示的刺激更有结构性，要求更复杂、意义更明显的言语表达；同时可在不限制被试的状况下，任其反应。但是 TAT 的短处也很明显：它没有标准化的施测规程，临床上实际是根据被测者的年龄、性别等特征而随意告诉指导语；做完全套测验的人不多，主试往往根据自己关心的问题来选择其中部分图片；虽有默里提出的分析原则可供评分使用，但这毕竟不是客观的评分标准和方法。

（五）个体与文化差异

一些研究表明，TAT 测试图片所显示的是真实的生活经历以及不同文化背景对个体世界观所产生的巨大影响。以 20 世纪 80 年代为例，当一组饱经战争磨难的中美洲移民接受测试的时候，他们面对这些图片所讲述的是自己所经历的折磨和死亡；而北美洲被试的描述则大多无关痛痒。TAT 还揭示出在成人与孩子之间的关系问题上以及对待成功的态度问题上，不同的文化有着微妙的差距。在其中的一幅图画中，一个男孩正默默注视着一把小提琴。北美洲的被试所想到的是如何被父母督促着练习小提琴，而中美洲的被试则想象着一个小孩渴望得到别人的帮助，因为他太想学会拉小提琴了。TAT 评估人格的基本假设是：被试在同性的人像上投射自己能接受的冲动，在异性的人像上投射自己不能接受的冲动。

四、其他类型的投射测验

投射测验在人格评估中的优势是非常明显的，然而在使用过程中却相当麻烦。例如，在 TAT 的施测过程中，一些人长篇大论，信息庞杂，而另一些人又无话可说，什么信息也没有。为了使投射测验易于理解和接受，罗夏墨迹测验和主题统觉测验出现后的几十年又产生了许多新的投射测验法，其中包括：

1. 布莱基法

这是一套关于一只小狗的图片，要求小孩为每一张图片编造一个故事。

2. 词汇联想法

在一些测试中，要求被试在听到或读到一个词时，将脑海中闪现的第一个词说出来；在另一些测试中，要求被试用给定的词造一个句子。

3. 语句完成法

这类测验有两种方式，一种是限制选择式，即在一句未完成的语句后面列有数个短句，要求被试从中选择一个自认为最合适的短句完成句子；另一种是自由完成式，要求被试将未完成的句子补充完整，对被试不加任何其他限制，如“我希望我的母亲……”“我感到最烦的一件事是……”等。

4. 图画测试法

要求被试画一座房子，一棵树，还有一个人。所绘制的图画用心理动力学进行分析，例如，一棵死树暗示情感空洞，树叶很多表示有活力，尖尖的树暗示攻击性。

以画人测验为例。画人测验的模糊刺激是一张白纸和要求被试画一幅画供心理学家分析的指导语。在大多数情况下，仅仅要求被试“画一个人”。但有时心理学家要求他们画一家人或一棵树。画人测验有许多用途，其中包括测量儿童的智力。但是它通常被当作心理评估的指标。

图 8－4　情感困扰儿童画的人物（Burger，1997）

精神分析常把被试画的人看作是自我的表征物。儿童的绘画是他们内在想法和情感的窗口，这种观念有很强的吸引力。教师通常记录下画人时从不画笑脸的孩子。同样，经常画鬼怪的孩子也许在表达内心的烦恼。现在已有评估这些潜在问题的评分体系。你只要看一看图 8－4 的绘画，就会发现画这些图画的孩子可能需要心理咨询。

根据罗伯特·伯恩斯的观点，在动态的屋—树—人图中，房屋代表我们的生命实体，树象征着生命的能量、能量水平和能量的方向，人象征着导演，也代表着自我形象（Burns，1987）。在绘图中，作画的先后顺序有不同含义。最先画的部分对作画者是最重要的：

（1）先画树。表明对作画者而言，生命能量和成长最重要，作画者首先考虑的是生存问题。那些在脑子里盘旋着“是生还是死”问题的人，往往会先画树。

（2）先画房屋。可能表明作画者对自己的身体或家庭非常关注。

（3）先画人。表明对自己的关注。如果不是画自己，表明对所画人物的特别情感。

对整幅动态屋—树—人图的分析，可以从以下几方面入手：

（1）看整体印象。画的主要故事是什么？画面的感觉是冷冰冰的还是温暖的？用的色彩如何？

（2）看房屋。房屋是暖色调的还是冷色调的，是开放的还是封闭的，是稳定的还是摇摇欲坠的，是豪华的还是俭朴的？

（3）看人。这个人正在做什么事？在屋内还是在屋外？画中人的主要情绪是什么？强调什么部位？有什么部位缺漏？有几个人物？相互之间有没有互动关系？

（4）看树。这棵树的生命力如何？树冠、树枝、树叶、树干、树根分别有什么特点？是否有果实？是否有小动物？

（5）看屋、树、人三者之间的距离。三者的空间位置和相互距离怎样？三者所占的面积哪一个最大、哪一个最小？人与树、屋之间有互动吗？

（6）看有无附加物。是否有太阳、月亮、星星、云朵、花朵等？它们的位置和面积如何？是否有动物？是性情凶猛的动物还是性情温良的动物？动态屋—树—人图画的优势在于可以观察出三者之间的互动，所以三者之间的关系应该是重点考察内容。

另有一个包含五幅图画的简版测验，该测验包括如下五幅图画：一个身着方格 T 恤的男孩，两个穿着实验工作服的女人，坐在秋千上的一男一女，两个在车间工作的男人以及一个在平衡木上锻炼的女人（Brustein and Maier，2005）。来访者所报告的故事的主题用来评估个体的动机状态。如果个体看到一个绘有两个人的图画时，认为两人在打架，这就意味着该个体有变得富于侵略性的心理需求；如果他认为这两个人在恋爱，这就反映出他对亲密关系的渴求；如果他认为是一个人在对另外一个人发号施令，这就反映出他对权力的需求。

五、投射测验的评价

（一）存在的问题

无论是罗夏墨迹测验还是主题统觉测验，不同心理学家对测验结果计分的客观性和信度都非常低。因为被试对一个模糊刺激做出的是一个模糊反应，而这种反应对于计分者来说仍然是一个模糊刺激。从某种程度上讲，一个心理学家在对一个投射测验的结果进行解释时，就像是自己在进行一次投射测验。没有证据支持投射测验的跨时间稳定性。被试今天的分数也许和他一个月前的分数相去甚远。同样，测验的内部一致性系数也很低。这意味着对一张卡片答案的解释和对其他卡片答案的解释没有显著的相关。

投射测验的效度也非常低。在检验罗夏墨迹测验效度的大量研究中，研究者根据被试在测验中的回答，预测他们的创造性、智力和性别取向。他们在回顾这些研究之后得出结论说："罗夏墨迹测验缺乏预测效度，这导致它在临床实践中的继续作用存在严重问题。"（Peterson，1978）简言之，由于缺乏令人满意的信度和效度，怀疑者对于用投射测验评估人格的价值提出质疑，尤其是对罗夏墨迹测验。

除非有一套标准化的评分系统，否则两个不同的解释者即使面对同一个反应也会得出不同的结论。对于投射测验来说，只有主题统觉测验是参照一个良好的评分系统来评分的。罗夏墨迹测验的评分系统是针对罗夏本人而设计的，并非每个评分者都在使用它，甚至大多数评分者对得到的有关这类系统的培训都不是很理解（Guarnaccia，et al.，2001）。很多现存的投射测验都是根据测验解释者自身的偏好来进行解释的。

（二）投射测验的优点

投射测验因其使用非结构性任务、测量目标掩饰性以及结果解释的整体性等特点而受到一些临床心理学家的青睐。在施测过程中，这类测验弹性大，被试不受限制，可以自由做出反应，而且使用的测验材料大多是图片，因此可以对没有阅读能力的被试施测。

大部分投射测验的寿命都延续到了今天，正如测量专家安娜斯塔斯（Anastasi，1997）20 多年前写道的："投射测验为我们呈现了研究和现实之间奇妙的差异。当它作为精神分析治疗师的一种治疗手段时，大部分投射测验的效果都不理想，然而它在临床上依然很流行。"还有人认为，只要不同于心理测量的目的，投射测验的效度好坏都在其次，相反，它们在来访者和治疗师初次见面时提供了一种"破冰"功能（Funder，2018）。

如今，投射测验仍然被当作人格评估的重要手段而广泛使用。原因在于，许多治疗师认为，不能用适合于其他心理测验的、严格的心理测量标准来衡量投射测验。例如，他们认为内部一致性不好，因为测验中每一个项目会唤起不同的无意识冲突。跨时间的稳定性也难以建立，因为测验之间存在大量的情绪波动。这一切为投射测验在评估人格时造成了麻烦，因为人格被界定为相对稳定的连续体。投射测验能有效帮助治疗师深入了解患者的人格，这是其他方法无法做到的。

知识链接：人格评估能发现人格问题吗？

通过对不同人格测量与评估方法的介绍，你发现了人格评估工具与先前介绍的人格理论之间的关系吗？我们的结论是，不同人格理论描绘了人类经验的不同方面，而我们对人格测验同样可以做出类似的结论：不同的评估工具为我们理解个体的人格提供了不同的视角。临床工作者在进行人格评估时，更多的是结合使用不同测验，如罗夏墨迹测验和 MMPI 可以看作是相互补充的测验（Butcher and Rouse，1996）。

人格评估为我们研究许多令人费解的人类现象提供了线索。弗雷德·考文事件就是一个例子。考文在学校里曾是个优秀学生，大家都说他是一个安静、有绅士风度和对儿童有爱心的人。虽然他身高体壮，但从不恃强凌弱，他的同事也都认为他是一个很随和的人。然而有一天，考文却成了一个杀人犯。他被上司解职两周后，突然回到公司，准备打死他的上司，但没能找到上司。于是，他开枪打死了 4 名同事和 1 名警察，之后开枪自杀。令人感到困惑的是，考文曾是一个有绅士风度、安静、害羞、有良好教养的人，他怎么会在没有任何征兆的情况下突然去杀人呢？我们能依靠人格评估对一个人的行为做出预测吗？这种预测的准确性到底有多高呢？

一个"好人"突然变成了罪犯，这似乎是非常新鲜的事情，它无疑具有新闻价值。该如何解释其中的原因呢？当然，造成这种突发事件的原因总是多方面的。单就人格因素而言，研究者认为，与其说一些平时很害羞、很能克制自己或不善表达情感的人"也可能变成暴力罪犯"，不如说正是他们的这种人格特点导致了"冲动型"凶杀事件的发生。

研究表明，那些平时不声不响并过度自我控制的人一旦失去控制，就可能变得极具攻击性。他们的攻击行为好像是由于很小的刺激或挫折引起的，但实际发泄出来的则可能是自己心中被压抑多年的愤怒。终于有一天，他们放弃了对自己行为的严格控制，一股狂怒爆发出来。这些人在杀人过程中对自己的行为完全失去控制，而且他们在案发后往往会因极度的情绪作用而部分甚至全部地遗忘他们的所作所为。

相比之下，那些有前科的罪犯，其行为表现有着明显的不同。尽管他们同样是在杀人，但他们没有过度的情绪反应，在行为上也是达到目的便停止。一般情况下，他们总是认为自己受了欺骗或别人背叛了自己，而自己的所作所为是必要的，因为只有这样才能使局面有所改观或维护自己的尊严。

第九章　人格障碍与治疗

第一节　人格障碍概述

一、什么是人格障碍

（一）人格障碍的界定

假设我是一个多疑的人，如果这种多疑保持在一个适度的水平，一段时间后，我渐渐对人产生了信任，那么我的多疑就只是一种可以让我避免被人愚弄的人格特质。相反，如果我随时随地怀疑别人，哪怕是最亲近的人也无法相信，那么，大家很快会觉得我难以相处，我自己也会时时刻刻提心吊胆，也许还会因此失去结交新朋友和圆满完成工作任务的机会。在这种情况下，多疑就成为名副其实的人格障碍。因此可以说，只有在某些性格特点过于明显或过于固化、无法适应不同情况，并令当事人或他人（或两者）不堪忍受时，人格才成为障碍。

一般情况下，人格障碍是指人格特征明显偏离正常，使患者形成了一贯的反映个人生活风格和人际关系的异常行为模式。这种模式显著偏离特定的文化背景和一般认知方式（尤其在待人接物方面），明显影响其社会功能与职业功能，造成对社会环境的适应不良，患者为此感到痛苦，并已具有临床意义。患者虽然无智力障碍，但适应不良的行为模式难以矫正，仅少数患者在成年后在程度上可以改善。这是一种介于精神病和神经症之间比较严重的心理障碍，有时也伴有其他精神性障碍。

美国精神病学会以如下标准来界定人格障碍（DSM－Ⅳ，1994）：

（1）明显偏离个体文化预期的持久内部经验和行为模式。该模式可体现在以下两个或两个以上方面：①情感（范围、强度及适度的情感唤起和反应）；②认知（感知及解释人和事物，由此形成对自我及他人的态度和形象的方式）；③控制冲动及满足个人需要；④人际关系的异常。

（2）在大范围的个人及社会情境中表现出顽固的弥散性的持久模式。

（3）能够导致临床上的巨大痛苦，或促使个体在社会、职场或其他重要功能领域受到巨大伤害的持久行为模式。

（4）该模式稳定持久，可追溯到青春期或成年早期。

（5）该固定模式不能被更好地解释为另一心理障碍的表现或后果。

（6）该固定模式不是由某种物质（如药物滥用、治疗手段）或脑外伤等一般医疗情况引起的直接生理效果。

概言之，人格障碍是一种明显偏离了相应文化常模的持久的、慢性的、稳定的和不适应的感知、思维、情感或行为模式。这些模式可以严重损害一个人在社交或职业场合的功能，并造成显著的痛苦。

（二）人格障碍的表现

人格障碍的表现形式多种多样，一个人经常同时出现多种类型，这往往会给诊断造成更大的困难。患者可能具有不顾一切的攻击性，或者因羞怯而倍感困扰。他们可能是难以纠正的装腔作势，或者完全依赖别人。他们可能缺乏可见的情绪，或者受喜怒无常心境变化的冲击，无法维持与他人的关系。有的人格障碍患者痴迷魔法，有的极端害怕被拒绝，还有的患者持久地怀疑身边的每一个人。某些人格障碍似乎常见于女性，而另一些多在男性身上出现。有些障碍较其他障碍容易医治，治疗的效果也比较理想。如果听任病情恶化，那么人格障碍可使患者几乎完全丧失工作能力，并将他们推向犯罪和暴力，或使他们依赖毒品，最极端的情况可能导致患者自杀。

综合各种类型的人格障碍，其表现可概括如下：

（1）与消极情感有关，表现为猜疑、仇视、偏激。

（2）患者难以与人相处，在适应性上固定不变，应对策略贫乏，常以偏执怀疑、自我爱恋、消极攻击等行为处理问题。

（3）患者的应对方式限制了个体新的学习机会，把社会和外界对自己的不利看作是不应该的，对自己的弱点无所察觉。

（4）患者大多具有脆弱性的特点，缺乏恢复能力。

（5）怪癖者表现出高于平均水平的智力、创造力和快乐程度。

（三）人格障碍的程度：极端的和有问题的

人格障碍在心理范围中属于中间位置，一方面，其典型特点不像精神分裂症和躁郁症等心理疾病的后果那么严重，这些心理疾病有与现实相分离的症状。另一方面，人格障碍又比一般意义上的反常性严重。任何社会都有一些古怪的人，即行为失衡的人。一个有名的例子就是托马斯·伯奇，他是英国 18 世纪的一个图书馆工作人员。在钓鱼时，他总是把自己装扮成一棵树。英国皇家爱丁堡医院的一位临床心理学家最近的一项研究结果表明，四个有怪癖的人当中只有一个有人格障碍的迹象，他们中的大多数可以作为很好的心理学样本。

精神病学的领军人物库尔特·施耐德描述了人格障碍的两个定义特征（Kurt Schneider，1923）：其一，个体呈现出一个或多个人格特征的异常极端程度。尤其是在考虑到个体的文化背景时，这种变异不仅是极端的，而且是不寻常的。例如，害羞、自卑或者攻击性行为模式在某些文化背景中可能是很典型的行为，但是在其他文化背景中可能被看作人格障碍的一种症状。

其二，相关的极端行为模式会给自己或他人带来严重的问题。人格障碍通常会给患者带来一定的痛苦，包括焦虑、抑郁和混乱。但是，从人格障碍的案例来看，大部分相关问题不是由患者承受的，而是由必须要面对这些结果的人承担，如配偶、雇主或朋友（Heim and Westen，2005）。例如，一个熟人有反社会人格障碍，他毫无顾忌地从你房间里偷钱，这对你来说是一个严重的问题，但对他来说却不是一个问题，除非他被抓住。

有些人格障碍患者很清楚自己的严重问题，并对此深感苦恼，而另外有些人甚至不知道自己有问题。人格障碍患者去看医生，常常是因为配偶或雇主坚持催促的结果，患者经常采取不合作的态度，也许会大喊大叫，埋怨配偶对其太苛刻或老板如何可恨。有些患者会争辩道，他们所谓的失效行为（比如极端的竞争性或完美主义，或者不信任别人）曾使自己得到过表扬、金钱和个人的平静。即使医生经检查发现其有畸变行为的明显迹象，他们也常常不愿轻易被诊断为人格障碍，因为害怕被人看作武断或是道德警察。

二、人格障碍的流行病学

人格障碍患者同健康人的差别不在于人格特征本身，而在于它的显著性和突出性。例如，缺乏自信对于人们而言并不陌生，它是一种普遍存在的心理现象，是人类本身所固有的，然而，极端的表现却可以带来诸多麻烦，甚至产生人格障碍。从流行病学的角度看，关于人格障碍患病率的报告有很大差别，这主要是因为人格障碍同健康人的界线以及同神经症患者的界线很难划清。国外的调查结果表明，人格障碍的患病率为10%左右。与西方国家相比，中国的人格障碍发病率似乎特别低，这可能是中西方对人格障碍的理解和诊断工具的不一致及文化差异造成的。

（一）疾病学

人格障碍可以表现出大量的神经症性反应，许多神经症患者也有人格障碍。人格障碍与神经症之间没有一个明显的分界线，主要原因在于观点上的分歧：一方面是较多地描述人格类型，另一方面是强调发展中的心理动力学原因。某些人格障碍同人格神经症是一致的，或者说两者指向同一组患者，比如强迫型、分裂型、癔症型、抑郁型及敏感型人格障碍等也被称作人格神经症。另一些人格障碍是根据神经症性反应方式来定义的，如逃避型人格障碍与消极攻击型人格障碍等。

人格障碍与精神病之间是另外一种关系。过去关于人格障碍是精神病的淡化形式或精神病是人格障碍的极端形式的观点是错误的，尽管有些概念至今还在使用，如妄想型人格障碍、循环型人格障碍等。在分裂型人格障碍与精神分裂症之间或循环型人格障碍与情感性精神病之间并没有规律性的关系，而且会有不同的发展结局，因此对于循环型、分裂型，也包括边缘型人格障碍这样的概念应当放弃。边缘型人格障碍的描述并不能使人在行为态度方面对人格类型有进一步认识，其概念是非特异性的。

（二）诊断与病程

纯粹的“人格障碍”诊断是没有意义的，与人格障碍近似的诊断也是不完整的。人格诊断只有在对主要疾病或综合征做出进一步诊断的基础上才有意义。美国《精神障碍的诊断与统计手册》（第四版）（DSM－IV，1994）和 ICD（国际疾病分类）都建议进行多轴诊断。“精神—自主神经性综合征伴衰弱性人格障碍；自杀企图伴抑郁—癔症性人格障碍；抑郁症伴敏感性人格障碍”等一类的描述，都可以使诊断具体化，有启发性，有利于治疗的选择。儿童和青少年的人格还没有完全形成，因此不应对他们进行人格障碍的诊断。

人格障碍并不是持续地以同样的方式表现出来，而是与一定的环境条件有关。在特有的可使矛盾紧张激化的状态下，行为扰乱的程度可增强，反之则可减弱。欧洲一些国家对病历检查的结果均表明：人格特征在人生过程中虽无本质的改变，但它的表现强度在不同的时期是不同的，这取决于不同的生活状况。部分人格障碍随年龄的增长而减弱。病情的严重程度因人而异，需要治疗的情况一般多发生于女性和年轻人中，老年人中较少见。

（三）人格障碍的残余状态

人格障碍通常不影响正常生活，或至少可以使生活过得去。这些人减小人格的活力，限制同环境的联系，并且大多数人经过一个较长的变化过程之后渐渐稳定下来，因此也被称为“残余状态”。残余状态这一术语通常首先让人想到的是器质性脑损伤或精神分裂症的残留缺陷状态，然而它在神经症和人格障碍中却有另外的含义。

这类患者看上去缺乏自发性与主动性，进取心与抵抗力不足，过隐居生活，害怕所有不习惯的和新的事物，紧张性与雄心较弱。这些人大多数在从属地位工作，有些人在职业上走下坡路，而且甘心在低于自己文化程度的岗位上工作。他们的工作是有规律的、可信赖的，但大多数人的情绪是不满的。他们的兴趣减少，业余爱好停止，与一些朋友的来往中断，从某些协会组织中退出等。婚姻的表面无异常，但夫妻双方已放弃共同的追求，部分也表现在性关系上。他们在情绪方面表现得听天由命，有些人甚至表现出闷闷不乐的情绪和易被激怒的倾向。

三、人格障碍的成因分析

关于人格障碍产生的原因，精神分析学家主张，其根源可以追溯到童年期的创伤性经历。在反社会人格障碍的个案中，这些创伤可能是性或躯体上的侵犯或者失去双亲的庇护，加上处于暴力、吸毒环境。

脑扫描技术显示，暴力犯罪者大脑的额叶活性较正常人下降。在一次对谋杀犯的调查中发现，他们中 75% 的人额叶（与控制攻击性有关）的新陈代谢活动降低。另一些研究显示，5－羟色胺水平的降低与冲动性和攻击性行为有关。毫无疑问，正如其他心理障碍一样，人格障碍的形成有着非常复杂的原因，既与遗传因素有关，也与后天环境有关；既有生理方面的原因，也有社会方面的原因。

（一）遗传的影响

人格障碍类似于许多人共有的人格特征，因此，它主要是一个程度问题而不是类型问题。不同的人格障碍有不同的遗传率，所有这些都是基因与环境共同作用的结果。分裂样人格障碍与分裂型人格障碍均可用来确认精神分裂症的发病危险，它们都有相当大的遗传成分。同样，妄想型人格障碍也有遗传性，而且可能与妄想型精神分裂症有关。

正如正常人格特质一样，人格障碍的遗传率也可以通过计算同卵双生子之间的相关系数和异卵双生子之间的相关系数进行估计，据此分离出遗传与环境因素对人格障碍的影响。早期的一项研究考察了44对同卵双生子人格障碍的相似性，他们中有些在同一家庭中抚养，有些则出生后被迫分开抚养，测试结果表明，分开长大的双生子评分与那些生活在一起的双生子相似，揭示了遗传的重要影响（Shields，1992）。梅耶·格罗斯（Mayer Gross）等人提出，人格障碍可能是极端的遗传变异所致。

表9－1　双生子人格病态的相似率

人格病态（描述）	双生关系（%）		遗传估计率
	同卵	异卵	（%）
知觉扭曲（应激性精神病）	82	39	41
自恋（寻求关注、需要赞赏）	64	12	64
麻木不仁（缺乏设身处地的理解、虐待狂）	63	29	56
本体问题（自卑、悲观）	60	26	59
寻求刺激（粗心、冲动）	59	33	50
被动（缺乏组织性）	58	27	55
回避社交（交际技巧差、腼腆）	57	26	57
情绪限制（自我抑制）	51	25	47
排斥（武断、刻板、支配）	49	22	45
多疑（怀疑他人的动机）	49	25	48
情绪多变（生气、易激怒）	48	13	49
亲和问题（受抑制、低性欲）	40	0	38

最近一项研究通过“人格病理学评估”的测量方法，对90对同卵双生子和85对异卵双生子的人格相似性进行了测试（如表9－1）。在这项复杂的测试中，被试必须回答有关18类病态人格类型的290道测试题，这些病态人格均包括在DSM－IV的人格障碍之中。

其中有几项结果很有趣：

（1）男性比女性更具高度的人格病态，尤其是高度的粗暴、自恋、排斥、情感封闭、寻求刺激、行为问题和多疑。

（2）年龄与多项人格病态有关，年长双生子的人格病态可能性低于年轻双生子，如年长的双生子在焦虑、情绪波动、知觉失真、寻求刺激等方面得分较低。

（3）同卵双生子人格病态的相似性显著高于异卵双生子，这表明所有这些人格病态至少部分源于基因。

（二）生理原因

脑电图检查发现，半数受检的人格障碍患者常有慢波出现，与儿童脑电图近似。因此有人认为，人格障碍是大脑发育成熟延迟的表现。大脑皮层成熟延迟在一定程度上说明其冲动控制和社会意识成熟延迟。感染、中毒、孕期及婴幼儿期的营养不良，特别是缺乏充分蛋白质、脂类和维生素的供应，出生时或婴幼儿时的脑损伤和传染病，病毒感染等可能是大脑发育不成熟的原因。人格障碍者到中年以后情况有所改善，可能是大脑皮层成熟程度增加的结果，这与临床观察相一致。

正电子断层扫描技术扫描了杀人犯的大脑和非罪犯的大脑，结果显示，在前额皮质部分，即紧靠前额的那部分，两个大脑有明显不同。在非罪犯的扫描图顶部的红、黄斑点代表着正常的代谢活动水平，但在杀人犯的扫描图中，一大片蓝色表示较低的活跃程度，这是信息处理水平降低的迹象。研究人员已经确定，前额部分如此不活跃的现象在暴力罪犯、少年攻击者和性侵犯者中出现的概率高于平均值。

有人认为某些人格障碍可能与内分泌激素有关，如睾酮可能与攻击性人格有关。用放射免疫法发现，长期被监禁的进攻型男性与不使用暴力的罪犯相比，其血浆中激素浓度显著增高。此外，还有人根据染色体畸变为47XYY的人通常表现出攻击行为，将攻击性人格归咎为多了一条Y染色体。但是这种XYY核型的人很少见。一些人还根据边缘系统对情绪有重要影响的事实，推断人格障碍患者可能是因为边缘系统功能失调或发育不健全。这些推测有待进一步证实。

（三）环境的作用

环境对人格障碍无疑有重要作用。不良的生活环境、结交具有品行障碍的“朋友”以及经常混迹于大多数成员具有恶习的社交圈子，对人格障碍的形成往往起到关键作用。例如，心灵创伤与儿童期陋习导致边缘型人格障碍的发展，过分严格和道德说教可能导致强迫型人格障碍。总之，良好的家庭环境可以保护孩子免于侵害，或至少部分抵消了由遗传带来的人格障碍的易患性。此外，社会上一些不正之风、拜金主义等不合理的社会现象、扭曲的价值观念对人格障碍形成的消极作用也不可忽视。

在双生子研究中，环境因素可以解释56%的人格病态特征。环境在自恋、本体问题、逃避社会、粗暴和消极问题中的作用较小。由于环境在这些病态中只起较弱的作用，因此这些病态不能单靠咨询与心理分析来治疗。相比之下，环境在产生不安全感、性行为问题、谦卑、冲动和自残行为中起着重要作用。事实上，环境被认为可以解释双生子的少年反社会行为、暴力、吸毒行为、社会准则适应不良等问题。因为基因对这些人格病态特征的作用较小，所以，咨询与心理分析对这些行为的治疗可能十分有效。

（四）基因、环境和反社会人格障碍

一组研究者招募了95个男性被试和102个女性被试，他们都是在出生几天后被领养的（Cadoret，et al.，1995）。领养机构提供了他们亲生父母的资料，这样，研究者就可以确定哪些父母本身就患有反社会型人格障碍。这些数据为评估基因对这种障碍的影响提供了可能性。研究者同时从寄养的家庭中采集信息：通过访谈，他们确定被试成长的养父母家庭环境是否不利，例如，其养父母是否有诸如婚姻、法律、吸毒、酗酒等一系列的问题。这些数据使我们可以评估反社会人格障碍形成的环境影响。

结果验证了两类影响是有意义的：一般来讲，生父母被诊断为反社会型人格障碍的个体或者处于不利生长环境的个体更容易患上反社会型人格障碍。从这一结果可以看出，无论是基因还是环境，都可以成为一个人形成反社会人格障碍的危险因素。同时，不是每一个父母是反社会人格障碍的人或每一个在困难环境中长大的人都形成了这种障碍。研究者仍然想弄清哪些人易感性强，哪些人不易受这些因素的影响。

四、人格障碍的诊断

人格障碍的诊断要建立在几种信息的基础上，包括临床医师的整体印象、自陈量表、结构性访谈以及知情者报告等（Funder，2018）。

（一）临床印象

诊断最普遍的基础是临床医师的整体印象，这点基于临床会诊。医师经常会与患者进行系列访谈，从而得出整体印象。这个诊断可能参考DSM指定的特征或标准，但最终是基于临床医师与患者的交谈，以及他们的临床直觉和经验。

这种方法通常为下一步诊断奠定基础，因为它是开放的、灵活的，临床医师可以调整正式的标准，使它适合当前的案例。但是这种灵活性的方法也有其缺陷，并不是所有临床医师都技术过硬、诊断准确，即使是两个专业医师，也可能会以不同的方式组织访谈、使用标准及诊断患者，因此，仅靠临床印象来诊断人格障碍看起来不那么靠谱。

（二）自陈量表

目前，许多量表已经用于诊断人格障碍。三个最流行的量表是《明尼苏达多项人格问卷》（MMPI，1985）、《米尔多轴人格问卷（第2版）》（MCMI－Ⅱ，1987）和《人格诊断问卷（修订版）》（PDQ－R，1987）。这些量表大部分会询问受测者是否表现出各种障碍

的特征。例如，为了评估自恋型人格障碍，MMPI 的问题描述是“我喜欢参加热闹的聚会”；MCMI－Ⅱ的描述是“我曾经和许多人发生性关系”；PDQ－R 的描述则是“我认为我是一个很伟大的人”。

用自陈量表诊断人格障碍的优点在于它的成本较低，信息容易获得，并且能得出便于与其他信息相比较的数据。缺点在于人们无法洞察自身的心理特征，或者不愿意报告自己的心理特征。DSM－Ⅳ明确提出反社会型人格障碍很可能就不能通过自我报告诊断，因为欺骗本身就是这种障碍的主要特征。但是，同样的原则也适用于其他大部分人格障碍，那些定义的特征中存在对现实的不解和自我概念混乱的人格障碍。

（三）结构性访谈

为人格障碍而设计的结构性访谈（structured interview for DSM－Ⅳ personality，简称 SIDP－Ⅳ）包含的一系列问题主要针对障碍的相关特征，并且保持了客观性。访谈紧紧围绕访谈提纲，因此访谈每个人的方式几乎相同。例如，在对边缘型人格障碍的诊断中有如下访谈问题：“你的情绪经常发生变化吗？——觉得不像平时的自己，感到莫名其妙生气、压抑或者焦虑”“你是否多数时间都感到空虚”（Pfohl，et al.，1997）。如果你对这些问题回答“是”，那么你离边缘型人格障碍的确诊就不远了。

如果两个人的诊断是基于相同的结构性访谈，而不是根据个人的喜好并结合临床印象进行的访谈，那么这两个访谈者更可能对他们的诊断达成一致。正因为如此，结构性访谈常常被认为是心理诊断的黄金标准。而且，相比精神病医师和临床心理医生，访谈者只需要很少的培训。

这种方法的缺点在于：其一，严格的结构可能限制了来访者谈论真正问题的可能性；其二，从形式上看，结构性访谈提纲与前面提到的自陈量表非常相似。这意味着如果访谈对象没有洞察到自己的情形，或者不愿意诚实坦率地回答访谈者的问题，那么其缺点与自陈量表如出一辙。

（四）知情者报告

另一种人格障碍的诊断方法是询问知情者——熟人、家人、朋友或同事——关于这个人的特点。研究表明，仅需 30 秒钟，人们即使不能识别人格障碍本身，也能识别出与之相关的特质（Friedman，et al.，2007）。例如，人们观看一段短短的视频，将具有与分裂样人格障碍的相关特质的个体评价为内向的，表演型人格障碍的个体评价为外向的，而自恋型人格障碍的个体评价为傲慢的。

知情者报告的信息有其自身的优缺点，知情者对要描述的个体可能所知有限，他们有可能做出带有偏见性的描述。研究表明，最亲近的熟人关于个体是否表现出 DSM－Ⅳ中的心理特征的看法基本一致（South，et al.，2005），这些判断与个体的知情者报告可能很不相符。有理由相信，当人格障碍发展到最严重时，自我报告就不可靠了。在一项研究中，参与者人格障碍越是严重，其自我评估与其他熟悉他们的人的评估就越不一致（Furr，et al.，2007）。DSM－Ⅳ中关于反社会型人格障碍的表现吸收了知情者的各种观点，对于其他人格障碍来说，这种方法也是个好主意。

第二节　人格障碍的类型

在DSM－Ⅳ中，人格障碍被分为三个主要类群：A类群包括一些“古怪或偏执的”人格障碍，以怪癖和异常的思维模式为特点，包括妄想型人格障碍、分裂样人格障碍和分裂型人格障碍三种；B类群是几种“戏剧化、情绪化或反复无常”的行为模式，包括反社会型、边缘型、表演型和自恋型四种人格障碍；C类群的特征是一些“焦虑或回避”的情绪风格，包括逃避型、依赖型和强迫型人格障碍三种。

一、古怪或偏执的人格障碍

（一）妄想型人格障碍

1. 具体表现

妄想型人格障碍又称偏执型人格障碍，主要表现为对他人的不信任和猜疑。其特点主要表现在持续地、无端地怀疑别人，对觉察到的轻蔑或威胁往往以愤怒甚至暴力对抗。妄想型人格障碍患者情绪冷淡而紧张，公开藐视他人的弱点，并且僵硬地坚持按自己的方法行事。他们经常把别人的行为理解为有意贬低或威胁他人，他们心存嫉妒可达几年之久。有些患者由于天赋的能力和智慧，可能获得他们所向往的那种绝对权力和控制力量，但几乎都不可能长久。

妄想型人格障碍者比较敏感，特别是在遭到拒绝或失败时，容易感到委屈，并因此争辩不休。患有这种障碍的人经常怀疑别人想要伤害和欺骗他们，他们能够从无害的情境中找出隐藏的不愉快的含义。他们认为朋友或配偶总有一天会不忠于他们。这种人无幽默感，情感反应死板僵硬。对于一些棘手的问题常怀疑是别人有意陷害，部分人对此反应为不知所措或听天由命，但大多数人表现出好斗和较强的攻击性。妄想型人格障碍很容易使患者进一步发展为更极端的病情——妄想型精神分裂症。

2. 诊断标准

以猜疑和偏执为特点，并至少有下列情况中的四项：

（1）对挫折和遭遇过度敏感；

（2）对侮辱和伤害不能宽容，长期耿耿于怀；

（3）多疑，容易将别人的中性或友好行为误解为敌意或轻视；

（4）明显超过实际情况所需的好斗，对个人权利执意追求；

（5）易有病理性嫉妒，过分怀疑恋人有新欢或伴侣不忠，但不是妄想；

（6）过分自负和自我中心的倾向，总感觉受压制、被迫害，甚至上告、上访，不达目的不肯罢休；

（7）具有将其周围或外界事件解释为“阴谋”等的非现实性优势观念，因此过分警惕和抱有敌意。

（二）分裂样人格障碍

1. 具体表现

分裂样人格障碍又称孤独型人格障碍，是一种以观念、外貌和行为奇特以及人际关系有明显缺陷，且情感冷淡为主要特点的人格障碍。具体表现为患者对社会关系明显的淡漠，过着一种孤独、内向且非常狭窄的情感生活。

分裂样人格的基本特点是一般性和持续性的情感平淡和动机不足。孤僻是突出的表现：没有任何亲密朋友；对批评和表扬无动于衷；既不想与人交往，也体验不到与人相处的乐趣；不结婚，也没有过恋爱史，似乎对性和异性根本不感兴趣。

据估计，每 12 个人中就有 1 个可能患有分裂样人格障碍，且男性患病率比女性高。这类人大多数选择孤独的工作，他们一般喜欢上夜班。他们是典型的孤独者：情感冷漠、离群索居、不爱交际、没有竞争性。他们的性生活很少，并且经常局限于梦幻。在社会环境中，他们很沉默，很难直接表示愤怒。他们不在乎他人的夸奖和批评，对别人的友好接近也无动于衷。

2. 诊断标准

与社交关系普遍脱离，在人际交流场合表情有限，起自早期成年时，前后过程多种多样，表现出下列情况中的四项以上：

（1）性格明显内向（孤独、退缩），与家庭和社会疏远，除生活或工作中必须接触的人外，基本不与他人主动交往，缺少知心朋友，过分沉湎于幻想和内省；

（2）表情呆板，情感冷淡，甚至不通人情，不能表达对他人的关心、体贴及愤怒等；

（3）对赞扬和批评反应差或无动于衷；

（4）缺乏愉快感；

（5）缺乏亲密、信任的人际关系；

（6）在遵循社会规范方面存在困难，导致行为怪异；

（7）对与他人之间的性活动不感兴趣（考虑年龄）。

（三）分裂型人格障碍

1. 具体表现

与分裂样人格障碍表现类似，分裂型人格障碍以社会隔绝、情感疏远、古怪行为和多疑为特征，患者无明显精神病性表现，而且多见于精神分裂症患者的亲属。从某种程度上讲，在分裂样人格障碍中，如果怪僻很突出，那么可称之为分裂型人格障碍。怪僻可以表现在思想、言语、服饰和行为中。例如，交谈时忽然自言自语，对陌生人发出神秘的微笑，走路时出现某个怪姿势或怪动作，在百货店买肥皂时突然问售货员“这里卖不卖涮羊肉”，等等。

分裂型人格障碍主要表现在外表和观念古怪，情感敌意，神经过敏，人际交往困难，认知或感知方面的歪曲以及古怪的行为。集中表现为怪诞的信念，患者可能声称自己能辨认宇宙的隐秘谱或能探明别人不认识的力量。他们会说“我感觉到这个屋子里有一股妖气”或者宣称别人在偷听他们的思想。

分裂型人格障碍患者常常沉溺于以想象的关系和怪诞的恐惧为中心的幻想世界，其比例占人口的3%。分裂型人格障碍者的讲话往往是跳跃性的、含混不清的和抽象的，他们的呆板姿态可能是不适当的和愚蠢的。他们不回报别人的微笑，对别人的友好表现也没有反应。对他们来说，唯一有意义的世界是自身，他们经常跟自己说话。

2. 诊断标准

在社交关系中感到孤独和不适，而且还有知觉或认知歪曲以及古怪的行为，起自成年早期，前后过程多种多样，至少符合以下情况中的五项：

（1）牵连观念（未达关系妄想程度）；

（2）与其文化背景不相一致却影响其行为的古怪想法或魔术思想（如迷信、特异功能、心灵感应或者第六感受，对于儿童或者青少年，表现为怪异的幻想或者整日沉湎于其中的想法）；

（3）不同寻常的知觉或者身体幻觉；

（4）古怪的言语（比如含糊的、琐碎的、隐喻的）；

（5）猜疑或者偏执观念；

（6）感情不适合或者受限制；

（7）古怪的行为或者表现；

（8）除直系亲属以外，没有亲密的或者知心的朋友；

（9）过分的社会焦虑，往往伴有偏执性的害怕感，但没有对自己错误的判断。

二、戏剧化、情绪化或反复无常的人格障碍

（一）反社会型人格障碍

1. 具体表现

反社会型人格障碍指破坏社会准则以及无视他人权利、需要和感受的人格障碍。具有反社会型人格障碍的个体经常表现出在建立亲密的人际关系以及履行责任方面的严重问题，他们通常有不稳定的社会和职业经历，而且常常滥用酒精和其他药物。施奈德称之为“无情的人格”，可见情操的缺乏具有根本性。这类人完全没有内疚，做了坏事一点也不感到后悔或内心痛苦，对亲人和朋友没有责任感和义务感，严重者甚至连羞耻心和同情心也没有；一有欲望就迫不及待要得到满足，不能延迟，也不能经受挫折；不能从失败和惩罚中汲取教训，所以屡教不改。

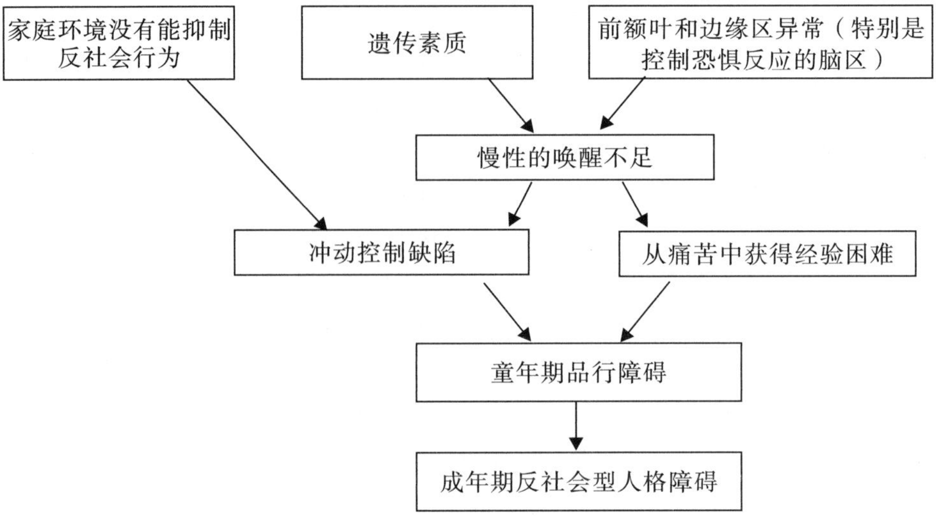

图 9－1　反社会型人格障碍的成因

具有反社会型人格者通常在 15 岁以前就显露出违法的、歹毒的本性特征，这种特性会延续到成年后（如图 9－1）。他们在工作、亲情、友情中极不稳定，不负责任，鲁莽、好斗，喜欢撒谎。近年来，西方探索反社会型人格中潜在的生物学因素已逐渐成为研究的主要焦点，其中一个方面是异常的遗传类型对反社会行为的影响。1965 年，雅各布斯及其同事在爱丁堡威斯顿总医院首次研究了 XYY 核型与反社会行为的关系。他们检查了 197 名监狱罪犯，发现其中 7 名的染色体是 XYY 型，占 3.6%，而一般人群中的 XYY 型染色体发生率在 0.005%～0.035%之间，因此他认为这一差别有显著性意义。在一个研究中，25%符合鸦片类（如鸦片、吗啡、海洛因）滥用标准的人也被诊断为反社会型人格（Brooner，et al.，1997）。反社会型人格障碍相当多见，大约 1%的女性和 3%的男性在十几二十岁的时候发病，此类障碍常见于司法鉴定。

2. 诊断标准

当欺骗和操纵成为个体对待世界的核心方式，表现符合以下情况中的五项以上时，他很可能会被诊断为反社会型人格障碍：

（1）严重和长期不负责任，无视社会常规、准则、义务等，如不能维持长久的工作（或学习），经常旷工（或旷课）、多次无计划地变换工作，有违反社会规范的行为；

（2）行动无计划或有冲动性，如进行事先未计划的旅行；

（3）不尊重事实，如经常撒谎、欺骗他人，以获得个人利益；

（4）对他人漠不关心，如经常不承担经济义务、拖欠债务、不赡养父母或照顾子女；

（5）不能维持与他人的长久关系，如不能维持长久的（1 年以上）夫妻关系；

（6）容易责怪他人，对其与社会相冲突的行为进行无理辩解；

（7）挫折的耐受性低，微小刺激便可引起冲动甚至暴力行为；

（8）易激惹，并有暴力行为，如反复斗殴或攻击别人，包括无故殴打配偶或子女；

（9）危害别人时缺少内疚感，不能从经验，特别是从受到惩罚的经验中接受教训。

（二）边缘型人格障碍

1. 具体表现

边缘型人格障碍指个体具有不稳定的人际关系、混乱的自我形象、变化不定的心境或情绪以及强烈的冲动性。具有边缘型人格障碍的人通常有人际关系紧张、自杀姿态、抑郁和物质滥用的既往病史，代表着一种介于神经症和精神病之间的交叉状况。这种障碍属于最难诊断的一种，因为在很多症状中还伴有自恋型、表演型和反社会型人格障碍的症状。在边缘型人格障碍者中，女性患者是男性患者的两倍。

边缘型人格障碍的患者，情绪急速大起大落，有时候非常焦虑或者陷入深沉的抑郁，但仅持续几个小时。他们很难控制自己的愤怒，往往容易跟人打架或者大嚷大叫、发泄怒气。他们的本体感很不清楚。他们可能对自己的性取向、偏好的价值观或长远目标都不大肯定。易冲动是边缘型人格的一般特点，并且常带有自我毁灭成分。例如，边缘型人格的患者可能会疯狂购物，但又明显买不起；他们大吃大喝、疯狂驾车、到商店偷东西、转而吸毒或寻求随便的性伙伴。有时候自我伤害的冲动非常直接而明显，患者不但威胁说要自杀，而且为了证明这是真话，他们会通过抓破手腕或者其他方式来伤害自己。

2. 诊断标准

极端不稳定是边缘型人格障碍的主要特点，他们有不断变化、不可预测的想法、情绪和行为，其表现如果符合下列情况中的四项以上，可被诊断为该障碍：

（1）发狂似的努力避免真正或想象的被抛弃；

（2）人际关系不稳定和紧张，交替地变动于极端理想化和极端贬低之间；

（3）身份障碍：自我意象或自我感觉持久地和显著地不稳定；

（4）反复有自杀行为，做出自杀姿态，以自杀相威胁，或有自残行为；

（5）由于心境的反应性过强而致情感不稳定，例如，发作强烈的苦闷、激惹或焦虑，一般持续几小时，很少超过几天；

（6）长期感到空虚；

（7）不适当的强烈愤怒或对愤怒难以控制（例如，经常发脾气、发怒、屡次打架）；

（8）短暂的、与应激有关的偏执观念或严重的分离症状。

（三）表演型人格障碍

1. 具体表现

表演型人格障碍又称癔症型人格障碍或戏剧化人格障碍，指过分戏剧化的自我表现以及寻求别人注意的模式。从这些同义术语的字面含义中可看出，此种人格障碍以人格的过分感情化及以夸张言行吸引注意力及人格不成熟为主要特征。根据国外报道，表演型人格障碍在成人人群中的患病率为2.2%，且女性患病率是男性的两倍。

表演型人格的患者其行为表现是反复做戏剧性的动作，以吸引别人的注意。患者倾向于极端的自我中心，对于别人的保证和褒奖有无休止的需求。他们非常重视自己的身体和性吸引力，有时甚至不适当地表现自己的诱惑力，而且容易染上吸毒习惯。表演型人格的患者与他人的关系大部分是表面的和短暂的，他们的虚荣心、反复无常和依赖性令人望而生畏。他们很少能解释自己的动机，而且一般也不清楚自己的真实感情。过分情绪化和寻求注意是此类障碍的特点，他们希望自己总是成为注意的中心。如果不能成为注意的中心，他们就做一些不适宜的事情去争取成为注意的中心。

2. 诊断标准

表演型人格障碍的诊断需至少符合以下情况中的四项：

（1）富于自我表演性、戏剧性、夸张性的情感表达；

（2）肤浅和易变的情感；

（3）以自我为中心，自我放纵和不为他人着想；

（4）追求刺激和以自己为注意中心的活动；

（5）不断渴望受到赞赏，情感易受伤害；

（6）过分关心躯体的性感，以满足自己的需要；

（7）暗示性高，易受他人影响。

（四）自恋型人格障碍

1. 具体表现

自恋型人格障碍的名称来自希腊神话中的纳克索斯。纳克索斯是一个英俊的青年，森林女妖爱上了他。但他迷恋上自己在水中的倒影，不理睬女妖。女妖为了报复，把他变成一朵花，注定要永远泡在水塘里，只能看到自己。自恋型人格障碍指自我夸大、需要他人赞扬以及缺乏共情的模式。与表演型类似，自恋型人格障碍者也经常用心打扮自己，而且也易激动，并将自己的情绪像演戏一样表演出来，以吸引别人注意。其行为给人的印象是他们走到任何地方都应该受到优惠的待遇。典型的行为如排长队时总要插在前面，对后面人的抗议置之不理。

自恋型人格障碍患者常常相信自己高人一等，并认为这是所有人的共识。他们满脑子都是对极大财富、绝对权力、毫无瑕疵的美貌或完美爱情的幻想。他们不仅期望得到别人的赞扬，更有可能使用花招来诱发别人的赞扬。这些花招并不一定高明，例如，他们可能会说“你不喜欢我的裙子吗”或者“我的新车怎么样”。或者只是简单地吹嘘自己的成就、财富、朋友或者外表。自恋者有时候看起来很可怜，但是他们可能又非常危险，那些最初让他们富有吸引力的特点正是那些随着时间流逝造成最多问题的特点（Back, et al., 2010）。DSM－IV 估计人群中有这种人格障碍的人不到 1%。

2. 诊断标准

至少符合以下情况中的五项，才可被诊断为自恋型人格障碍：

（1）对批评的反应是愤怒、羞愧或感到耻辱（尽管不一定当即表露出来）；

（2）喜欢指使他人，要他人为自己服务；

（3）过分自高自大，对自己的才能夸大其词，希望受人特别关注；

（4）坚信他关注的问题是世上独有的，只能被某些特殊的人物了解；

（5）对无限的成功、权力、荣誉、美丽或理想爱情有非分的幻想；

（6）认为自己应享有他人没有的特权；

（7）渴望持久的关注与赞美；

（8）缺乏同情心；

（9）有很强的嫉妒心。

三、焦虑或回避的人格障碍

（一）逃避型人格障碍

1. 具体表现

逃避型人格障碍表现为缺乏自信，怀疑自身价值，敏感，特别是遭到拒绝和反对时，日常生活中对一些小事的不如意或被拒绝表现得很委屈，感觉受到了较深的伤害。逃避型人格障碍者或是从一开始就回避人际关系，或是无条件地接受他人的意见。他们在生活中尽管有交往的需要，但大多数人仍与周围环境保持一定的距离。在丰富的情感世界中，他们很难同别人进行深入的情感交流。

逃避型人格障碍患者有很大的社会不安感，在那些需要大量接触他人的工作面前常常因羞怯而逃避。在家庭之外他们很少有亲密朋友和知己。患者的典型症状是他们很不愿意出风头，害怕暴露自己的内心情感，表现为羞愧、哭泣或不能回答问题。他们对熟人很亲热，而对生活中习惯、常规方面的任何改变都会感到害怕。为了回避引起焦虑的情况，他们常寻找一些借口。有时他们对一些事物表现出恐惧，而且他们经常有抑郁、焦虑和对自己生气的感觉。

2. 诊断标准

诊断时需至少符合以下情况中的四项：

（1）很容易因他人的批评或不赞同而受到伤害；

（2）除了至亲之外，没有好朋友或知心人（或仅有一个）；

（3）除非确信受欢迎，一般总是不愿卷入他人事务之中；

（4）行为退缩，对需要人际交往的社会活动或工作总是尽量逃避；

（5）心理自卑，在社交场合总是缄默不语，怕惹人笑话，怕回答不出问题；

（6）敏感羞涩，害怕在别人面前露出窘态；

（7）在做那些普通的但不在自己常规之中的事时，总是夸大潜在的困难、危险或可能的冒险。

（二）依赖型人格障碍

1. 具体表现

依赖型人格障碍的症状是极端缺乏自信，主要的表现形式是顺从和依赖的行为模式。这种障碍的患者如果没有别人的劝告和支持，根本不敢做出任何决定。虽然依赖型人格障碍患者很难开创一个工程，但是经常自愿做一些别人看来不太舒适或降低身份的工作，以求得别人的赞许。这类患者的典型特点是没有主见、讨厌孤独。他们对被遗弃怀有深深的恐惧，一旦某种关系破裂，他们自己也就毁灭了。与其他以焦虑为基础的障碍一样，这类障碍也常伴有抑郁。

依赖型人格障碍患者的自我评价也很低。他们十分怯懦或不能做出决定，把控制权都交给别人。患者情绪极不稳定，不可预料。这一周退缩、温和、安静，下一周却可能聚赌、狂欢、滥用药物或者入不敷出地花钱，以放松紧张情绪。这种人害怕在任何事情上与任何人发生分歧，因为他们害怕独立思考甚至生存。同时，你可能在这种表象下察觉到痛苦怨恨的情绪、行为，那是因为他们不是真心地同意你。依赖型人格障碍发病率占一般人群的0.5%，女性比男性更常见。

2. 诊断标准

诊断时需至少符合以下情况中的四项：

（1）请求或同意他人为自己生活中大多数重要事情做决定；

（2）将自己的需求附属于依赖的人，过分顺从他人的意志；

（3）不愿意对所依赖的人提出即使合理的要求；

（4）由于过分害怕不能照顾自己，在独处时总感到不舒服或无助；

（5）沉陷于被关系亲密的人所抛弃的恐惧中；

（6）没有别人充分的建议和保证时做出日常决定的能力有限；

（7）总把自己看作无依无靠的、无能的、缺乏精力的人。

（三）强迫型人格障碍

1. 具体表现

强迫型人格障碍表现为，在所有的生活范围内过于认真，衣柜与服装的秩序有条理性，死板的、拘泥细节的日程安排，节省的、固定的生活方式乃至人际关系、道德准则及宗教方面的态度，一切都必须是有规则的。无条理性，哪怕是很小的事情，都会使其无法容忍。这些人有很强的超我，在某些职业中被看作是很值得信赖的人，但他们可成为过分细心或良心的奴隶。他们陷入了同自己的冲突中，同自己的冲突多于同周围环境的冲突。

强迫型人格障碍者过分追求秩序、完美主义以及控制感，其特点是无休止地、执着地追求完美。有这种疾患的人将会变成一部“活机器”，其典型特征是把工作当作生活的中心，追求工作达到自我奴役的程度；在谈话风格方面往往比较僵直，缺乏幽默感，而且非常郑重，遣词造句十分准确，缺乏创意。强迫型人格障碍患者是彻头彻尾过分讲究的典范，他们的烦恼是要花巨大的努力使每个人和每件事都听从自己的意愿。患者发现自己陷入了无法解释的重复习惯或思想，典型行为包括贮藏绳子或旧报纸；出门时反复检查门户或家庭用品，以致要花几个小时才能离开家；脑子里反复背诵一些固定的数字或者将每个简单的日常事务至少重复两次；等等。

2. 诊断标准

DSM－IV 列出了这种障碍的八个特征，出现其中四个特征即可被诊断为强迫型人格障碍：

（1）过度关注规则和细节，且有深深的敬畏感，以至于忘记了自己正在做的事情的真正目的。

（2）完美主义倾向。这使他们很难和别人一起工作，也使他们很难完成一件事情。

（3）工作狂。他们不能花整个周末甚至一整晚休息，因为他们觉得“还有许多事要做”。

（4）僵化。强迫型的人有固定的思考和行动方式，并且很难改变。

（5）林鼠行为（packrat behavior）。这种人可能强迫性地不想扔掉任何东西，甚至是一些没有用的或者完全没有价值的东西。

（6）不能对他人委以重任。这种人只能为他自己做事，因为其他人都不可能做好。

（7）吝啬。强迫型的人储藏金钱来防备未来假想中的大灾难，整日活在金钱之下。

（8）刻板顽固。这种人喜欢日复一日、一遍又一遍地做着同样的事情。

知识链接：多重人格障碍

所谓多重人格障碍（multiple personality disorder，简称 MPD）是指一种心因性身份障碍。其特征是在不同的时间里，同一个人具有两种或两种以上人格身份。在任何特定的时间阶段，意识层面只有一种身份，称为主体人格。此时所有的情感、思想及言行都按照主体人格的方式活动，不显出另一种身份的痕迹。过一段时间，通常是在受到精神刺激之后，突然转变为另一种完全不同的身份，一切情感、思想及言行都按照新的主体人格的方式行事。有的学者将表现为两种身份者称为双重人格，而将多重人格一词专指表现为三种或三种以上身份者。

很多个世纪以来，人们就一直苦苦思索多重人格之谜。这是一种罕见的障碍，它能使数种“自我”同处于一人之身。有一些民族的文化将它称为灵魂附体。认为它是超自然的，甚至是在投胎的过程中把几个灵魂混进一个躯体之中了。直到 1980 年，美国精神病学协会才把 MPD 算作人格障碍的一个类型。专家对 MPD 的理解是一身兼具两种以上反差强烈的独立人格，每一种人格在控制这个人的身体时都决定着独特的行为和态度。因为大部分病例似乎都是童年期创伤性经历造成的，尤其是性侵害，所以研究者怀疑受害者不情愿地戴上了不同的“面具”，作为一种自我保护机制。

最近一些研究表明，一个人分离的“自我”表现出截然不同的身体特征，这为多重人格障碍的存在提供了一些具有说服力的证据。例如，在有些病例中，每种人格有其特别的心律或自己一系列过敏症状。甚至其视敏度也可能有差别。多重人格障碍患者在一种人格中可能有很好的视力，在另一种人格中则是高度近视。有时候一种人格饮酒过量会走路不稳，而另一种人格则可能遭受宿醉的痛苦。通常情况下，不同人格的大脑活动各异，并各自保持长时间一致。一系列实验记录都能表现自己的独特模式，这些结果并不一定意味着MPD是由大脑不正常或化学失衡引起的，虽然也有这方面的原因。

有一种相似的人格障碍叫作“解离性神游症”：最典型的例子就是平日里整洁乖巧的女孩会阶段性地离家出走，跟偶遇的同伴漫无目的地游荡好几天，干一些小偷小摸的事情、饮酒、服用麻醉剂，然后回到家中又恢复了往日的人格，并对自己之前的行为毫无记忆。这种现象也不完全局限于MPD患者，大多数人在相似的心理框架之下，可以更好地回忆起事件的经过。例如，一个人在欢饮的时候丢失的汽车钥匙，更容易在喝醉的时候找到，而不是在清醒的时候。

第三节　人格障碍的心理治疗

很多人格障碍者都有一种强烈的愿望和迫切的需要——改变自己。心理治疗对人格障碍为什么能起作用以及如何起作用，迄今为止仍然是一个悬而未决的问题。但是，多数方法用于治疗多种人格障碍时似乎取得了某种程度的疗效，其原因也许是每一种治疗方法针对的是人格中不同的侧面。

一、心理动力学的治疗

心理动力学派假定，包括人格障碍在内的一类心理问题是由于潜意识中的压力引起的内心冲突及生活环境的限制造成的。为了探究人格障碍的潜意识根源，治疗师可以让患者联想、谈论有关梦境或童年期生活经历等私人问题，以便让患者学会不受任何限制地倾诉其想法。这一过程也使患者联想起过去曾发生的事情或过去曾受压抑的情感。

（一）弗洛伊德的精神分析疗法

弗洛伊德将心理问题看作是个体无力解决内部冲突——本我的、潜意识的、非理性的冲动被超我抑制而产生的冲突——所造成的。心理分析的治疗目标是重建个体心灵内部的和谐，增加本我的表现机会，降低超我的过分要求，使自我的力量强大起来。对于治疗师来讲，核心目的是要了解患者如何采用压抑过程去应对自己内心的冲突。治疗师的任务是帮助患者将被压抑的想法带到意识层面，并帮助患者对症状和被压抑的冲突之间的关系产生领悟。

1. 自由联想和宣泄

为了探究潜意识中被压抑的各种欲望和冲突，弗洛伊德创立了自由联想技术。其做法是：患者很舒服地坐在椅子上或以一种放松的姿势躺在长沙发上，让头脑处于放松的状态，把头脑中出现的想法、愿望、躯体的感觉和想象都讲出来（如图 9－2）。治疗师鼓励患者说出自己各种各样的想法和感受，不管这些想法、感受是否重要。为了使这一技术有效，患者必须同意遵守基本的规则，即他们不应进行意识的和理智的思维过程，而应尽量说出进入脑海中的任何想法，不管它们是多么琐碎、不连贯或尴尬。在自由联想中，表达的自发性和自主性极其重要，基本规则的设计就是为了保证患者能够最好地进行自我发挥。

图 9－2　自由联想技术

弗洛伊德坚持认为，自由联想中的内容不是随机出现的，而是事先存在于个体的内心。治疗师的任务就是探索这些联想的源头，并确认外显的词语背后的重要反应模式。治疗师鼓励患者表达自己强烈的情感，这种情感通常是针对某些权威人士的，由于害怕受到惩罚或报复而被长期压抑在潜意识之中。这类情感的释放，无论是在动力学治疗还是在其他治疗中，都被称为宣泄。

2. 对阻抗的分析

在治疗过程中，当治疗师接近于揭示特别重要的主题时，患者却不愿意对此进行讨论，即在自由联想的过程中，患者有时会表现出阻抗——不能或不愿意讨论某些观念、意愿或经历。这类阻抗被认为是潜意识和意识之间的障碍。与阻抗有关的内容常常涉及个体的性生活（包括所有引发人快感的事物）、敌意或针对父母的憎恨情感等。当这些被压抑的事物最终被说出来时，患者一般都会声明那些事物是不重要的、荒谬的、无关的事情或是讨论起来是令人不快的事情等。治疗师此时应该相信这些恰恰是最有用的信息。心理分析的目的就是要打破阻抗，使患者敢于面对那些使他们感到痛苦的观念、意愿和经历。

阻抗代表个体内部反对积极改变的力量。除自我不愿让令人不安的材料表现出来的企图以外，阻抗还会因为以下的原因出现：

其一，当治疗师没有满足患者不现实的期望时，患者会出现怨恨和不满的情绪，于是变得不合作；

其二，神经症状如极度焦虑、持续头疼以及长期疲劳和抑郁，对患者可能具有实用目的，尽管它们是很不舒服的；

其三，本我与自我的冲突，本我起着保持有害行为和思维状态的作用；

其四，超我的影响，有时患者由于内心深处感到罪过而继续经受折磨。要使治疗向有益的方向发展，治疗师必须取消阻抗，以便深层的无意识得以暴露。

3. 梦的解析

弗洛伊德认为，梦是患者潜意识动机中重要的信息来源，是潜意识欲望的表达方式（如图9－3）。人们在入睡以后，超我对本我中那些不能被接受的冲动的戒备有所下降，所以那些在清醒时不能表达的动机就可能在睡梦中出现。从心理分析的角度，梦中包含两类内容：一类是显梦（以视觉形式表现出来），即人们在清醒时可以回忆起来的那部分梦的内容；另一类是隐梦（隐含在显梦背后的内容），即潜意识中寻求表达出来的实际动机，因为其中的内容是令人痛苦的或无法接受的，所以在表达时需要进行伪装或以象征性的形式表现出来。治疗师为了揭示那些隐含的动机就要采用梦的解析的方法，这是一种通过对梦的分析考察人的潜意识的一种技术，借助于梦来发现那些潜在的动机或象征性背后的重要生活经历或愿望。

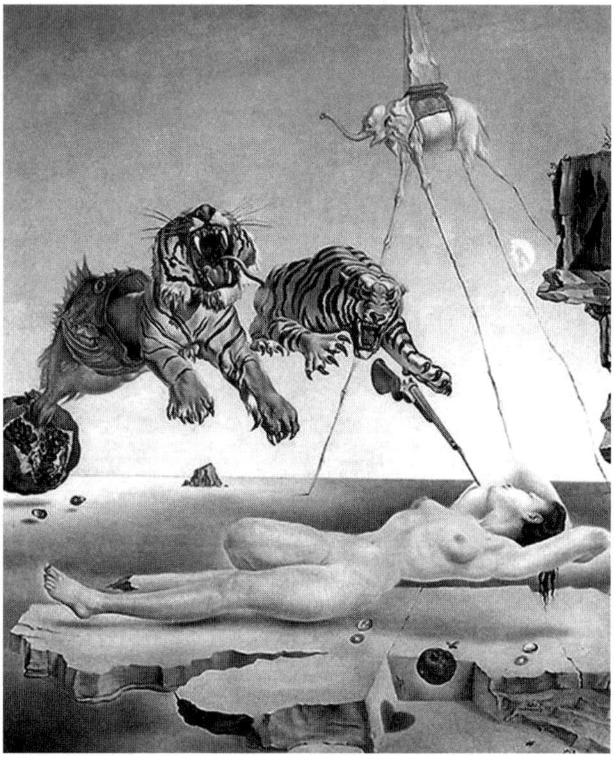

图9－3　由飞舞的蜜蜂引起的梦（达利，1944）

4. 移情和反移情

精神分析治疗在某种程度上是为了让个体重新体验过去的生活，使童年期的情感和冲突从无意识的深处浮现出来。当患者重新体验这些情感时，会出现对治疗师的依恋倾向，这一过程称为移情（transference）。在不同的阶段，患者会将治疗师看作惩罚性的父亲，或要求不断的母亲，或勾引人的情人等。如果要使分析最终达到治愈的结果，就要对这种情感依恋进行深入分析并妥善处理。在处理移情时，患者将有机会重新体验早期的关系，并使这种关系获得更满意的结局。

移情并不总是以明显和直接的方式表现出来，患者的情感也常以不明显的方式向分析师表达。此时治疗师必须对这种不明显的表示保持敏感，只能在合适的时候给予解释，同时还要警惕反移情，即对患者产生情感上的反应。面对患者的奉承、表扬、批评、愤怒和其他情感表达，治疗师必须保持客观。如果治疗师无法发现自己的反移情，则治疗可能无法产生效果（Winarick，1997）。由于这类治疗关系所引发的强烈的情绪反应以及患者的敏感性和脆弱性，治疗师必须十分清醒地把守住对患者的职业性关心和个人情感卷入的界限。

（二）新精神分析疗法

新精神分析疗法对弗洛伊德的一些治疗原理和实践内容做了修改：

（1）强调患者现在的社会环境，较少关注过去的情况；

（2）强调对个体生活经历具有持续影响的方面，而不是童年期的冲突与经历；

（3）强调社会动机和人际关系的角色，而不是生物本能和对自我的关注；

（4）强调自我的功能和自我概念的重要性，较少强调本我和超我之间的冲突。

新精神分析代表——美国精神病医生哈里·沙利文（Harry S. Sullivan，1892—1949）指出，弗洛伊德的理论和治疗方法没有考虑到人的社会关系的重要性，没有考虑到患者有被他人接受、尊重和被爱的需要。他坚持认为，人格障碍一类的心理疾病并非仅仅涉及创伤性的内部心理过程，还包括了人与人之间的纠葛。一个很小的孩子就需要安全感，需要得到他人的关心和爱护。人格障碍及其他心理疾病的产生正是由于他们在与父母或其他重要的人际关系中所具有的不安全感。

按照沙利文的观点，个体自我体系的建立是为了把焦虑降低到可忍受的水平。这种自我体系起源于儿童期的人际关系经验，而且围绕着自我关于好我（与母亲的温和亲切相联系）、坏我（与母亲的紧张相联系）和非我（自我体系所不能接受的自我部分）的概念而自成体系。

基于这种人际关系的观点而发展的治疗包括观察患者对治疗师的态度所产生的感受，治疗会谈同时也是一种社会交往，任何一方的情感和态度都会受到另一方的影响。在治疗过程中，治疗师会激发患者说出对治疗师的态度的看法。沙利文认为在治疗中最为重要的是治疗情境，治疗师应该学会以仁爱的态度对待患者。

二、人格障碍的行为疗法

在治疗方法上，心理动力学治疗关注患者的内部原因，行为治疗关注可以观测到的外部行为。如果说心理动力学对于以焦虑为基础的人格障碍有良好的治疗效果的话，那么行为治疗则对以行为表现为基础的人格障碍，如强迫型人格障碍、反社会型人格障碍有较好的疗效。行为治疗主张应用条件反射原理和强化原理矫正那些与人格障碍相联系的非适应性的行为模式。行为治疗认为，有机体的中心任务是要学习如何适应当前社会的和物理的生活环境。

（一）反条件反射

当强烈的情绪影响了个人的生活时，人们就形成了条件化的反应，然而他们自己却不能意识到这是以前习得的反应。在反条件反射中，个体要学习一个新的条件化反应替代或对抗适应不良的反应。为此，治疗师采用了若干种反条件反射的技术来进行治疗工作，这其中包括系统脱敏法、内爆疗法和满灌疗法等。

1. 系统脱敏法

神经系统无法同时处于放松和兴奋状态，因为这是两个不相容的过程。这一原理是南非精神病学家约瑟夫·沃尔普提出的交互抑制理论的核心观点（Wolpe，1973）。沃尔普首先教会患者放松自己的肌肉，然后对他们害怕的情境进行视觉的想象。想象的进行过程由患者害怕程度最轻的情境逐步向其最害怕的情境过渡（如图9－4）。在放松的状态下想象害怕的刺激，实际上是心理上面对刺激，以一系列逐步接近的程序完成的这种治疗技术称为系统脱敏法。

图9－4　系统脱敏技术

注："Okay，现在请放松……就像上周那样，我会把这块红布在你面前举起来，一直数到10。……在你生气之前我会把它放下来的。"这张卡通画既嘲讽也总结了系统脱敏技术：当个体被暴露在逐渐增加的激发恐惧的刺激面前时，学会保持一种平和放松的状态。

2. 内爆疗法

内爆疗法是一种与系统脱敏法相反的方法。这种方法让患者在一开始就暴露在焦虑或恐惧等级列表中让他最不安的刺激情境中，而不是让他逐步接近这一刺激。当这种情境一再出现时，就渐渐失去了引发焦虑的作用。当焦虑不再出现，患者先前用于躲避该刺激的非适应性行为也就消失了。内爆疗法的原理是：不允许患者否认、回避或逃离引起其焦虑体验的刺激情境。在与该刺激情境的接触中，患者最终会发现这一刺激并不会真正导致他所预想的负性结果。

3. 满灌疗法

与内爆疗法相似，满灌疗法是在得到患者许可的情况下，使其真正置身于令他恐惧的情境之中。例如，让具有幽闭恐惧症的人坐在黑暗的小储藏室里，或把一个害怕水的孩子放入游泳池里。这种方法也可以从想象开始进行治疗。当以此形式治疗时，治疗师可能会给患者听详细描述其所害怕情境的录音带，让患者听此录音带一到两个小时。一旦恐惧有所消退，患者就被带到令其害怕的真实情境之中，当然，这种情境并没有想象中那样恐惧。

系统脱敏法、内爆疗法和满灌疗法的共同特点就是暴露。通过想象、接触有关情境或通过直接的现实技术进行的治疗，患者被暴露在他所害怕的某个物体或情境之中。暴露治疗常用于对抗强迫型人格障碍，例如，一位妇女患有强迫性的怕脏症状，她强迫性地反复洗手直至双手出现裂缝并流出鲜血也不能停止。这种症状严重影响了她的正常生活，她甚至想到要自杀。在治疗师的指导下，她直接去面对她最害怕的那些东西——灰尘和垃圾，直到她最终可以去触摸这些东西，而且她在 5 天的时间里没有洗手、洗脸。

（二）意外事件管理

反条件反射适用于当一种反应能够被另一种反应所替代的情况，其行为矫正程序的建立则依赖于由斯金纳提出的操作性条件反射原理的应用。意外事件管理是以矫正行为的结果来改变行为的一般性治疗策略。其中最主要的技术有两种：正强化策略和消退策略。

1. 正强化策略

当出现某种反应之后马上给予奖赏，这个反应就会倾向于重复出现，而且反应出现的频率也会增加。这一操作性学习的核心原理已成为行为治疗的策略而被用于提高所希望的行为出现的频率，以替代某种不希望出现的行为。将正强化运用于矫正行为问题的努力已经取得了极大的成功。应用正强化策略的最好例子是代币疗法，治疗师首先要明确定义什么是我们所期望的行为（如独立行动和做出决定），当患者表现出这些行为时，就由医护人员给予代币式的奖励；在患者积攒了一定量的代币时，就可以此换取某种特权。

2. 消退策略

当不能确定使不良行为得到强化的情境时，消退法是非常有用的。首先仔细分析情境以确认强化物，然后在不良行为呈现时通过设定的程序撤销这些强化物。实施这一程序时，在相关情境中任何一个可能不经意地给患者的行为以强化的人都需要进行合作，这样，消退程序才可能使不良行为出现的频率下降或最终完全消除这种行为。以教室的行为管理为例，研究者发现，对于小学四年级的学生，同伴的关注会强化他们的捣乱行为。研究者让这些孩子的同学只对他们的适宜行为给予关注，而忽略那些捣乱的行为，用这样的方法最终消除了这些孩子的不良行为模式。

三、人格障碍的认知疗法

认知疗法通过改变患者对其重要经验的思维方式来改变他们的情感和行为模式。这类治疗的假设是，人们所想的内容和他们所想的方式是造成异常的行为模式和情绪困扰的原因。认知疗法将治疗的重点放在改变认知过程上，提出了重建认知的不同方法。

（一）认知行为矫正法

告诉自己你是什么样的人，你就会成为那样的人；你相信自己应该做什么，你就会那样去做，这就是认知行为矫正法最基本的假设。这一治疗模式结合了人的思维和态度对其动机的影响，以及人的行为反应会由于偶然的强化而改变的观点，认为人的一些无法接受的行为模式，可以通过将人的消极自我陈述改变为更有建设性的陈述而得以改变，这就是认知重建。

这一治疗模式中的关键部分是治疗师要去发现并解决患者对问题的想法和表达方式。一旦治疗师了解了患者的思维方式，并使患者认识到正是这种思维导致了他们非建设性或功能失调性的行为，治疗师和患者就可以共同找出建设性的自我陈述，从而减少那些自我挫败和降低自尊的思维。

（二）改变错误的信念

一些治疗师将改变信念、态度和习惯的思维模式看作是使患者改变的关键。首先，治疗师指出某一患者的问题症结在于错误的信念，正是这些信念影响了他的世界观，左右着他的感情和行为（如表9－2）。例如，在一个强迫型人格障碍的病例中，患者的信念可能是："如果我不能把所有事情做得尽善尽美，那我就是一个无用的人。"然后，为了增强患者的意识，心理医生可能要布置作业。例如，要求患者每天晚上记录一天当中失效的想法以及他原本如何可以避免这些想法。

治疗师认为，许多心理问题是人们在考虑自己与他人的关系或他们所面对的事件时运用不良思维方式所导致的。那些错误的想法可能源于：

（1）非理性的态度，如"作为一个学生，最重要的一点就是在各方面都要尽善尽美"；

（2）错误的推理，如"如果我做到别人要求我做的所有事情，我就会成为最受欢迎的人"；

（3）以僵化的规则指导自己的行动，即使这些规则是无用的，仍然在重复先前的错误，如"我必须服从权威"。情绪的困扰和人格的异常正是由于认知的错误和无法区分现实与想象造成的。

表 9－2　几种主要的人格障碍患者的认知特征

人格类型	认知群	个人规则
妄想型	“我容易受到攻击”“别人会跟我对着干，并对我有所隐瞒”	“我必须时时保持警惕，而且要看穿别人的言语和行为”
表演型	“别人不会本能地对我产生兴趣”“引诱可以体现自己的价值”	“要获得一席之地，我必须吸引别人的注意”“我必须完全将别人迷住”
强迫型	“事情必须做到完美无缺”“即兴发挥和自发性不会带来任何好处”	“我必须掌控一切”“所有的事情都必须按章办理”
自恋型	“我是独一无二的”“别人都得排在我后面”	“一切都该是我的”“应该让人知道我是个杰出的人物”
分裂样（型）	“我跟别人不一样”“群居生活是混乱的源头”	“我必须一个人待着，不能让自己投入亲密的关系”
依赖型	“我很弱小，能力也很差”“别人都很强大”	“在遇到问题时，我必须马上寻求帮助”“我不能让别人不高兴”
逃避型	“我是个无趣之人”“如果别人看到我是个怎样的人，他们就会厌弃我”	“我不应该展现自己”“我必须保持距离，否则我会应付不来”

（资料来源：Lelord and André，2015：377）

（三）理性情绪疗法

认知疗法的一种早期形式称作理性情绪疗法（rational－emotive therapy，简称 RET），这一治疗方法是由阿尔伯特·艾利斯创立的。RET 的理论体系便于理解，这一理论认为可以通过改变非理性的信念来改变人格，而非理性的信念会导致不适宜的、高情绪负荷的反应，如导致严重焦虑。患者存在的核心价值观可能是对成功和获得赞赏的过高要求，而且不能公平地对待自己，不能按照使人快乐的原则行事。

理性情绪疗法的治疗师要教患者如何辨认自己的那些“应该”和“必须”，使他们明白这些过高的要求一直在控制着他们的行动，从而阻碍了他们选择自己所希望的生活。他们向患者阐明，伴随某些事件出现的情绪反应是由于自己对事件的信念所致，但是人们通常无法认识到这种联系。

例如，在考试时未能取得理想成绩（事件）紧跟着会出现抑郁的情绪反应和对自我的贬低，引起情绪反应的信念可能是：“我无法做到所希望的那样是非常严重的事情，这说明我在学习方面是无能的。”在治疗过程中，治疗师会采用对质的方法与患者一起公开讨论这一信念，并考察这一事件的发生是否还存在其他的原因，如努力程度不够、考试题目太难等。

（四）认知疗法案例

以下这段对话节选自亚伦·贝克对一位大学生所做的治疗：

来访者：当情况变得糟糕的时候，比如考试不及格，我就会抑郁。

治疗师：考试不及格是如何让你抑郁的呢？

来访者：好吧，如果我不及格，就进不了法学院。

治疗师：你是否同意，你解释考试结果的方式会影响你？你可能会感到抑郁，可能会有睡眠障碍，会不想吃东西，甚至会想是否应该放弃这门课程的学习。

来访者：我一直在想我会通不过考试。是的，我同意你的说法。

治疗师：那么，考试不及格意味着什么呢？

来访者：（眼泪汪汪）这意味着我无法进入法学院。

治疗师：那么，这对你又意味着什么呢？

来访者：这意味着我不够聪明。

治疗师：还有呢？

来访者：这还意味着我永远都无法快乐。

治疗师：这些想法让你感觉如何？

来访者：非常难受。

治疗师：所以，是你为考试不及格赋予的意义让你感到不快乐。实际上，相信自己永远无法快乐的想法会成为产生不快的重要因素。所以，你把自己引入了陷阱，因为在你看来，无法进入法学院就等同于永远无法快乐。

正如你从这段对话中看到的那样，认知治疗师帮助患者正视为抑郁提供动力的破坏性思维，研究显示，贝克的方法治疗抑郁症的效果不亚于药物治疗的效果。

四、存在—人本主义治疗

（一）治疗思想

按照存在—人本主义者对人性的看法，日常生活中的问题、缺乏有意义的人际关系以及缺少重要的人生目标等导致了常见的存在危机。存在—人本主义疗法特别强调存在性问题是人类普遍具有的基本问题。人本主义理论的核心思想是，个体处于连续变化和成长过程之中。尽管环境和遗传对此有一定的制约，人们还是可以通过创造自身的价值来对自己的将来做出自由选择，并且坚持自己的选择。

然而，伴随这种自由选择而来的是责任。因为你永远也不可能完全清楚自己行为的所有含义，你会感到焦虑和绝望，你还会因为失去了发挥潜力的机会而感到内疚。存在主义心理学的一种新兴的临床观点整合了以往的许多主题和方法，认为生活中复杂的现实导致人类出现两类疾病：抑郁症和强迫症，而它们反映了对这些现实的一种逃避；而反社会和自恋的人格障碍则反映了对这些现实的一种自私的利用（Schneider and May，1995）。

（二）来访者中心疗法

1. 基本理念

由人本主义心理学家卡尔·罗杰斯创立的“来访者中心疗法”认为，患者有改变和发展的巨大潜力。治疗师通过传达同情、对来访者提供无条件的支持等方法鼓励来访者发挥最大潜力，无论他暴露出什么样的情感和想法。只有当医患双方建立起一种安全、稳固的关系以后，来访者才愿意流露其负面想法。治疗师对来访者所关心的问题予以反应并帮助来访者澄清思想，却从不把自己的思想强加于来访者身上，因此这种方法在早期又叫“非指导性治疗方法”。

尽管这样会导致来访者对治疗师的过分依赖，但事实上，来访者自始至终都在左右着自己的治疗过程：来访者自己选择谈什么，来访者自己评价治疗进展得如何，来访者自己决定治疗过程何时结束……相反，治疗师既不做诊断，也不做评价。例如，当一个来访者意识到由于自己间接地表达愤怒而破坏了与他人的关系时，治疗师并不逼他说出更多的心里话，也不对他进行品头论足，而是让来访者在自愿的情况下重新回到这个话题。治疗师相信，假以时日，来访者自己将有进一步的领悟。在这种情况下，来访者学会了接受自己并相信自己的价值。治疗师情感上的支持给了来访者信心去面对曾经受到压抑的自我。

2. 治疗条件

在治疗过程中，罗杰斯非常重视这样一个事实：除治疗师和来访者的关系外，其他关系也能促进个人成长。为了达到促进成长的气氛，必须有三种条件，这些条件适用于我们说到的治疗师和来访者的关系、父母与孩子的关系、领导与团体的关系、教师与学生的关系以及管理者和职员的关系。

（1）真诚一致。简单地说，真诚一致是要求治疗师在治疗关系的范围内情感和行为没有任何的虚假和做作，是一个表里如一、真诚完整的人。这意味着在咨询关系中，治疗师对自己不加任何矫饰，不戴面具，不以一种修饰过、伪装过的面目来面对来访者，不对自己的不足进行防御，而是以自己本来的面目出现，让自己的任何经验、任何冲动、任何感受都无禁止地进入自己的意识。

（2）无条件积极关注。无条件积极关注的基本含义就是把对方作为一个完整的个人来接纳，而不是有条件地接纳或只接纳他的（符合治疗师自己态度的）一部分，并通过言语、声调和非言语行动传达对他的接纳、理解、尊重和珍视。对来访者不加任何评价判断，全面接纳对方积极和消极情感的表达，充分信赖、毫无怀疑地表示关切，唤起对方的充分信赖，促进自我探索和封闭心态的开放。

（3）共情。即同感、共感、同理心、通情达理等，它是指设身处地地用来访者的眼光去看待他们的问题，深入了解并体会来访者的内心世界，站在他们的立场上，去体会他们的痛苦和不幸，即“设身处地”和“感同身受”。

（三）格式塔治疗

将个体的思想和身体整合为一个整体，可以帮助来访者表达被压抑的感受，并且认识到过去冲突中那些未解决的事件被带入现实的新的关系之中，个体只有解决这些事件才能获得成长。这一治疗方法的发起者弗立兹·波尔斯（Fritz Perls，1893—1970）要求来访者把有关冲突和感受强烈的幻想表演出来，并且让他们重新创造梦，因为他把梦看作人格被压抑的那一部分。他说，“我们必须重新接受这些被投射出来的破碎的人格片断，重新接受梦中出现的潜在力量”（Perls，1969：67），以此使来访者达到自我觉醒的治疗目标。

格式塔治疗中最著名的方法是空椅子技术。使用该技术时，治疗师将空椅子放在来访者身边，来访者要想象一种感受、一个人、一种物体或者一种场景正在那张椅子上出现，然后来访者与椅子进行“对话”。例如，治疗师可能鼓励来访者去想象坐在椅子上的是自己的母亲或父亲，他可以在这个时候表达出其他时刻不愿意表露的感受。然后，来访者可以想象这把椅子上的人或事物的感受，想象当他们听到来访者所说情况时的感受，想象他们对来访者的人生受到的影响有何感受，这种技术可以使来访者面对并探索那些未被表达出来的强烈感受，可能正是这些感受一直在妨碍来访者的心理健康（格里格，津巴多，2016）。

（四）存在—人本主义治疗案例

以下谈话可以帮助我们理解这种治疗方法：

来访者：我不知道自己为什么敏感……只是似乎每件事情……唉！我不知道。比如说，如果老板说了关于我工作的最细小的事，我都感到痛苦。如果妻子犯了一些小错，我都会表现得有些生气，而且我还可能发火……甚至可能走出房子。

治疗师：你有这种感觉……你感到你对别人说什么太过敏感吗?

来访者：是的，该死！我为什么不能做一个这样的人，既可以站直了说我是对的，也可以承认自己是错的？不，我不是。我为什么会弄出这么多麻烦来？我只是有这种内部下沉的感觉，并且结束……唉！只是感到一切都是不成熟的、无遮掩的、愚蠢的。

治疗师：很痛苦……你不想对批评过于敏感，但是你做不到。

来访者：我能够。这种不良感觉，对我一点不好，对别人也不好。但我如何能改变呢？我已经累了，老弟，我已经累了！我似乎变得太善感，并且总是以反复做同样的事情告终。……不断做同样枯燥的事情。

治疗师：嗯……看来确实难以改变……没有变化不断发生……是吗?

来访者：是的，正是这样。我不断地重复同一模式，我想很难对自己承认：我确实犯了错误——即我不完美——而且我想我感觉到如果别人知道我的错误，他们就不会在乎我了。或许这就是为什么我如此敏感的原因……或许是因为我不想让别人看到任何瑕疵——

或许是因为我怕他们会不喜欢我或不尊重我。

治疗师：我知道了。嗯……你老是重复做这件事，因为很难承认你也有一些错误，并且你感到害怕，或许别人会不喜欢你或不尊敬你，如果他们看到了你的错误……很难改变，是吗？

知识链接：心理治疗有效吗

这个问题看似简单，回答起来却是很艰难。因为衡量心理治疗是否有效不像测体温，只看是否退烧那么简单。我们将怎么样衡量它的效果呢？

1. 来访者的感觉

假如来访者的认可是判断的唯一准绳，我们就能有力地肯定心理治疗的有效性。3/4 的来访者已经表示感到满意，1/2 的来访者说他们非常满意。但是这里有几个理由能说明为什么来访者的认可不能说服心理治疗的怀疑者：其一，人们通常在危急时刻进行治疗；其二，来访者相信为治疗所付出的努力是值得的；其三，来访者通常喜欢他们的治疗师并且愿意为他说好话。因此，来访者对疗效的肯定可能造成误解。

2. 治疗师的观点

假如临床的感知能正确地反映治疗效果，我们则可以有更多的理由来庆祝成功。成功的个案很多。另外，每个治疗师都很珍惜来访者在离开的时候向他们表达的感激和赞扬之情。来访者在接受完治疗后痛苦会有所减轻，只是这种减轻是短暂的，他们会寻求新的治疗师来解决自己反复出现的问题。治疗师知道很可能失败，但失败几乎可以推给其他的治疗师。

那么，我们应该怎样客观地衡量心理治疗的效果呢？总的来说，当问题已经很明显的时候，治疗是最有效的。那些表现出恐惧、惊慌、不自信或性功能障碍的个体希望自己有所改善。那些患有抑郁、焦虑症的个体在短期治疗中通常有好转，但是却常常复发。而那些患有严重精神分裂症或者想要完全改变自己人格的个体是不可能单靠心理治疗获得好转的。问题越明确具体，希望就越大。

（资料来源：戴维·迈尔斯，2006）

第四节　人格障碍的其他疗法

随着生物医学模式向心理学领域渗透，精神疾病领域的生物医学治疗日渐与心理学治疗形成鼎立之势。事实上，与“谈话疗法”相比，吃药、打针、电休克等方法给人格障碍患者带来的立竿见影的疗效使人们更倾向于生物医学治疗。与此同时，团体治疗与人际关系疗法等既可作为个体治疗的有益补充，也可以发挥个体治疗所不具有的优势。

一、生物医学治疗

当大脑出现问题时，我们可以在异常行为模式以及特殊的认知和情绪反应中看到问题造成的后果。同样地，环境、社会或行为的混乱，如毒品或暴力也会改变大脑的化学物质和功能。生物医学治疗主要通过解决大脑的“硬件问题”来治疗人格障碍。

（一）精神外科手术

1988年2月23日，《洛杉矶时报》曾发表了一篇题为“脑内子弹治愈人的心理问题”的文章，文中披露了一个受到严重强迫型人格障碍困扰的19岁男子，因不堪痛苦而用0.22英寸（约5.6毫米）口径的手枪对准自己的前额开枪自杀。令人震惊的是，他不仅没有死，心理上的症状反而痊愈了，而且他的智力水平也没有受到影响。目前，研究人员还没弄清楚导致这一结果的真正原因。

这一案例说明了一种最直接的生物医学疗法——在大脑中进行外科干预——存在潜在的疗效。这类干预包括损伤或切断大脑不同区域之间的连接部位，或者切除大脑某一区域的小块组织，此种方法通常是在其他方法都已经被证实无效的情况下才做出的最后选择。精神外科手术是对那些为了减轻心理障碍而对大脑施行外科手术方法的统称。在中世纪，精神外科手术包括从癫痫者大脑中“切除顽石”的方法，当时的很多雕刻和绘画作品都对此进行过生动的描绘。

现代的精神外科方法包括切断胼胝体的纤维以减轻癫痫发作的手术，用切断的方法调节边缘系统活性的手术（杏仁核切断术）；前额叶切断术，这是最广为人知的精神外科方法，它通过手术切断连接大脑额叶与间脑的神经纤维，特别是丘脑和下丘脑的部分。这种方法是由神经学家埃加斯·莫尼兹发展起来的，他也因此获得了1949年的诺贝尔奖。这种方法似乎完全改变了精神疾病患者的能力。

（二）电休克疗法

电休克疗法（electro convulsive therapy，简称ECT）是通过对大脑进行电击来治疗精神障碍的一种方法，如对分裂样人格障碍、精神分裂症及躁狂症的治疗，而应用最广泛的是对抑郁症的治疗。这种技术用微弱的电流（75～100伏特）电击患者的太阳穴，时间持续0.1秒到1秒，直到患者产生抽搐，抽搐通常在45～60秒之后消失。在接受这种痛苦的治疗之前，首先使用一种短效的巴比妥镇静剂以及肌肉放松剂，使患者处于无意识的状态，并且使躯体的剧烈反应降低到最低程度（Abrams，1992）。

电休克疗法在减轻重度抑郁症的症状方面取得了极大的成功（Sackheim，et al.，2000）。因为它见效快，所以格外重要。通常，3～4天的电休克疗程就可以缓解抑郁症状，而药物治疗一般需要1～2周的时间才可以见到疗效。即使是这样，绝大多数的治疗师还是把ECT作为最后的选择。ECT通常作为对自杀或严重营养不良的抑郁症患者采取紧急治疗的保留方法，当抗抑郁药物不起作用，或者他们不能忍受药物带来的副作用时才使用ECT。

很多批评针对的是ECT潜在的副作用，批评者指出，ECT会引起人暂时性的神志不清和多种记忆缺陷。在接受治疗期间，患者常常会出现遗忘症，治疗的时间越长，遗忘症就越严重。然而，已有研究表明，治疗之后数月内患者的这些记忆会自然恢复（Cohen, et al., 2000）。而且，一生中接受100次以上ECT治疗的患者与从来没有接受过ECT治疗的患者相比较，前者并没有显示出任何功能上的缺陷。为了把暂时性的缺陷降低到最小，现在只对一侧大脑实施ECT，以减少人的言语能力受损的可能性。这种单侧的ECT疗法是一种有效的抗抑郁方法。

（三）药物治疗

在对心理障碍治疗的历史中，还没有什么方法可以与药物所带来的革命性作用相比。药物的发明安抚了焦虑的患者，使那些逃避的患者重新建立了与现实的联系，还可以抑制精神分裂症患者的幻觉。药物治疗出现之后即被认为是改变患者行为的有效方法。

1. 抗精神病药物

抗精神病药物可以使妄想、幻觉、社会退缩以及偶尔的心烦意乱等精神症状有所缓解。抗精神病药物通过降低大脑中枢神经递质多巴胺的活性而产生疗效。像氯丙嗪和氟哌啶醇等药物，会阻断或降低多巴胺受体的感受性。最新的抗精神病药物主要是氯氮平，既可直接降低多巴胺的活性，又能提高5-羟色胺的活性，而5-羟色胺会抑制多巴胺系统的活动。这些药物的作用在于降低大脑活性的整体水平，但它们不只是起镇静作用，对于很多患者来说，这类药物不仅消除了心烦意乱，同时还消除或减轻了包括妄想和幻觉等精神分裂症的阳性症状。

2. 抗抑郁药物

尽管有30%～40%的患者的病情没有改善，但是抗抑郁药物对于减轻抑郁症状具有普遍的疗效（Hirschfeld, 1999）。在这类药物中，百忧解的治疗效果远大于其他同类药物，因而被作为一种神药高价出售。然而，对百忧解以及其他精神活性药物的批评是，百忧解不仅解除了抑郁，同时也“解除”了患者的人格特点和创造力（Breggin, et al., 1994）。

锂盐在治疗双相障碍方面也卓有成效。处于无法控制的过度兴奋期的患者，当他们的精力有限而行为又过度的时候，可以用锂盐使他们的躁狂水平降低。在使用锂盐治疗的患者中有60%～80%恢复得很好。然而，对于那些躁狂期和抑郁期更迭非常频繁的双相障碍患者，锂盐似乎不如其他药物如丙戊酸钠（这种药最初用作治疗抽搐发作）更有效。

3. 药物与人格

令精神病学家十分惊奇的是，有时他们发现为心理疾病患者开出的药物超出了治疗病症的范围，竟然能够改变患者的人格。百忧解就是这样一种药。它本是抗抑郁药物，对强迫性障碍也有疗效。极少数服用百忧解的患者报告说，其疗效比其他抗抑郁药物的标准心境平静功效大得多。一个服用者说，他变得“比康复还要好”，似乎此药消除了一些阻止他充分发挥潜力的人格特质。在一个典型病例中，一位妇女由此战胜了困扰她一生的自我怀疑，并从中获得了自信。从此，她能胜任挑战性很强的工作，并能把握以往令人沮丧的个人生活。科学家非常清楚百忧解对心理方面的功效：在一次神经冲动越过突触之后，百忧解可以阻断神经元再次吸收神经介质5-羟色胺。至于百忧解为什么具有改变人格的特殊功效，至今仍然是个谜。

研究人员对氯氮平的功效也感到惊奇。这种药常用于治疗精神分裂症。像百忧解的功效一样，氯氮平的作用是干预神经介质的水平；对精神分裂症而言，就是干预5－羟色胺和多巴胺在每个突触中的相对量。但是，此药并不能改变人格，只可以恢复因心理疾病而被掩盖的人格特质。尽管超过半数的精神分裂症患者服用氯氮平之后病情有所缓解，但是只有20%的患者完全康复，而且康复情况甚佳，所以治疗师称之为“觉醒”。困扰他们多年的声音和妄想都消失了，而且在治疗师的帮助下，他们可以长期保持患病以前的状况。有一位曾试图自杀的精神分裂症患者在康复之后说，氯氮平把她从“痛恨早晨的阳光转变为喜爱它了”。

4. 争论还在继续

目前，已有的研究结果还不足以得出任何确定的结论。需要指出的是，近期的几项关于人格生物学的研究，或许预示着药物治疗人格障碍可能出现飞跃性的进展。这也引起了伦理学的争论。是否应该接受会对个人心理平衡产生影响的药物，就像我们最终接受了抗抑郁药物和抗焦虑药物？由此提出的这些问题，无论是对个人还是集体，都有重要意义。

从根本上讲，药物能够对人格特质产生切实的作用，到底是好事还是坏事呢？谁能回答这个问题：治疗师、政策制定者，还是患者？个体要求接受治疗，是因为他们深受其苦或令别人深受其苦，还是因为他们在某种类型的社会中表现欠佳？在大量将这些药物应用于人格障碍的治疗之前，我们应该期望各界人士对这一主题做出深刻的思考。就目前而言，为确诊的人格障碍患者开具药物，应该不断辅以心理治疗措施，因为这些措施可以帮助治疗师和患者更好地了解和应对现实的改变。

二、团体治疗

（一）概况

心理治疗的理论千差万别，因此付诸实践的治疗方法也不相同。例如，团体治疗所达到的效果便是一对一治疗法所不及的。团体治疗一般是由1～2名治疗师主持，治疗对象可由8～15名具有相同或不同问题的成员组成。治疗以聚会的方式出现，可每周1次，每次时间1.5～2小时，治疗次数可视患者的具体问题和具体情况而定。在治疗期间，团体成员就大家所共同关心的问题进行讨论，观察和分析有关自己和他人的心理与行为反应、情感体验和人际关系，从而使自己的行为得以改善（如图9－5）。

图9－5　团体成员讨论大家共同关心的问题

尽管团体成员背景不同，所面临的问题也不尽相同，但最初几次聚会应使每个参与者建立一种信念，即为了一个共同的目标而精诚合作。这一信念事实上是团体治疗最重要的环节。随着彼此间信任的逐渐加强，团体成员们开始公开地分享情感，这样做对于某些人而言常常意味着改变一辈子的行为模式。同时，其他成员从帮助他人渡过痛苦中也能学到很多东西。

（二）一般原则

无论哪一种团体治疗，它们都强调心理问题、行为问题、人格障碍及各种适应问题是在人际交往中，或特定的社会环境下产生、发展和维持的，因此解决这些问题就必须通过集体关系的功能来实现，这一点是团体治疗所依据的最重要的理论思想。因此，各派团体治疗都十分强调群体关系的重要性。

另一方面，个体的心理问题，如人格障碍、人际关系问题、不良行为方式以及其他各种适应问题也是在社会生活不同群体关系的背景下产生和发展的。某些不适应的行为方式可能是环境中不合理强化的结果；个体在亚文化环境中形成的特殊反应模式可能会使他不能很好地顺应该社会的主流文化，从而产生各种适应性障碍；在某些神经症或精神病背后，也可能存在着某种特殊的家庭模式和成长经历。

传统的个别心理治疗往往把患者同其问题产生的环境隔离出来，在治疗过程中，患者的心理与行为表现，以及他对自己问题的描述往往与现实生活中的实际情况相脱节，而团体治疗则突破了这种限制，它创造了一种与患者的现实经验紧密相连的集体关系，也为每一位患者提供了实实在在的学习场所。

（三）有效原理

1. 团体的情感支持

团体治疗的基本功能就是让参与者感觉到自己被团体里的成员所接受，因为自己是团体里的一分子而感到心安、有所归属。假如是患者，由于“同病相怜”可获得同情与接受。

2. 团体的相互学习

团体是传达信息的媒介物。通过成员间的交往，可增进患者的内省力、自我理解水平和交往能力。通过角色转变，可看到别人眼中的我，并可提高自我表达能力，增加对他人和知觉的敏感性，学习如何解决冲突。

3. 团体的积极体验

那些对人际关系持有消极的看法和态度的人，需要去尝试积极的群体经验。假如参加团体治疗的成员能经由治疗者的督促，逐渐建立群体团聚性，就能体会到成员之间的相互关心，能团结一致，有共同的利害感，相互帮助，能对人与人的关系持有健康的态度。

4. 重复与矫正“原本家庭经验”

所谓“原本家庭群体”就是指每个人在自己小时候所体验的家庭关系。因为家庭是个体最早期体验的群体，所以在其中的经验被称为“原本”的群体经验。由于人与人所经历的家庭有所不同，每个人都有不同的原本群体经验。有些人得到父母的照顾，感受到温暖，经历充满情感与喜爱的家庭关系；有些人儿时被抛弃、欺负或虐待，存留下不敢回想或怨恨的过去，特别是心情不稳定或有心理困难的人，往往有不悦的原本群体经验。

（四）社会性支持团体

社会性支持团体向人们提供了与具有相同问题的人进行交流的机会。自助这个概念是由戒酒者匿名协会最先引用到社会性团体之中的，如今社会性支持团体主要解决四类基本问题：成瘾行为、躯体和精神障碍、生活中的变迁或危机以及因亲朋好友的严重问题带来的创伤性体验。近年来，网络成为人们发展自助团体的另一场所，网络上的自助性团体也在处理与上述问题相同的情况（Davison，et al.，2000）。然而，网络为那些没有活动自由的人们提供了特别重要的聚会场所，如患有慢性疲劳综合征以及多样硬化症的患者，即使身体条件不允许他们去参加小组活动，他们也一样可以从网上的自助活动中获益。

同伴压力在其他治疗方法中是受到贬抑的，但在团体治疗中却有着积极的效果。在团体治疗中，成员们不允许存在自我放纵或其他破坏行为。例如，当一个自恋者大吹大擂和夸夸其谈时，得到的是成员们的愤怒和不屑的反应；而与自恋者打过交道之后，那些具有顺从性人格的成员则学会了肯定自己。通过这种持续的相互作用，团体成员们既相互支持，又为各自的治疗找到了新的契机。

三、人际关系疗法

（一）基本理念

人际关系疗法的基本理念是：人际关系的运转不良是导致患者遇到问题的主要原因，因此，一系列旨在提高患者人际交往能力（跟周围的人进行令人满意的交流，有效应对冲突和人际关系问题）的治疗，可以从根本上改善患者的症状。

根据人际关系理论，孩子的人格发展受父母亲焦虑状态的影响很大。在孩子试图用各种可能的方法来避免或缓解这种焦虑状态的过程中，他便形成了处理人际关系的模式，而这种模式将伴随他的一生。治疗师可以问及患者在家庭中所扮演的角色来触及这些问题，如果患者过分依赖表面或肤浅但情绪化的人际关系的处理方法，则可以归咎于他有问题的父亲或母亲。在学会适应其父亲和母亲的过程中，患者也许早已学会假如他能乖巧一点或无助一点，或许就能得到父母的喜爱与呵护的相处技巧。

在认识自我的过程中，这一经验至关重要。经过一番周密的思考和讨论，患者将渐渐意识到戏剧化表演也许刚开始还颇具吸引力，但最终却无法获得他想要的那种人际关系。只有改变对自己的认识，同时改变处理人际关系的方式，他才能学到新的、更可靠的方法来与人相处。

（二）具体做法

如果说团体治疗只是从团体的角度来看待和改善人格障碍问题的话，那么人际关系疗法则既审视一个人的内心世界又不失考察他的人际关系来看待他的人格问题，它在某种程度上结合了传统的个体治疗与团体治疗的优势。从这个意义上讲，心理医生的主要任务是帮助患者了解他如何与别人相处。

心理医生根据患者在日常生活中与他人的关系来做出诊断，而不是靠推测一个复杂的内在心理结构。例如，某患者试图用过分戏剧化的感情来打动心理医生，还常常抱怨自己与他人的关系总是转瞬即逝、不令人满意，这种人有可能具有表演型人格障碍。但是，心理医生并不去探寻患者的潜意识动机，而是询问他有哪些最重要的人际关系。如果患者很容易地描述出一些尊敬他、照顾他的朋友，那么心理医生便可以肯定自己最初的推断。

自 20 世纪 70 年代发展起来的人际关系疗法，源于美籍瑞士精神病学家阿道夫·麦尔（Adolf Meyer）的一系列研究成果。这种治疗方法强调个体对环境的适应所扮演的本质性角色，它最初的治疗对象是抑郁症患者，但似乎也很适合人格障碍患者。人际关系疗法在美国得到了广泛认可，在那里，个体对所处“人际环境”的和谐融入被视作所有心理治疗方法的关键所在。

（三）治疗目标

人际关系疗法的目标是让患者学会：

（1）更好地了解自己的人际关系为什么会不尽如人意。抑郁的情感往往跟有时被患者歪曲了的情感经历有关。比如，因没有收到聚会邀请而感到失望很快会变为怨恨，从而掩盖了最初的痛苦。

（2）改变自己在面对问题时的习惯性反应方式。抑郁症患者的运转方法以自我为中心，因此意识不到他人的立场和需求。例如，如果抑郁症患者的伴侣没有过多地跟他讨论抑郁的问题，他就会觉得伴侣不理解自己。

（3）在整体上提高自己的人际交往能力。能够做到提出要求而不是抱怨，表达自己的负面情绪而不是赌气，讲述自己的悲伤想法而不是独自垂泪，以温和的方式表达自己的失望。

知识链接：计算机化的心理治疗

21世纪的今天，计算机的广泛应用为心理学家和心理卫生工作者提供了改变治疗方法的新手段。例如，现在很多人通过电子邮件或网络体验着一种“谈话治疗”，这原本是弗洛伊德发展起来的面对面的互动式治疗形式。在计算机辅助的治疗形式中，个体通常和他的治疗师互发电子邮件。研究者已经指出这种网络治疗的潜在危险和可能优势。潜在的危险是，由于治疗师无法对患者进行面对面的彻底检查，很可能会因为信息有限或不够确切而产生误诊。而且，患者往往很难确认网上治疗师的资历，在网络中任何人都可以声称自己是专家。尽管存在上述危险，电子邮件治疗仍然为治疗师及其患者提供了独特的机会。例如，一些治疗师认为，这种匿名形式可以使患者说出他们最迫切希望解决的问题，关注快速的治愈，而较少出现焦虑；当治疗师不会当面对他们的坦率直言做出反应的时候，个体可能会更为诚实（Grohol，1998）。

治疗师还发明了使用网络和计算机的新方法，以提供更具针对性的干预。例如，研究小组开发了对恐惧症进行认知—行为治疗的计算机程序（Newan，et al.，1997）。研究者将一组参加计算机辅助治疗的患者的结果与传统治疗组相对照。两组的干预都包括行为治疗和认知疗法，行为治疗涉及将患者暴露在恐怖情境中同时进行放松训练，认知疗法包括认知重建。计算机治疗的程序被下载到掌上型计算机上，因为它们的重量还不到1磅（约454克），参与者可以随时随地携带在身边。计算机可以提供几种类型的帮助程序，包括一系列能改变个体思维的自我陈述和暗示的程序以及控制呼吸的程序。结果发现，计算机辅助治疗和传统的认知—行为治疗都取得了成功：在治疗结束后六个月，两组都保持了治疗成果，两组都有67%的患者不再出现惊恐发作。

（资料来源：Gerrig and Zimbardo，2003）

参考文献

1. 陈少华．人格与认知．北京：社会科学文献出版社，2005.
2. 陈少华．人格判断：多维的视角．广州：暨南大学出版社，2013.
3. 陈少华．人格发展与教育．广州：暨南大学出版社，2015.
4. 陈仲庚，张雨新．人格心理学．沈阳：辽宁人民出版社，1986.
5. 高觉敷．西方心理学的新发展．北京：人民教育出版社，1987.
6. 郭永玉．人格心理学：人性及其差异的研究．北京：中国社会科学出版社，2005.
7. 郝伟．精神病学．北京：人民卫生出版社，2006.
8. 黄希庭．人格心理学．杭州：浙江教育出版社，2002.
9. 金瑜．心理测量．上海：华东师范大学出版社，2001.
10. 李绍昆．美国的心理学界．北京：商务印书馆，2000.
11. 莫雷．20 世纪心理学名家名著．广州：广东高等教育出版社，2002.
12. 彭聃龄．普通心理学．4 版．北京：北京师范大学出版社，2004.
13. 全国十二所重点师范大学联合编写．心理学基础．2 版．北京：教育科学出版社，2008.
14. 许燕．人格：绚丽人生的画卷．北京：北京师范大学出版社，2000.
15. 许燕．人格心理学．北京：北京师范大学出版社，2009.
16. 许又新．精神病理学：精神症状的分析．长沙：湖南科学技术出版社，1999.
17. 杨韶刚．存在心理学．南京：南京师范大学出版社，2000.
18. 叶浩生．西方心理学理论与流派．广州：广东高等教育出版社，2004.
19. 叶奕乾．现代人格心理学．上海：上海教育出版社，2005.
20. 张春兴．心理学思想的流变：心理学名人传．上海：上海教育出版社，2002.
21. 张春兴．现代心理学：现代人研究自身问题的科学．上海：上海人民出版社，2016.
22. 张利燕．智力与人格：认知操作、认知方式与人格特征的关系．长春：吉林大学出版社，2009.
23. 郑希付．现代西方人格心理学史．广州：广东教育出版社，2007.
24. 郑雪．人格心理学．广州：广东高等教育出版社，2004.
25. 郑雪．人格心理学．2 版．广州：暨南大学出版社，2017.
26. 朱智贤．心理学大辞典．北京：北京师范大学出版社，1990.
27. 阿德勒．自卑与超越．马晓娜，译．长春：吉林出版集团有限责任公司，2015.

28. 马斯洛．动机与人格．许金声，陈朝翔，译．北京：华夏出版社，1987.

29. 赫根汉．现代人格心理学历史导引．文一，郑雪，郑敦淳，等译．石家庄：河北人民出版社，1988.

30. 赫根汉．心理学史导论 . 4 版．郭本禹，蔡飞，姜飞月，等译．上海：华东师范大学出版社，2004.

31. 纽鲍尔 P，纽鲍尔 A. 自然的指印：遗传在性格中扮演的角色．赵永芬，译．北京：中信出版社，2003.

32. 韦德，塔佛瑞斯．心理学的邀请 . 3 版．白学军，等译．北京：北京大学出版社，2006.

33. 卡弗，沙伊尔．人格心理学 . 5 版．梁宁建，等译．上海：上海人民出版社，2011.

34. 巴隆，杜兰德．异常心理学 . 4 版．杨霞，等译．北京：中国轻工业出版社，2006.

35. 范德．人格谜题 . 4 版．许燕，等译．北京：世界图书出版公司，2009.

36. 范德．人格心理学：人与人有何不同．许燕，邹丹，等译．北京：世界图书出版公司，2018.

37. 霍瑟萨尔，郭本禹．心理学史 . 4 版．郭本禹，魏宏波，朱兴国，等译．北京：人民邮电出版社，2011.

38. 谢弗，等．发展心理学：儿童与青少年 . 9 版．邹泓，等译．北京：中国轻工业出版社，2017.

39. 迈尔斯．心理学 . 7 版．黄希庭，等译．北京：人民邮电出版社，2006.

40. 库恩. 心理学导论：思想与行为的认识之路 . 9 版．郑钢，等译．北京：中国轻工业出版社，2004.

41. 舒尔茨．弗洛伊德与荣格：从亲密到陌路．孟令子，译．上海：上海交通大学出版社，2014.

42. 舒尔茨 D，舒尔茨 S E. 人格心理学：全面科学的人性思考．张登浩，李森，译．北京：机械工业出版社，2016.

43. 津巴多，约翰逊，韦伯．津巴多普通心理学 . 5 版．王佳艺，译．北京：中国人民大学出版社，2008.

44. 勒洛尔，安德烈．无处不在的人格．欧瑜，译．北京：生活 · 读书 · 新知三联书店，2015.

45. 戈布尔．第三思潮：马斯洛心理学．吕明，陈红雯，译．上海：上海译文出版社，2001.

46. 诺尔贝，霍尔．心理学家及其概念指南．李廷揆，译．北京：商务印书馆，1998.

47. 科瑞．心理咨询与治疗经典案例 . 6 版．石林，等译．北京：中国轻工业出版社，2004.

48. 斯蒂恩．DNA 和命运：人类行为的天性和教养．李恭楚，吴希美，译．上海：上海科学技术出版社，2001.

49. 柏格．人格心理学．7 版．陈会昌，等译．北京：中国轻工业出版社，2010.

50. FEIST J，FEIST G J. 人格理论．5 版．李茹，傅文青，米国琳，等译．北京：人民卫生出版社，2005.

51. 里夫金．生物技术世纪：用基因重塑世界．付立杰，陈克勤，昌增益，等译．上海：上海科技教育出版社，2000.

52. 墨菲，大卫夏弗．心理测验：原理和应用．张娜，杨艳苏，徐爱华，等译．上海：上海社会科学院出版社，2006.

53. 威尔森．马斯洛和后弗洛伊德主义．杜新宇，译．北京：华文出版社，2001.

54. 鲍利克，罗森茨维格．国际心理学手册．张厚粲，等译．上海：华东师范大学出版社，2002.

55. 珀文．人格科学．周榕，陈红，杨炳钧，等译．上海：华东师范大学出版社，2001.

56. PERVIN L A，JOHN O P. 人格手册：理论与研究．2 版．黄希庭，等译．上海：华东师范大学出版社，2003.

57. 格里格，津巴多．心理学与生活．16 版．王垒，王甦，等译．北京：人民邮电出版社，2003.

58. 格里格，津巴多．心理学与生活．19 版．王垒，王甦，等译．北京：人民邮电出版社，2016.

59. 米瑟兰迪诺．人格心理学：基础与发现．黄子岚，何昊，译，上海：上海社会科学院出版社，2015.

60. 奇凯岑特米哈伊．创造性：发现和发明的心理学．夏镇平，译．上海：上海译文出版社，2001.

61. 亨特．心理学的故事．李斯，译．海口：海南出版社，1999.

62. 拉森，巴斯．人格心理学：人性的科学探索．2 版．郭永玉，等译．北京：人民邮电出版社，2011.

63. 奈．三种心理学：弗洛伊德、斯金纳和罗杰斯的心理学理论．石林，袁坤，译．北京：中国轻工业出版社，2000.

64. 费尔德曼，黄希庭．心理学与我们．黄希庭，等译．北京：人民邮电出版社，2008.

65. 赖特．道德的动物：我们为什么如此．陈蓉霞，曾凡林，译．上海：上海科学技术出版社，2002.

66. DUNBAR R，BARRETT L，LYCETT J. 进化心理学：从猿到人的心灵演化之路．万美婷，译．北京：中国轻工业出版社，2011.

67. 斯滕伯格，威廉姆斯．教育心理学．张厚粲，译．北京：中国轻工业出版社，2003.

68. 里赫曼．人格理论．8 版．高峰强，陈英敏，王美萍，译．西安：陕西师范大学出版社，2005.

69. TALLE R. 实用精神病学．10 版．王希林，译．北京：人民卫生出版社，1997.

70. 高斯林. 窥探术. 李玮，译. 北京：中国人民大学出版社，2009.

71. 巴伦德斯. 极简个性心理学：破解人格基因. 黄珏苹，译. 北京：中国人民大学出版社，2017.

72. 弗洛伊德. 精神分析纲要. 刘福堂，等译. 合肥：安徽文艺出版社，1987.

73. 时代生活图书荷兰责任有限公司. 人格之谜. 刘善红，译. 北京：中国青年出版社，2002.

74. 阿尔德里奇. 看见红色感觉蓝色. 沈志红，译. 北京：生活·读书·新知三联书店，2002.

75. 黎黑. 心理学史. 李维，译. 杭州：浙江教育出版社，1998.

76. 弗兰克. 活出意义来. 赵可式，沈锦惠，译. 北京：生活·读书·新知三联书店，1998.

77. 贝里曼，哈格里夫，霍维尔，等. 心理学与你. 武跃国，武国城，译. 北京：北京大学出版社，2000.

78. 贝里曼，哈格里夫，赫伯特，等. 发展心理学与你. 陈萍，王茜，译. 北京：北京大学出版社，2000.